国外电子与通信教材系列

High Speed Data Converters

高速数据转换器设计

[美] Ahmed M.A. Ali 著

孟 桥 刘海涛 张 翼 译

電子工業出版社

Publishing House of Electronics Industry

北京 · BEIJING

内 容 简 介

本书依据作者在产业界一线的多年深入研究与产品设计开发成果而编写，不仅覆盖了数据转换器的基本原理、整体架构、单元模块、性能参数等全面的基础理论，而且依托其主导开发的多款业界领先的数据转换器产品，着重介绍了当前适合高速数据转换的架构、电路设计细节与技巧、数字辅助设计等全面考量因素，避免了传统教材重理论分析而轻产业化能力培养的短板。

本书共 10 章，主要内容包括：简介、性能指标、数据转换器结构、采样、比较器、放大器、流水线 A/D 转换器、时间交织转换器、数字辅助转换器、发展与趋势等，后附中英文术语对照。

本书对从事高速数据转换器设计的学者和工程师、高等学校相关专业学生、社会学习者，都具有很高的指导意义。

High Speed Data Converters
9781849199384
by Ahmed M.A. Ali

版权贸易合同登记号 图字：01-2020-6315

图书在版编目（CIP）数据

高速数据转换器设计 /（美）艾哈迈德 • M.A.阿里（Ahmed M. A. Ali）著；孟桥，刘海涛，张翼译. —北京：电子工业出版社，2023.3
（国外电子与通信教材系列）
书名原文：High Speed Data Converters

ISBN 978-7-121-45328-1

Ⅰ. ①高… Ⅱ. ①艾… ②孟… ③刘… ④张… Ⅲ. ①数-模转换器－高等学校－教材 Ⅳ. ①TP335

中国国家版本馆 CIP 数据核字（2023）第 055620 号

责任编辑：王羽佳　　特约编辑：武瑞敏
印　　刷：三河市鑫金马印装有限公司
装　　订：三河市鑫金马印装有限公司
出版发行：电子工业出版社
　　　　　北京市海淀区万寿路 173 信箱　邮编　100036
开　　本：787×1 092　1/16　印张：22.25　字数：569.6 千字
版　　次：2023 年 3 月第 1 版
印　　次：2023 年 3 月第 1 次印刷
定　　价：109.00 元

凡所购买电子工业出版社图书有缺损问题，请向购买书店调换。若书店售缺，请与本社发行部联系，联系及邮购电话：（010）88254888，88258888。

质量投诉请发邮件至 zlts@phei.com.cn，盗版侵权举报请发邮件至 dbqq@phei.com.cn。

本书咨询联系方式：（010）88254535，wyj@phei.com.cn。

译 者 序

数据转换器（data converter）包括数字-模拟转换器和模拟-数字转换器，是连接现实世界和数字世界的桥梁。随着数字化技术的不断发展、处理器信号带宽和速度的不断提高，对高速数据转换器的需求日益增长，其在系统中的重要性也越来越高。高速数据转换器设计涉及的模拟-数字混合设计技术融合了模拟电路、数字电路和信号处理多方面的因素，对研究和设计者的知识、技术和经验等都提出了很高的要求。

本书由 Ahmed M.A. Ali 博士依据其在产业界第一线的多年深入研究与产品设计开发成果编写，覆盖了数据转换器基本原理、整体架构、单元模块、性能参数等全面的基础理论，介绍了当前适合高速数据转换的架构、电路设计细节与技巧、数字辅助设计等全面的考量因素。对从事高速数据转换器研究与设计的专家和工程师、高等学校相关专业学生、社会学习者等读者而言，在理论和实践方面都有很高的指导意义和参考价值。

为了便于读者对照英文原著阅读，本书的字体、公式、符号、图示、表达方式等尽量与原著保持了一致，并尽量改正了一些原著中发现的少许错误。

目前，国内在高速数据转换器方面的研究和开发日益增长，但是这方面的专著和教材很少，难于满足读者对相关教材和参考资料的需求。为此我们组织了本书的翻译，将它推荐给读者，希望能够满足这方面科研和教学的需要。本书由孟桥、刘海涛、张翼共同翻译，其中孟桥完成了第 1～3 章的翻译，刘海涛完成了第 7～10 章及前言、中英文术语对照的翻译，张翼完成了第 4～6 章的翻译。王志功教授对本书的翻译进行了审阅，提出了非常翔实的建议，在此表示衷心的感谢。由于译者水平有限，书中难免出现疏漏和不妥之处，敬请读者不吝赐教。

前　言

高速数据转换器是最具挑战性、最重要、最令人兴奋的模拟和混合信号系统之一，它们在现代高度互联的世界无处不在。理解和设计这类转换器需要精通模拟电路设计、数字系统设计和信号处理。本书从高速 ADC（analog-to-digital converter，模拟-数字转换器）设计师和架构师的角度介绍高速数据转换器，重点介绍高速奈奎斯特 ADC。本书中“高速”一词定义为采样率大于 10 MS/s。

本书面向设计、评估或使用高速数据转换器的学生和工程师。读者需要在电路、器件和信号处理方面有一定的基础。本书旨在构建起分析与设计、理论与实践、电路与系统之间的联系，它涵盖了基本的模拟电路和数字信号处理算法。本书结合对实际问题的讨论和直观的观点，进行了大量理论分析。

本书由 10 章组成，前 9 章每章末尾均有包含总结、巩固和扩展所涵盖概念的问题。

第 1 章从信号处理的角度介绍理想数据转换器，该章介绍的概念和分析给出了数据转换的一些基础。

第 2 章讨论常用于描述数据转换器性能的技术指标，重点在于涵盖转换器特性的理论和实践方面，以及对各种性能指标之间关系的直观理解。

第 3 章介绍部分高速 ADC 和 DAC 的架构。在 ADC 方面从快闪架构及其变体开始，然后是多步 ADC，其中包括子范围、流水线、折叠和 SAR ADC，最后介绍时间交织和 Σ-Δ ADC。在 DAC 方面，我们介绍电阻、电容和电流舵 DAC 架构。

第 4～6 章讨论一些模拟电路难点。第 4 章介绍高速 ADC 中最具挑战性的操作之一：输入信号的采样。通过各种电路参数的设计权衡和优化，解释了无缓冲和有缓冲两种设计方法。

第 5 章讨论比较器的设计，包括开环比较器、再生比较器和开关电容比较器，涉及的设计参数包括速度、失调、噪声和亚稳态，并给出一些高速比较器的例子。

第 6 章介绍模拟放大器的设计和特性，包括开关电容放大器、积分器和运算放大器。对重要的设计参数进行了解释，包括噪声、速度和增益。最后介绍一些最常见的放大器结构。

第 7 章和第 8 章重点讨论两种最重要的高速 ADC 架构，分别是流水线 ADC 和时间交织 ADC。选择流水线 ADC 作为多步 ADC 架构的代表，它的高速度、高性能、复杂性和流行程度使其最适合进行详细讨论。文中介绍 ADC 电路级的设计权衡和优化，包括电路结构、非理想性、ADC 级设计决策和常见缺陷。第 8 章介绍时间交织 ADC，重点介绍理论、直观理解和实现。

第 9 章讨论数字辅助转换器，这是现代高速 ADC 中一个非常重要的领域。这里介绍流水线 ADC 和时间交织 ADC 的一些前台与后台校准技术，并强调了每种技术的优缺点。

第 10 章简要概述高速 ADC 领域的发展、趋势和未来方向。

本书的编写是一次很好的经历，我希望读者能发现其中的有用信息和用处，也希望它能帮助我们了解这个迷人的领域所带来的兴奋和挑战。

致　谢

在过去的 20 年里，我有幸能与聪明、敬业、勤奋的同事们一起从事极具挑战性和开创性的项目。我领导的每个成功的项目都是团队努力的结果。所以，首先我要感谢我的队友和同事们的辛勤工作与奉献精神，能与如此杰出的人共事，我感到无比荣幸。

我还要感谢 Analog Devices 公司强大的技术团队，强调卓越的技术，以及鼓励创新、冒险、团结与合作的文化氛围。特别感谢高速转换器项目组委托我和我的团队开发一些 Analog Devices 公司最先进、最具挑战性与突破性的高速数据转换器。

我要感谢在写本书时，那些鼓励和支持我的人。特别是 David Robertson、Stephen Lewis、Richard Schreier 和 Gabriele Manganaro，感谢 IET Pubishing 在整个过程中给予的帮助和耐心，特别是 Paul Deards 和 Jennifer Grace。此外，还要感谢在我整个职业生涯中支持我的无数朋友、同事、顾问、导师和经理，他们包括 Jan Van der Spiegel、Hani Ragaei、Hisham Haddara、Krishnaswamy Nagaraj、Russ Stop、David Robertson、Allen Barlow、Gabriele Manganaro、Kevin Kattmann、Huseyin Dinc、Paritosh Bhoraskar、Andy Morgan、Tom Tice。

最后，同样重要的是，我要感谢我的家人所给予我的持续支持和牺牲，以及在我疯狂工作时的陪伴。

目　　录

第 1 章　简介

数据转换器是模拟世界与数字王国之间的接口，它包括模拟-数字转换器和数字-模拟转换器。模拟-数字转换器（analog-to-digital converter，ADC）是一个能够将连续时间、连续幅度（也就是模拟）信号转换为离散时间、离散幅度的信号（也就是数字信号），它们一般会被简称 A/D 转换器或 ADC。与之相反，数字-模拟转换器（digital-to-analog converter，DAC）实现相反的转换，将数字信号转换为模拟信号。因为数字信号的处理和存储比模拟信号高效可靠，现代系统中广泛地将 ADC 和 DAC 作为实际世界与数字信号处理系统之间的接口。

高速数据转换器一般指采样率高于 10MS/s 的数据转换器，它们可以用在医学影像处理、通信、仪器、汽车、视频系统等很多应用中。飞速发展的无线通信要求系统具备更多的功能、更低的成本、更高的性能和带宽，将转换器位置向天线端移动，以达到降低成本、增加灵活性的目的，并且将更多的信号处理工作转到数字域中完成。这就要求其中的数字转换器的采样率不断增加，输入频率不断提高，性能不断加强，功耗不断降低。

高速转换器在任何时候都与每个开发者有着广泛的联系，他们都需要设计或使用它完成相应的功能。在本章中，将介绍 A/D 和 D/A 的功能与性能，同时会回顾相关的信号处理方面的知识。

1.1　理想数据转换器

ADC 系统框图如图 1.1 所示。模拟-数字转换过程可以分为两个操作：采样和量化。采样器将连续时间模拟信号转换为离散时间信号，这个过程通过采样-保持（sample-and-hold，S/H）电路或跟踪-保持（track-and-hold，T/H）电路来实现。然后量化器将离散时间信号转换为离散时间离散幅度的信号，或者转换为数字信号。

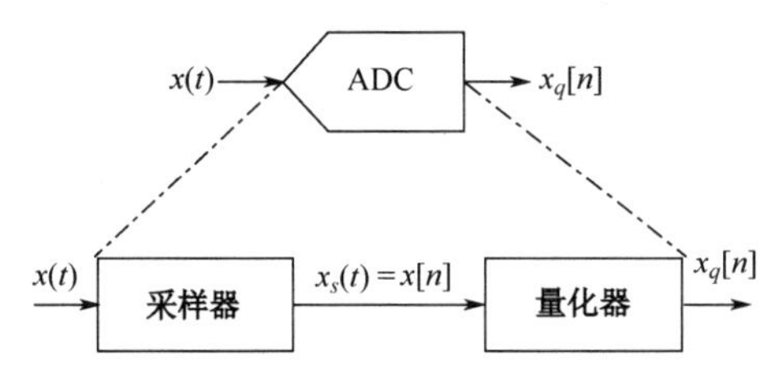

注[①]：A/D 转换器（ADC）由采样器和量化器构成。模拟输入信号 $x(t)$ 被转换成数字信号 $x_q[n]$。

图 1.1

① 译者注：本书所有的图和表中的注释内容，在原文中出现在图题和表题里。在翻译时，相关内容有时不符合出版规范，所以一律将其改成图和表的注解。

数字-模拟转换过程则是将数字码转换为量化的模拟信号（一般是脉冲串），构成采样保持形式的数字信号。然后通过一个补偿滤波器消除上面产生的模拟信号的失真。系统如图 1.2 所示。

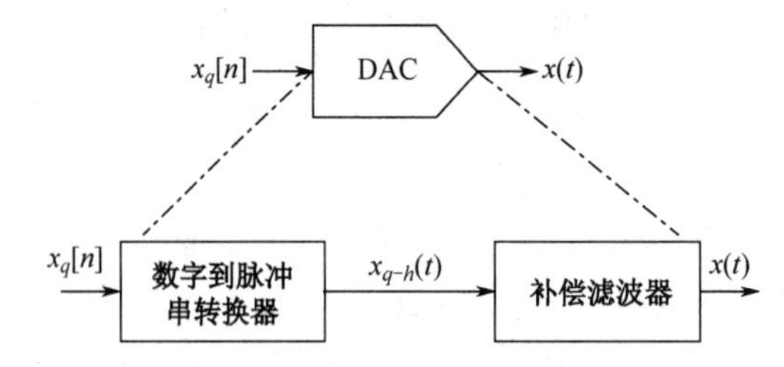

注：D/A 转换器（DAC）由一个数字到脉冲串转换器模块以及随后的补偿滤波器组成。

图 1.2

在 1.2 节中，将深入讨论 ADC 和 DAC 转换所涉及的信号处理原理。本章中讨论的相关概念将被用于后面的章节中。

1.2 采样操作

让我们从一个图 1.3 所示的任意的连续时间模拟信号 $x(t)$ 开始讨论，其傅里叶变换 $X(f)$ 如图 1.4 所示。在这里，信号在时域或频域的确切波形并不重要，关键是信号在频域中是一个带限信号，带宽为 B。这个信号可以在时域中用一个等间隔 T_s 的理想冲激脉冲串进行抽样，构成一个离散时间信号 $x_s(t)$，对应的傅里叶变换为 $X_s(f)$，如图 1.4 所示。采样过程可以描述为

$$x_s(t)=x(kT_s)=x(t)\sum_{k=-\infty}^{\infty}\delta(t-kT_s) \tag{1.1}$$

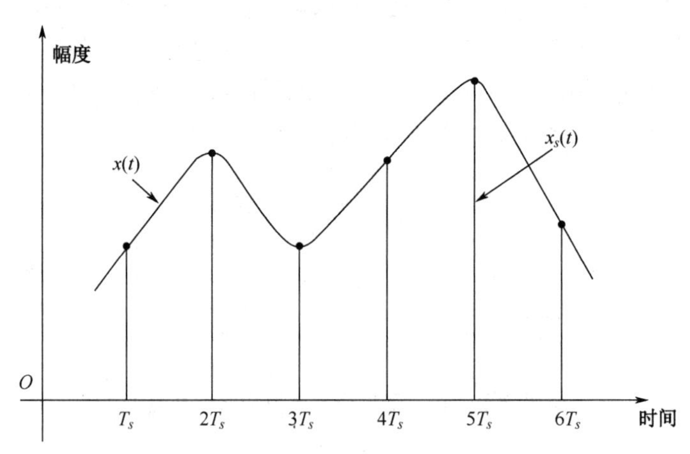

注：连续时间信号 $x(t)$ 每隔 T_s 秒进行采样得到采样后的离散时间信号 $x_s(f)$ 。

图 1.3

根据冲激函数的“筛选特性”[1,2]，可得

$$x_s(t)=\sum_{k=-\infty}^{\infty}x\left(kT_s\right)\delta\left(t-kT_s\right) \tag{1.2}$$

对式（1.1）两边求傅里叶变换，可以得到

$$X_s(f)=X(f)*F\left\{\sum_{k=-\infty}^{\infty}\delta\left(t-kT_s\right)\right\} \tag{1.3}$$

式中，*表示卷积计算。因为时域中的冲激串的傅里叶变换是在频域中的冲激串，所以

$$X_s(f)=X(f)*\frac{1}{T_s}\sum_{k=-\infty}^{\infty}\delta\left(f-kf_s\right) \tag{1.4}$$

式中，T_s 为采样周期；$f_s=1/T_s$ 为采样频谱或采样率。通过卷积积分，可以得到采样后的离散时间信号的频域表达式为

$$X_s(f)=\frac{1}{T_s}\sum_{k=-\infty}^{\infty}X\left(f-kf_s\right) \tag{1.5}$$

由式（1.5）以及图 1.4 可知，采样信号的傅里叶变换由无限多个原信号的频谱 $X(f)$ 复制（镜像）组成，相邻两个镜像之间间隔 f_s。如果信号 $x(t)$ 是一个带宽 B 的带限信号，同时 $f_s>2B$，每个镜像之间就不会重叠，那么原来的信号 $X(f)$ 就可以通过滤波从这些镜像中完整地恢复出来。此时所用到的滤波器如图 1.4 所示。反之，如果 $f_s<2B$，这些镜像之间就会重叠产生失真，原来的信号就不可恢复。这种现象又被称为“混叠”，用于限制信号带宽小于 $f_s/2$ 的滤波器被称为抗混叠滤波器。在给定的采样频率 f_s 下，能够从采样信号中不失真地恢复信号的最高频率 f_N 被称为奈奎斯特频率（或带宽），它等于

$$f_N=\frac{f_s}{2} \tag{1.6}$$

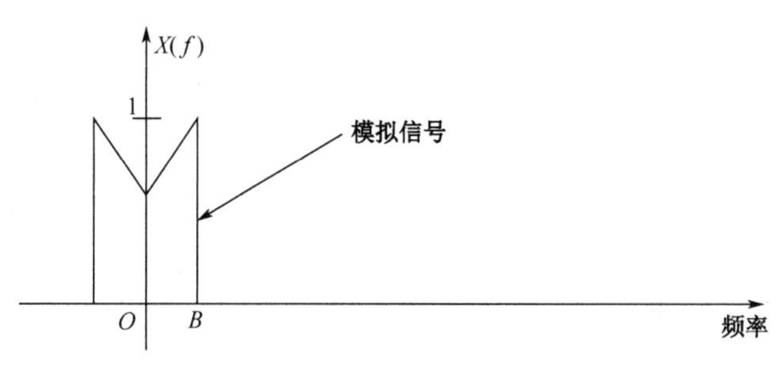

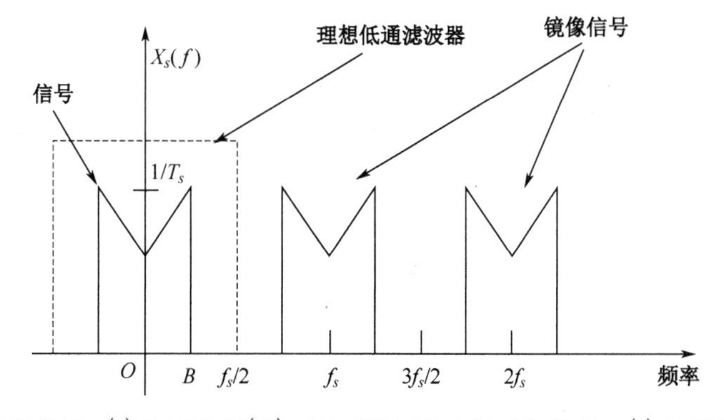

注：连续时间信号 $x(t)$ 的频谱 $X(f)$ 以及采样后的离散时间信号 $x_s(t)$ 的频谱 $X_s(f)$。

图 1.4

另一种形式的采样是采样-保持（sample-and-hold，S/H），信号在 nT_s 时刻被采样，然后在此后的 T_s 时间内保持不变，直到下一个采样时刻 $(n+1)T_s$。这个操作可以看成理想采样信号与门脉冲的卷积[3]。这个脉冲波形如图 1.5 所示，可以在时域上用方波函数 $\Pi(t)$ 表示为

$$p(t) = \Pi\left(\frac{t-\frac{T_s}{2}}{T_s}\right) \tag{1.7}$$

其傅里叶变换可以用 sinc 函数（见图 1.6）表示为

$$P(f) = T_s \mathrm{e}^{-\frac{\mathrm{j}\omega T_s}{2}} \operatorname{sinc}\left(T_s f\right) \tag{1.8}$$

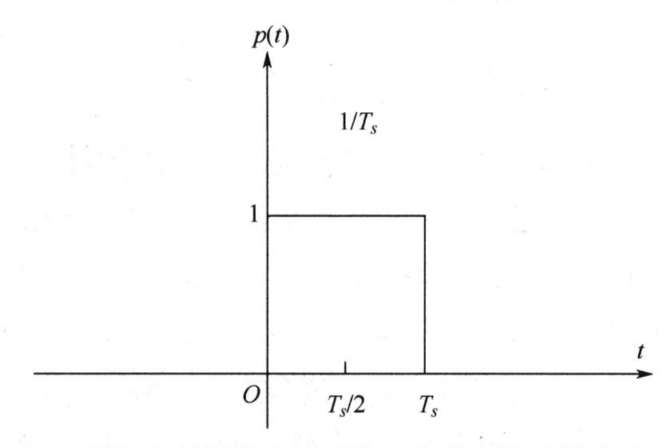

注：采样-保持操作中用到的一个脉冲的时域波形。

图 1.5

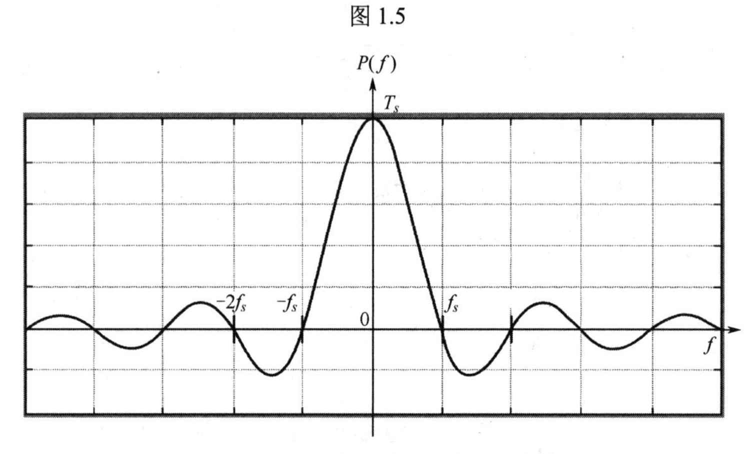

注：图 1.5 所示脉冲 $p(t)$ 的傅里叶变换。

图 1.6

这里

$$\operatorname{sinc}(x) = \begin{cases} \dfrac{\sin(\pi x)}{\pi x} & x \neq 0 \\ 1 & x = 0 \end{cases} \tag{1.9}$$

采样-保持信号 $x_{s-h}(t)$ 可以表示成理想抽样信号 $x_s(t)$ 与脉冲 $p(t)$ 的卷积（见图 1.7），即

$$x_{s-h}(t) = x_s(t) * p(t) \tag{1.10}$$

采样-保持信号的傅里叶变换 $X_{s-h}(f)$ 等于 $X_f(f)$ 和 $P(f)$ 的乘积，即

$$X_{s-h}(f)=\mathrm{e}^{-\mathrm{j}\pi f T_s}\operatorname{sinc}(T_s f)\sum_{k=-\infty}^{\infty}X(f-kf_s) \tag{1.11}$$

这是在模拟域中采样-保持信号的频域表达式。从以上分析中可以看出，输入信号的频谱形状会被保持处理带来的 sinc 函数改变。

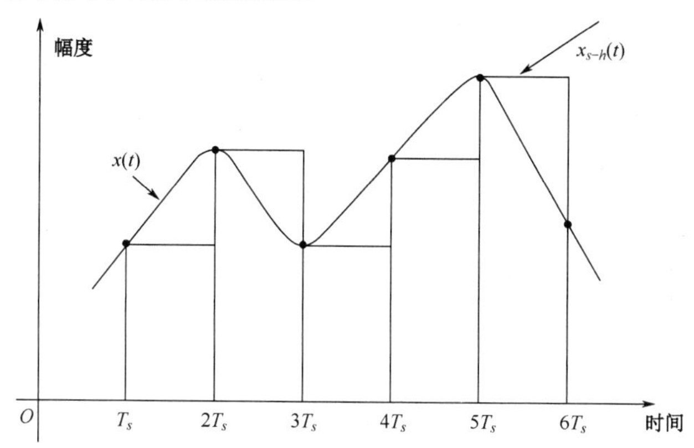

注：连续时间信号 $x(t)$ 以及其采样保持信号 $x_{s-h}(t)$ 。

图 1.7

第三种采样结构是跟踪-保持。采样器在跟踪（或者采集）期间内跟踪输入信号变换，在保持期间内将输出保持在一个固定的输出值。这时，它的输出是跟踪信号和保持信号的和[3]，如图 1.8 所示。跟踪-保持信号 $x_{t-h}(t)$ 可以表示为

$$x_{t-h}(t)=x_t(t)+x'_{s-h}(t) \tag{1.12}$$

其中，跟踪信号 $x_t(t)$ 为[3]

$$x_t(t)=x(t)\left[p(2t)*\sum_{k=-\infty}^{\infty}\delta(t-kT_s)\right] \tag{1.13}$$

其中，$p(t)$ 如式（1.7）以及图 1.5 所示。式（1.13）中的 $p(2t)$ 中的因子 2 表明这里的脉冲时间宽度是图 1.5 脉冲宽度的一半。式（1.12）中的采样-保持信号 $x'_{s-h}(t)$ 为[3]

$$x'_{s-h}(t)=\left[x(t)\sum_{k=-\infty}^{\infty}\delta(t-kT_s-T_s/2)\right]*p(2t) \tag{1.14}$$

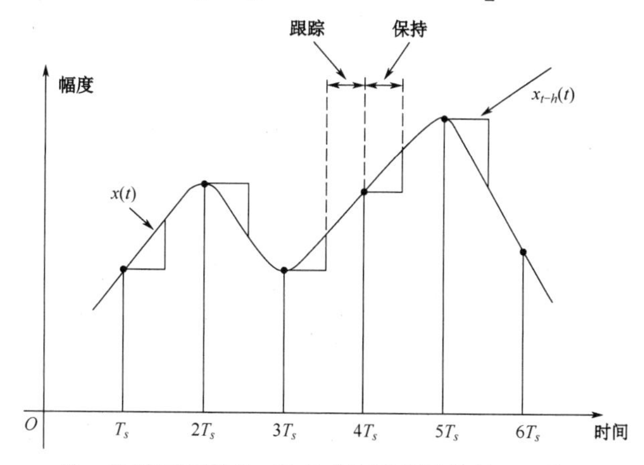

注：连续时间信号 $x(t)$ 及其跟踪保持信号 $x_{t-h}(t)$ 。

图 1.8

所以，跟踪保持信号的傅里叶变换 $X_{t-h}(f)$ 为

$$X_{t-h}(f)=\sum_{k=-\infty}^{\infty}\mathrm{e}^{-\frac{\mathrm{j}k\pi}{2}}\frac{\sin\left(\frac{k\pi}{2}\right)}{k\pi}X\left(f-kf_s\right)+\mathrm{e}^{-3\mathrm{j}\pi fT_s/2}\frac{\sin\left(\frac{\pi fT_s}{2}\right)}{\pi fT_s}\sum_{k=-\infty}^{\infty}X\left(f-kf_s\right) \quad (1.15)$$

正如式（1.11）在采样-保持信号描述中的作用一样，式（1.15）描述了模拟域中跟踪-保持信号的频域描述。这里需要着重指出的是，在采样过程中，ADC 对模拟信号的测量（采样）操作实际上是发生在采样开关断开的时候，这时 ADC 的输出端输出数字形式的一串采样数值（也就是一串脉冲）。所以，ADC 的采样过程实际上可以用一个如式（1.2）或式（1.5）那样的理想采样过程来描述。尽管模拟采样信号通常会被保持一段时间以便于后续的电路进行处理，但是在离散时间（也就是数字域）上它们被标示为在固定时间间隔 T_s 下对保持的信号的快拍测量。所以在 ADC 中，采样后的离散时间信号域上通过冲激采样的信号，而不是一个采样-保持信号。所以，对于一个 ADC 产生的离散时间信号可以表示为

$$x_s[n]=x_s\left(nT_s\right)=x\left(nT_s\right)\sum_{k=-\infty}^{\infty}\delta\left(nT_s-kT_s\right) \quad (1.16)$$

在频域中，$x_s(t)$ 的傅里叶变换可以用式（1.5）表示，即

$$X_s(f)=\frac{1}{T_s}\sum_{k=-\infty}^{\infty}X\left(f-kf_s\right)$$

离散时间信号 $x_s[n]$ 的傅里叶变换为

$$X_s\left(\mathrm{e}^{\mathrm{j}\omega}\right)=\sum_{n=-\infty}^{\infty}x[n]\mathrm{e}^{-\mathrm{j}\omega n} \quad (1.17)$$

以及

$$X_s\left(\mathrm{e}^{\mathrm{j}\omega}\right)=\frac{1}{T_s}\sum_{k=-\infty}^{\infty}X\left(\frac{\mathrm{j}\omega}{T_s}-\frac{\mathrm{j}2\pi k}{T_s}\right) \quad (1.18)$$

式中，ω 为归一化频率，$\omega=2\pi fT_s$，取值范围为 $-\pi\sim\pi$。$X_s\left(\mathrm{e}^{\mathrm{j}\omega}\right)$ 是如式（1.5）那样在频域尺度变换后得到 $X_s(f)$。

因为采样后会产生混叠，所以必须保证被采样的信号是一个带限信号。一般会在 ADC 的前面放一个抗混叠滤波器，以限制信号带宽，防止那些“超出带宽范围”的信号折叠回信号的频谱中。这些滤波器可以是低通滤波器，也可以是带通滤波器，具体形式取决于输入信号频带相对于奈奎斯特频率的位置关系。

1.2.1 采样定理

奈奎斯特采样定理指出，如果 $x(t)$ 是一个带限信号，也就是当 $|f|>f_N$ 时 $X(f)=0$，那么 $x(t)$ 可以被它的采样 $x[n]=x(nT_s)$ 恢复出来，只要满足 $f_s=1/T_s>2f_N$，其中 f_N 为奈奎斯特频率，采样率 $f_s=2f_N$ 被称为奈奎斯特采样率[1,2]。

1.2.2 带通信号的采样

假设我们对一个频带宽度为 $B=B_2-B_1$ 的带通信号进行采样，即

$$X(f)=0 \quad f<B_1, f>B_2 \tag{1.19}$$

假设信号的中心频率 $f_c=(B_1+B_2)/2$，最高频率 $f_c+B/2$ 是带宽 B 的整数倍，也就是说，最高频率可以表示为

$$f_c+\frac{B}{2}=kB \tag{1.20}$$

式中，k 为整数。如果用 $f_c=2B$ 的采样率进行采样，信号也可以不失真地被还原。所以，采样率未必需要是最高频率 $f_c+B/2$ 的 2 倍以上，最低可以达到 $2B$，即

$$f_s>2B \tag{1.21}$$

如果加入信号的最高频率不是带宽的整数倍，那么采样率就应该满足

$$f_s>\frac{2Bk'}{k} \tag{1.22}$$

$$k'=\frac{f_c+B/2}{B} \tag{1.23}$$

其中

$$k=\text{integer}\left(k'\right) \tag{1.24}$$

式中，函数“integer(k')”表示给出一个小于等于 k' 的最大整数。因为 k'/k 在最坏的情况下也就接近于 2，所以带宽为 B 的带通信号，最小需要的采样率范围为[2]

$$2B\leqslant f_s<4B \tag{1.25}$$

也就是说，对于带宽为 B 的带通信号，最小的采样率范围在 $2B$ 和 $4B$ 之间。

1.3　信号的重构

除了采样，还需要了解从离散时间信号恢复到连续时间信号的过程。这个过程往往用图 1.9 所示的 DAC 表示。

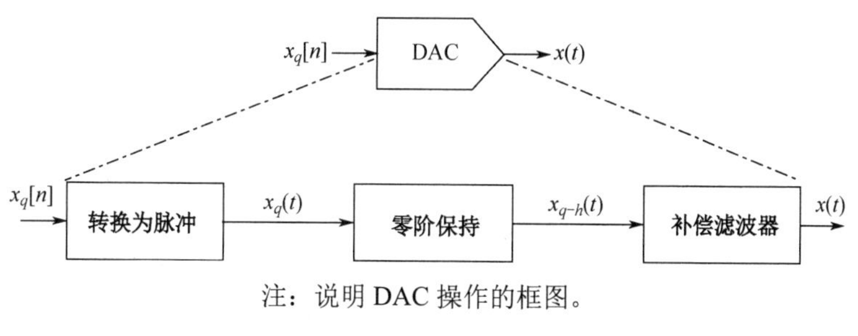

注：说明 DAC 操作的框图。

图 1.9

从频域角度分析，可以看出连续时间信号可以将脉冲串经过一个增益为 T_s、截止频率为 f_c 的理想低通滤波器（low-pass filter，LPF）来恢复。这个滤波器常被称为重构滤波器，其传输函数 $H_r(f)$ 为

$$H_r(f)=\begin{cases}T_s & |f|<f_c\\ 0 & \text{其他}\end{cases} \tag{1.26}$$

以及

$$B < f_c < f_s - B \tag{1.27}$$

由此可得

$$H_r(f) = \begin{cases} T_s & |f| < f_s/2 \\ 0 & \text{其他} \end{cases} \tag{1.28}$$

如图 1.10 所示。所以，在频域中得到的重构信号的频谱波形为

$$X_r(f) = X_s(f) \times H_r(f) = X(f) \tag{1.29}$$

在时域中，重构信号可以表示为

$$x_r(t) = \sum_{n=-\infty}^{\infty} x[n] \operatorname{sinc}\left(\frac{t - nT_s}{T_s}\right) \tag{1.30}$$

因为 sinc(0)=1，所以在 $t = nT_s$ 时恢复的信号毫无意外地与采样信号在这个时刻点的数值相等。另外，通过 LPF 也恢复出了采样点之间的原始连续信号。如果被采样信号是用大于等于奈奎斯特采样率的采样速度对带限信号采样得到的，那么理想恢复信号 $x_r(t)$ 将与原始连续信号相等。然而，因为理想 LPF 并不是物理可实现的，所以实际的恢复信号将含有一些失真。例如，一个零阶保持重构滤波器的滤波器频域特性如图 1.10 所示，它可以表达为

$$H_{s-h}(f) = T_s e^{-j\pi f T_s} \operatorname{sinc}(T_s f) \tag{1.31}$$

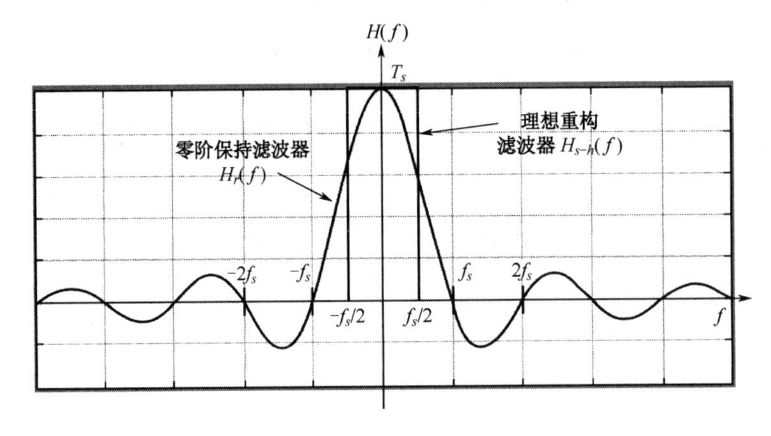

注：理想重构滤波器和零阶保持滤波器的频域表示。

图 1.10

为了减少滤波器特性带来的失真，需要在零阶保持滤波器后面加上一个重构补偿滤波器 $H_c(f)$，使得两者的综合性能与理想重构滤波器特性 $H_r(f)$ 相同，即

$$H_{s-h}(f) \times H_c(f) = H_r(f) \tag{1.32}$$

所以

$$H_c(f) = \frac{H_r(f)}{H_{s-h}(f)} \tag{1.33}$$

以及

$$H_c(f) = \begin{cases} \dfrac{e^{j\pi f T_s}}{\operatorname{sinc}(T_s f)} & |f| < f_s/2 \\ 0 & \text{其他} \end{cases} \tag{1.34}$$

这个理想补偿滤波器包含一个 $T_s/2$ 的时间提前作用，以补偿零阶保持滤波器带来的延

迟。这种“时间提前系统”是物理不可实现的，因而它往往被忽略。所以补偿滤波器只处理幅频特性。如果信号带宽远小于奈奎斯特频率，就没有必要使用幅频补偿滤波器了。如果不是这样，或者对精度有很高的要求，就有必要使用补偿滤波器。这个滤波器也可以在 D/A 转换之前的离散时间域（或者数字域）里实现，去提前补偿用于将离散时间信号转换为连续时间信号的零阶保持滤波器。

1.4 量化

采样以后，数字化的另一个主要的工作是将信号的连续幅度转换到离散的数值上。它由 ADC 上的“量化器”完成。一个理想的 16 级（4 位）量化函数如图 1.11 所示。一个 8 级（3bit）量化器的概念性框图如图 1.12 所示，它使用了 7 个比较器将输入信号量化为 8 个输出级别。比较器是几乎每个 ADC 中的基本构成模块，当输入信号大于门限时输出 1，当输入信号小于门限输出 0。它是输入模拟信号与输出离散数字信号之间的接口。

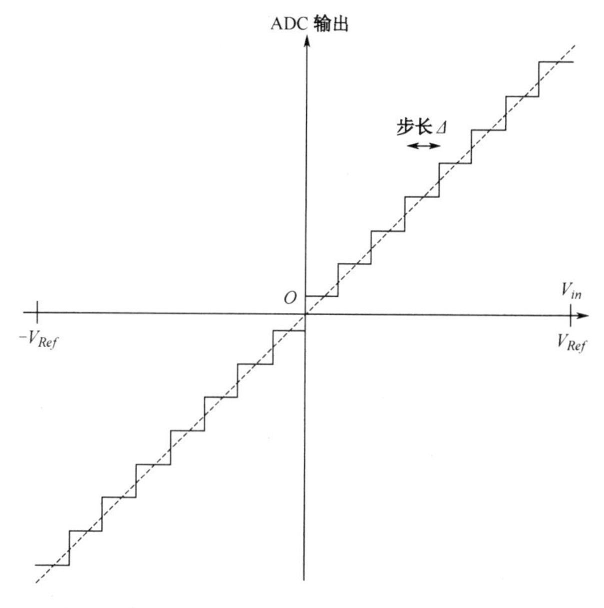

注：具有 16 级的理想“中间上升型”量化函数。

图 1.11

我们必须记住，理想的量化功能应该是一个非线性、不可逆的函数，它会导致不可恢复的信息损失。显然，在量化处理过程中将导致噪声和失真。

对于一个 L 级的量化器，L 级可以用 N bit 表达，其中

$$N = \log_2 L \tag{1.35}$$

如果输入信号幅度为 V_{FS}，量化步长 $\varDelta$ 为

$$\varDelta = \frac{V_{FS}}{2^N} = \frac{2V_{Ref}}{2^N} \tag{1.36}$$

式中，V_{Ref} 为参考电压，如图 1.11 和图 1.12 所示。如果输入幅度超过这个满幅度最大值，量化器的输出将被“钳住”，量化误差将随着输入幅度的增加而急剧增大。

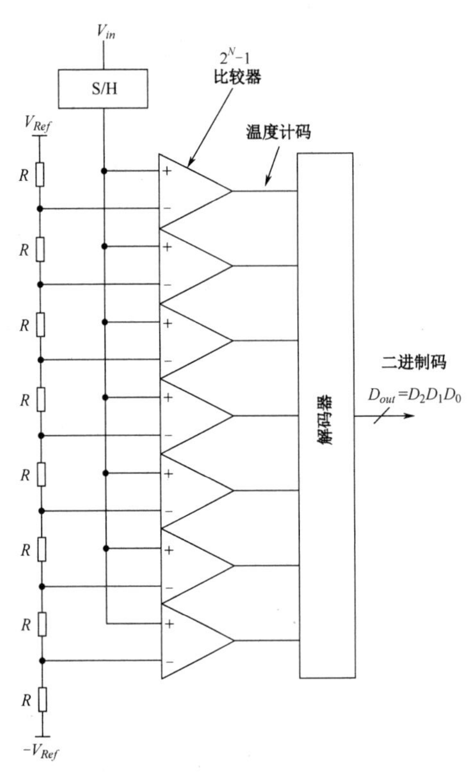

注：具有 8 个电平和 7 个比较器的“中间上升型”3 位快闪型 ADC。

图 1.12

图 1.11 所示的量化函数被称为“中间上升型”转换器，其 0 电平对应一个比较器门限。此外，还有另一种“中点平坦型”函数，如图 1.13 所示。这里的 0 是一个输出电平，在 0 点没有跃变。在这种实现方式中，当输入为 0 电平点时没有对称性，或者说需要奇数个比较电平以保持对称性。有些场合下，这种类型的函数也是有需求的，它可以在没有输入信号时减少由于噪声而在输出端导致“乱颤”。

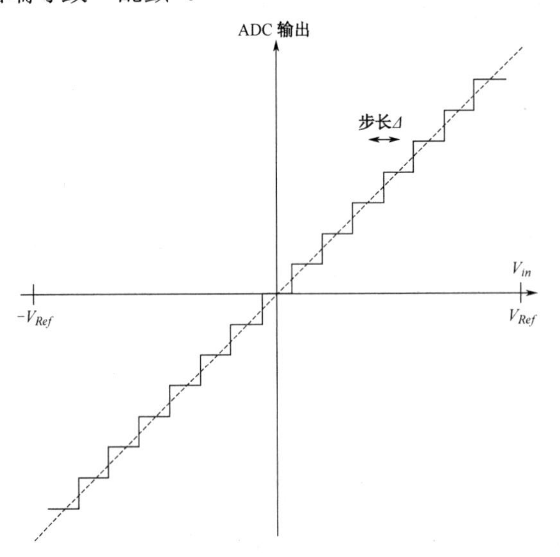

注：具有 16 级的理想“中间平坦型”量化函数。

图 1.13

在量化过程中导致的固有信息损失通常被称为“量化误差”或“量化噪声”。量化误差可以描述为随输入信号变换的锯齿状的函数，如图 1.14 所示。假设量化步长Δ足够小，量化误差的概率密度函数在量化步长Δ内均匀分布（从$-\Delta/2$到$\Delta/2$），概率密度函数$p(e)$可以表示为

$$p(e)=\begin{cases}\dfrac{1}{\Delta} & -\dfrac{\Delta}{2}<e\leqslant\dfrac{\Delta}{2}\\ 0 & \text{其他}\end{cases} \tag{1.37}$$

由此可以得到量化噪声的功率P_Q，即

$$P_Q=\int_{-\infty}^{\infty}e^2p(e)\mathrm{d}e=\int_{-\Delta/2}^{\Delta/2}\frac{e^2}{\Delta}\mathrm{d}e=\frac{2\Delta^3/8}{3\Delta}=\frac{\Delta^2}{12} \tag{1.38}$$

所以，在量化步长Δ的情况下，均匀分布量化噪声的功率为

$$P_Q=\frac{\Delta^2}{12} \tag{1.39}$$

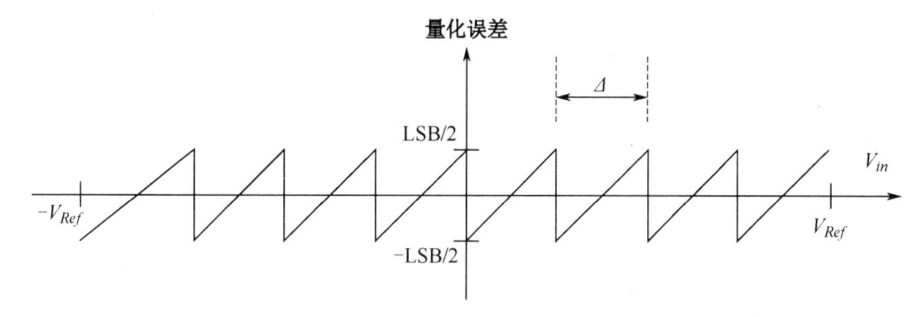

注：“中间上升型”量化器的量化误差与输入电压的函数关系。量化步长Δ等于 1 LSB。

图 1.14

对于一个幅度为$V_{FS}/2$的满量程正弦输入信号

$$x(t)=\frac{V_{FS}}{2}\sin(\omega t) \tag{1.40}$$

输入信号功率P_s为

$$P_s=\frac{V_{FS}^2}{8} \tag{1.41}$$

而信号与量化噪声比（signal-to-quantization noise ratio，SQNR）定义为

$$\text{SQNR}=\frac{P_s}{P_Q} \tag{1.42}$$

将式（1.39）和式（1.41）代入式（1.42）可以得到

$$\text{SQNR}=\frac{V_{FS}^2/8}{\Delta^2/12}=\frac{V_{FS}^2/8}{V_{FS}^2/\left(12\times2^{2N}\right)} \tag{1.43}$$

所以

$$\text{SQNR}=\frac{3\times2^{2N}}{2} \tag{1.44}$$

式中，N为量化比特数。如果用分贝来表示 SQNR，定义

$$\text{SQNR (dB)} = 10\log\left(\frac{P_s}{P_Q}\right) \tag{1.45}$$ ①

将式（1.44）代入式（1.45），可以得到

$$\text{SQNR (dB)} = 10\log\left(\frac{3\times 2^{2N}}{2}\right) \tag{1.46}$$

以及

$$\text{SQNR (dB)} = 2N\log 2 + 10\log\frac{3}{2} \tag{1.47}$$

所以，当用 N 量化位量化正弦信号时，SQNR 为

$$\text{SQNR (dB)} = 6.02\times N + 1.76\text{dB} \tag{1.48}$$

假如输入信号是一个零均值、标准差为 1/4ADC 满幅值的高斯分布的噪声的时候，信号功率 P_s 为

$$P_s = \frac{V_{FS}^2}{16} \tag{1.49}$$

将式（1.39）和式（1.49）代入式（1.45），可以得到

$$\text{SQNR (dB)} = 6.02\times N - 1.25\text{dB} \tag{1.50}$$

从式（1.48）和式（1.50）中可以看出，量化位数每多 1bit，SQNR 增加 6dB。这是 ADC 的一个关键的特性。

必须注意的是，量化噪声不是一个白噪声。对于量化噪声特性而言，除了在量化步长内均匀分布，噪声在奈奎斯特频带内一定不是白色的。量化器的量化过程产生的噪声与输入信号相关，它会在输出信号频谱中产生杂散②和谐波，理想量化器也不例外。文献[4,5]讨论了这些量化导致的杂散的期望值。对 ADC 线性度的频域度量一般是通过无杂散动态范围（spurious-free dynamic range，SFDR）描述，它定义为信号的功率与最高的杂散/谐波功率的比值，具体内容将在第 2 章中介绍。理想量化过程下的 SFDR 可以近似表示为[4,5]

$$\text{SFDR(dBFS)} \approx 9N - c \tag{1.51}$$

式中，c 是一个范围为 0（低分辨率情况下）～6（高信噪比情况下）的常数。由此可知，量化位数每提高 1bit，SFDR 提高 9dB。SFDR 取决于出现在基波的 $2^N\pi$ 倍的最差谐波分量。另外，低阶谐波通常为 $9N$ dBFS。

除了数学推导，最好还能从直觉上理解量化过程对线性度的影响[5]。量化误差与输入信号的关系如图 1.14 所示，量化位数每提高 1bit，量化误差的幅度就降低一倍，量化误差功率降低 4 倍，因此在 SQNR 上提高 6dB。如果没有其他因素影响，杂散的幅度也应该降低 6dB。然而，量化位数每增加一位同时会导致量化误差函数中的锯齿段数增加一倍，这将导致谐波数目增加一倍。因为谐波数目翻倍的同时总功率降低了 4 倍（6dB），每个谐波的功率大约降低 2 倍（3dB），上面两个因素综合导致每量化位数带来 9dB/量化比特的杂散功率改善，对 SFDR 也是如此，正如式（1.51）给出的结论。

通过这种直觉上的理解，可以发现改善量化过程带来的杂散幅度的影响以及类似的非线性影响的关键在于降低总功率，以及同时增加量化误差曲线的锯齿段数。也就是说，必须增加量化位数。锯齿段数的增加会将杂散失真功率分散到更多的谐波中，由此降低了谐波的幅

① 译者注：本书中，log 是指以 10 为底的对数，与原著保持统一的表达方式。

② 译者注：杂散（spur）指在信号频谱上出现的尖刺状的干扰分量。

度。这就是在第 9 章中将要讨论到的提高 ADC 线性度的“抖动”技术的关键。

1.5　编码

采样和量化完成后，ADC 的输出可以编码为多种格式，如二进制码、偏移二进制码、补码、格雷码或其他需要的格式。一般情况下，可以通过直接数字方式产生不同的数字编码。另外，也可以在输出部分加上数字信号处理过程来实现各种函数，甚至可以如后面第 9 章中即将介绍的那样通过数字辅助处理提高转换器的精度。

1.6　欠采样和过采样

如果输入信号处于直流到 $f_s/2$ 频率区间（也就是俗称的第一奈奎斯特域）的时候，可以通过一个截止频率小于奈奎斯特频率的 LPF 实现抗混叠功能。由于理想 LPF 无法实现，信号的最高频率分量必须小于奈奎斯特频率（通常是 f_s 的 2/3 或 1/2），以适应实际滤波器过渡带的滚降特性，如图 1.15 所示。另外，输入信号也可以落在其他奈奎斯特域中，如可以落在处于 $f_s/2$ 到 f_s 区间的第二奈奎斯特域，这种情况被称为欠采样。在这种情况下，可以用一个图 1.16 所示的带通滤波器进行抗混叠滤波。只要信号的带宽 B 小于 $f_s/2$ 且满足 1.2.2 节中给出的条件，就不会产生混叠，可以从采样信号中恢复原信号。在对 IF 和 RF 的采样中，信号的带宽小于奈奎斯特带宽，但是中心频率可能比奈奎斯特频率大得多，这些情况下都可以采用欠采样。所以，在 ADC 的采样电路设计中，必须考虑其带宽大于奈奎斯特带宽的情况。

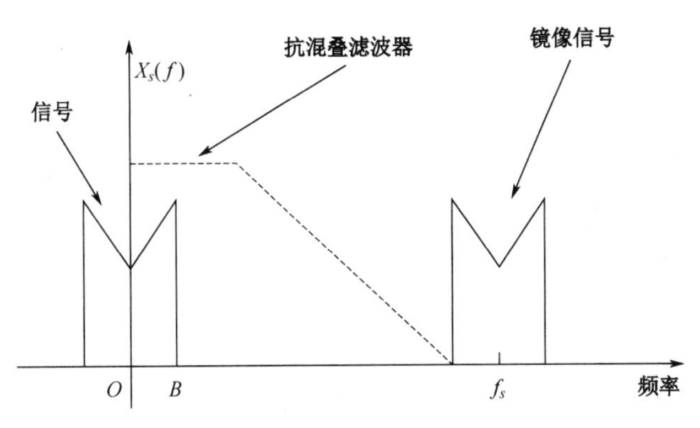

注：带有抗混叠滤波器的采样信号。

图 1.15

另外，实际选用的采样率也可以比信号带宽的 2 倍（2B）大得多，这种采样被称为过采样（oversampling）。如果使用得当，过采样可以简化抗混叠滤波、系统设计、频率划分、成本、性能等方面的难度。过采样率（OSR）定义为

$$\text{OSR}=\frac{f_s}{2B} \tag{1.52}$$

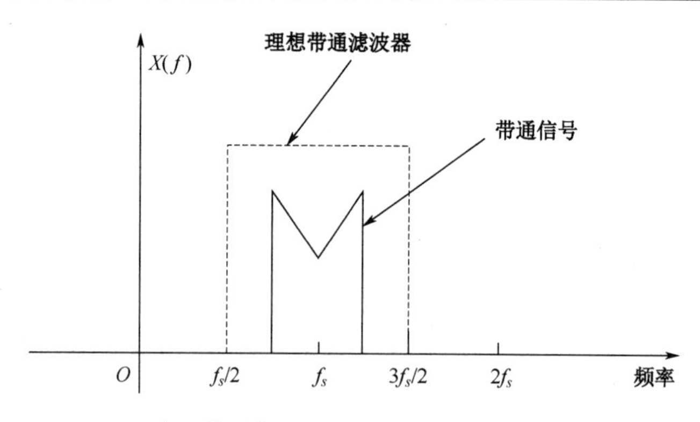

注：带通信号和带通抗混叠滤波器。

图 1.16

过采样的优点之一是可以通过数字滤波器减少系统的噪声，滤除无用的信号分量和谐波。例如，假如 ADC 的输出中，在奈奎斯特频带内存在均匀分布的白噪声，通过过采样的数字滤波进行噪声特性改善，可以取得信噪比（signal-to-noise ratio，SNR）上的处理增益（processing gain，PG）。

$$\mathrm{PG(dB)} = 10\log \mathrm{OSR} \tag{1.53}$$

在小于奈奎斯特频率的带宽 B 内的信噪比（SNR_B）相对于整个奈奎斯特域上的信噪比（SNR_{Nyq}）的改善程度可以表达为

$$\mathrm{SNR}_B = \mathrm{SNR}_{Nyq} + 10\log \mathrm{OSR} \tag{1.54}$$

或者

$$\mathrm{SNR}_B = \mathrm{SNR}_{Nyq} + 3\log_2 \mathrm{OSR} \tag{1.55}$$

所以，通过过采样和适当的数字滤波，每增加 1 倍采样率，ADC 的 SNR 可以改善 3dB。此外，对于一些无用的谐波或杂散噪声，如果它们落在信号带宽以外，也可以通过数字处理滤除，这也可以改善 SFDR。

1.7 抽取和内插

在一些应用场合，需要改变数字信号的采样频率，如降低采样速率（通常被称为抽取或降采样）或提高采样率（内插或升采样）。抽取可以压缩数据量，内插则增加数据量。

对抽样信号的降采样可以通过在一个降低的速率上对信号进行重新采样完成。如果将信号 $x[n]$ 的采样频率降低整数倍 M，可以得到一个新的降采样后的离散时间信号 $x_d[n]$[1]，即

$$x_d[n] = x_s[nM] = x(nMT_s) \tag{1.56}$$

这是一个在新的采样周期 $T_d = MT_s$ 下得到的新的采样信号，其采样频率为 $f_d = f_s / M$。所以，在频域上，如果原来的采样信号的频谱为

$$X_s\left(\mathrm{e}^{\mathrm{j}\omega}\right) = \frac{1}{T_s}\sum_{k=-\infty}^{\infty} X\left(\frac{\mathrm{j}\omega}{T_s} - \frac{\mathrm{j}2\pi k}{T_s}\right) \tag{1.57}$$

那么降采样后信号的频谱为

$$X_d\left(\mathrm{e}^{\mathrm{j}\omega}\right)=\frac{1}{T_d}\sum_{k=-\infty}^{\infty}X\left(\frac{\mathrm{j}\omega}{T_d}-\frac{\mathrm{j}2\pi k}{T_d}\right) \tag{1.58}$$

也就是

$$X_d\left(\mathrm{e}^{\mathrm{j}\omega}\right)=\frac{1}{MT_s}\sum_{k=-\infty}^{\infty}X\left(\frac{\mathrm{j}\omega}{MT_s}-\frac{\mathrm{j}2\pi k}{MT_s}\right) \tag{1.59}$$

对比式（1.57）和式（1.59），可知降采样后的信号 $x_d[n]$ 的频谱可以用原采样信号 $x[n]$ 的频谱表示为

$$X_d\left(\mathrm{e}^{\mathrm{j}\omega}\right)=\frac{1}{M}\sum_{k=0}^{M-1}X_s\left(\mathrm{e}^{\mathrm{j}\left(\frac{\mu}{M}-2\pi k/M\right)}\right) \tag{1.60}$$

我们可以将降采样过程理解为将信号的频谱在频域的频率轴方向上拉长 M 倍，幅度降低 $1/M$。为了防止频谱混叠失真，$x_s[n]$ 必须是一个在 ω_B 内的带限信号，即

$$X_s\left(\mathrm{e}^{\mathrm{j}\omega}\right)=0 \quad \omega_B\leqslant\omega\leqslant\pi \tag{1.61}$$

其中，ω_B 为

$$2\omega_B<2\pi/M \tag{1.62}$$

即

$$2f_B<1/MT_s \tag{1.63}$$

或者

$$2f_B<f_s/M \tag{1.64}$$

图 1.17 以 M=2 为例给出了一个带宽小于 $f_s/4=f_d/2$ 的信号降采样后的结果。在这个例子中，降采样没有导致混叠失真。图 1.18 给出了另一个信号带宽等于 f_d 时的例子，不满足式（1.64），这时产生了混叠，降采样后无法恢复原信号。如果这个信号在降采样前进行了低通滤波，将频带限制在 $f_d/2$ 以内，降采样将不会产生混叠，信号可以被恢复，如图 1.19 所示。一般情况下，为了保证不产生混叠失真，在进行 M 倍降采样以前可以用一个带宽为 $\omega_B=\pi/M$ 的数字低通滤波器进行滤波。这个滤波和降采样的过程被称为抽取。

另外，可以通过在已有的采样之间插入额外的采样信号来增加采样率。新的采样周期 $T_u=T_s/L$，新采样率为 $f_u=Lf_s$。为了将采样率提高 L 倍，可以在原有的采样之间插入零

$$x_u[n]=\begin{cases}x_s[n/L]=x\left(\dfrac{nT_s}{L}\right) & n=0,\pm L,\pm 2L,\cdots\\ 0 & 其他\end{cases} \tag{1.65}$$

式中，$x_u[n]$ 为升采样后的信号，如图 1.20 所示。它可以表示为

$$x_u[n]=\sum_{k=-\infty}^{\infty}x_s[k]\delta[n-kL] \tag{1.66}$$

在频域有

$$X_u\left(\mathrm{e}^{\mathrm{j}\omega}\right)=X_s\left(\mathrm{e}^{\mathrm{j}\omega L}\right) \tag{1.67}$$

正如我们从离散时间信号重构连续时间信号的方法一样，内插后的信号 $x_u[n]$ 可以通过增益为 L、截止频率 π/L 的理想 LPF 进行低通滤波处理恢复。这个滤波器的传输函数为

$$H_r\left(\mathrm{e}^{\mathrm{j}\omega}\right)=\begin{cases}L & |\omega|<\pi/L\\ 0 & 其他\end{cases} \tag{1.68}$$

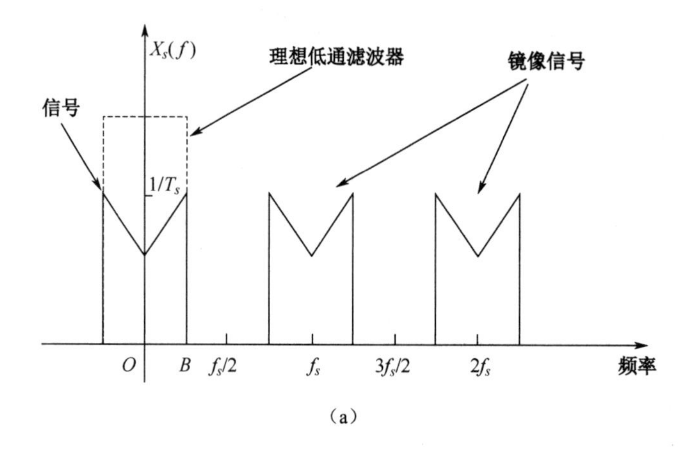

(a)

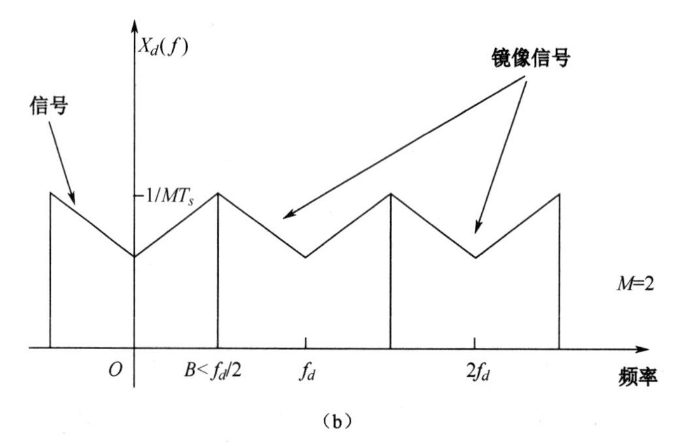

(b)

注：图中采样信号 $X_s(f)$及其降采样信号 $X_d(f)$的频率表示。此时，$2B<f_d$且$f_d=f_s/2$ (M=2)。

图 1.17

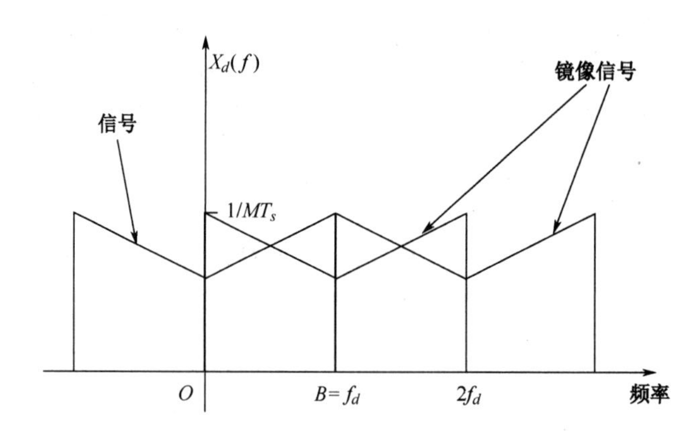

注：降采样信号 $X_d(f)$的频率表示。此时 $B=f_d$且$f_d=f_s/2$ (M=2)。

图 1.18

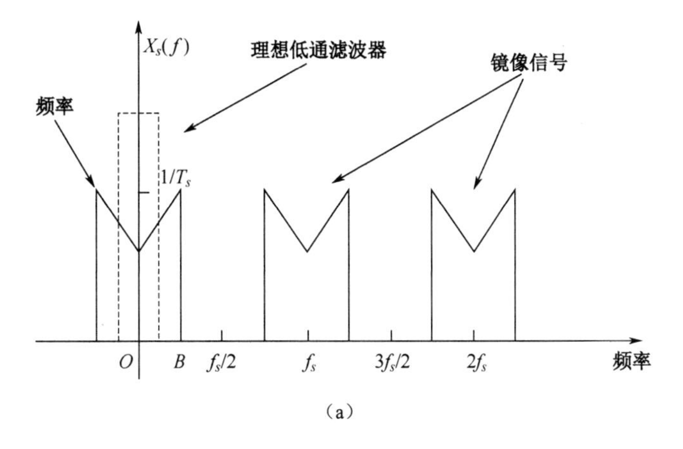

(a)

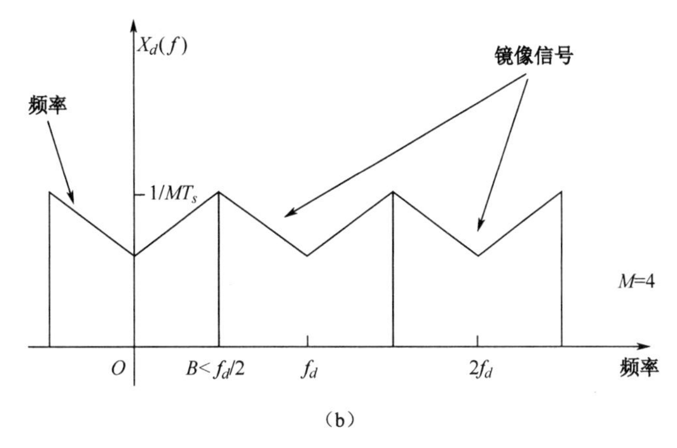

(b)

注：图中采样信号 $X_s(f)$及其降采样信号 $X_d(f)$的频率表示。此时，尽管原始信号带宽大于 $f_d/2$，它在降采样之前受到理想 LPF 的频带限制。由于 $B<f_d/2$，无折叠失真。此时，$f_d=f_s/4$ (M=4)。

图 1.19

所以，我们可以认为内插信号频谱等于原信号在频域沿着频率轴压缩$1/L$、幅度增加L倍。在时域中，滤波器的冲激响应为

$$h_r[n]=\operatorname{sinc}\left(\frac{n}{L}\right) \tag{1.69}$$

内插信号可以通过$x_u[n]$和$h_r[n]$的卷积得到[1]

$$x_i[n]=\sum_{k=-\infty}^{\infty}x_s[k]\operatorname{sinc}\left(\frac{n-kL}{L}\right) \tag{1.70}$$

所以，如果通过理想 LPF 完成内插处理，内插后的信号满足

$$x_i[n]=x_s\left[\frac{n}{L}\right]=x\left(\frac{nT_s}{L}\right) \quad , \quad n=0,\pm L,\pm 2L,\cdots \tag{1.71}$$

在实际应用中，理想 LPF 是物理不可实现的，即使是在数字域。但是可以找到很接近理想特性的物理可实现的 LPF。在很多应用场合，简单的内插方法（如线性内插）足以完成这种任务。

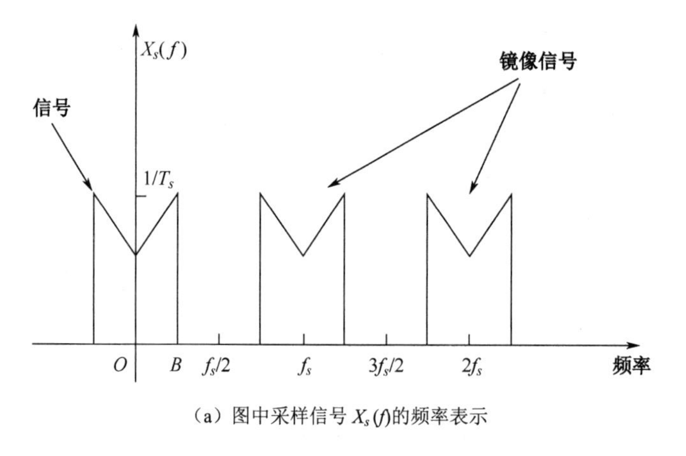

（a）图中采样信号 $X_s(f)$的频率表示

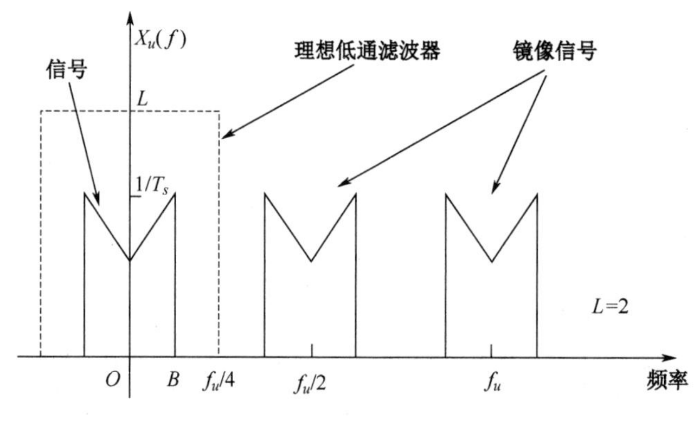

（b）L=2 的未采样信号 $X_u(f)$

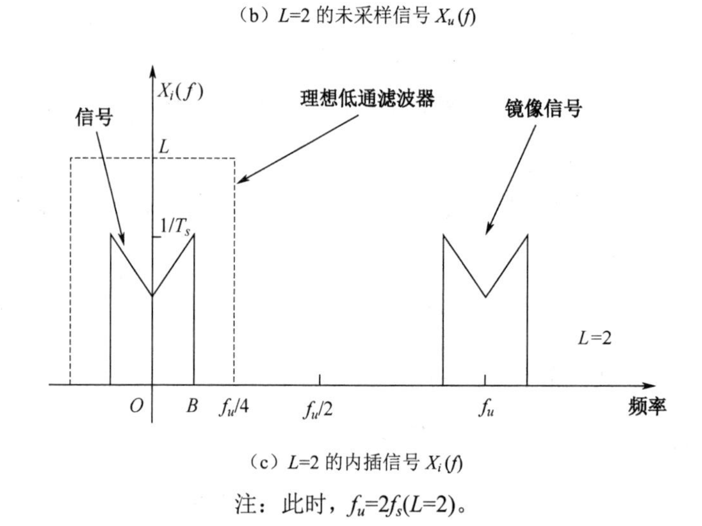

（c）L=2 的内插信号 $X_i(f)$

注：此时，$f_u=2f_s(L=2)$。

图 1.20

1.8 结论

本章讨论了 A/D 和 D/A 转换的处理过程。A/D 转换有采样和量化两个部分完成，D/A 转换则由模拟保持和恢复滤波器构成，这里给出了各种处理的理论分析。此外还介绍了奈奎斯特采样理论，以及欠采样、过采样的概念。最后介绍了抽取和内插。

思　考　题

1．画出一个 4bit ADC 对正弦信号进行采样量化后的时域和频域波形。

2．对一个 1MHz 的单频正弦波进行采样，需要的最小的采样频率是多少？为什么？

3．对一个 10MHz 带宽的信号进行无失真采样所需要的理论上的最低频率是多少？如果带宽变为 100MHz 情况又怎么样？

4．一个信号的带宽为 100MHz，中心频率为 100MHz。理论不失真最小采样频率是多少？

5．一个信号的带宽为 100MHz，中心频率为 1GHz。理论不失真最小采样频率是多少？

6．一个带宽为 10MHz 的信号，通过一个 14bit、1GS/s 的 ADC 进行采样量化。

（1）量化产生的 SINAD 是多少？

（2）如果量化后通过一个 10MHz 的数字滤波器进行滤波，输出信号的 SINAD 是多少？

7．用任意一种编程语言编写代码实现一个理想 10bit、100MS/s 的 ADC，画出下面条件下输出信号的时域和频域波形。

（1）输入信号是一个 10MHz 的单音信号。

（2）输入频率分别在 10MHz 和 12MHz 的双音信号。

（3）通过 4K FFT 进行分析，噪底情况如何？

（4）使用 16K FFT 进行分析，噪底情况如何？

（5）噪底大小与 FFT 点数有什么关系？

8．一个带宽为 10MHz 的信号，通过一个 14bit、1GS/s 的 ADC 进行采样量化，如果将其输出进行 4 倍的降采样，信号是否可以不失真地恢复？如果降采样 8 倍呢？

参 考 文 献

[1] A.V. Oppenheim and R.W. Schafer, *Discrete-Time Signal Processing*, Prentice Hall, Englewood Cliffs, NJ, 1989.

[2] J.G. Proakis and D.G. Manolakis, *Digital Signal Processing: Principles, Algorithms and Applications*, Third Edition, Prentice Hall, Upper Saddle River, NJ, 1996.

[3] B. Razavi, *Principles of Data Conversion System Design*, IEEE Press, Piscataway, NJ, 1995.

[4] H. Pan, “A 3.3-V 12-b 50-MS/s A/D Converter in 0.6-mm CMOS with over 80-dB SFDR,” Ph.D. dissertation, UCLA, Dec. 1999.

[5] H. Pan and A.A. Abidi, “Spectral Spurs due to Quantization in Nyquist ADCs,” *IEEE Trans. Circuits and Systems-I: Regular Papers*, 51(8), pp. 1422–1438, August 2004.

[6] F. Maloberti, *Data Converters*, Springer, Dordrecht, The Netherlands, 2010.

[7] M.J.M. Pelgrom, *Analog-to-Digital Conversion*, Second Edition, Springer, Dordrecht, The Netherlands, 2013.

第 2 章 性能指标

第 1 章讨论了理想的 ADC 和 DAC。在现实应用中，存在着大量的非理性因素，会对转换过程产生影响，使得实际的转换过程与理想转换过程之间产生差异。本章将重点面向高速 ADC，讨论描述转换器性能的指标。因为这里存在多方面的性能，对 ADC 性能的描述会是一个复杂的过程，甚至有时候会引起一些迷惑。对一个 ADC 设计者或使用者而言，迫切需要掌握各种性能指标以及它们之间的相互关系。

一个理想 ADC 的数字输出重构信号与其输入之间的函数关系如图 2.1 所示。这里假设各处的量化步长（$\varDelta$）为处处相等的理想数值。输入的最大信号幅度决定于参考电压 V_{Ref}，取值为 $-V_{Ref} \sim V_{Ref}$。对于理想 ADC，量化是唯一的噪声和失真来源，但是在实际工程中，很多其他因素也会对噪声和失真产生影响，本章将讨论这些问题。

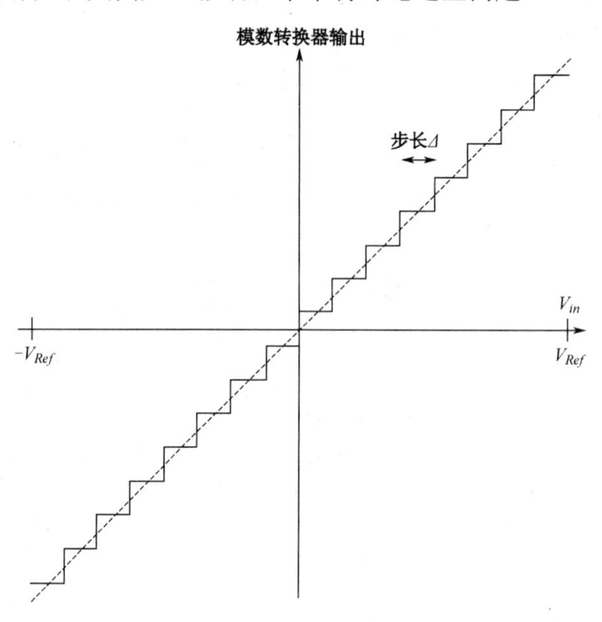

注：理想 ADC 数字输出重构信号与模拟输入信号之间的函数关系。

图 2.1

一些常用的 ADC 性能指标有：分辨率、采样率、信噪比（signal-to-noise ratio，SNR）、信号与噪声失真比（signal-to-noise-and-distortion ratio，SNDR 或 SINAD）、噪声谱密度（noise spectral density，NSD）、无杂散动态范围（spurious-free dynamic range，SFDR）、总谐波失真（total harmonic distortion，THD）、互调失真（inter-modulation distortion，IMD）、积分非线性（integral non-linearity，INL）、微分非线性（differential non-linearity，DNL）、抖动（jitter）、失调误差、增益误差、误码率（bit error rate，BER）、功耗。

2.1　分辨率和采样率

分辨率和采样率是数据转换器的两个最重要的指标，它们常被用于在精度-速度空间中标明转换器的地位。ADC（或者 DAC）的分辨率定义为转换器的量化位数（N），通过分辨率以及满刻度电压（V_{FS}），可以计算出第 1 章中介绍过的量化步长（Δ）或 LSB 尺度。

$$\Delta = \frac{V_{FS}}{2^N} = \frac{2V_{Ref}}{2^N} = \text{LSB} \tag{2.1}$$

量化噪声功率 P_Q 则为

$$P_Q = \frac{\Delta^2}{12} = \frac{\text{LSB}^2}{12} = \frac{V_{FS}^2}{12 \times 2^{2N}} \tag{2.2}$$

采样率 f_s（或吞吐率）定义为 1s 内 ADC 采样的次数。正如第 1 章中介绍的奈奎斯特采样定理相关理论时讨论的那样，它决定了允许的输入信号的最大带宽（f_B），即

$$f_B < f_s / 2 \tag{2.3}$$

这个带宽上限也经常被称为量化带宽或奈奎斯特带宽（B_N），以区别于第 4 章中将要讨论到的 ADC 采样电路的带宽（B_{in}）。在实际应用中，抗混叠滤波器可以保证量化带宽小于奈奎斯特频率。

如果在不增加信号带宽的条件下增加采样率，就称为第 1 章讨论过的过采样（oversampling）。在过采样的情况下，可以通过 ADC 后面的数字滤波器处理，去除信号频带外的噪声，得到更好的性能。可以用处理增益因子 PG 表述超采样对噪声的抑制程度，其定义为

$$\text{PG(dB)} = 10\log(\text{OSR}) = 10\log\left(f_s / 2f_B\right) = 10\log\left(B_N / f_B\right) \tag{2.4}$$

其中，过采样率 OSR 定义为

$$\text{OSR} = \frac{f_s}{2f_B} = \frac{B_N}{f_B} \tag{2.5}$$

在减少噪声的同时，过采样可以通过数字滤波改善信号频带外谐波带来的杂散。

2.2　信号与噪声失真比

信号与噪声失真比（SNDR/SINAD）定义为信号功率与除直流之外的噪声功率的比值，单位为 dB。如图 2.2 所示，其计算公式为

$$\text{SNDR (dB)} = \text{SINAD (dB)} = 10\log\left(\frac{\text{信号功率}}{\text{噪声} + \text{失真功率}}\right) \tag{2.6}$$

$$\text{SNDR (dB)} = \text{SINAD (dB)} = 10\log\left(\frac{P_s}{P_N}\right) \tag{2.7}$$

如果噪声中只有量化噪声，那么 SNDR 为

$$\text{SNDR (dB)} = \text{SINAD (dB)} = \text{SQNR (dB)} = 10\log\left(\frac{P_s}{P_Q}\right) \tag{2.8}$$

式中，P_Q 为量化噪声功率。当输入信号为正弦波时，有

$$\text{SNDR (dB)} = \text{SINAD (dB)} = \text{SQNR(dB)} = 6.02N + 1.76\text{dB} \tag{2.9}$$

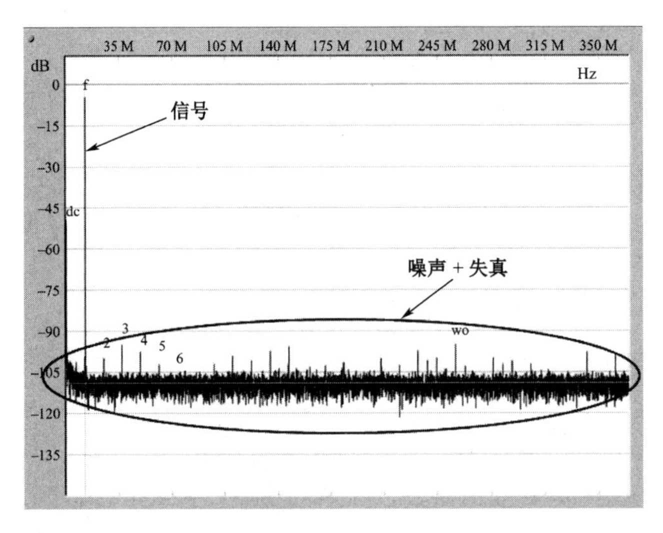

注：一个 ADC 输出信号频谱例子。y 轴幅度单位为 dBFS，x 轴频率单位为 Hz。谐波的次数在图中用数字标出。图中用“dc”标注出 DC 分量；用“f”标注输入信号的基频，大约为 10MHz；用“wo”标注出 6 次谐波以外的最大的谐波干扰。

图 2.2

在大多数情况下，SNDR/SINAD 计算中的信号部分用单音（正弦）作为输入信号，而噪声通常有多个来源：量化噪声和杂散；信号通道中的器件带来的噪声；采样时钟通道中的抖动带来的噪声和杂散；信号通道的非线性。

当前的高速转换器在 80MS/s 速度情况下，SNDR 约为 84dBFS[1]。如果采样速度增加，SNDR 一般都会下降。例如，在 250MS/s 速度下 SNDR 约为 77dBFS[2]，在 1GS/s 下约为 69dBFS[3]，在 5GS/s 下约为 63dB[4]。

在有些情况下，希望把谐波失真分量排除在噪声分量之外，一般会将前面的一些谐波分量（例如，前 6 次或 9 次谐波）去除，然后计算 SNR，则有

$$\mathrm{SNR(dB)} = 10\log\left(\frac{\text{信号功率}}{\text{噪声功率（不含谐波）}}\right) \tag{2.10}$$

尽管 SNR、SNDR 和 SINAD 一般用 dB 来表示比值，在实际应用中有时也用 dBc（也就是相对于“载波”）或 dBFS（也就是相对于满量程值）来表示，即

$$\mathrm{SNDR\ (dBc)} = 10\log\left(\frac{\text{信号功率}}{\text{噪声}+\text{失真功率}}\right) \tag{2.11}$$

以及

$$\mathrm{SNDR(dBFS)} = 10\log\left(\frac{\text{ADC 满量程功率}}{\text{噪声}+\text{失真功率}}\right) \tag{2.12}$$

如果输入信号幅度等于 ADC 满量程值，那么 dBc 和 dBFS 形式下的结果将相等。但是，如果输入信号幅度小于满量程值，两个结果将有所不同。如果噪声与输入信号的幅度无关，我们会认为当信号幅度减小时，以 dBc 为单位的 SNR/SNDR 将下降，而以 dBFS 为单位的 SNR/SNDR 将保持不变。然而，实际上，在信号幅度减小时，相同的非理想因素（如抖动、量化非线性等）带来的噪声将减小，这将导致以 dBFS 为单位的 SNR/SNDR 的改善。图 2.3 给出了一个例子，可以从中看到随着信号幅度的减小，以 dBFS 为单位的 SNDR 略有上升。

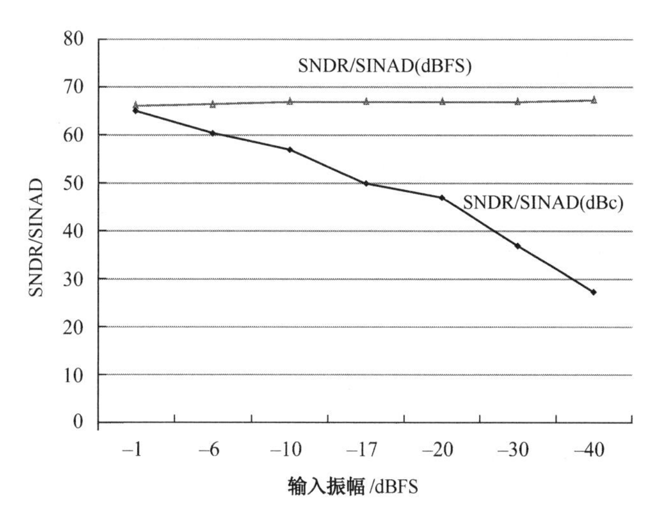

注：以 dBFS 为单位的 SNDR 或 SINAD 随输入信号幅度变化曲线。

图 2.3

第 1 章中曾经讨论过，过采样通过对信号频带外噪声进行数字滤波改善带内噪声。可以用 SINAD_B 表述在带宽 f_B 下的性能，其与整个奈奎斯特带宽下的 SINAD 的关系为

$$\mathrm{SINAD}_B = \mathrm{SINAD} + \mathrm{PG} = \mathrm{SINAD} + 10\log \mathrm{OSR} \tag{2.13}$$

式中，PG 为处理增益；OSR 为过采样率。

噪声谱密度（noise spectral density，NSD）描述了奈奎斯特带宽内单位为 Hz 频带中的平均噪声。对于白噪声下的 ADC 有

$$\mathrm{NSD} = -\mathrm{SINAD} - 10\log(f_s / 2) \tag{2.14}$$

例如，如果 SINAD 为 70dB，采样率为 1GS/s，NSD 将等于-157dB/Hz。注意，NSD 与 SINAD 和采样率都有关系，它同时受到噪声性能和 ADC 速度的影响，这就给不同 ADC 之间的 NSD 性能的比较带来困难。对有些应用场景而言，它们只使用了奈奎斯特频带以内一部分频带。这时 NSD 将比 SINAD 更加具有实用价值。在带宽 f_B 下的 SINAD_B 将小于奈奎斯特带宽下的 SINAD，其与 NSD 有着直接的关系。

$$\mathrm{SINAD}_B = -10\log(f_B) - \mathrm{NSD} \tag{2.15}$$

SNDR 是 ADC 的重要参数之一，因为它与另一个经常用到的指标“有效位数”(effective number of bits，ENOB）有关。ENOB 的定义为

$$\mathrm{ENOB} = (\mathrm{SNDR} - 1.76\mathrm{dB}) / 6.02 \tag{2.16}$$

将式（2.16）与式（2.9）相比较，可以看到 ENOB 与仅考虑量化误差情况下的 SNDR 结果相同。

另外还有一个指标，可以用于将噪声转化为等效分辨率。这个指标就是 ADC 的有效分辨率（effective resolution）[5]，其定义为

$$\text{有效分辨率}\ (N_{eff}) = \log_2\left(\frac{\text{ADC满刻度}}{\text{输入参考RMS噪声}}\right) \tag{2.17}$$

ENOB 经常在 sigma-delta (Σ - Δ)ADC 中描述它的有效分辨率，这种 ADC 使用了很少的量化位，通过噪声成型滤波器抑制量化噪声。但是对于奈奎斯特型 ADC，不能将 ENOB 看成是它“实际的”分辨率。虽然 ENOB 几乎都小于奈奎斯特型 ADC 的分辨率，但是并不能由此认为 ADC 的分辨率是不真实的。例如，如果一个 16 位的 ADC，若其输出特性中对

应其输出编码有着2^{16}个单调上升电平，没有漏码，那么这个ADC确实是16位。尽管其ENOB小于16bit，但这16bit对用户都有实际的使用价值。

另外，如果设计目标是ENOB达到16位，那么分辨率必须大于16位，否则即使不考虑其他诸如热噪声之类的影响，仅仅在考虑量化噪声的情况下，ENOB就已经被限制在16位以内。这就会要求我们大大压缩热噪声水平，使之低于16位量化电平以下，从而使之不会对ENOB产生影响，但是这在电路设计中往往意味着需要增加很高的功耗。所以，在设计高速高性能ADC时，经常让ENOB小于分辨率，减少量化噪声在总噪声中的影响，降低功耗。

总之，分辨率和ENOB是ADC的两个不同的性能指标。前者给出了量化位数，而后者给出了ADC的总噪声（SNDR/SINAD）。

下面做一个有趣的练习，寻找ENOB和有效分辨率（effective resolution，N_{eff}）之间的关系。由式（2.16）可以得到

$$\text{ENOB}=\frac{\text{SNDR}}{6}-\frac{1.76}{6}=10\frac{\log\left(P_s/P_N\right)}{6}-0.3$$

所以

$$\text{ENOB}=\log_2\left(\frac{V_{FS}/2\sqrt{2}}{n_v}\right)-0.3 \tag{2.18}$$

式中，n_v为输入端等效RMS噪声。根据式（2.17），有效分辨率N_{eff}等于

$$\text{有效分辨率}\left(N_{eff}\right)=\log_2\left(\frac{V_{FS}}{n_v}\right)$$

再根据式（2.18），可以得到

$$\text{有效分辨率}\left(N_{eff}\right)=\text{ENOB}+1.8\ \text{bit} \tag{2.19}$$

也就是两种分辨率指标相差1.8位。所以，如果一个16位的ADC，ENOB是14位，那么它的有效分辨率为15.8位。正是由于两种指标之间的差异，两者都会用于标称ADC的“真实”分辨率的原因，只不过它们通常用于描述ADC的噪声性能，而奈奎斯特ADC的实际分辨率取决于量化位数（N）。

2.3 无杂散动态范围

和SNDR一样，转换器的线性度也是一个非常重要的指标。通常用于描述转换器线性度的指标是无杂散动态范围（spurious-free dynamic range，SFDR），它定义为当输入信号为正弦波时，信号功率和最大的谐波或杂散的比值，即

$$\text{SFDR (dBc)}=10\log\left(\frac{\text{信号功率}}{\text{最差谐波或杂散功率}}\right) \tag{2.20}$$

此外，SFDR也可以用dBFS的形式表达为

$$\text{SFDR(dBFS)}=10\log\left(\frac{\text{ADC满量程功率}}{\text{最差谐波或杂散功率}}\right) \tag{2.21}$$

图2.4给出了一个例子。在图2.4（a）中是SFDR约为90dB情况下的频谱，图2.4（b）来自当前见诸报道的最好的SFDR的高速ADC[2]，其SFDR优于110dB。SFDR通常与输入

信号幅度有关。图 2.5 中给出了 dBc 和 dBFS 形式下的 SFDR 的结果。图 2.6 给出了不同的 dBFS 形式的输入幅度下 dBc 和 dBFS 形式的 SFDR 结果。图 2.7 给出了更多的 dBFS 形式下 SFDR 与 dBFS 形式的输入信号幅度之间的关系。从这些例子可以看出，对于不同的 ADC，SFDR 与输入信号幅度之间的关系会有很大的差异。在图 2.6 的例子中，dBFS 形式的 SFDR 随着输入幅度的降低而增加。但是在图 2.7（a）中则出现了另一种变化规律，dBFS 形式的 SFDR 随着输入幅度的降低略有减少（从 102dBFS 降低到 97dBFS），当输入幅度降低到 −20dBFS 后又有了显著的改善，增加到 105dBFS 以上。图 2.7（b）例子中的性能更差，变化更加显著。图 2.7 的两个例子中给出的是流水线型 ADC 当级内存在误差时的特性，具体内容将在第 3、7、9 章中讨论，同时会介绍改善性能的技术方案。

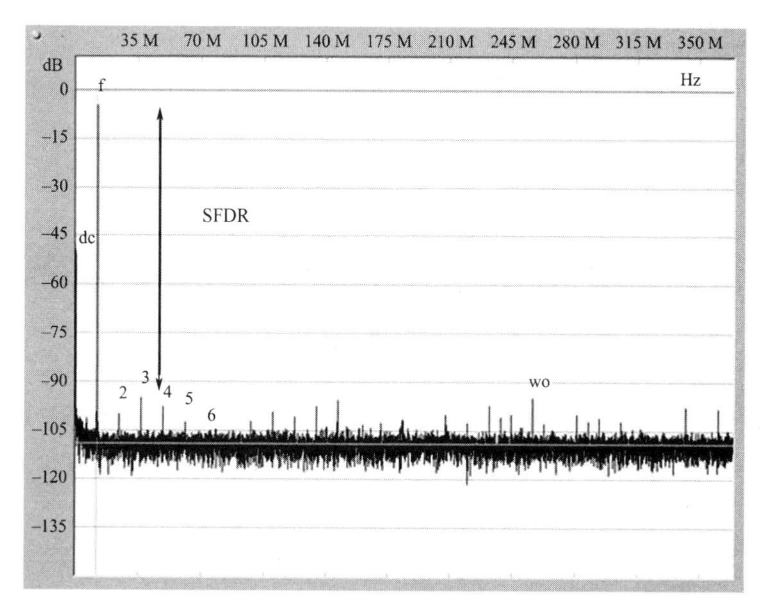

（a）标记了无杂散动态范围（SFDR）的一个 ADC 输出信号的频谱

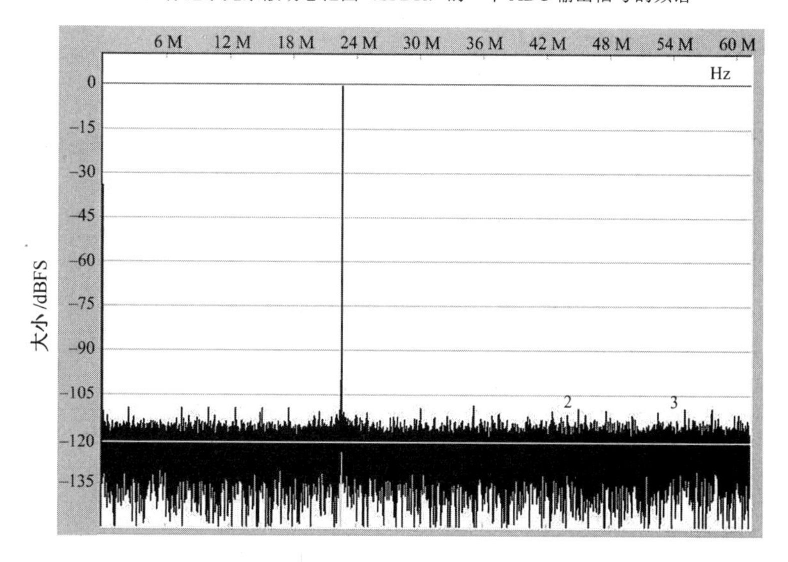

（b）一个 SFDR 优于 110dB 的 ADC 的输出频谱[2]

图 2.4

除了 SFDR，另一个常用于描述线性度的指标是 THD，它定义为总谐波功率（典型情况下只计入低 6 次或 9 次谐波功率）与信号功率的比值，即

$$\text{THD(dBc)} = 10\log\left(\frac{\text{总谐波功率}}{\text{信号功率}}\right) \tag{2.22}$$

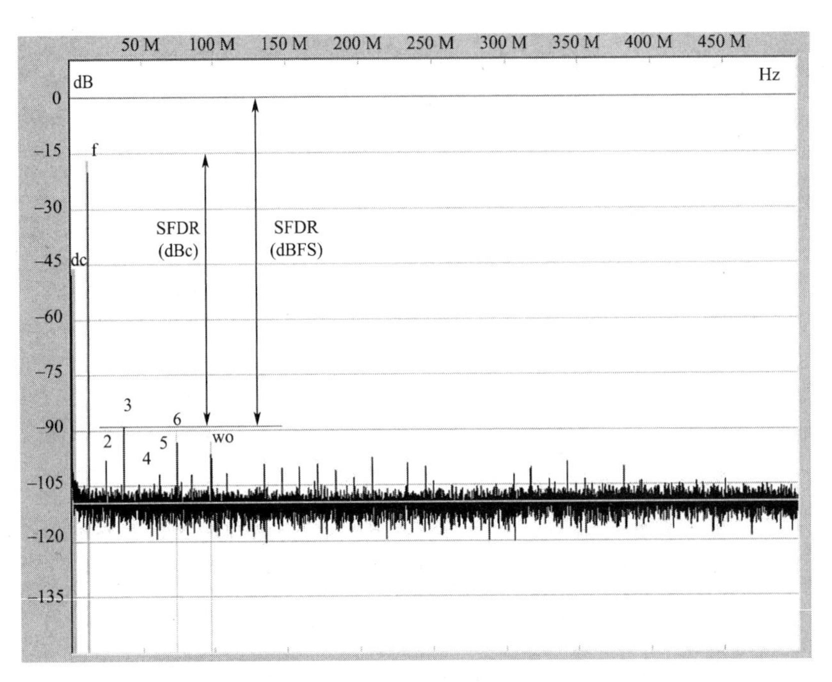

注：标记了 dBc 和 dBFS 形式下的无杂散动态范围（SFDR）ADC 输出频谱

图 2.5

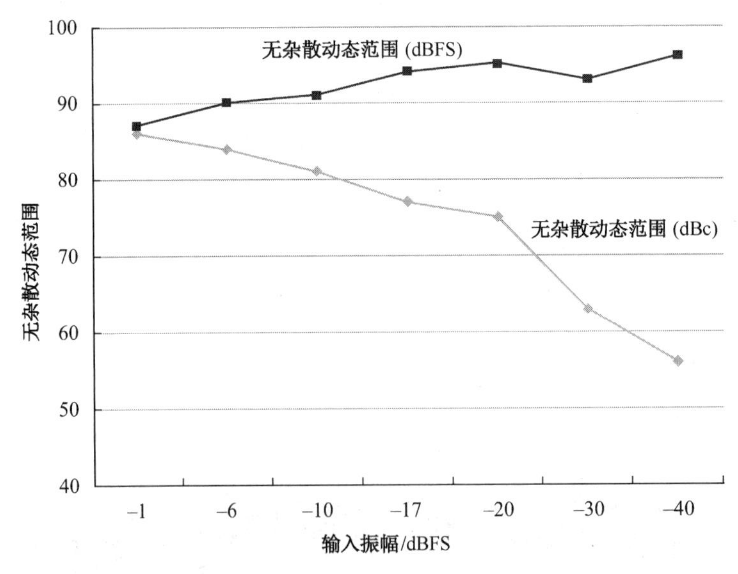

注：dBc 和 dBFS 形式下的 SFDR 与输入幅度之间的关系。

图 2.6

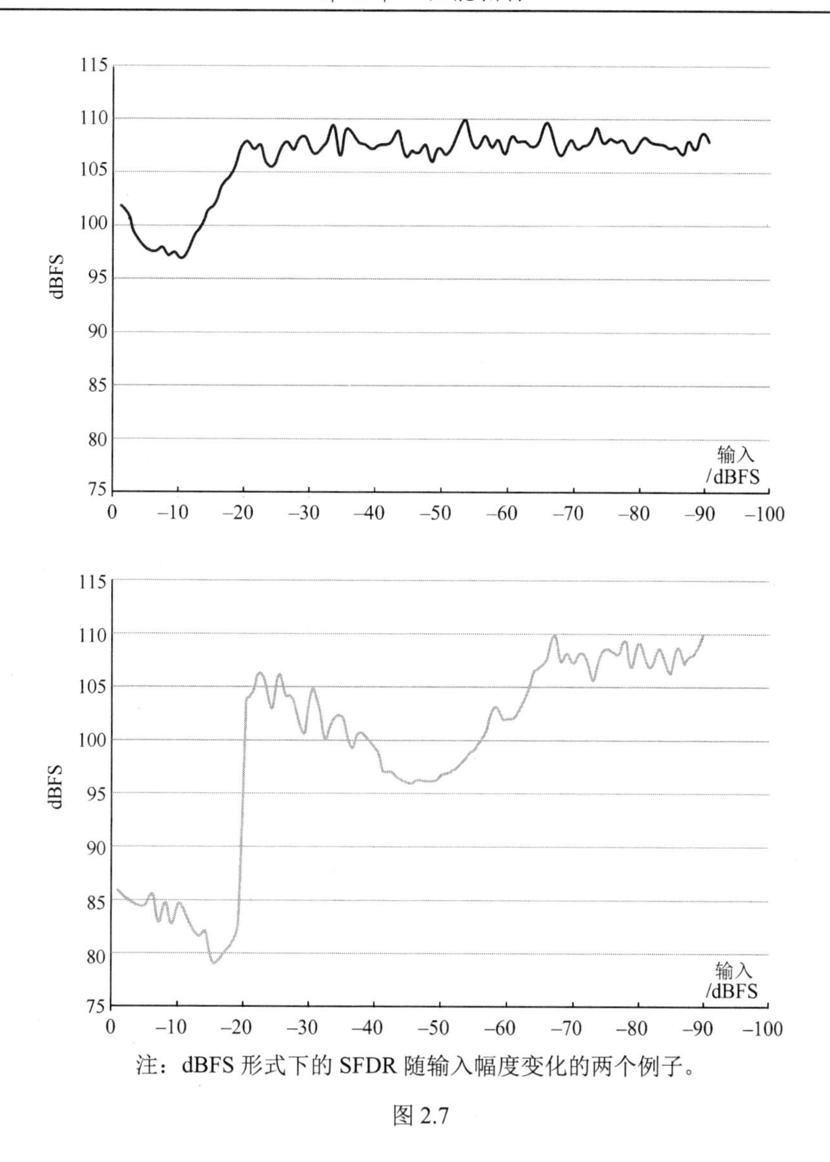

注：dBFS 形式下的 SFDR 随输入幅度变化的两个例子。

图 2.7

2.3.1　HD2 与 HD3

为了从在数学上深入了解 ADC 的非线性与谐波失真和 SFDR 相关，假设我们有一个 3 次无记忆非线性系统

$$y(t)=\alpha_1 x(t)+\alpha_2 x^2(t)+\alpha_3 x^3(t) \tag{2.23}$$

式中，$x(t)$ 为输入信号；$y(t)$ 为输出；α_1、α_2 和 α_3 分别对应第 1、2、3 次项系数。如果加上一个输入信号

$$x(t)=A\cos(\omega t) \tag{2.24}$$

输出信号将为

$$y(t)=\frac{\alpha_2 A^2}{2}+\left(\alpha_1 A+\frac{3\alpha_3 A^3}{4}\right)\cos\omega t+\frac{\alpha_2 A^2}{2}\cos 2\omega t+\frac{\alpha_3 A^3}{4}\cos 3\omega t$$

所以，其中的二次谐波 HD2 和三次谐波 HD3 分别为

$$\mathrm{HD2} \approx \left(\frac{\alpha_2 A}{2\alpha_1}\right)^2,\quad \mathrm{HD3} \approx \left(\frac{\alpha_3 A^2}{4\alpha_1}\right)^2 \tag{2.25}$$

因此，以 dB 为单位的二次谐波（HD2）为

$$\mathrm{HD2(dBc)} = 10\log\left(A^2/2\right) + 10\log\left(\frac{\alpha_2^2}{2\alpha_1^2}\right) = P_s(\mathrm{dB}) + K_2 \tag{2.26}$$

以 dB 为单位的三次谐波（HD3）为

$$\mathrm{HD3(dBc)} = 20\log\left(A^2/2\right) + 10\log\left(\frac{\alpha_3^2}{4\alpha_1^2}\right) = 2P_s(\mathrm{dB}) + K_3 \tag{2.27}$$

式中，P_s 为输入信号功率；K_2 和 K_3 为对应的二次和三次系数。所以，对于一个三次非线性系统，输入信号功率每降低 1dB，将导致 HD2 改善 1dB、HD3 改善 2dB。这是三次非线性系统的一个重要的经验法则。此外，注意，尽管在 dB 形式下 SFDR 和 THD 是一个正数，但是根据定义得到的 HD2 和 HD3 一般是一个负数。

话虽如此，精明的读者可能已经发现前面图 2.6 和图 2.7 中给出的例子并不满足式(2.26）和式（2.27）描述的趋势。事实上，ADC 的 HD2 和 HD3 几乎都不会符合这样的规律。这是因为 ADC 含有更高次的非线性项，这些高次项在某些输入幅度下对 HD2 和 HD3 性能的影响更加显著。这些高次项来自量化过程中的非理想因素，使得 ADC 的输入-输出函数明显地不同于式（2.23）给出的那种平滑的 3 次函数。当输入幅度减小时，高阶非线性对 HD2 和 HD3 的影响将不满足式（2.26）和式（2.27）。然而，驱动 ADC 的模拟缓冲器和放大器满足式（2.23）。所以，如果 ADC 的线性度受到放大器或缓冲的限制，式（2.26）和式（2.27）描述的变化规律依然有效。然而，ADC 在小输入幅度情况下，线性度往往受制于 ADC 的量化器，HD2 和 HD3 将不满足对应的规律。

2.3.2 差分运算

在很多应用中，采用差分输入信号抑制偶次谐波。如果正输入是 $x_p(t)$，负输入是 $x_n(t)$，正输出是 $y_p(t)$，负输出是 $y_n(t)$，那么

$$y_p(t) = \alpha_1 x_p(t) + \alpha_2 x_p^2(t) + \alpha_3 x_p^3(t) \tag{2.28}$$

以及

$$y_n(t) = \alpha_1 x_n(t) + \alpha_2 x_n^2(t) + \alpha_3 x_n^3(t) \tag{2.29}$$

通过前面 2.3.1 节可知，当输入幅度为 A 的正弦波时，单端 $\mathrm{HD2}_{se}$ 为

$$\mathrm{HD2}_{se} \approx 10\log\left(\frac{\alpha_2 A}{2\alpha_1}\right)^2 \tag{2.30}$$

差分输出 $y_d(t)$ 为

$$\begin{aligned} y_d(t) &= y_p(t) - y_n(t) \\ &= \alpha_1 x_p(t) + \alpha_2 x_p^2(t) + \alpha_3 x_p^3(t) - \left[\alpha_1 x_n(t) + \alpha_2 x_n^2(t) + \alpha_3 x_n^3(t)\right] \end{aligned} \tag{2.31}$$

如果正负输入完全匹配的，那么 $x_n(t) = -x_p(t)$，由此可得

$$y_d(t) = y_p(t) - y_n(t) = 2\alpha_1 x_p(t) + 2\alpha_3 x_p^3(t) \tag{2.32}$$

这表明在两个输入端完全匹配（或者平衡）的情况下，偶次谐波将会被抵消，奇次谐波保持

不变。

如果两个输入端之间有幅度或者相位上的失配，它们可以表达为

$$x_p(t)=A_p\sin\omega t\ ,\quad x_n(t)=-A_n(\sin\omega t+\phi) \tag{2.33}$$

式中，ϕ为相位失配，单位为弧度；$A=\left(A_p+A_n\right)/2$，相对幅度失配$\varDelta$定义为

$$\varDelta=\frac{A_p-A_n}{A}=2\frac{A_p-A}{A}=2\frac{A-A_n}{A}=2\delta \tag{2.34}$$

幅度失配对二次谐波带来的影响可以通过将式（2.33）和式（2.34）代入式（2.31）计算出，其中设置$\phi=0$，由此求出 HD2，得到

$$\mathrm{HD2}_{diff}\approx\mathrm{HD2}_{se}+20\log(\varDelta) \tag{2.35}$$

式中，$\mathrm{HD2}_{diff}$为二次差分谐波电平（dB）；$\mathrm{HD2}_{se}$为两个单端的谐波电平（dB）；$\varDelta$为幅度失配量。

相位失配对二次谐波的影响可以通过将式（2.32）代入式（2.31）计算出，这时设定$\varDelta=0$，由此计算出 HD2 为

$$\mathrm{HD2}_{diff}=\mathrm{HD2}_{se}+20\log\left(\frac{\sin\phi}{\cos(\phi/2)}\right) \tag{2.36}$$

式中，$\mathrm{HD2}_{diff}$为二次差分谐波电平（dB）；$\mathrm{HD2}_{se}$为两个单端的谐波电平（dB）；ϕ为相位失配（失衡）量。图 2.8 给出了当$\mathrm{HD2}_{se}=-50\mathrm{dB}$情况下，根据式（2.36）计算出的结果。根据式（2.36）及图 2.8 可以得到以下结论。

（1）当相位失配很小时，差分$\mathrm{HD2}_{diff}$大大优于$\mathrm{HD2}_{se}$。

（2）随着相位失配的增大，$\mathrm{HD2}_{diff}$性能下降。

（3）在相位失配为 60° 的情况下，$\mathrm{HD2}_{diff}$与$\mathrm{HD2}_{se}$相同，不会带来改善。

（4）相位失配超过 60° 以后，差分$\mathrm{HD2}_{diff}$性能进一步下降，其性能低于单端$\mathrm{HD2}_{se}$。

（5）相位失配 90° 时，$\mathrm{HD2}_{diff}$比$\mathrm{HD2}_{se}$差 3dB。

（6）最差的情况出现在相位失配接近 180° 时，这时$\mathrm{HD2}_{diff}$比$\mathrm{HD2}_{se}$差 6dB。

在相位失配小时，式（2.36）可以近似为

$$\mathrm{HD2}_{diff}\approx\mathrm{HD2}_{se}+20\log(\phi) \tag{2.37}$$

式中，ϕ为相位失配，单位为弧度。从式（2.35）～式（2.37）可以清楚地看到，因为 HD2 是负数，幅度和相位的失配将使得二次差分谐波恶化，幅度失配每增加 1 倍，二次差分谐波将恶化 6dB。

当幅度和相位失配同时存在时，可以通过将式（2.33）和式（2.34）代入式（2.31）计算出 HD2，即

$$\mathrm{HD2}_{diff}\approx\mathrm{HD2}_{se}+10\log\left(\frac{A_p^4+A_n^4-2A_n^2A_p^2\cos2\phi}{A^2\left(A_p^2+A_n^2+2A_pA_n\cos\phi\right)}\right) \tag{2.38}$$

将式（2.34）代入式（2.38），可以得到

$$\mathrm{HD2}_{diff}\approx\mathrm{HD2}_{se}+10\log\left(\frac{1+6\delta^2+\delta^4-\left(1-\delta^2\right)^2\cos2\phi}{1+\delta^2+\left(1-\delta^2\right)\cos\phi}\right) \tag{2.39}$$

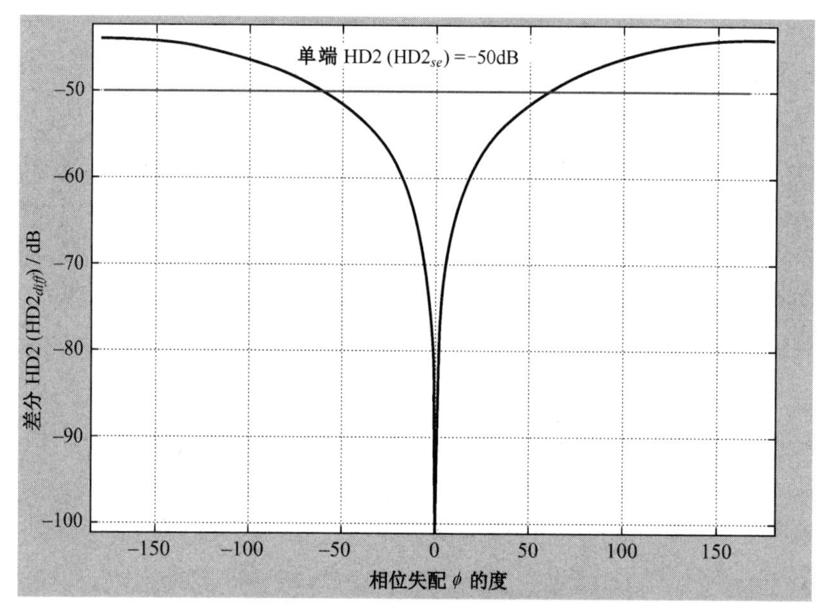

注：当单端 $\mathrm{HD2}_{se} = -50\mathrm{dB}$ 时，差分 $\mathrm{HD2}_{diff}$ 随相位失配 ϕ 变化曲线。

图 2.8

式（2.39）可以简化为

$$\mathrm{HD2}_{diff} \approx \mathrm{HD2}_{se} + 10\log\left(\frac{4\delta^2 + \left(1-\delta^2\right)^2 \sin^2(\phi)}{\delta^2 + \left(1-\delta^2\right)\cos^2\left(\dfrac{\phi}{2}\right)}\right) \tag{2.40}$$

在失配很小时，式（2.40）可以表达为

$$\mathrm{HD2}_{diff} \approx \mathrm{HD2}_{se} + 10\log\left(\varDelta^2 + 4\sin^2\left(\frac{\phi}{2}\right)\right) \tag{2.41}$$

即

$$\mathrm{HD2}_{diff} \approx \mathrm{HD2}_{se} + 10\log\left(\varDelta^2 + \phi^2\right) \tag{2.42}$$

式中，$\mathrm{HD2}_{diff}$ 为差分二次谐波；$\mathrm{HD2}_{se}$ 为单端二次谐波；ϕ 为两个输入端的相位失配（失衡）；$\varDelta$ 为幅度失配。这里请注意一个有趣的事：幅度失配和相位失配之间是相互正交的，所以它们以平方和的形式出现在公式中。

如果失配不是出现在输入信号上，而是出现在系统传输特性上，一样会影响 HD2 的改善效果。在这种情况下，式（2.28）和式（2.29）中出现的正负输入端的 α_2 也存在失配，也就是

$$\alpha_{2p} = \alpha_2 + \varepsilon\alpha_2,\quad \alpha_{2n} = \alpha_2 - \varepsilon\alpha_2 \tag{2.43}$$

也就是说，其幅度失配为

$$\varepsilon = \frac{\alpha_{2p} - \alpha_{2n}}{2\alpha_2} \tag{2.44}$$

因此，即使输入信号不存在失配的情况下，也会导致输出信号的谐波，对应的 HD2 为

$$\mathrm{HD2}_{diff} \approx \mathrm{HD2}_{se} + 20\log(\varepsilon) \tag{2.45}$$

如果输入幅度同时存在失配，那么 α_2 导致的失配可以和信号幅度导致的失配合为一体对

HD2 产生影响。

$$\mathrm{HD2}_{diff} \approx \mathrm{HD2}_{se} + 20\log(\varDelta+\varepsilon) \tag{2.46}$$

如果系统以及输入信号同时存在相位失配，那么 HD2 将为

$$\mathrm{HD2}_{diff} \approx \mathrm{HD2}_{se} + 10\log\left[(\varDelta+\varepsilon)^2+(\phi+\theta)^2\right] \tag{2.47}$$

此时 α_2、α_{2p}、α_{2n} 都是复数。

$$\alpha_{2p}=\left(\alpha_2+\varepsilon\alpha_2\right)\mathrm{e}^{\mathrm{j}\theta},\quad \alpha_{2n}=\left(\alpha_2-\varepsilon\alpha_2\right)\mathrm{e}^{-\mathrm{j}\theta} \tag{2.48}$$

式中，θ 为系统相位特性上的失配；ϕ 与前面一样，为两路输入信号之间的相位差。于是，在式（2.47）中，$(\varDelta+\varepsilon)$ 表示总幅度失配，$(\phi+\theta)$ 表示总相位失配。注意，相位里面的 θ 与 ϕ 以及幅度里面的 $\varDelta$ 与 ε 之间的差异，这种差异是由于输入信号在式（2.28）和式（2.29）中的二阶非线性平方运算而导致，与 α_2 中的不匹配相比，输入信号中不匹配的影响增加了一倍。另外，还可以看到，幅度失配是直接相加，相位失配也是一样。然而，幅度失配和相位失配之间是通过平方和的方式组合在一起，因为它们是正交的。

例 2-1：假设系统不存在失配，单端 $\mathrm{HD2}_{se}$ 为−70dB。如果差分谐波要达到 100dB，输入信号的相位失配或增益失配应该是多少？

解：为了在单端 $\mathrm{HD2}_{se}=-70\mathrm{dB}$ 的条件下，达到差分 $\mathrm{HD2}_{diff}=-100\mathrm{dB}$，性能的改善应该大于 30dB。通过式（2.35）和式（2.37），有

$$-30 \approx 20\log(\varDelta) \approx 20\log(\phi)$$

即

$$\varDelta \approx 3.16\% \text{ 或 } \phi \approx 1.8^\circ$$

所以，为了得到−100dB 的 HD2，允许的增益失配不超过 3.16%，或者相位失配不超过 1.8°。另外，如果将失配的额度平分给两个失配因素，通过式（2.42），可以得到

$$-30 \approx 10\log\left(2\varDelta^2\right) \approx 10\log\left(2\phi^2\right)$$

因此

$$\varDelta \approx 2.2\%,\quad \phi \approx 1.3^\circ$$

也就是说，当增益失配不超过 2.2%，同时相位失配不超过 1.3° 时，HD2 可以达到−100dB。如果还需要考虑系统自身的失配（也就是 α_2），那么上面的结果要扩展到整体失衡，即

$$\varDelta+\varepsilon \approx 2.2\%,\quad \phi+\theta \approx 1.3^\circ$$

其中，$\varDelta$、ε、θ 和 ϕ 的定义见前面的式（2.33）、式（2.34）、式（2.44）和式（2.48）。

2.4　互调失真

与 SFDR 中采用单音不同，双音互调失真（inter-modulation distortion，IMD）使用两个幅度相同、频率相近的正弦波作为输入信号进行测试。IMD 定义为频谱中最大的杂散干扰的功率与双音中的一个分量的功率之间的比值，它可以表达成 dBc 或 dBFS 形式，如图 2.9 所示。在很多情况下，IMD 可以更好地表征失真，可以捕捉一些 SFDR 不能捕捉到的非线

性效应。

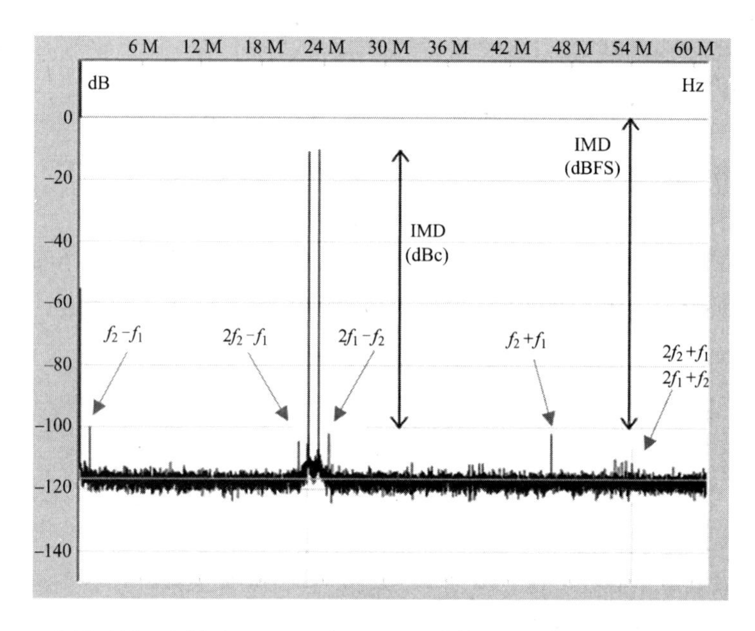

注：一个展示了双音测试下、dBc 和 dBFS 形式的 IMD 结果的 ADC 输出频谱。

图 2.9

假设一个非线性系统[6]

$$y(t)=\alpha_1 x(t)+\alpha_2 x^2(t)+\alpha_3 x^3(t) \tag{2.49}$$

我们在其上加一个双音信号 $x(t)$，即

$$x(t)=B_1\cos(\omega_1 t)+B_2\cos(\omega_2 t) \tag{2.50}$$

将式（2.50）代入式（2.49），我们可以证明其基波分量 $y_1(t)$ 为

$$y_1(t)=\alpha_1 B_1\cos(\omega_1 t)+\alpha_1 B_2\cos(\omega_2 t) \tag{2.51}$$

二次分量 $y_{IM2}(t)$ 为

$$y_{IM2}(t)=\alpha_2 B_1 B_2\cos(\omega_1+\omega_2)t+\alpha_2 B_1 B_2\cos(\omega_1-\omega_2)t \tag{2.52}$$

三次分量 $y_{IM3}(t)$ 为

$$\begin{aligned}y_{IM3}(t)=\frac{3\alpha_3}{4}\big[&B_1^2 B_2\cos(2\omega_1+\omega_2)t+B_1^2 B_2\cos(2\omega_1-\omega_2)t+\\&B_2^2 B_1\cos(2\omega_2+\omega_1)t+B_2^2 B_1\cos(2\omega_2-\omega_1)t\big]\end{aligned} \tag{2.53}$$

如果双音的两个分量的幅度相同，也就是

$$B_1=B_2=B,\quad x(t)=B\cos(\omega_1 t)+B\cos(\omega_2 t) \tag{2.54}$$

那么

$$y_{IM3}(t)=\frac{3\alpha_3 B^3}{4}\big[\cos(2\omega_1+\omega_2)t+\cos(2\omega_1-\omega_2)t+\cos(2\omega_2+\omega_1)t+\cos(2\omega_2-\omega_1)t\big] \tag{2.55}$$

从式（2.52）中可以看到，二次交调积（IMD2）等幅出现在 f_1+f_2 和 f_1-f_2 频率上。式（2.53）和式（2.54）表明，如果 $B_1=B_2=B$，三次交调积等幅出现在 $2f_1+f_2$、$2f_2+f_1$、$2f_1-f_2$、$2f_2-f_1$ 频率上。此外，如果 IMD3 的 $2f_1-f_2$ 分量与 $2f_2-f_1$ 分量不同，就表明输

入幅度 B_1 和 B_2 可能不相等。

必须指出的是，如果系统的带宽收到限制，由于 HD2 和 HD3 对应的频率高于基频分量的频率，它们有可能经过低通滤波而被衰减，因此表现为较低的谐波大小。另外，IMD 分量由和分量 f_1+f_2、$2f_1+f_2$、$2f_2+f_1$ 与差分量 f_1-f_2、$2f_1-f_2$、$2f_2-f_1$ 组成。其中，和分量位于高频，接近 HD2 和 HD3 对应的部分，因此它们也会受到低通滤波效应的影响。而差分量 f_1-f_2 出现在直流附近，另外两个差分量 $2f_2-f_1$、$2f_2-f_1$ 出现在基频分量附近，这些分量不太会被低通滤波器滤除。这使得 IMD 可以更加有效地描述系统非线性带来的影响。所以，如果差分量比和分量大得多，就往往意味着系统中有一个低通滤波器在起作用。

此外，因为 IMD 组件可能出现在不同频率位置，如 DC 附近、基频分量附近以及基频的两倍和 3 倍的位置，所以双音 IMD 能够捕捉其他的非理想效应。例如，在测量 IMD 的时候，除了系统的二次和三次非线性对应的频率，对系统在直流附近、基频附近的响应也应该进行测试。它常常可以用于探测那些单音 SFDR 或 THD 无法发现的 ADC 的非线性问题。

再回到理论分析上，通过式（2.52）和式（2.55），可以得到

$$\text{IMD}\,2\approx\left(\frac{\alpha_2 B}{\alpha_1}\right)^2,\quad \text{IMD}\,3\approx\left(\frac{3\alpha_3 B^2}{4\alpha_1}\right)^2 \tag{2.56}$$

所以，dBc 形式的 IMD2 为

$$\text{IMD}\,2(\text{dBc})=10\log\left(B^2/2\right)+10\log\left(\frac{2\alpha_2^2}{\alpha_1^2}\right)=P_s(\text{dB})+K_2+20\log 2 \tag{2.57}$$

IMD3 为

$$\text{IMD}\,3\,(\text{dBc})=20\log\left(B^2/2\right)+20\log\left(\frac{3\alpha_3}{2\alpha_1}\right)=2P_s(\text{dB})+K_3+20\log 3 \tag{2.58}$$

式中，K_2 和 K_3 分别为二次和三次系数，与之前在式（2.26）和式（2.27）中定义的系数相同。因此，对于三次非线性系统，输入信号功率每减少 1dB，都会导致 IMD2（单位为 dBc）提高 1dB，IMD3（单位为 dBc）提高 2dB，这类似于单音谐波 HD2 和 HD3 中的结果。IMD2 和 IMD3 也是负的分贝数，这一点也类似于 HD2 和 HD3。

在通信应用中，常用的互调测量的另一个参数是输入三阶互调点（input third-order intercept point，IIP3）[6]。当增加输入幅度，使得 IMD3 电平等于基本组件电平时，输入信号的电平（单位为 dBm）就被定义为 IIP3。IIP3 越高，系统线性度越好。从式（2.56）和式（2.58）中，可以很容易地获得 IIP3 的表达式，即

$$\text{IIP}\,3(\text{dBm})=P_s(\text{dBm})+\frac{|\text{IMD}\,3(\text{dBc})|}{2} \tag{2.59}$$

式中，IIP3 为输入三阶互调点；P_s 为输入信号功率（dBm）；IMD3 为三次 IMD 分量（dBc）。

2.5 HD 与 IMD 的关系

从式（2.26）、式（2.27）、式（2.57）和式（2.58）中可以很容易看到，对于相同的输入幅度（$B=A$），IMD 和 HD 有如下关系。

$$\text{IMD2(dBc)}=\text{HD2(dBc)}+20\log 2=\text{HD2(dBc)}+6\text{dB} \tag{2.60}$$

和

$$\mathrm{IMD3(dBc)} = \mathrm{HD3(dBc)} + 20\log 3 = \mathrm{HD3(dBc)} + 9.5\mathrm{dB} \tag{2.61}$$

也就是说，在相同的输入幅度条件下，IMD2 比 HD2 差 6dB，IMD3 比 HD3 差 9.5dB。注意，在这种情况下，双音（IMD）测试中两个分量的幅度与单音 HD 测试中的信号幅度相同。

因为所有的输入分量都具有相同的幅度，前面的式（2.60）和式（2.61）可以表达为

$$\mathrm{IMD2(dBFS)} = \mathrm{HD2(dBFS)} + 20\log 2 = \mathrm{HD2(dBFS)} + 6\mathrm{dB} \tag{2.62}$$

和

$$\mathrm{IMD3(dBFS)} = \mathrm{HD3(dBFS)} + 20\log 3 = \mathrm{HD3(dBFS)} + 9.5\mathrm{dB} \tag{2.63}$$

然而，与 HD 测量相比，在进行 IMD 测试时，通常将双音中的每个分量都设置为比较小的幅度。例如，如果在单音测试中设置信号幅度为-1dBFS，那么在双音测试中往往将每个分量设置在-7dB，以防止输入信号幅度超界。如果将这个幅度上的差异考虑在内，MD2 将为

$$\mathrm{IMD2(dBc)} = \mathrm{HD2(dBc)} + 20\log 2 - \Delta A(\mathrm{dB}) = \mathrm{HD2(dBc)} + 6\mathrm{dB} - \Delta A(\mathrm{dB}) \tag{2.64}$$

IMD3 将为

$$\begin{aligned}\mathrm{IMD3(dBc)} &= \mathrm{HD3(dBc)} + 20\log 3 - 2\Delta A(\mathrm{dB}) \\ &= \mathrm{HD3(dBc)} + 9.5\mathrm{dB} - 2\Delta A(\mathrm{dB})\end{aligned} \tag{2.65}$$

式中，$\Delta A(\mathrm{dB})$ 为单音和双音在幅度上的差异，即

$$\Delta A(\mathrm{dB}) = 20\log A - 20\log B \tag{2.66}$$

其中，A 和 B 分别为式（2.24）和式（2.54）中的单音或双音信号的幅度。所以，如果幅度相差 6dB，可以得到

$$\mathrm{IMD2}(\text{单位为dBc, 处于}-7\mathrm{dBFS}) = \mathrm{HD2}(\text{单位为dBc, 处于}-1\mathrm{dBFS}) \tag{2.67}$$

和

$$\mathrm{IMD3}(\text{单位为dBc, 处于}-7\mathrm{dBFS}) = \mathrm{HD3}(\text{单位为 dBc, 处于}-1\mathrm{dBFS}) - 2.5\mathrm{dB} \tag{2.68}$$

也就是说，对于三次非线性系统，dBc 形式下的 IMD2（输入-7dBFS 时）等于 dBc 形式下的 HD2（输入-1dBFS 时），dBc 形式下的 IMD3（输入-7dBFS 时）比 dBc 形式下的 HD3（输入-1dBFS 时）高 2.5dB

这些关系，可以表达成以 dBFS 为单位的表达式，即

$$\mathrm{IMD2}(\text{单位为dBFS, 处于}-7\mathrm{dBFS}) = \mathrm{HD2}(\text{单位为dBFS, 处于}-1\mathrm{dBFS}) - 6\mathrm{dB} \tag{2.69}$$

和

$$\mathrm{IMD3}(\text{单位为dBFS, 处于}-7\mathrm{dBFS}) = \mathrm{HD3}(\text{单位为 dBFS, 处于}-1\mathrm{dBFS}) - 8.5\mathrm{dB} \tag{2.70}$$

也就是说，对于三次非线性系统，dBFS 形式下的 IMD2（输入-7dBFS）比 HD2（输入-1dBFS）高 6dB，IMD3（输入-7dBFS）比 HD3（输入-1dBFS）高 8.5dB。

必须指出的是，在式（2.64）～式（2.70）的推导中，假设在 IMD 和 HD 测试处于不同的输入电平的条件下，并且系统是一个三次非线性系统，此时谐波（以及 IMD）随着输入幅度的降低而有所改善。但是在图 2.6 和图 2.7 中并没有表现出这个规律，这是因为这里还有量化噪声以及更高次的非线性特性存在而导致的结果。所以，通常情况下，IMD2 并不比 HD2 高 6dB（单位为 dBFS），IMD3 也不会比 HD3 高 8.5dB。事实上，通过对商用高速 ADC 的研究，可以发现这种情况几乎不会出现。

例如，假设 ADC 的 SFDR 如图 2.7（a）所示，假设对于这个 ADC 而言，SFDR 受限于 HD2 和 HD3，在输入-1dBFS 信号时，HD2=-102dBFS，HD3=-102dBFS。如果我们对它输

入幅度为-7dBFS 的双音信号，根据式（2.69）和式（2.70），IMD2 将为-108dBFS，IMD3 为-110.5dBFS。然而，事实上这几乎肯定不会发生。如果我们观察 SFDR 随输入幅度变化规律，根本看不到期望中的三次非线性系统带来的性能随输入信号降低而改善的现象。事实上，当输入幅度降低 6dB，SFDR 从 102dBFS 降低到 97dBFS，下降了 5dB。因为在输入大信号时，SFDR 受限于二次谐波和三次谐波。这种在 SFDR 上出现的随输入幅度减小而导致性能退化现象告诉我们，在 HD2 和 HD3 上应该存在有同样的退化现象。

如果我们假设在输入幅度为-7dBFS 的情况下，HD2 和 HD3 大约为-97dBFS，那么通过式（2.62）和式（2.63），IMD2 应该比 HD2 差 6dB（单位为 dBFS），IMD3 比 HD3 差 9.5dB（单位为 dBFS）。那么，IMD2 应该等于-91dBFS，IMD3 应该等于-87.5dBFS。这肯定比根据式（2.69）和式（2.70）求解 IMD2 和 IMD3 得到的-108dBFS 和-110.5dBFS 要差。那么哪个结论正确呢？

很不幸的是，两个估计都不准确，因为这不是一个三次非线性系统。式（2.69）和式（2.70）的估计过于乐观，式（2.62）和式（2.63）的估计过于悲观。然而，实际应用经验告诉我们，后者的结果比前者更接近实际结果。

因此，在估算 HD 和 IMD 时，我们必须谨慎行事。虽然这种关系在三阶系统中很简单，但在 ADC 中更复杂。事实上，在有限量化位 ADC 中，式（2.69）和式（2.70）给出的关系几乎总是无效的。通常采用相同输入幅度下 IMD 和 HD 之间的关系式（2.62）和式（2.63）进行粗略估计。虽然对于有限量化位 ADC 来说，这个估计也不准确，但它往往会给出更接近实际的估计结果。

例 2.2：一个三次非线性系统，输入-1dBFS 信号时 HD3=-90dBc。其 IMD3 为多少？

解：根据式（2.63），IMD3 (输入-7dBFS 时) = HD3 (输入-7dBFS) +9.5= (-90-2×6) + 9.5=-102+9.5 =-92.5dBc =-99.5dBFS

根据式（2.70），IMD3 (输入-7 dBFS) = HD3 (输入 1 dBFS) = 2.5 = -90-2.5 = -92.5 dBc = -99.5 dBFS

所以，两个公式得到了同样的结果，因为这是一个三次非线性系统。

例 2.3：一个 ADC，当输入-1dBFS 和-7dBFS 时，HD3 位-90dBc。其输入-7dBFS 下的 IMD3 为多少？

解：因为这里的 HD3 不满足式（2.63）和式（2.70）描述的随输入幅度变化的关系，所以不能依靠这两个公式进行计算。

根据式（2.63）给出的相同幅度下 IMD3 和 HD3 结论，有

IMD3=-90+9.5=-80.5dBc=-87.5dBFS（这是一个悲观估计）

根据式（2.70），可以得到

IMD3 = -90 - 2.5 = -92.5 dBc = -99.5 dBFS（这是一个非常乐观的估计)

在这个情况下，根据式（2.63）可以得到一个更加合理的结果。然而，这是一个偏悲观的估计结果，因为它过于依赖三次非线性模型假设，所以 HD3 和 IMD3 并不符合原来估计的会随着幅度的增加而恶化的规律。

这里特别要注意，人们总是可以模拟或测量任何 ADC 的 IMD 和 SFDR，以获得它们的值。事实上，对某些给定非线性特性下的 IMD 值的分析是可行的。上面讨论的目的，是在可用信息不是很充分时，给出一个分析工具。通常 ADC 的设计者和用户发现自己不得不在信息不足的情况下进行此类估计，它可以提供一些指导和警告，防止在做出这些估计时出现一些误判。它并不是为了鼓励使用这些估计值替代严格模拟、测量或分析结果。

2.6 微分和积分非线性

理想的量化器的传输函数是图 2.1 那样的理想的台阶状，实际的 ADC 特性如图 2.10 所示。除了非线性导致阶梯步长的变化，还会含有失调和增益误差。微分和积分非线性（differential and integral non-linearity，DNL 和 INL）都是通过测量传输特性与理想阶梯特性的偏差来描述静态非线性的参数。通常它们使用很低的频率或直流输入信号进行测量，因此具有“静态”含义。DNL 描述了小信号非线性，而 INL 倾向于与大信号非线性相关联。

ADC 的 DNL 定义为各个输入电平下真实量化步长与理想量化步长之间差异的最大值，如图 2.10 所示。它可以通过输入斜变信号或正弦信号进行测量。注意，输入的量化电平落在 x 轴上，但是对于 ADC 而言，输出只有对应的输出编码。一般在 DNL 测量中，都是对于每个代码，通过大量的采样数据构成直方图，通过直方图的方法测量输入步长。如果输入是均匀分布的，那么大步长的电平处会有更多的采样点落入其中，而小步长的电平处的采样点就比较少。所以，每个 ADC 输出编码所包含的采样数就真实反映了步长。

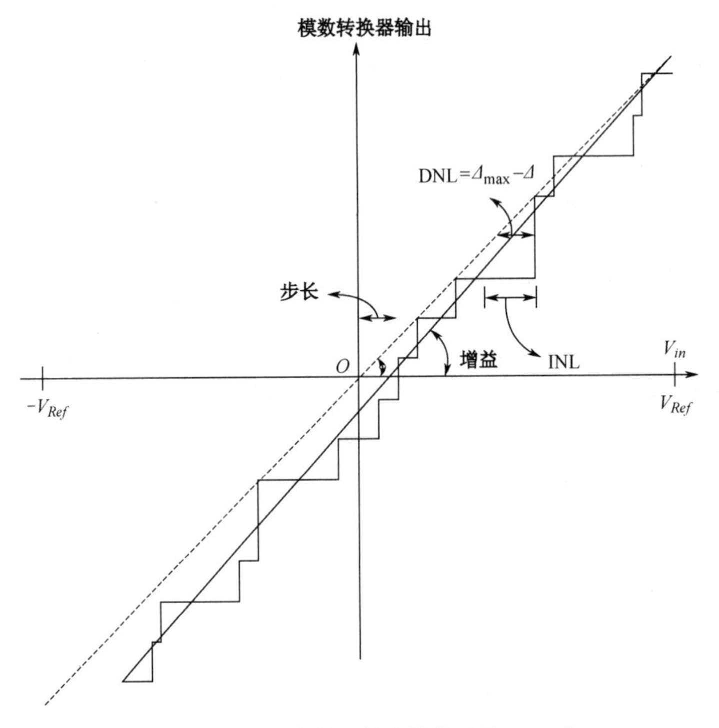

注：一个 ADC 的非理想输入输出特性及其 DNL 和 INL。

图 2.10

在图 2.10 中，编码 k 的 DNL 为

$$\mathrm{DNL}(k)=\frac{V_x(k)-V_x(k-1)}{\mathrm{LSB}}-1 \tag{2.71}$$

式中，$V_x(k)$为编码 k 对应的输入门限电压；LSB 为理想步长。通过直方图统计，编码 k 的 DNL 为

$$\mathrm{DNL}(k)=\frac{H(k)}{\mathrm{mean}\,[H]}-1 \tag{2.72}$$

式中，$H(k)$为落入编码 k 的点数；mean[H]为所有编码包含的平均点数。ADC 的 DNL 为所有编码的 DNL 的最大值，即

$$\mathrm{DNL}=\max_k[\mathrm{DNL}(k)] \tag{2.73}$$

如果 DNL 为正数，就意味着其编码对应的宽度大于平均值；如果 DNL 为负数，就意味着其宽度小于平均值。如果 DNL 等于−1，就意味着一个失码；如果 DNL 大于+1，就意味着传输特性中存在非单调性。总之，DNL 图给出每个编码对应的 DNL 值，描述了 ADC 的小信号静态非线性。图 2.11 给出了一个例子。

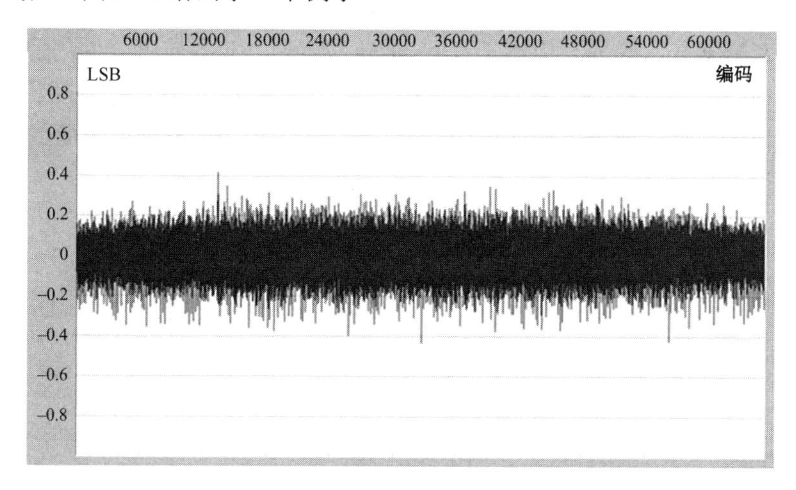

（a）DNL 小于 0.5LSB

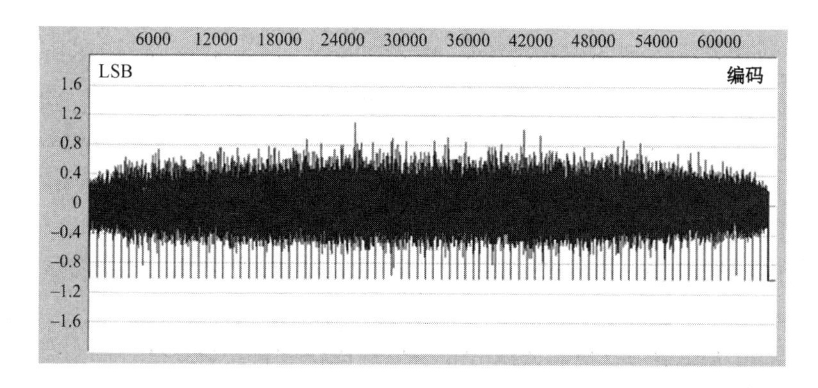

（b）DNL 显示有失码现象出现

注：一个 16bit ADC 的 DNL 的例子。其中，y 轴为 DNL，单位为 LSB；x 轴为输出编码。

图 2.11

因为直方图法假设输入电平是均匀分布的，它可以直接用于输入均匀分布的斜变信号的场合。但是，如果输入正弦信号，那么将不得不考虑它的非均匀分布特性。一个归一化正弦

信号的概率密度为

$$p(V)=\frac{1}{\pi\sqrt{1-V^2}} \tag{2.74}$$

在使用正弦波输入情况下的转换级别①为

$$H(k)=-\cos\left(\frac{\pi\cdot \text{cumsum}\,(k)}{\text{sum}\,(H)}\right)-\left[-\cos\left(\frac{\pi\cdot \text{cumsum}\,(k-1)}{\text{sum}\,(H)}\right)\right] \tag{2.75}$$

式中，cumsum(k)为所有落入小于 k 的编码中的采样点的和；sum(H)为所有编码包含的采样点的和。将式（2.75）代入式（2.72），可以得到每个编码的 DNL。

当用正弦波作为输入信号时，要注意信号频率选取，不能等于采样频率的分谐波及其倍数②。此外，要保证有足够的统计采样数，以保证精度。对于 16 位 ADC，经常采用的统计采样数为 1～2 百万点。

INL 用于描述在修正了失调和增益误差后，ADC 的输入/输出特性与理想特性之间的差异，如图 2.10 所示。实际上，INL 是通过对 DNL 积分得到的。INL 曲线是了解 ADC 内部特性最重要的工具之一，因为它描述了 ADC 的传输特性与理想特性之间的差异，它是我们能得到的与 ADC 传输特性最接近的结果。INL 图给出了 ADC 的输出误差随输出编码变化的规律，它也给出了大信号情况下的非线性特性，在 ADC 设计中有非常重要的作用。

编码 k 的 INL 定义为

$$\text{INL}(k)=\frac{V_x(k)-V_x(k)\big|_{ideal}}{\text{LSB}} \tag{2.76}$$

式中，$V_x(k)$ 为编码 k 对应的输入门限电压；$V_x(k)\big|_{ideal}$ 为理想的门限值。

编码 k 的 INL 可以被定义为

$$\text{INL}(k)=\sum_{i=0}^{k}\text{DNL}(i) \tag{2.77}$$

ADC 的 INL 值定义为所有编码的 INL 中的最大值，即

$$\text{INL}=\max_k[\text{INL}(k)] \tag{2.78}$$

INL 图给出了各个输出编码下的 INL 随编码变化的曲线。对 INL 含义的一个直观理解方法是：如果从图 2.10 中那样的输入/输出特性开始，从实际特性中减去理想特性，并反转 x 轴和 y 轴，就会得到 INL。图 2.12～图 2.16 显示了不同 ADC 特性和 INL 图的示例。

图 2.12 所示的实际输入/输出曲线呈现 S 形，说明这是一个三次非线性特性。图 2.13（a）给出了 S 形三次非线性特性，而图 2.13（b）呈现出弓形，表明它以二次特性为主。图 2.12～图 2.13 给出的特性表明此 ADC 的大信号线性度差，小信号线性度好，这看上去不是量化带来的，而是 ADC 的驱动和采样部分带来的。图 2.14 给出的传输特性表明 ADC 的特性中出现了一些跳变或断点，这就导致 INL 图中出现了一些锯齿，如图 2.15 所示。在这种情况下，非线性大部分来自量化器，表明其大信号和小信号线性度都不好。这种断点是第 7 章中将要详细讨论的流水线型 ADC 中的级间增益误差的突出特征。

---

① 译者注：这里的“转换级别”是指该编码包含的采样点数，能够真实反映相应编码步长。

② 译者注：“不是采样频率的分谐波及其倍数”中，“分谐波”指信号频率是采样频率的 $1/k$（k 为整数），“及其倍数”指分谐波的倍数，也就是采样频率的 m/k。信号频率如果等于这些值，就会使得采样点将周期性地固定在正弦信号的某几个位置上，无法遍历所有可能的码字，从而无法用于统计 DNL 和 INL。

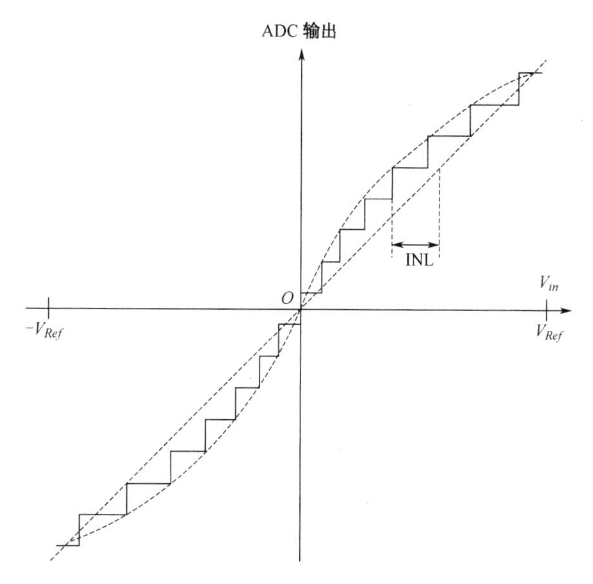

注：一个具有三次失真的 ADC 输出特性的例子。

图 2.12

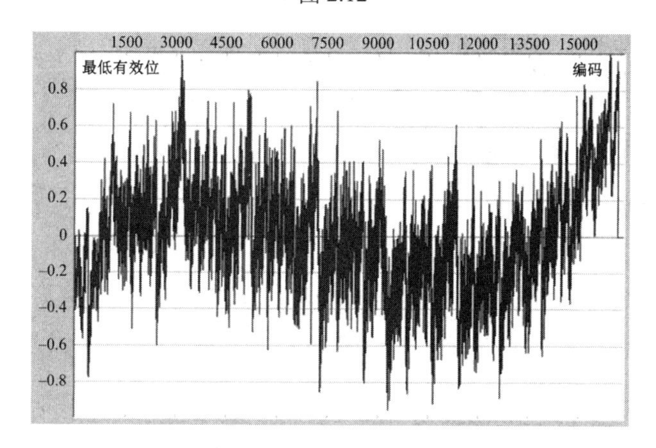

（a）一个具有三次非线性的 14 位 ADC 的 INL 的例子

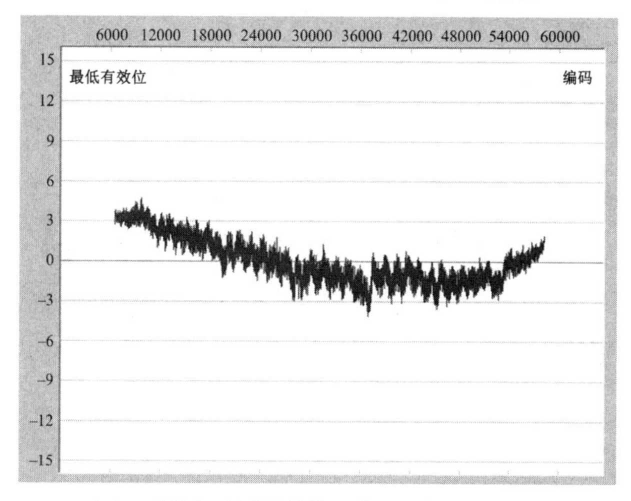

（b）一个具有二次非线性的 16 位 ADC 的 INL 的例子

图 2.13

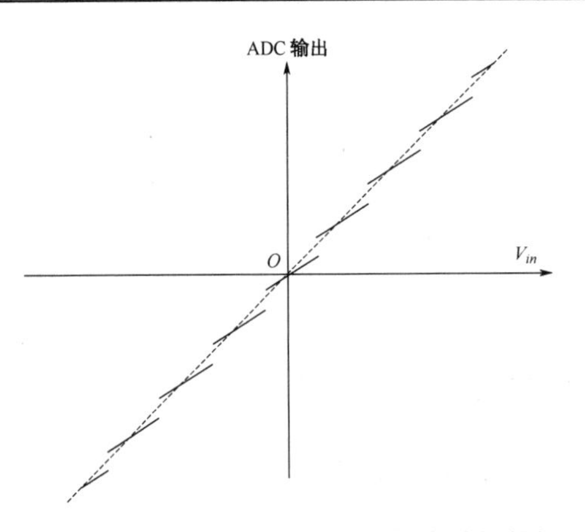

注：一个具有级间增益误差的 ADC 输出特性的例子。

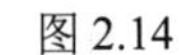

图 2.14

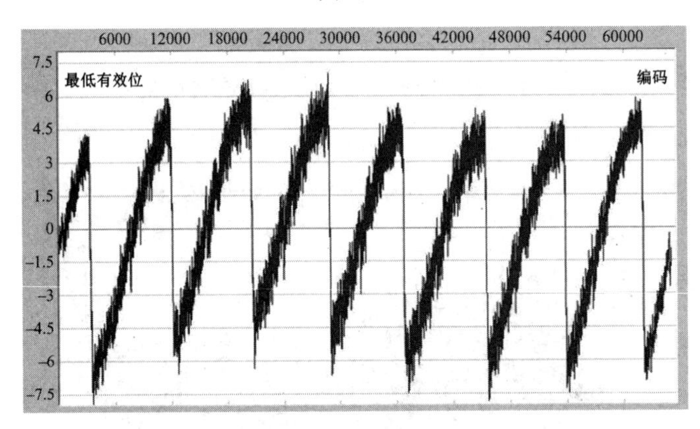

注：一个具有级间增益误差的 ADC 输出特性的 INL 的例子。

图 2.15

尽管 INL 一般都用来描述静态（或直流）线性度，但是它也可以用于研究动态非线性。只要仔细选择输入正弦信号的频率，让它不等于采样频率的分谐波及其倍数，INL 也可以用于深入洞察 ADC 的动态特性。最后，图 2.16 显示了线性度良好的 14 位 INL 示例。

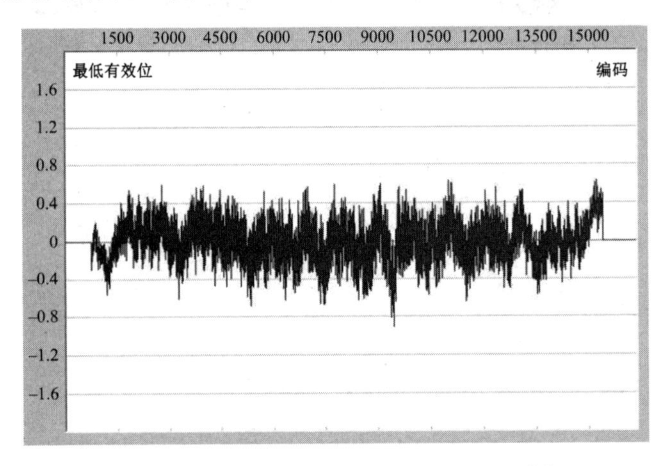

注：一个具有良好线性度的 14 位 INL 示例[14]。

图 2.16

2.7 SFDR 和 INL 的关系

因为 INL 图给出了 ADC 输出的非线性误差与输出编码之间的关系，也就是描述了 ADC 的非线性，所以从逻辑上讲，INL 与谐波失真之间以及 SFDR 之间应该存在相关性。尽管很多情况下用 HD、IMD 和 SFDR 等作为描述 ADC 非线性的参数，但是 INL 图常常含有转换器性能和非线性方面的大量信息。所以，ADC 设计者以及用户必须能够有效地“阅读”INL 图，从中推断出 ADC 的性能。

2.7.1 HD2 和 HD3 INL 模式

常见的 INL 模式往往与某些频谱内容相对应。例如，光滑的 S 形 INL 是三次非线性的标志，而对称的“弓”代表二阶非线性。这些如前面的图 2.17 所示。事实上，通过分析 INL 图，可以大致估计相应的 HD2 和 HD3 水平。

$$\mathrm{HD2(dBFS)} = 20\log\left(\delta_2 \times 2^{-N}\right)\mathrm{dB} \tag{2.79}$$

以及

$$\mathrm{HD3(dBFS)} = 20\log\left(\delta_3 \times 2^{-N}\right) - 6\mathrm{dB} \tag{2.80}$$

式中，δ_2 和 δ_3 均为以输入信号幅度为参考的归一化 INL 误差（LSB），如图 2.18 所示。这里的输入信号不一定要设置为 ADC 的满幅度。这个关系可以从前面给出的三次正弦响应关系中导出

$$y(t) = \frac{\alpha_2 A^2}{2} + \left(\alpha_1 A + \frac{3\alpha_3 A^3}{4}\right)\cos\omega t + \frac{\alpha_2 A^2}{2}\cos 2\omega t + \frac{\alpha_3 A^3}{4}\cos 3\omega t$$

二次谐波 HD2 以及三次谐波 HD3 为

$$\mathrm{HD2} \approx \left(\frac{\alpha_2 A^2}{2\alpha_1}\right)^2, \quad \mathrm{HD3} \approx \left(\frac{\alpha_3 A^2}{4\alpha_1}\right)^2$$

很显然，δ_2 和 δ_3 与经过一定的归一化以后的 α_2 和 α_3 有关，也就是

$$\mathrm{HD2} \approx \left(\delta_2 \times 2^{-N}\right)^2, \quad \mathrm{HD3} \approx \left(\frac{\delta_3 \times 2^{-N}}{2}\right)^2$$

由此可得

$$\mathrm{HD2(dBc)} = 20\log\left(\delta_2 \times 2^{-N}\right) - A_{out}\ \mathrm{(dBFS)} \tag{2.81}$$

以及

$$\mathrm{HD3(dBc)} = 20\log\left(\delta_3 \times 2^{-N}\right) - 6\mathrm{dB} - A_{out}\ \mathrm{(dBFS)} \tag{2.82}$$

式中，A_{out} 为输入基波分量的幅度（dBFS），可以近似等于

$$A_{out}\ \mathrm{(dBFS)} \approx 20\log\left(\frac{\alpha_1 A}{V_{FS}/2}\right)$$

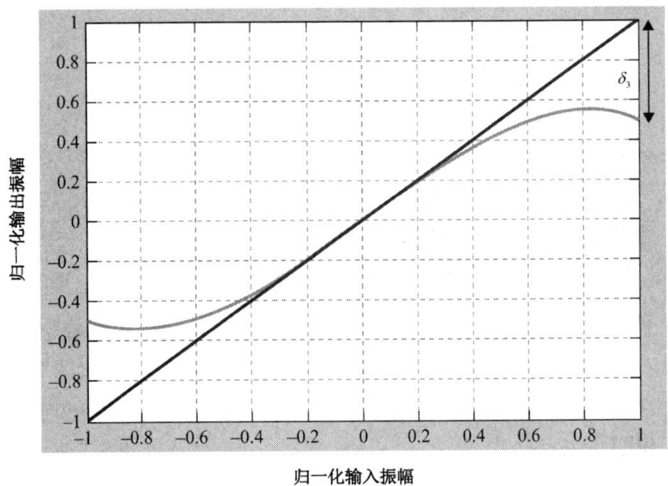

（a）三次非线性特性的例子

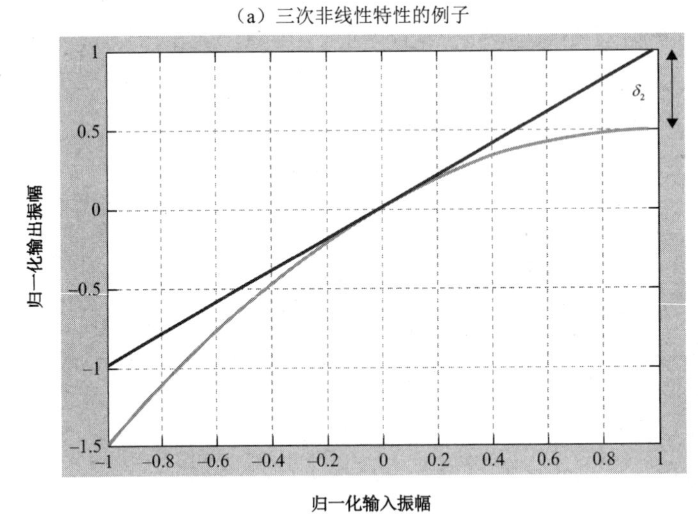

（b）二次非线性特性的例子

图 2.17

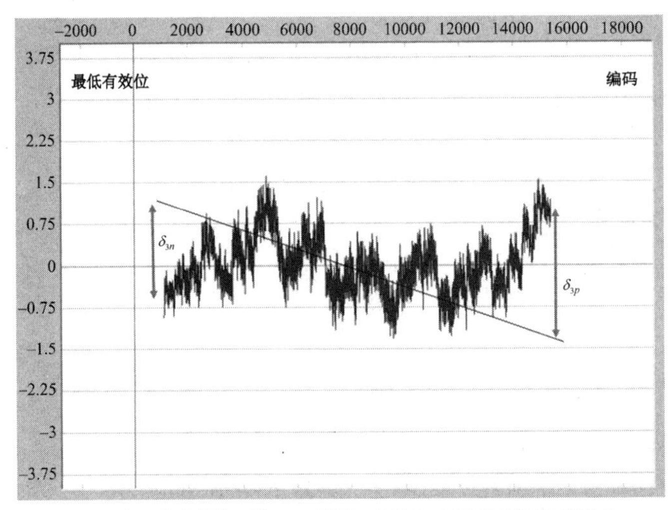

（a）一个三次非线性下的 INL 示例，在输入-1dBFS 下测量得到 δ_3

图 2.18

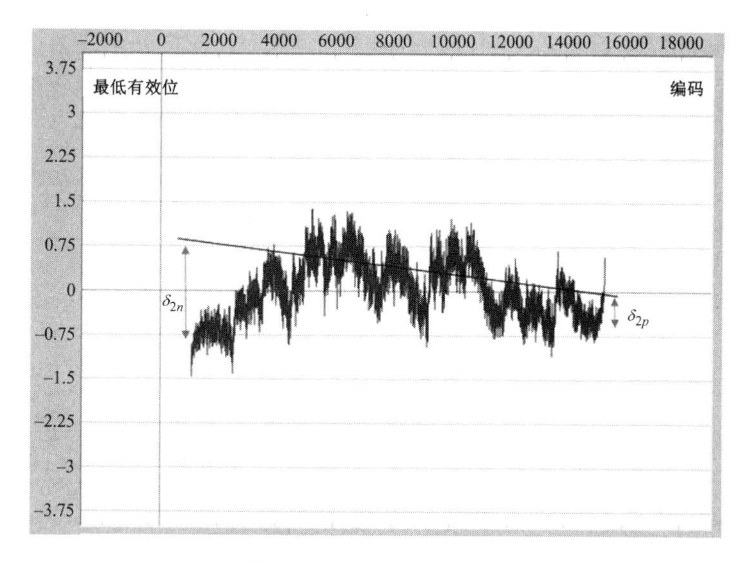

（b）一个二次非线性下的 INL 示例，在输入-1dBFS 下测量得到 δ_2

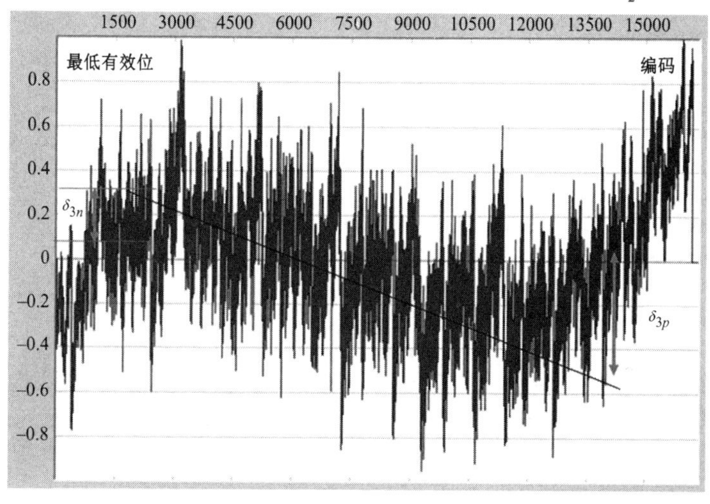

（c）一个三次非线性下的 INL 示例，在输入-1dBFS 下测量得到 δ_3

图 2.18（续）

从图 2.18 中可以看到，估计 δ_2 和 δ_3 的值可能并不容易。因此，在应用这些公式时，我们仅能将其结果用作粗略估计。真正的 INL 可能不对称，可能具有二次、三次和高阶谐波的组合，因此很难准确估计这些值。例如，在没有对称性的情况下，我们可能需要平均两侧的 δ_2 和 δ_3 的值才能得出合理的估计，即

$$\delta_2 \approx \left(\delta_{2p} + \delta_{2n}\right)/2\text{，}\quad \delta_3 \approx \left(\delta_{3p} + \delta_{3n}\right)/2 \tag{2.83}$$

有趣的是，在 HD2 和 HD3 同时存在的情况下，特定谐波的单个值之间的差异可以用来粗略地估计其他谐波，即

$$\delta_2 \approx \frac{\left|\left(\delta_{3p} - \delta_{3n}\right)\right|}{2}\text{，}\quad \delta_3 \approx \frac{\left|\left(\delta_{2p} - \delta_{2n}\right)\right|}{2} \tag{2.84}$$

例 2.4：假设 δ_{3p}=2.0 LSB、δ_{3n}=1.5LSB，两个数值都是在 14 位、输入-1dBFS 情况下得到，如图 2.18（a）所示。请估计出在-1dBFS 下 HD3。

解：根据式（2.83），通过对 δ_{3p} 和 δ_{3n} 的平均可以得到 δ_3 为

$$\delta_3 \approx 1.75\text{LSB}$$

因此，通过式（2.80）可以得到

$$\text{HD3} = -79.4 - 6\text{dB} = -85.4\text{dBFS}$$

根据式（2.82），可以得到

$$\text{HD3} = -79.4 - 6\text{dB} + 1 = -84.4\text{dBc}$$

通过图 2.18（a）得到的 FFT 图如图 2.19（a）所示。从图 2.19（a）中可以看到，HD3 等于-85dBc，与我们的估计很接近。

因为 δ_{3p} 和 δ_{3n} 有差异，所以可以通过（2.84）估计 δ_2，即

$$\delta_2 \approx \left(\delta_{3p} - \delta_{3n}\right) / 2 \approx (2.0 - 1.5) / 2 \approx 0.25\text{LSB}$$

然后，通过式（2.79），有

$$\text{HD2} = -96.3\text{dBFS}$$

再通过式（2.81），有

$$\text{HD2} = -96.3 + 1 = -95.3\text{dBc}$$

通过图 2.18（a）得到的 FFT 图如图 2.19（a）所示。从图 2.19（a）中可以看到，HD2 等于-99dBc，与我们的估计很接近。

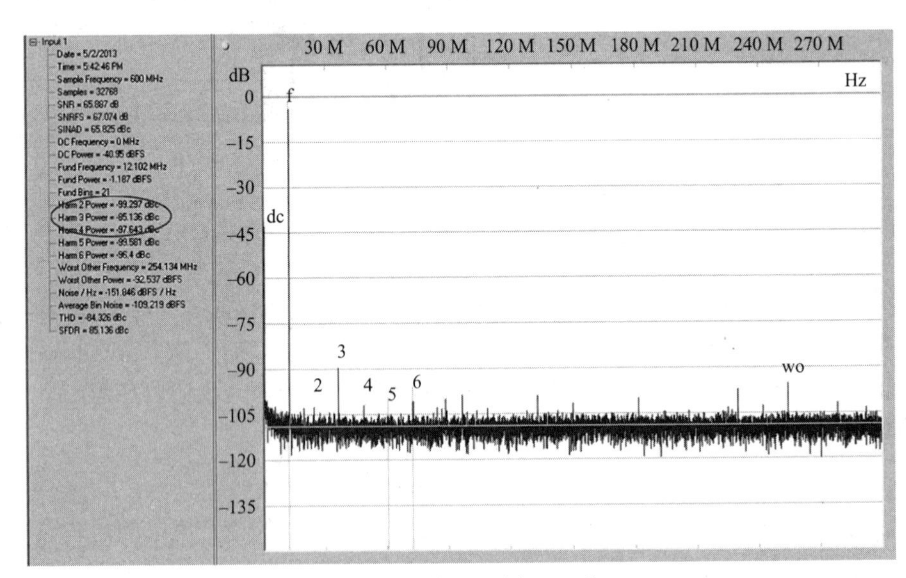

（a）图 2.18（a）的 INL 对应 ADC 的 FFT

图 2.19

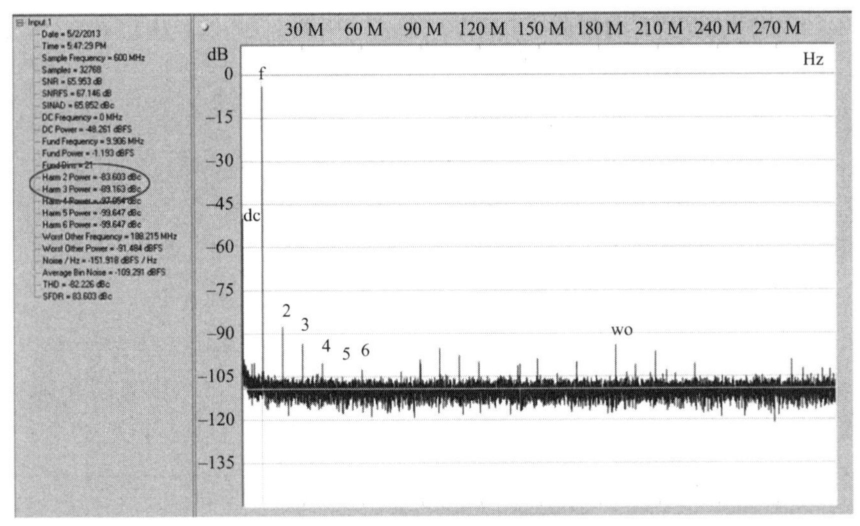

（b）图 2.18（b）的 INL 对应 ADC 的 FFT

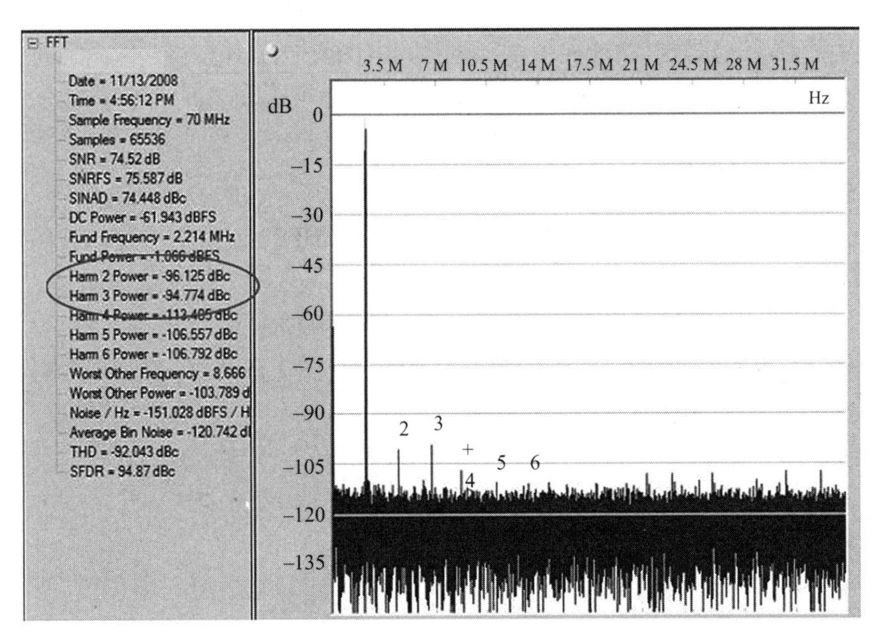

（c）图 2.18（c）的 INL 对应 ADC 的 FFT

图 2.19（续）

例 2.5：假设在 14 位、-1dBFS 输入信号下，δ_{2p} 为 0.2 LSB、δ_{2n} 为 0.7 LSB，如图 2.18（b）所示。试求出-1dBFS 条件下的 HD2。

解：根据式（2.83），通过对 δ_{2p} 和 δ_{2n} 的平均可以得到 δ_2 大约为

$$\delta_2 \approx 0.95\text{LSB}$$

然后，根据式（2.27）可得

$$\text{HD2} = -84.7\text{dBFS}$$

再根据式（2.81），有

$$\text{HD2} = -84.7\text{dB} + 1 = -83.7\text{dBc}$$

通过图 2.18（b）得到的 FFT 图如图 2.19（b）所示。从图 2.19（b）中可以看到，HD2 等于 -83.6dBc，与我们的估计很接近。

因为 δ_{2p} 和 δ_{2n} 有差异，所以可以通过式（2.84）估计 δ_3，即

$$\delta_3 \approx \left(\delta_{2p} - \delta_{2n}\right)/2 \approx (1.7-0.2)/2 \approx 0.75\text{LSB}$$

然后，通过式（2.79），有

$$\text{HD3} = -92.8\text{dBFS}$$

再通过式（2.81），有

$$\text{HD3} = -92.8 + 1 = -91.8\text{dBc}$$

通过图 2.18（b）得到的 FFT 图如图 2.19（b）所示。从图 2.19（b）中可以看到，HD3 等于 -89dBc，与我们的估计很接近。

例 2.6：假设 δ_{3p}=0.7 LSB、δ_{3n}=0.6 LSB，两个数值都是在 14 位、输入-1dBFS 情况下得到，如图 2.18（c）所示。请估计出在-1dBFS 下 HD3。

解：根据式（2.83），通过对 δ_{3p} 和 δ_{3n} 的平均可以得到 δ_3 为

$$\delta_3 \approx 0.45\text{LSB}$$

因此，通过式（2.80）可以得到

$$\text{HD3} = -91 - 6\text{dB} = -97\text{dBFS}$$

根据式（2.82），可以得到

$$\text{HD3} = -91 - 6\text{dB} + 1 = -96\text{dBc}$$

通过图 2.18（c）得到的 FFT 图如图 2.19（c）所示。从图 2.19（c）中可以看到，HD3 等于 -94.8dBc，与我们的估计很接近。

因为 δ_{3p} 和 δ_{3n} 有差异，所以可以通过（2.84）估计 δ_2，即

$$\delta_2 \approx \left(\delta_{3p} - \delta_{3n}\right)/2 \approx (0.7-0.2)/2 \approx 0.25\text{LSB}$$

然后，通过式（2.79），有

$$\text{HD2} = -96.3\text{dBFS}$$

再通过式（2.81），有

$$\text{HD2} = -96.3 + 1 = -95.3\text{dBc}$$

通过图 2.18（a）得到的 FFT 图如图 2.19（a）所示。从图 2.19（a）中可以看到，HD2 等于 -99dBc，与我们的估计很接近。

总结一些要点如下。

（1）由于存在其他因素影响计算结果，因此计算 δ_2、δ_3 以及 INL 图中逼近的直线往往是很困难的。所以，这里的方法只能给出一个粗略的估计。

（2）通过式（2.83）得到的 HD2 和 HD3 结果要优于通过式（2.84）得到的结果。从定义上看，依靠减法来估计 INL 的 δ 值时，两者差异很小，因此容易出现大的错误。

2.7.2　锯齿状 INL 模式

另一种常见的 INL 模式是锯齿状，如图 2.20 所示。如第 1 章中讨论的那样，这种锯齿状的模式经常由量化噪声导致，也可能是由于流水线或循环 ADC 中的级间增益误差导致的。在常规量化误差的情况下，INL 锯齿的幅度（或峰峰值）与锯齿段的数量有关，即

$$\mathrm{INL}_{pp} = \varDelta = V_{FS} / 2^N \tag{2.85}$$

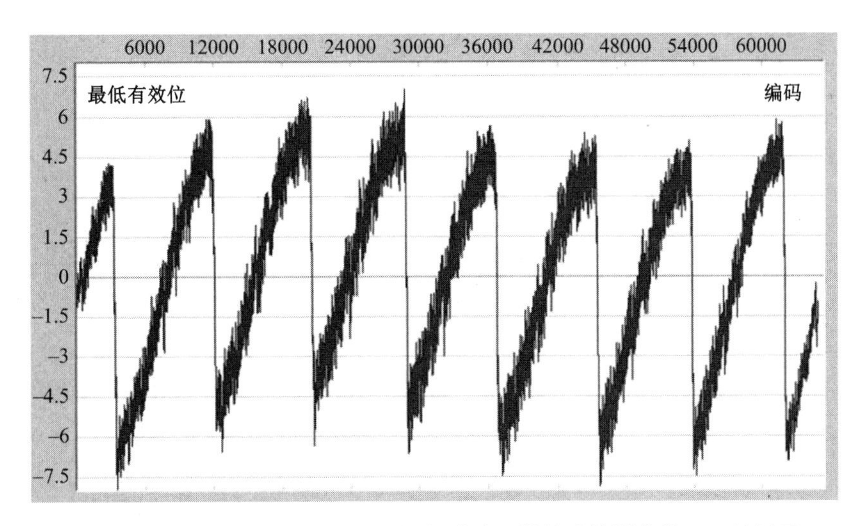

注：在一个 16 位 ADC 中，由于级间增益误差导致的锯齿状 INL 的例子

图 2.20

式中，N 为 ADC 的位数；V_{FS} 为 ADC 满量程值。INL 分段数为

$$S_{INL} = 2^N \tag{2.86}$$

因此，INL 与分段数的关系为

$$\mathrm{INL}_{pp} = V_{FS} / S_{INL} \tag{2.87}$$

正如第 1 章中讨论的那样，每增加一位，分段数将增加一倍，同时峰值降低一半，量化误差降低 6dB。然而，由于分段数增加了一倍，频谱中的杂散干扰数也会增加一倍，同时杂散干扰的幅度降低 3dB。这意味着每增加一位量化比特，SFDR 增加 9dB[7,8]，即

$$\mathrm{SFDR(dBFS)} \approx 9N - c \tag{2.88}$$

其中，c 的变化范围为 0（低分辨率下）～6（高分辨率下）。

然而，实际的 SFDR 通常并不是受限于理想量化误差。例如，图 2.20 中给出的一个 16 位转换器的 INL 曲线是一个 8 段锯齿状的图形，显然这不是量化产生的（如果是，那么应该是一个 2^{16} 段）。这里的锯齿形状是由于流水线 ADC 的第一级的增益误差导致的，第一级是 3 位结构，由此产生了 INL 中的 8 段，关于这个问题将在第 7 章中详细讨论。在这里，无论 INL 模式如何，通过 INL 估计的 SFDR 都是有用的。显然，INL 的峰峰值与 INL 的分段数量没有直接关系。所以，从直观上看，SFDR 大致为[7,8]

$$\mathrm{SFDR\ (dBFS)} \approx 6n + 3n_1 \quad \mathrm{dBFS} \tag{2.89}$$

式中，n 为 INL 的精度，定义为

$$n = \mathrm{INL}_{pp}\Big|_{in\ bits} = \log_2\left(\frac{2^N}{\mathrm{INL}_{pp}\Big|_{in\ LSBs}}\right) \tag{2.90}$$

n_1为 INL 分段数的比特数，定义为

$$n_1 = \log_2 S_{INL} \tag{2.91}$$

因此，式（2.89）的直观解释是，INL_{pp}描述了因 INL 误差导致的总谐波功率含量；而因为总功率分布在那许多谐波之内，分段的数量影响最大谐波分量的大小。

例 2.7：对于图 2.20 中的 INL 图，估计其 SFDR。

解：对于 16 位（N=16）的转换器，INL_{pp}=9 LSBs。所以，n=12.8。

INL 的分段数为 8，所以$n_1=3$。由此 SFDR 大约为

$$\mathrm{SFDR} \approx 6\times12.8+3\times3 \approx 86\mathrm{dBFS}$$

从图 2.21 对应的 FFT 可以清楚地看到，SFDR 确实是 86dBFS。然而，我们必须再次强调这只是一个粗略的估计。真实的 SFDR 取决于谐波中杂散的能量的分布，以及哪个谐波在频谱中起主要作用。这些因素会导致 SFDR 产生 3～6dB 的变化。

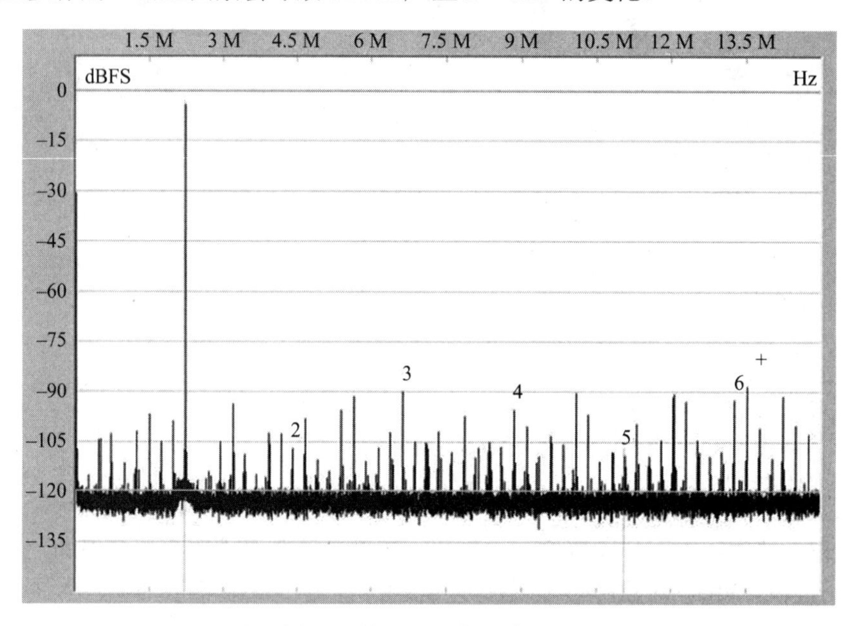

注：图 2.20 的 INL 对应的输出频谱。

图 2.21

例 2.8：如果输入信号幅度减小，不再是满幅度，对应的 SFDR 会发生什么变化？当减小输入信号幅度时，我们是否能够大致从 INL 中估计出 SFDR 的性能？

解：如果幅度降低了，那么 INL 的段数也会减少。因为段数每降低一半，SFDR 就降低 3dB，所以我们可以预估当输入幅度降低到 INL 只有一段时，SFDR 随输入幅度变化的曲线段斜率约为 1/2，此时输入信号幅度应该是满幅度值的 1/8，或者约为−18dBFS。所以，当输入幅度为−6dBFS 时，n_1=2，SFDR～84dBFS；当输入幅度为−18dBFS 时，n_1=0，SFDR～77dBFS；

当输入幅度小于-18dBFS 时，INL 曲线中的跳变现象消失，SFDR 会大幅改善。

与图 2.20 的 INL 相对应的 SFDR 与输入幅度的变化情况如图 2.22 所示。可以看到，当输入信号范围在-18 dBFS～0 dBFS 的区域上，上面给出的 SFDR 估计与测量得到的 SFDR 基本吻合。此外，还可以看到，当输入范围在-18 dBFS～0 dBFS 之间的区域上时，SNDR 变化情况正如预期的那样，SFDR 曲线的斜率约为 0.5。

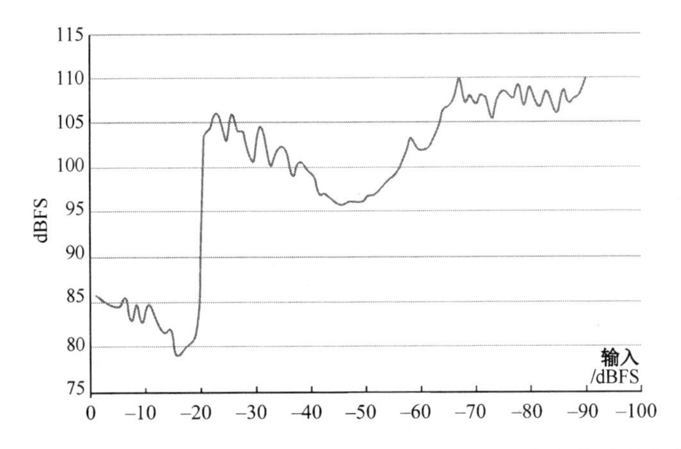

注：与图 2.20 中 INL 对应的 SFDR 变化范围随输入幅度变化关系曲线。

图 2.22

尽管这只是一个粗略的估计方法，但不同 INL 模式、不同的输入幅度下 SFDR 特性的变化规律对 ADC 设计者和使用者都非常重要。

2.8　失调和增益误差

ADC 的失调定义为当输出编码为零时的输入电平，增益误差定义为传输特性的斜率与理想的阶梯斜率之间的偏差，如图 2.10 所示。这些参数相对容易校正，所以只要这些偏差不是特别大，都不会带来麻烦。

2.9　抖动

在第 1 章中讨论过理想采样过程，一个基本的假设是采样是在时间上按照 T_s 为间隔等距离排列的。在实际应用中，采样时刻会有一些变化，这种变化通常被称为抖动（jitter），它会导致噪声和失真，而且会随着输入频率增加而恶化。如果抖动是随机性的，那么它会导致转换器噪声性能下降。如果抖动是周期性的，它会导致失真和杂散。由此，我们可以把抖动分为以下两类。

（1）周期性抖动：一般是由周期信号源耦合而产生的，会导致失真，频域上表现为杂散和谐波。它会导致 SFDR 和 SNDR 性能下降。

（2）随机抖动：由噪声产生，会导致 SNDR 性能下降。

2.9.1　分析

从第 1 章中讨论过的采样过程分析开始，但是现在将抖动考虑在内。对于输入信号 $x(t)$，采样后的信号为

$$x_s(t)=x(t)\sum_{k=-\infty}^{\infty}\delta\left(t-kT_s\right) \tag{2.92}$$

根据狄拉克函数的取样特性[16]，可以得到

$$x_s(t)=\sum_{k=-\infty}^{\infty}x\left(kT_s\right)\delta\left(t-kT_s\right) \tag{2.93}$$

如果采样时间变化 ΔT_s，采样信号将为

$$x_s(t)=x(t)\sum_{k=-\infty}^{\infty}\delta\left(t-kT_s-\Delta T\right) \tag{2.94}$$

再次使用冲激函数的取样特性[16]，可以得到

$$x_s(t)=\sum_{k=-\infty}^{\infty}x\left(kT_s+\Delta T\right)\delta\left(t-kT_s-\Delta T\right) \tag{2.95}$$

对于一个幅度为 A、频率 $\omega_{in}=2\pi f_{in}$ 的正弦信号，有

$$x(t)=A\sin\left(\omega_{in}t\right) \tag{2.96}$$

所以，通过式（2.95），可以得到采样后的正弦信号为

$$x_s(t)=\sum_{k=-\infty}^{\infty}A\sin\left[\omega_{in}\left(kT_s+\Delta T\right)\right]\delta\left(t-kT_s-\Delta T\right) \tag{2.97}$$

以及

$$x_s(t)=\sum_{k=-\infty}^{\infty}A\left[\sin\left(\omega_{in}kT_s\right)\cos\left(\omega_{in}\Delta T\right)+\cos\left(\omega_{in}kT_s\right)\sin\left(\omega_{in}\Delta T\right)\right]\delta\left(t-kT_s-\Delta T\right) \tag{2.98}$$

如果采样时间的变化（抖动）很小，那么

$$x_s(t)\approx\sum_{k=-\infty}^{\infty}A\left[\sin\left(\omega_{in}kT_s\right)+\omega_{in}\Delta T\cos\left(\omega_{in}kT_s\right)\right]\delta\left(t-kT_s-\Delta T\right) \tag{2.99}$$

以及

$$x_s(t)\approx x_s(t)\big|_{ideal}+\sum_{k=-\infty}^{\infty}A\omega_{in}\Delta T\cos\left(\omega_{in}kT_s\right)\delta\left(t-kT_s-\Delta T\right) \tag{2.100}$$

其中，式（2.100）右侧第一项表示理想的采样信号，第二项表示采样抖动产生的噪声和失真。将抖动导致的噪声+失真项表达为 n_j，可以得到

$$n_j(t)\approx\sum_{k=-\infty}^{\infty}A\omega_{in}\Delta T\cos\left(\omega_{in}kT_s\right)\delta\left(t-kT_s-\Delta T\right) \tag{2.101}$$

它可以表达为连续时间形式，即

$$n_j(t)\approx A\omega_{in}\Delta T\times\cos\omega_{in}t \tag{2.102}$$

注意，一个有趣的地方，式（2.102）中出现了抖动采样中的调制效应。与加性噪声不同，抖动以乘法的方式表现出来，这很容易理解，因为采样过程与乘法操作是相似的。此外，如式（2.102）所示，抖动的影响随着输入频率和输入振幅的增加而恶化。如果 ΔT 是一个频率为 f_j 的周期信号，可以通过傅里叶级数表示为

$$\Delta T = \sum_{k=0}^{\infty} A_{jk} \cos\left(2\pi k f_j t + \varphi_k\right) \tag{2.103}$$

式中，A_{jk} 和 φ_k 分别为抖动信号的傅里叶幅度和相位。将式（2.103）代入式（2.102），可以得到

$$n_j(t) \approx A\omega_{in} \cos(\omega_{in} t) \sum_{k=0}^{\infty} A_{jk} \cos\left(2\pi k f_j t + \varphi_k\right) \tag{2.104}$$

它可以表示为

$$n_j(t) \approx A\omega_{in} \sum_{k=0}^{\infty} \frac{A_{jk}}{2} \left\{ \cos\left[2\pi\left(f_{in} + k f_j\right)t + \varphi_k\right] + \cos\left[2\pi\left(f_{in} - k f_j\right)t + \varphi_k\right] \right\} \tag{2.105}$$

因此，抖动在频域上类似于 AM 调制，表现为围绕信号基带的边带。如果抖动由单个频率 f_j 组成，抖动的“噪声”信号将表现为分布于基带左右的两个杂散，即

$$n_j(t) \approx A\omega_{in} \frac{A_{j1}}{2} \left\{ \cos\left[2\pi\left(f_{in} + f_j\right)t + \varphi_1\right] + \cos\left[2\pi\left(f_{in} - f_j\right)t + \varphi_1\right] \right\} \tag{2.106}$$

这里讨论一种特殊的情况，如果输入信号被耦合进了采样时钟，从而导致周期性的抖动，此时 $f_j = f_{in}$。因此式（2.106）变为

$$n_j(t) \approx A\omega_{in} \frac{A_{j1}}{2} \left\{ \cos\left[2\pi\left(f_{in} + f_{in}\right)t + \varphi_1\right] + \cos\left[2\pi\left(f_{in} - f_{in}\right)t + \varphi_1\right] \right\} \tag{2.107}$$

其中，给出了直流以及二次谐波分量为

$$n_j(t) \approx A\omega_{in} \frac{A_{j1}}{2} \left\{ \cos\left[2\pi\left(2 f_{in}\right)t + \varphi_1\right] + 1 \right\} \tag{2.108}$$

因此，如果输入信号被耦合进了采样时钟，会产生二次谐波，并且谐波的幅度随频率在增加，以 6dB/倍（20dB/十倍）的速度急剧增长。

如果抖动是白噪声，根据式（2.102）可以得到采样信号中的抖动噪声的均方根 N_j 为

$$N_j \approx \frac{\left(A\omega_{in}\Delta T_{RMS}\right)^2}{2} \tag{2.109}$$

其中，ΔT_{RMS} 为抖动的均方根。如果将抖动均方根表示为 J，那么

$$N_j \approx \frac{\left(2\pi f_{in} A J\right)^2}{2} - 4\pi^2 f_{in}^2 A_{RMS}^2 J^2 \tag{2.110}$$

显然，采样信号中总的抖动均方根功率随着输入信号的频率和幅度的上升而增加。 然而，如果我们研究由抖动产生的 SNDR，可以得到

$$\text{SNDR} = \frac{P_s}{N_j} = \frac{A^2/2}{\left(2\pi f_{in} AJ\right)^2/2} = \frac{1}{\left(2\pi f_{in} J\right)^2} \tag{2.111}$$

所以，输入幅度在公式中被抵消了，以 dB 为单位的 SNDR 为

$$\text{SNDR (dBc)} = -20\log\left(2\pi f_{in} J\right) \tag{2.112}$$

也就是说，随着抖动幅度以及输入频率的增加，SNDR 以-6dB/倍（-20dB/十倍）的速度下降。

2.9.2　直观的理解

我们已经分析了抖动对采样信号的影响，现在为什么不换一种方式再分析一下呢！可以换一个角度，通过从函数导数的基础知识开始进行分析，如图 2.23 所示。对于一个很小的

时间变化ΔT，对于的幅度变化$\Delta x(t)$可以通过斜率$\partial x / \partial t$表示为

$$\Delta x(t) = \Delta T \frac{\partial x(t)}{\partial t} \tag{2.113}$$

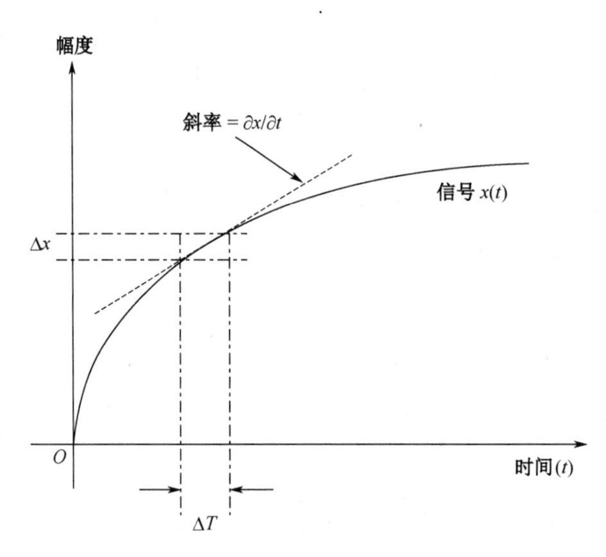

注：时间抖动对采样幅度影响的例子。

图 2.23

式（2.13）说明了抖动的调制效应。在公式两边取傅里叶变换，时域的乘法在频域中变成卷积，可得

$$\Delta X(f) = \Delta T(f) * F\left(\frac{\partial x(t)}{\partial t}\right) \tag{2.114}$$

由此得到

$$\Delta X(f) = \Delta T(f) * \mathrm{j}2\pi f X(f) \tag{2.115}$$

当输入正弦信号$x(t) = A\sin\omega_{in}t$，其傅里叶变换$X(f)$为

$$X(f) = \frac{A}{2j}\left[\delta(f - f_{in}) - \delta(f + f_{in})\right] \tag{2.116}$$

将式（2.116）代入式（2.115），经过卷积，可以得到

$$\Delta X(f) = 2\pi f_{in} \frac{A}{2}\left[\Delta T(f - f_{in}) - \Delta T(f + f_{in})\right] \tag{2.117}$$

这是比式（2.105）更具一般性的表达式，揭示了时钟抖动产生边带的调制效应。图 2.24 给出了这个效应的一个实例。其中时钟上的噪声将输入信号进行调制，形成了基频周围的两个噪声“驼峰”。

这种方法可用作计算抖动噪声和 SNDR 的另一个途径

$$\Delta x(t) = \Delta T \times \frac{\partial x(t)}{\partial t} \tag{2.118}$$

由此得到其均方值为

$$E\left[\Delta x^2(t)\right] = E\left[\Delta T^2 \times \frac{\partial x^2(t)}{\partial t}\right] \tag{2.119}$$

如果 ΔT 与 $x(t)$ 相互独立，可以得到

$$E\left[\Delta x^2(t)\right]=E\left[\Delta T^2\right]\times E\left[\frac{\partial x^2(t)}{\partial t}\right] \tag{2.120}$$

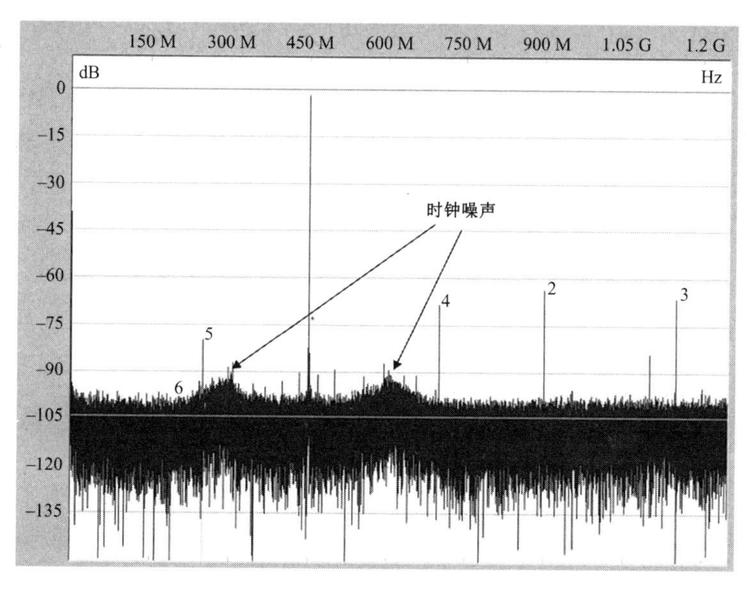

注：ADC 输出频谱的示例，它显示了时钟源上的调制噪声。噪声看上去像围绕基波的两个“驼峰”。

图 2.24

假设它们的均值都为零，有

$$\sigma_x^2=\sigma_T^2\times E\left[\frac{\partial x^2(t)}{\partial t}\right] \tag{2.121}$$

式中，σ_x^2 为采样信号的方差；σ_T^2 为抖动的方差。于是，抖动导致的噪声功率为

$$N_J=J^2\times E\left[\frac{\partial x^2(t)}{\partial t}\right] \tag{2.122}$$

式中，N_J 为由于抖动在信号中产生的噪声功率；J 为抖动的均方根值。对于正弦波输入信号

$$x(t)=A\sin 2\pi f_{in}\,t \tag{2.123}$$

其微分为

$$\frac{\partial x(t)}{\partial t}=2\pi f_{in}\,A\times\cos 2\pi f_{in}\,t \tag{2.124}$$

所以

$$E\left[\frac{\partial x^2(t)}{\partial t}\right]=4\pi^2 f_{in}^2 A_{RMS}^2 \tag{2.125}$$

将式（2.125）代入式（2.122），得到抖动噪声功率为

$$N_J=4\pi^2 f_{in}^2 A_{RMS}^2 J^2 \tag{2.126}$$

这个结果与式（2.110）一致。由抖动产生的 SNDR 为

$$\text{SNDR}=\frac{1}{4\pi^2 f_{in}^2 J^2} \tag{2.127}$$

以 dB 为单位的 SNDR 表达式为

$$\mathrm{SNDR\,(dBc)} = -20\log\left(2\pi f_{in} J\right) \tag{2.128}$$

它们与式（2.111）和式（2.112）一致。

上面的推导过程，给出了深入分析抖动影响的另一种分析方式，为解决我们将会遇到的各种问题提供了另一套工具。

目前，高速 ADC 中的抖动性能为 40～50fs[2,3]。通过式（2.128）可以计算出，在 1GHz 输入频率下，这种抖动程度将 SNDR 限制在 72dB，在 4GHz 输入频率下时将限制在 60dB。这表明在高速应用中失真抖动将成为噪声的主要来源，必须引起重视，加以优化。

2.9.3 抖动测量

测量抖动的方法之一是分别在很低输入频率（SNR_{low})和很高的输入信号频率（SNR_{hi}）下进行测量 SNR。这里很重要的一点，就是要确保在高频条件下测量 SNR 时，噪声主要来自抖动而不是其他因素。SNR 的计算公式为

$$\mathrm{SNR}_{hi} = \frac{A_{RMS}^2}{4\pi^2 f_{in}^2 J^2 A_{RMS}^2 + N_{Qth}}, \qquad \mathrm{SNR}_{low} \cong \frac{A_{RMS}^2}{N_{Qth}} \tag{2.129}$$

式中，N_{Qth} 为量化噪声、热噪声以及其他除抖动之外的噪声源带来的总噪声，它们在低频输入下起主要作用。整理式（2.129），可以得到

$$J = \frac{\sqrt{A_{RMS}^2 / SNR_{hi} - A_{RMS}^2 / \mathrm{SNR}_{low}}}{2\pi f_{in} A_{RMS}} \tag{2.130}$$

所以抖动为

$$J = \frac{\sqrt{1/\mathrm{SNR}_{hi} - 1/\mathrm{SNR}_{low}}}{2\pi f_{in}} = \frac{\sqrt{\dfrac{N_{total} - N_{other}}{S}}}{2\pi f_{in}} \tag{2.131}$$

式中，N_{total} 为噪声总功率；N_{other} 为除抖动之外的噪声功率；S 为信号功率。

ADC 时钟通路上的抖动来自 ADC 内部的采样时钟通道和外部采样时钟源。因此，在使用高性能 ADC 时处理高频率（如 IF 和 RF 采样应用）输入信号时，必须使用干净的低抖动时钟。通常使用干净的正弦波，同时经过预滤波处理，降低宽带噪声。这个时钟可以通过晶体振荡器或信号发生器产生，或者也可以用带有降低相位噪声的锁相环的低抖动时钟电路产生。

2.9.4 随机抖动的类型

随机抖动有以下两种主要表现形式[9]。

（1）同步抖动：发生在驱动、阈值交叉、数字门电路和驱动器等电路中，它导致相位调制（PM）噪声。

（2）累积抖动：发生在振荡器等有源电路中，它导致频率调制（FM）噪声。

同步抖动往往表现为宽带噪声，可以由下式计算。

$$J_{RMS}\left(t_{th}\right) = \frac{\sqrt{E\left[n^2\left(t_{th}\right)\right]}}{\mathrm{d}v\left(t_{th}\right)/\mathrm{d}t} \tag{2.132}$$

其中，$J_{RMS}\left(t_{th}\right)$ 为门限电压处的抖动的均方根值；$E\left[n^2\left(t_{th}\right)\right]$ 为门限电压处的抖动噪声功率；

$\mathrm{d}v(t_{th})/\mathrm{d}t$ 为门限处信号的斜率。

累积抖动往往表现为基带信号附近的噪声，为

$$J_{RMS}=\sqrt{aT} \tag{2.133}$$

式中，T 为时钟周期，而

$$a=L(\Delta f)\frac{\Delta f^2}{f_0^2} \tag{2.134}$$

式中，$L(\Delta f)$ 为相位噪声功率谱；Δf 为频偏；f_0 为基波频率。

除了上面提到的两种抖动类型，还有在低频部分展现出的闪烁（$1/f$）噪声。3 种相位噪声和抖动如图 2.25 所示。

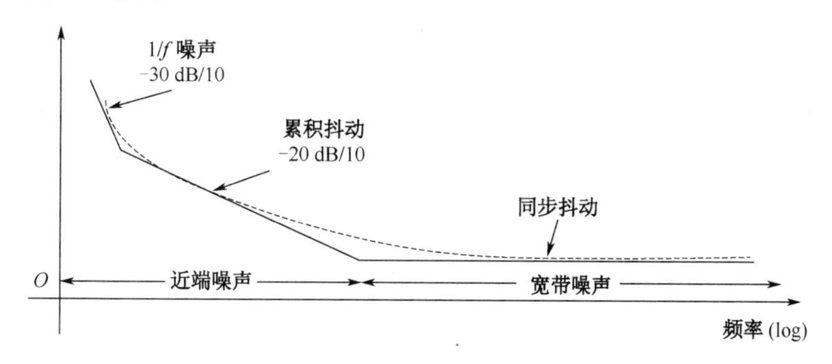

注：不同区间时钟相位噪声及其导致抖动的例子。

图 2.25

2.9.5　抖动与相位噪声

抖动和时钟源噪声特性通常用相位噪声来描述。对于正弦时钟信号[10-12]，有

$$v_{clock}=A_s\sin\left(2\pi f_s(t+\Delta T(t))\right) \tag{2.135}$$

式中，A_s 为时钟信号的幅度；f_s 为频率，ΔT 为抖动。所以

$$v_{clock}=A_s\sin\left(2\pi f_s t+\phi(t)\right) \tag{2.136}$$

由此相位噪声 $\phi(t)$ 为

$$\phi(t)=2\pi f_s\Delta T(t) \tag{2.137}$$

在频域上，相位噪声为

$$\phi(f)=2\pi f_s\Delta T(f) \tag{2.138}$$

所以，抖动的均方根可以由相位噪声通过下式计算得到。

$$J=\frac{1}{2\pi f_s}\sqrt{\int_{-\infty}^{\infty}\phi^2(f)\mathrm{d}f} \tag{2.139}$$

其中的积分区间覆盖了整个频域，并不受限于采样频率、奈奎斯特频率或其倍数，积分必须对整个无穷宽频域进行，但在实际应用中往往受限于时钟电路的带宽。

根据式（2.136），如果 $\phi(t)$ 很小，有

$$v_{\text{clock}}=A_s\sin\left(2\pi f_s t\right)+A_s\phi(t)\cos\left(2\pi f_s t\right) \tag{2.140}$$

可以用时钟信号幅度噪声计算抖动

$$J=\frac{\sqrt{2}}{2\pi f_s A_s}\sqrt{\int_{-\infty}^{\infty}\Delta v_{\text{clock}}^2(f)df} \tag{2.141}$$

若可以用频谱分析仪测量到单边相位噪声功率谱$L(f)$，则

$$L(f)=10\log\left(\frac{\phi^2(f)}{2}\right) \tag{2.142}$$

由此可以得到

$$\phi(f)=\sqrt{2\times 10^{L(f)/10}} \tag{2.143}$$

所以

$$J=\frac{1}{2\pi f_s}\sqrt{\int_{-\infty}^{\infty}\phi^2(f)\mathrm{d}f}=\frac{1}{2\pi f_s}\sqrt{2\int_{-\infty}^{\infty}10^{L(f)/10}\mathrm{d}f} \tag{2.144}$$

通过式（2.117），可以得到含有抖动的情况下的采样信号为

$$\Delta X(f)=2\pi f_{in}\frac{A}{2}\left[\Delta T(f-f_{in})-\Delta T(f+f_{in})\right] \tag{2.145}$$

将式（2.138）代入式（2.145），可以得到

$$\Delta X(f)=\frac{f_{in}}{f_s}\frac{A}{2}\left[\phi(f-f_{in})-\phi(f+f_{in})\right] \tag{2.146}$$

SNR 的结果为

$$\text{SNR}=10\log\left(\frac{A^2/2}{\int\Delta X^2(f)\mathrm{d}f}\right) \tag{2.147}$$

将式（2.146）代入式（2.147），只用单个边带，可以得到

$$\text{SNR}=20\log\left(\frac{f_s}{f_{in}}\frac{1}{\sqrt{\int\phi^2(f-f_{in})\mathrm{d}f}}\right) \tag{2.148}$$

如果使用 dBc 的形式表示时钟噪声，那么 SNR 为

$$\text{SNR}=-N_{clock}(\text{dBc})+20\log\left(\frac{f_s}{f_{in}}\right) \tag{2.149}$$

这表明在相同的时钟相位噪声条件下，由时钟抖动导致的 SNR 随输入频率的增加而下降，随着时钟频率的升高而改善。

2.10 误码率

误码率（bit error rate，BER）或采样错误概率（sample error rate，SER），指的是 ADC 错误的概率。这里的“错误”通常是指那些很大、超出了噪声能够导致的错误范围的那些错误。它们可能是来自第 5 章中将要讨论到的比较器不稳定性、输出数据锁存错误或串行错误。在通信中，一般 BER 要求为$10^{-9}\sim10^{-6}$。然而，在一些仪器应用中，BER 要求低于10^{-15}。

2.11 功耗与品质因数

功耗是 ADC 的重要指标之一，显然功耗越低越好。然而，对不同性能的 ADC 之间比

对功率效率是很一个很复杂的工作。从前面内容可以看到，ADC 有很多性能指标，包括分辨率、采样率、SNDR、SFDR、抖动等，对其中任何一个指标的改善往往都会消耗一定额外的功率。此外，有效输入频率范围可能变化，也会对此产生影响，从而使这种比对进一步复杂化。

因此，有人尝试用一个综合指标来综合评估转换器的性能和能效，这就是品质因数（figures-of-merit，FOM）。但实际上很难用一个指标综合考虑所有性能参数。尽管如此，一些 FOM 仍然可以在综合考察一些参数方面发挥作用。

一个常用的 FOM 是每次转换所消耗的能量，它的定义为[13]

$$\text{FOM1}=\frac{\text{功率}}{2^{\text{ENOB}}\text{ERBW}}\text{焦耳/转换步数} \tag{2.150}$$

式中，ENOB 是按式（2.16）计算的以 bit 为单位的有效位数；ERBW 是有效分辨带宽，定义为具有指定的 ENOB 值的频率范围的宽度。这种 FOM 的变化形式有

$$\text{FOM1}=\frac{\text{功率}}{2^{N}f_s/2} \tag{2.151}$$

以及

$$\text{FOM1}=\frac{\text{功率}}{2^{\text{ENOB}}f_s/2} \tag{2.152}$$

尽管这个 FOM 在低功耗和中分辨率 ADC 中很受欢迎，但是，在一些高性能噪声限制 ADC①中，大部分能耗会被用于实现所需的 SNDR 和 ENOB。这时，这种 FOM 并不能反映出这种 ADC 设计的基本需求。在噪声限制 ADC 中，为了将 SNDR 提高 3dB，功率会增加 1 倍。对这个结论的一个直观理解方法是：假设我们有一个 ADC，其 ENOB 为 N 位，功率为 P，ERBW 为 B。如果我们同时使用两个 ADC 并将其输出结果平均，这时功耗将翻一番。但由于两个 ADC 的信号部分相干叠加，噪声部分不相关，由此这种综合会导致 SNDR 提高 3dB[15]。

假设 V_1 和 V_2 是两个 ADC 的输入信号，N_1 和 N_2 是各自的噪声功率。对两个 ADC 的输入信号进行平均，结果为

$$V_{ave}=\frac{V_1+V_2}{2}=V_1=V_2 \tag{2.153}$$

对应的信号功率为

$$P_{s\_ave}=P_{s1}=P_{s2} \tag{2.154}$$

另外，对噪声功率平均为

$$N_{ave}=\frac{N_1+N_2}{4}=\frac{N_1}{2}=\frac{N_2}{2} \tag{2.155}$$

所以

$$\text{SNDR}_{ave}=\frac{P_{s\_ave}}{N_{ave}}=2\times\text{SNDR}_1=2\times\text{SNDR}_2 \tag{2.156}$$

以及

$$\text{SNDR}_{ave}(\text{dB})=\text{SNDR}_1+3\text{dB}=\text{SNDR}_2+3\text{dB} \tag{2.157}$$

① 译者注：“噪声限制 ADC”（noise limited ADC）指噪声性能起最重要的限制作用的 ADC。

所以，通过对两个独立的 ADC 输出结果的平均，可以将 SNDR 提高 3dB，同时功率会增加一倍。因为 ADC 核没有变化，可以假设新的组合 ADC 中的两个核具有相同的 FOM。然而，对于 FOM1，有

$$\text{FOM1}_{1core}=\frac{P}{2^N B} \tag{2.158}$$

以及

$$\text{FOM 1}_{2\ cores}=\frac{2P}{2^{N+0.5}B}=\frac{2P}{\sqrt{2}2^N B}=\sqrt{2}\times\text{FOM1}_{1\ core} \tag{2.159}$$

所以，尽管我们期望组合 ADC 的 FOM 与单核一致，但是实际计算出的组合 ADC 的 FOM 恶化了 40%。

这个问题的另一个理解方法是，正如第 1 章所讨论的，抽样率每翻一番，就会导致 SNDR 在同一带宽内增加 3dB。这表明速度增加 2 倍，SNDR 提高 3dB。另外，速度每增加 1 倍，功耗也会等效增加 1 倍，因为理论上，我们可以将两个 ADC 核交错使用，从而将转换速度提高 1 倍，但同时功耗也增加 1 倍。所以，功耗增加 1 倍，可以使得 SNDR 增加 3dB，这个结果并不是 FOM1 可以预测到的。

这些矛盾和需求产生了一种不同的 FOM，这种 FOM 对于噪声限制 ADC 而言，在技术上更合理、更具代表性。参考文献[14]中提出了一个这样的 FOM，即

$$\text{FOM2}=\frac{\text{功率}}{2^{2\times\text{ENOB}}\times\text{ERBW}}\quad \text{焦耳/（转换步数）}^2 \tag{2.160}$$

这里，FOM 与量化器功率（而不是其幅度）成正比。将这个 FOM 应用于上面的例子，有

$$\text{FOM2}_{2\ cores}=\frac{2P}{2^{2N+2\times0.5}B}=\frac{2P}{2\times2^{2N}B}=\frac{P}{2^{2N}B}=\text{FOM2}_{1\ core} \tag{2.161}$$

所以，与我们的预期一样，组合 ADC 的 FOM 与单核的一致。

这个 FOM 也可以表达为 dB 的形式，这就给出了 FOM3，即

$$\text{FOM3(dB)}=\text{SNDR}+10\log\left(\frac{\text{ERBW}}{\text{功率}}\right) \tag{2.162}$$

另外，它也可以通过采样率来计算

$$\text{FOM3(dB)}=\text{SNDR}+10\log\left(\frac{f_s/2}{\text{功率}}\right) \tag{2.163}$$

有趣的是，如果将式（2.14）代入式（2.162）和式（2.163），可以得到 Schreier FOM

$$\text{FOM3(dB)}=-NSD-10\log(\text{功率}) \tag{2.164}$$

对于 FOM1 和 FOM2，效率更高的 ADC 给出较小的 FOM 值。另外，对于 FOM3 来说，更高效的 ADC 会带来更大的 FOM。另一个区别是 FOM3 的对数比例尺压缩了范围。因此，如果一个 ADC 与另一个 ADC 有相同的性能，但是功耗大了 1 倍，那么对应的 FOM 也会恶化 3dB，效率降低了 100%。FOM3 因为与 SNDR 和 NSD 相关联，也更加直观，易于计算。

有一点必须提醒注意的是，从实际应用的角度来看，由于 ADC 性能的多维性，上述所有 FOM 都有很大的局限性。ADC 的功耗可能来自数字处理、输入缓冲、偏置和输出驱动电路等部分，这些部分不一定遵循前面描述的噪声限制的趋势。此外，高线性度或 IF/RF 采样电路也可能导致很大的功率开销，上述任何 FOM 都没有考虑到这方面的开销。一般来说，这些 FOM 在比较性能相似的 ADC 方面往往更有用。此外，在特定技术路线上同时推动性能和速度的改善，往往会降低 FOM，用单个 FOM 参数不能同时表达两方面的需求。

2.12　结论

本章介绍了一些用于评估和描述数据转换器的最重要与最常见的性能指标，给出了每个指标的分析、测量和意义。此外，还讨论了各个指标的直观的解释和粗略的估计方法，以及指标间的相互关系。最后还介绍了几个用于描述转换器效率的 FOM，可用于比较不同的转换器的性能。其中，一些 FOM 也有助于了解转换器设计和优化的趋势以及利弊的权衡。

思　考　题

1．参考图 2.1 给出的结果，画出一个理想 3 位 DAC 的转移特性曲线。

2．参考图 2.10，画出一个包含有失调、增益、DNL、INL 误差特性的 3 位 DAC 的转移特性曲线。对于 DAC 而言，误差将在表示模拟输出的 y 轴上测量。参考 ADC 的情况，写出对应的 DNL 和 INL 表达式。

3．一个 12 位的 ADC，满幅输入电压为 2V，等效输入热噪声为 500μV。

（1）如果考虑量化和热噪声影响，它的 SINAD 是多少？

（2）其 ENOB 值是多少？

（3）其有效分辨率是多少？

（4）假设采样率为 100MS/s，其 NSD 是多少？

4．对于图 2.4（a）中的 ADC，估算其在-7dBFS 下的 IMD2 和 IMD3，分析这个结果并评估这个估计的效果。

5．对于图 2.5 中的 ADC，估算其在-15dBFS 下的 IMD2 和 IMD3，分析这个结果并评估这个估计的效果。

6．对于图 2.6 中的 ADC，假如它的 SFDR 受限于 HD3，估算在-6dBFS 和-10dBFS 下的 IMD3，分析这个结果并评估这个估计的效果。

7．一个用于驱动 ADC 的放大器，HD2 和 HD3 分别等于-80dBFS 和-10dBFS。

（1）分别估算其在 0dBFS、-1dBFS、-6dBFS、-20dBFS 下的 HD2 和 HD3。

（2）分别估算其在 0dBFS、-1dBFS、-6dBFS、-7dBFS、-20dBFS 下的 IMD2 和 IMD3。

（3）分析这些结果并评估这些估计的效果。

8．如果使用完全平衡的差分输入信号，请重复问题 7。

9．如果使用具有下列特点的查分信号，请重复问题 7。

（1）幅度存在 0.1%的失配。

（2）相位存在 2° 的失配。

10．一个 ADC，其 HD2 和 HD3 分别为-80dBFS 和-7dBFS，且受制于集成输入缓冲级。

（1）分别估算其在 0dBFS、-1dBFS、-10dBFS、-20dBFS 时的 HD2 和 HD3。

（2）分别估算其在 0dBFS、-1dBFS、-10dBFS、-20dBFS 下的 IMD2 和 IMD3。

（3）分析这些结果并评估这些估计的效果。

11．试推导式（2.38）、式（2.39）、式（2.41），并且通过仿真计算进行验证。

12．试推导式（2.47），并通过行为级仿真进行验证。

13．有一个非线性系统，传输函数为 $y(t)=0.9x(t)-0.01x^2(t)-0.05x^3(t)$，请在下列条

件下仿真计算其输出。

（1）输入信号是一个具有单位幅度，频率为 100MHz 的单音正弦信号。

（2）输入信号是一个具有单位幅度，频率分别为 100MHz 和 102MHz 的双音正弦信号。

（3）估计 HD2、HD3、IMD2、IMD3。

14．在下列条件下重复问题 13。

（1）将单位幅度改为 2V。

（2）将单位幅度改为 0.5V。

（3）在上面各种条件下估计 HD2、HD3、IMD2、IMD3。

15．使用任意一种编程语言，编制一个正弦输入条件下计算 ADC 的 DNL 和 INL 的程序。

16．对于图 2.13（b）显示的 INL 条件下，当输入-1dBFS 和-6dBFS 时，分别求 HD2 和 HD3。

17. 对图 2.18 和图 2.19 中的 ADC，分别估算它在-6dBFS 和-10dBFS 下的 HD2 和 HD3，分析计算结果并评估估计的效果。

18．对于图 2.13（a）和（b）中的 ADC，估算它在-7dBFS 下的 IMD2 和 IMD3，分析计算结果并评估估计的效果。

19．对于图 2.18 和图 2.19 中的 ADC，估算其在-7dBFS 下的 IMD2 和 IMD3，分析计算结果并评估估计的效果。

20．根据图 2.20 中的 INL，估计下面条件下的 SFDR。

（1）-3dBFS。

（2）-10dBFS。

21．一个 12 位 ADC，采样率为 200MS/s，抖动为 500fs。

（1）当输入频率为 100MHz 时，SNDR 估计是多少？

（2）当输入 10MHz 信号是，SNDR 是多少？

（3）如果 ADC 是 16 位的，SNDR 变为多少？

（4）如果 ADC 改为 8 位的，SNDR 变为多少？

（5）如果采样率变为 50MS/s，抖动不变，SNDR 变为多少？试解释结果。

22．一个 16 位 100MS/s ADC，功耗为 500mW，SINAD 为 80dB。

（1）Walden FOM（FOM1）是多少？

（2）Schreier FOM（FOM3）是多少？

（3）如果 ADC 功耗为 1W，SINAD 为 83dB，此时上面各种 FOM 各有什么变化？

（4）如果 ADC 功耗为 1W，SINAD 为 86dB，此时上面各种 FOM 各有什么变化？

（5）分析（3）和（4）的结果。

23. 一个 14 位 250MS/s ADC，SINAD 为 70dB，消耗的功耗为 150mW。如果用相同的工艺、结构、输入跨度，分别在下面条件下估算其功耗。

（1）SINAD=70dB，采样率 500MS/s。

（2）SINAD=73dB，采样率 125MS/s。

（3）SINAD=73dB，采样率 500MS/s。

（4）SINAD=76dB，采样率 125MS/s。

24．在网上查找位长分别为 12 位、14 位或 16 位，采样率分别为 125MS/s 或 250MS/s

的商用 ADC 的数据手册，查找其指标的差异，并解释差异的成因。计算它们的 FOM1、FOM2 和 FOM3。器件可查询 Analog Devices 公司的网站。

参考文献

[1] AD9446, 16 bit 80/100MS/s ADC, Analog Devices.

[2] A.M.A. Ali, A. Morgan, C. Dillon, *et al.*, "A 16-bit 250-MS/s IF Sampling Pipelined ADC with Background Calibration," *IEEE Journal of Solid-State Circuits*, 45(12), pp. 2602–2612, Dec 2010.

[3] A.M.A. Ali, H. Dinc, P. Bhoraskar, *et al.*, "A 14b 1GS/s RF Sampling Pipelined ADC with Background Calibration," *IEEE Journal of Solid-State Circuits*, 49(12), pp. 2857–2867, Dec 2014.

[4] A.M.A. Ali, H. Dinc, P. Bhoraskar, *et al.*, "A 14-bit 2.5GS/s and 5GS/s RF Sampling ADC with Background Calibration and Dither," *IEEE VLSI Circuits Symposium*, pp. 206–207, 2016.

[5] W. Kester (Ed.), "The Data Conversion Handbook," *Analog Devices, Inc.*, Elsevier, Burlington, MA, 2005.

[6] B. Razavi, *RF Microelectronics,* Prentice Hall, Upper Saddle River, NJ, 1998.

[7] H. Pan, "A 3.3-V 12-b 50-MS/s A/D Converter in 0.6-μm CMOS with over 80-dB SFDR," Ph.D. dissertation, UCLA, Dec 1999.

[8] H. Pan and A.A. Abidi, "Spectral Spurs due to Quantization in Nyquist ADCs," *IEEE Transactions on Circuits and Systems-I: Regular Papers*, 51(8), pp. 1422–1438, Aug 2004.

[9] K. Kundert, *Predicting the Phase Noise and Jitter of PLL-Based Frequency Synthesizers*. The Designer's Guide Community.

[10] C. Azeredo-Leme, "Clock Jitter Effects on Sampling: A Tutorial," *IEEE Circuits and Systems Magazine*, 11(3), pp. 26–37, 2011.

[11] B. Brannon and A. Barlow, *Aperture Uncertainty and ADC System Performance,* Analog Devices, Inc., *Application Note AN-501.*

[12] B. Brannon, *Sampled Systems and the Effects of Clock Phase Noise and Jitter,* Analog Devices, Inc., *Applicat. Note AN-756.*

[13] R. Walden, "Analog-to-Digital Conversion in the Early Twenty-First Century," *Wiley Encyclopedia of Computer Science and Engineering*, pp. 126–138, 2008.

[14] A.M.A. Ali, C. Dillon, R. Sneed, *et al.*, "A 14-bit 125 MS/s IF/RF Sampling Pipelined ADC With 100 dB SFDR and 50 fs Jitter," *IEEE Journal of Solid-State Circuits*, 41(8), pp. 1846–1855, Aug 2006.

[15] R. Schreier and G. Temes, *Understanding Delta-Sigma Data Converters*, IEEE Press, Piscataway, NJ, 2005.

[16] A.V. Oppenheim and R.W. Schafer, *Discrete-Time Signal Processing*, Prentice Hall, Englewood Cliffs, NJ, 1989.

第 3 章　数据转换器结构

本章将讨论一些高速 ADC 架构，包括快闪、流水线和时间交织 ADC。此外，一些以往用于低速应用的体系结构，如逐次逼近（SAR）和 Σ-Δ 转换器，最近在高速转换器中也得到了应用，所以也被涵盖在内。此外，还讨论了一些 DAC 架构，如电阻、电容和电流舵 DAC。

图 3.1 给出了传统意义上各类 ADC 在性能空间上所处的位置。其中，y 轴代表性能，可以是分辨率、SNDR 或 ENOB，x 轴代表速度，可以是采样率或有效的 Nyquist 带宽。在最高速度位置上出现的是快闪 ADC（及其各种衍生结构）以及时间交织 ADC，其性能一般被局限在 10 位以下。在中间高速高分辨率部分出现的是流水线结构，速度可以高于 1GS/s，分辨率可以达到 10～14 位[1,2]。在报道中也出现过 16 位的流水线 ADC[1]，尽管它的 ENOB 只能达 12～14 位。在低速方面，SAR 和 Σ-Δ ADC 占据了相对较低的速度和高分辨率空间，速度通常小于 100 MS/s，分辨率高于 16 位。然而，在最近的报道也出现过有效采样率高达 900 MS/s 的 Σ-Δ ADC 的[3]。

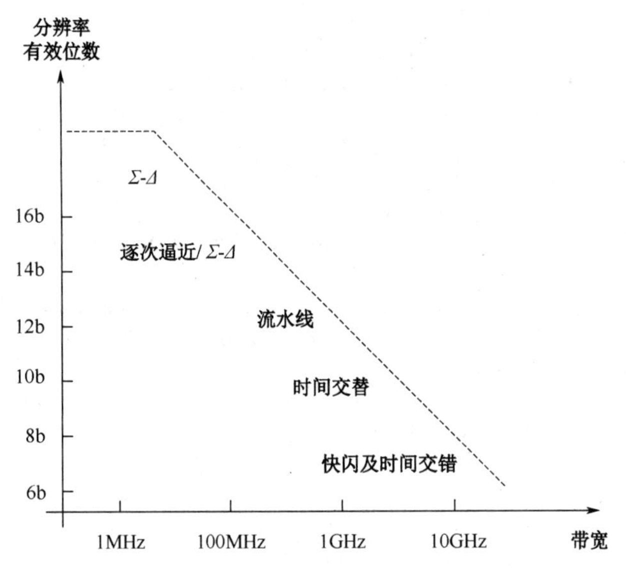

注：各种 ADC 架构相对于分辨率（或性能）-量化带宽（或速度）空间位置分布示意图。

图 3.1

图 3.1 给出了每个结构的相对优势和劣势。不同区域之间的边界是灵活和重叠的。此外，随着时间的推移，最新的边界向上和向右移动，朝着更高的性能和更高的速度移动。

3.1 快闪 ADC[①]

快闪是最快、最基本的非交织 ADC 架构。快闪 ADC 可以用作独立转换器，或者其他类型转换器（如流水线、Σ-Δ ADC 或逐次逼近 ADC）的基本部件。在快闪 ADC 中，对输入进行采样，并通过比较器将其与一组间隔相等的阈值进行比较。通常 N 位快闪 ADC 需要一组（2^N-1）比较器，有时称为“比较器组”。阈值电平通常使用连接到参考电压的电阻梯架产生，如图 3.2 所示。比较器组生成一个温度计码，该代码可以使用解码器转换为任何所需的格式，如二进制补码或偏移二进制码。

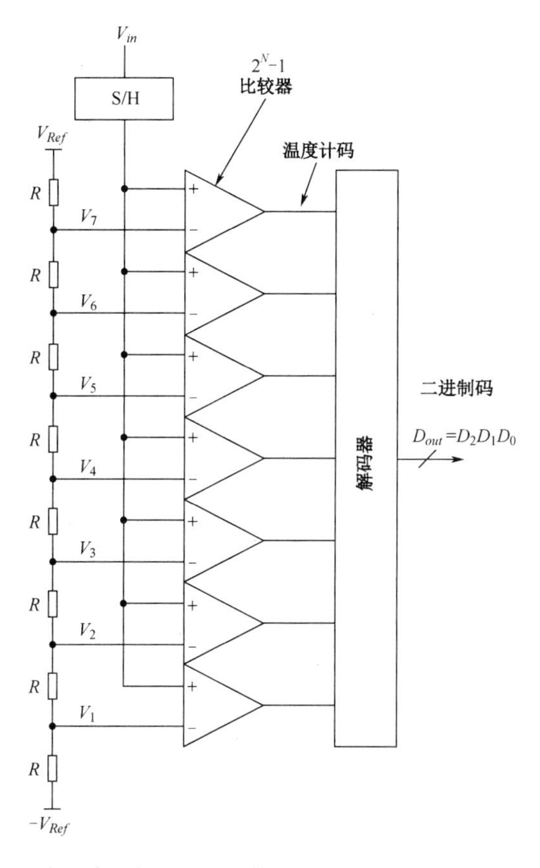

注：有 7 个比较器的 3 位快闪 ADC 简单框图（N=3）。

图 3.2

对于理想的 A/D 转换，比较器的阈值电平需要具有相等间隔。电阻值不匹配会导致量化步长大小不均匀，从而导致 DNL 和 INL 错误。它们还可能导致整个转换器的失调和增益误差。不同类型的电阻具有不同的线性度和匹配特性。例如，硅化电阻通常会比非硅化电阻更容易控制；多晶硅和金属电阻比扩散电阻具有更好的匹配度与线性度。在布局中，为了保证良好的匹配性，最好使用具有合理宽高比的相同单元。此外，电阻单元中用于接触孔的部

① 译者注：“快闪 ADC”在很多文献（特别是中文文献）中也被称为“全并行 ADC”（full parallel ADC），来自这种 ADC 结构的并行特征；而原文中使用的“快闪 ADC”（flash ADC）名称，则是形容了这种 ADC 的高速特性——如同闪电。

分需要小于电阻长度。电阻梯架两端可以使用虚拟电阻来改善两端附近的匹配。一些布局匹配措施如图 3.3 所示。

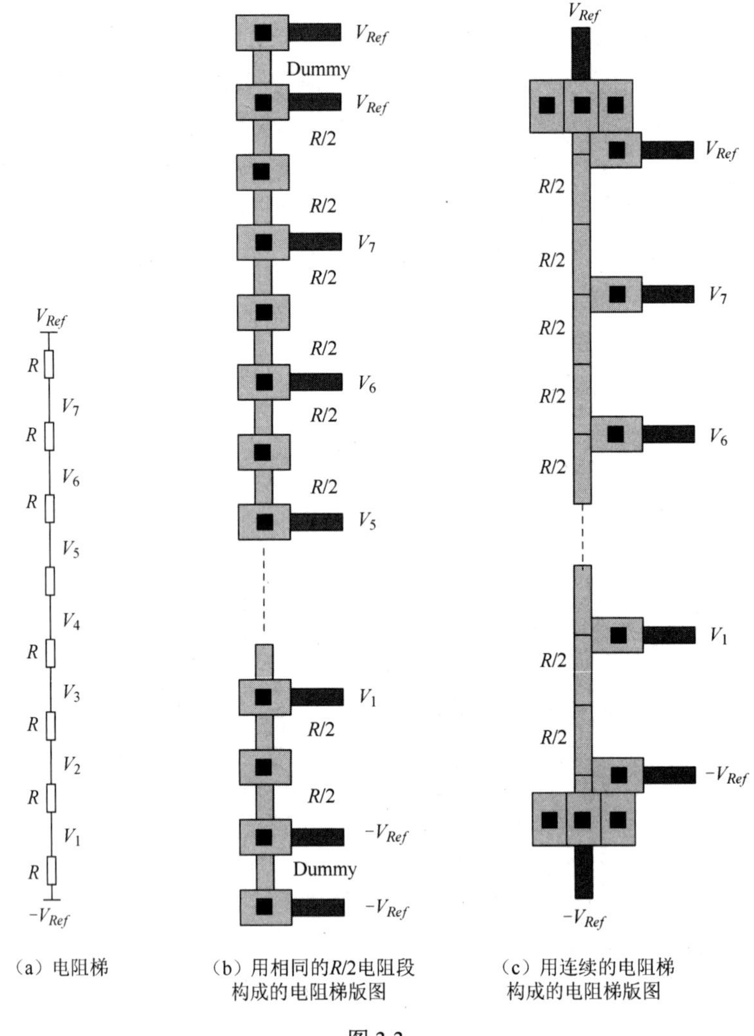

（a）电阻梯 （b）用相同的 $R/2$ 电阻段构成的电阻梯版图 （c）用连续的电阻梯构成的电阻梯版图

图 3.3

电阻的失配会影响阈值电平，电阻梯架两端的电平可以保持理想值，但在中间部分，由于电阻失配的累积会影响电平。如果失配是随机的，积累将不相关。然而，如果电阻的失配是相关的，如由于梯度造成的失配，其影响将向中间方向逐渐增加。对于梯度误差，梯度 R_k 中的第 k 个电阻值可以表示为[4,5]

$$R_k = R + k\Delta R \tag{3.1}$$

式中，R 是单位电阻；ΔR 是电阻梯架相邻电阻之间的失配。第 k 个输出电压为

$$V_k = 2V_{Ref}\left(\frac{\sum_{i=1}^{i=k}(R+i\Delta R)}{\sum_{i=1}^{N}(R+i\Delta R)} - \frac{1}{2}\right) = \frac{2V_{Ref}}{R_t}\left[\left(R+\frac{\Delta R}{2}\right)k + \frac{\Delta R}{2}k^2\right] - V_{Ref} \tag{3.2}$$

式中，V_k 是第 k 级的电压；N 是位数；R 是单位电阻；R_t 为电阻梯架的总电阻，其值为

$$R_t = \sum_{i=1}^{i=2^N}(R+i\Delta R) = \left(R+\frac{\Delta R}{2}\right)2^N + \frac{\Delta R}{2}2^{2N} \tag{3.3}$$

式（3.2）表明，各级电压与顺序 k 之间呈抛物线关系，对应产生的 INL 也具有相同的抛物线形状，最高处出现在 $k=2^N/2$，如图 3.4 所示。如第 2 章中讨论过的，通过式（2.76）可以得到 INL 为

$$\mathrm{INL}(k) = \frac{V_k - V_{idk}}{\mathrm{LSB}} = \frac{V_k - \left(\dfrac{2V_{Ref}}{2^N}k - V_{Ref}\right)}{\mathrm{LSB}} \tag{3.4}$$

式中，V_{idk} 为 k 级的理性电压；LSB 为 ADC 的 LSB 电压，等于 $2V_{ref}/2^N$。将式（3.2）代入式（3.4），寻找其最大值，为此取导数并令其为零，可以得到

$$\frac{\partial \mathrm{INL}(k)}{\partial k} = \frac{\dfrac{2V_{Ref}}{R_t}\left[\left(R+\dfrac{\Delta R}{2}\right)+\dfrac{\Delta R}{2}2k\right]-\left(\dfrac{2V_{Ref}}{2^N}\right)}{\mathrm{LSB}} = 0$$

所以，最大值处于

$$k = \frac{2^N}{2} \tag{3.5}$$

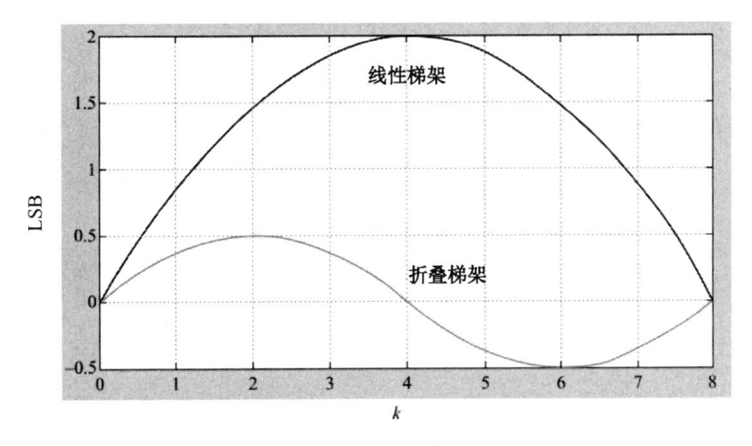

注：线性梯架和折叠梯架的 INL 与抽头顺序的关系图。

图 3.4

INL 误差最大幅度为

$$\mathrm{INL} = \frac{2V_{Ref} \times \Delta R \times 2^{2N}}{8R_t \times \mathrm{LSB}} \tag{3.6}$$

以伏特为单位的 INL 为

$$\mathrm{INL(\ Volts\ )} = \frac{I \times \Delta R \times 2^{2N}}{8} \tag{3.7}$$

式中，I 是电阻梯架中的电流，等于 $2V_{Ref}/R_t$。因为 R_t 近似等于 $R\times 2^N$，所以以 LSB 为单位的 INL 为

$$\mathrm{INL(LSB)} = \frac{2^{2N} \times \Delta R}{8\left(R + \frac{\Delta R\left(1+2^N\right)}{2}\right)} \cong \frac{2^{2N} \times \Delta R / R}{8} \tag{3.8}$$

所以，从式（3.7）和式（3.8）中可以看到，INL 误差与参考电压数（2^N）的平方成正比。

为了降低电阻梯架度带来的 INL，可以使用一种折叠梯架结构，如图 3.5 所示。折叠结构因为上下半部之间是对称的，可以降低电阻梯架中部的梯度误差，对应的 INL 误差如图 3.4 所示。因为 INL 与阶梯数的平方成正比，折叠结构节省了一半的阶梯，所以 INL 误差的峰值被降低了 4 倍。此外，使用差分信号可以消除一阶梯度，从而进一步改善 INL，如图 3.5（c）所示。正如第 2 章讨论的，对所有类型的 ADC 而言，一般来说，差分信号可以降低偶次谐波。对快闪 ADC 而言，这意味着在电阻梯架中使用差分级，并在比较器中使用差分输入结构。关于这个内容将在第 5 章中详细讨论。

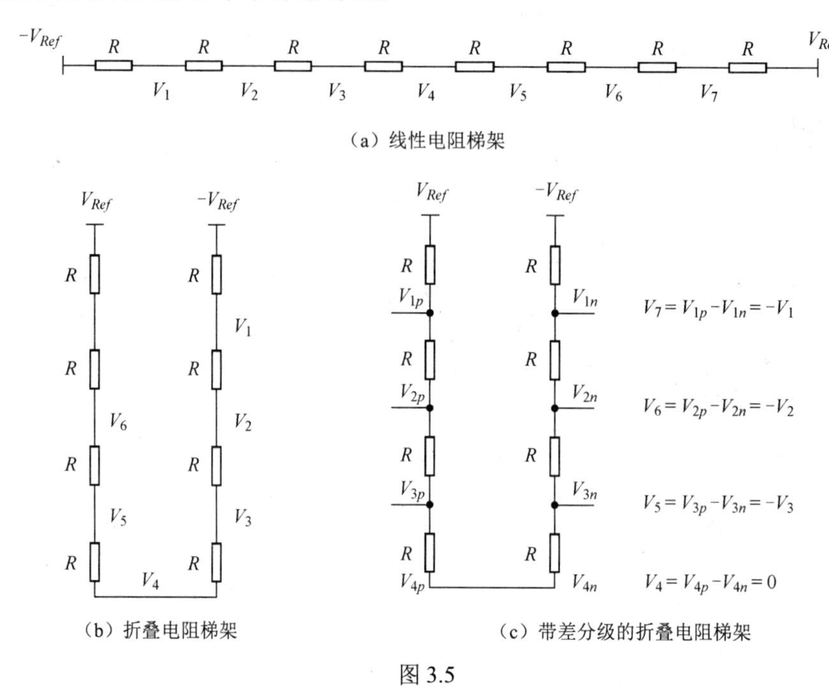

图 3.5

比较器通常由一个或多个预放大器和锁存器串联组成，如图 3.6 所示。这样做是为了能够优化不同方面的性能，详见第 5 章。与开环比较器相比，可再生锁存器具有更高的速度、更好的稳定性和更低的功耗。前置放大器用于提供增益，减少锁存器的等效输入失调，减少输入锁存器的回踢噪声，并优化比较器的输入采样性能。

除了梯度，电阻间的随机失配也会影响 ADC 的 DNL 和 INL。这种失配与电阻面积成反比，即[6]

$$\frac{\sigma_R^2}{R^2} = \frac{A_R^2}{WL} \tag{3.9}$$

式中，σ_R^2 为电阻阻值的方差；R 为电阻标称值；A_R 为失配常数；W 为电阻宽度；L 为电阻长度。增加电阻的尺寸可以改善失配，但是它带来的副作用是增加了功耗，降低了高频性能。

除了电阻梯架，DNL 和 INL 也会收到比较器失调的影响。这主要来自比较器内部晶体

管的失配，可以表示为

$$V_{OS}^2 = \sigma_{VT}^2 + \left(\frac{V_{gs} - V_T}{2}\right)^2 \left(\frac{\sigma_\beta^2}{\beta^2}\right)^2 \tag{3.10}$$

以及

$$\sigma_{VT}^2 = \frac{A_{VT}^2}{WL}, \quad \frac{\sigma_\beta^2}{\beta^2} = \frac{A_\beta^2}{WL} \tag{3.11}$$

式中，V_{OS} 为失调电压；A_{VT} 和 A_β 均为失配常数；$\beta = \mu C_{ox} W / L$；V_T 为器件门限电压；W 为 MOS 管的宽度；L 为其沟道长度。

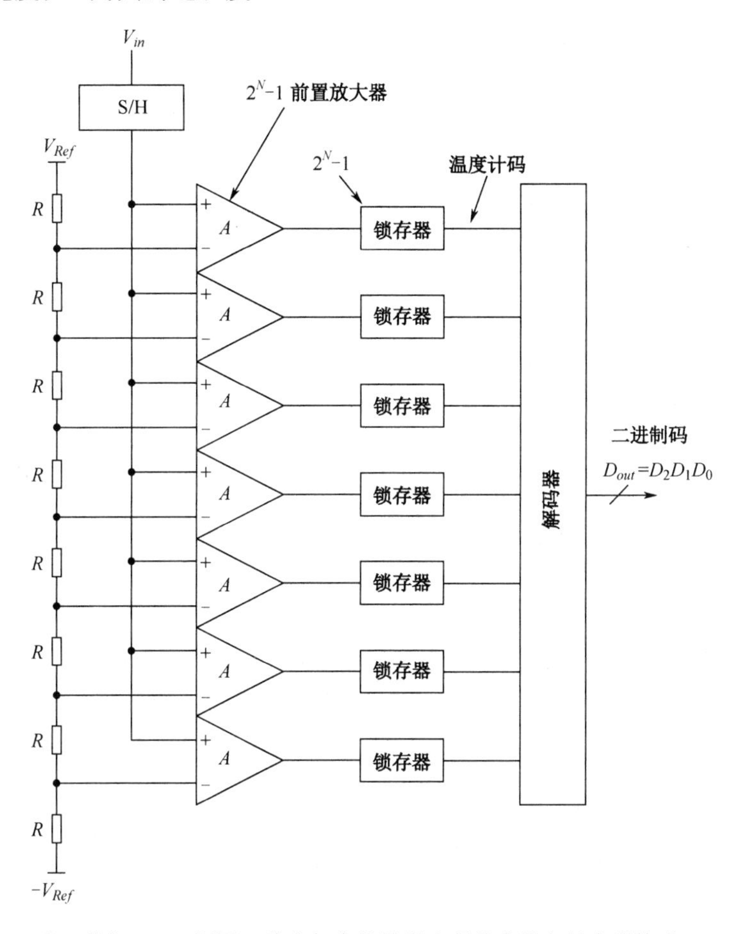

注：快闪 ADC 框图，其中每个比较器由预放大器和锁存器构成。

图 3.6

正如第 5 章中将要讨论的那样，可以使用大的器件来改善它们的失配，从而减少失调。但是这将增加功耗和寄生效应。此外，可以通过预放大器增加增益，从而改善等效输入失调，也可以使用失调消除技术来减少比较器失调。例如，可以在采样阶段对失调量进行采样，然后在比较阶段与输入串联，用于消除失调，这样的预放大器如图 3.7 所示，时序图如图 3.8 所示。在 ϕ_1 期间，参考电平和失调量在被采样在电容器上；在 ϕ_2 期间，输入与电容器串联，此时失调量被抵消，净输入将是 $V_{in} - V_{Ref}$；或者，可以将比较器脱机取出进行校准和失调消除，然后插入回快闪 ADC 中。为了能够连续地工作，需要额外的比较器来替代正在校准的比较器。第 5 章和第 6 章更详细地讨论了失调消除技术。

快闪 ADC 设计中需要决定的另一个问题是是否使用专用的采样保持放大器（sample-and-hold amplifier，SHA）。这为快闪 ADC 提供了一个“保持”的信号，从而使比较器之间的时序和带宽不匹配不会对 ADC 产生影响；或者，当 S/H 电路被集成到比较器采样网络中时，可以使用无采保架构。在后一种情况下，需要保证各比较器的采样时间和带宽的匹配性。此外，比较器需要有足够大的采样带宽，以适应最高输入频率信号的要求。

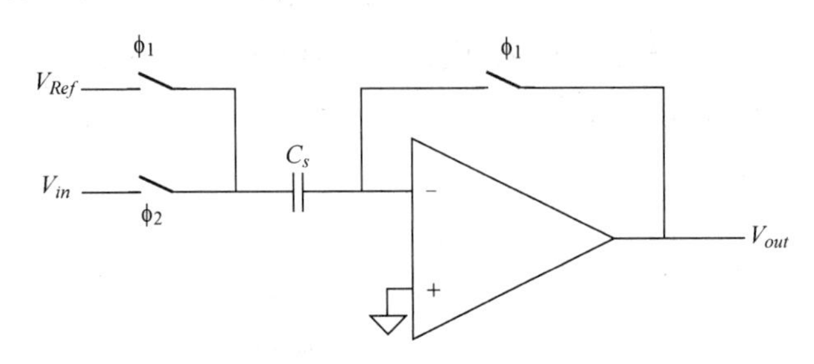

注：带有失调消除的开关电容预放大器。

图 3.7

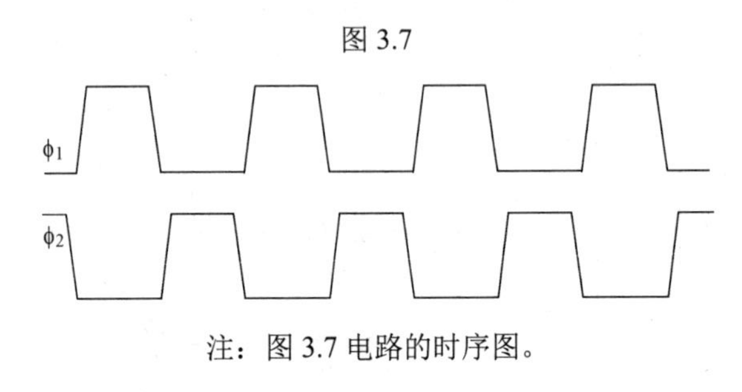

注：图 3.7 电路的时序图。

图 3.8

在设计电阻梯架时，另一个重要考虑因素是速度。为实现高速，电阻梯架需要较小的电阻值，以减少阈值电压的建立时间常数。这将增加电阻梯架中的静态电流，从而增加了功耗，并可能因电阻值较小而影响匹配性。此外，随着位数的增加，比较器的数量呈指数级增长。这增加了电阻梯架和输入端的电容负载，从而降低了速度和带宽，还会大大增加面积和功耗。这些是常见的需要权衡的因素，其中速度的增加往往会导致功耗增加、精度降低；相反，高精度会导致速度的降低和功耗的增加。在快闪 ADC 中，由于面积和功耗随位数的指数增长，可实现的实际分辨率限制在 6～8 位。

快闪 ADC 的总体“速度”由以下几个因素决定。

（1）采样带宽。它决定了比较器的采样网络可以处理的最高输入频率和采样率。在没有 SHA 的情况下，需要用足够大的带宽来跟踪最高的输入频率；在存在 SHA 的情况下，带宽应足够大，以便在采样阶段对信号进行足够准确地采样。假设对一阶采样网络，建立误差ε为

$$\varepsilon = \mathrm{e}^{-T_{acq}/\tau} \tag{3.12}$$

式中，T_{acq}为采样周期，一般等于$1/2f_s$；f_s为采样率；τ为采样时间常数。由此可得

$$\tau = \frac{T_{acq}}{\ln\left(\dfrac{1}{\varepsilon}\right)} \tag{3.13}$$

采样带宽 BW 为

$$\mathrm{BW}=\frac{\ln\left(\dfrac{1}{\varepsilon}\right)}{2\pi T_{acq}} \tag{3.14}$$

（2）参考建立。参考建立是指比较器采样时电阻梯架的抽头电压的建立。它遵循于式（3.12）～式（3.14）中描述的输入采样相似的模式。参考建立和采样带宽应足够大，以便在指定的时间内可以以所需的准确性对参考值进行采样。参考建立误差会限制快闪 ADC 的精度和速度。

（3）传输延迟。传输延迟是指当输入相对较大且亚稳态并未限制速度时，从采样边沿到快闪做出判决的时间。这通常由锁存器及其后面门电路的传播延迟决定。

（4）亚稳态时间常数。亚稳态时间常数是指当输入非常接近阈值时锁存器的延迟。这个小输入会导致额外的延迟，从而产生严重的错误。它由误码率（bit-error-rate，BER）或错误概率来表示。对于比较器，错误概率 P_e 通常为

$$P_e=\frac{V_{in\_amb}}{V_{Range}}$$

式中，V_{in_amb} 为锁存器模糊输入范围；V_{Range} 为比较器的总输入范围。这个也可以用输出模糊范围 V_{o_amb} 和比较器总增益 A_{total} 表示为

$$P_e=\frac{V_{o\_amb}}{V_{Range}\,A_{total}}$$

总增益由采样网络的增益（或更准确地说是衰减）A_{sample}、前置放大器增益 A_{pre} 和锁存器增益 A_{latch} 组成。正如第 5 章中详细讨论的那样，由于使用正反馈带来的锁存器再生特性，使其增益随时间呈指数级增长，等于 $A_{latch}\mathrm{e}^{T/\tau_m}$。因此，

$$P_e=\frac{V_{o\_amb}}{V_{Range}\,A_{sample}\,A_{pre}\,A_{latch}\,\mathrm{e}^{T/\tau_m}}$$

$$\mathrm{BER}=P_e=\frac{V_{o\_amb}}{V_{Range}\,A_{sample}\,A_{pre}\,A_{latch}}\mathrm{e}^{\frac{-T}{\tau_m}} \tag{3.15}$$

式中，V_{o_amb} 是逻辑门的模糊输出电压范围；V_{Range} 是每个比较器的电压范围；A_{sample} 是采样网络的增益/衰减；A_{pre} 是预放大器的增益/衰减；A_{latch} 是锁存器的增益/衰减；T 是可用锁存时间，由采样速率 f_s 决定，通常等于 $1/2f_s$；τ_m 是亚稳态时间常数，通常为

$$\tau_m=\frac{C}{g_m} \tag{3.16}$$

式中，g_m 是锁存晶体管的跨导；C 是锁存节点上的总寄生电容。

式（3.15）表明，指数外的参数（如电压增益）对亚稳态和 BER 几乎没有影响，对其影响最大的参数是锁存时间常数和可用时间。为了降低亚稳态时间，需要更大的 g_m 或更小的电容 C。增加 g_m 将增加功耗，但 g_m/C 是一个受工艺技术限制的参数，精细光刻 CMOS 工艺和双极性工艺由于晶体管的 f_T 较高，可以实现更快的比较器。例如，在 65nm 工艺上，快闪 ADC 可以支持 5～10 GS/s 之间的采样率，在 3 GS/s 的采样率下 BER 优于 10^{-10}。

尽管快闪转换器速度无与伦比，但它也受到一些现实因素的限制。它使用的比较器数量

随位数呈指数增长，导致功耗和面积也呈指数级增长。此外，由于受到并行和高速特性的影响，其精度通常会受到限制。虽然静态误差可以被有效地调校或校准，但由于电荷注入、建立误差以及采样非理想因素的影响导致的动态误差更难修复。总体而言，这些缺点将快闪ADC的实际精度限制在约6位。

3.2 带插值的快闪 ADC

快闪ADC中的比较器由一个或多个预放大器和锁存器组成。如第5章将要详细讨论的那样，这样做是为了减少等效输入失调，减少锁存器对输入驱动电路形成的负载，提高整体性能。插值可用于减少前置放大器的数量，从而减少快闪ADC的功耗和面积。图3.9给出了一个实例，其中使用相邻预放大器输出之间的电阻分压来生成插值信号，通过这种插值减少前置放大器的数量。在图3.9中，插值因子等于2。通过在预放大器之间形成更多的中间点，可以实现更大的插值因子，可以实质性达到提高节能、缩小面积甚至提高速度的效果。它还减少了输入驱动的负载，从而提高了采样线性度。此外，由于它具有插值网络失调平均效果，它还可以改善快闪ADC的失调和线性度[8]。级联多个预放大器的比较器可以有多层插值，每层插值的预放大器数量减少到约 $2^N / N_F$，其中 N_F 是插值因子。

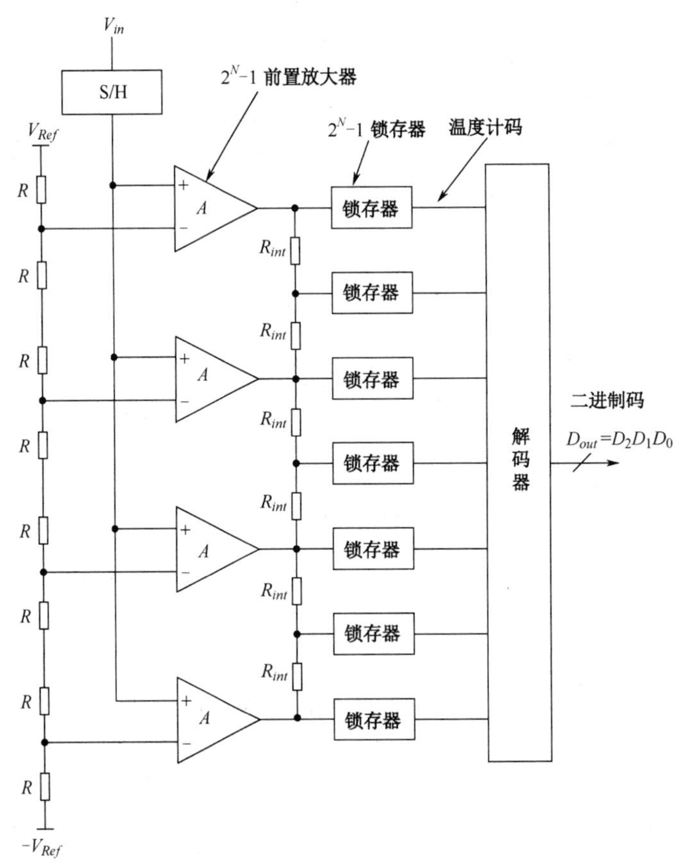

注：一个3位电阻插值的快闪ADC框图，插值因子等于2，预放大器数目减小了 $2^N / N_F - 1$。

图3.9

对于阈值与输入相差甚远的比较器，插值电阻梯架将输出或消耗电流，这会影响其线性度和增益。然而，因为它与输入差异很大，并不对该比较器产生不利影响。另外，对于那些阈值接近输入电平的比较器，输出将接近零附近，因此对于这个比较器来说，电阻梯架实际上是自举的，因此不影响比较器的线性度和增益。此外，电阻梯架还可以起到平均相邻比较器误差的效果，从而可以改善它们的失调。可以从另一个角度理解这种效果：电阻梯架会导致信号输出线性叠加，而随机失调量则按均方根的形式叠加，因此，通过线性插值可以使得失调与信号电平的净比值将得到改善。

除了用电阻梯架，还可以使用电容分压网络进行插值，如图 3.10 所示[4-6]，不过在这种情况下需要定期进行充电和复位。在 ϕ_1 期间，输入在采样电容器（C_s）上采样，同时对预放大器和插值电容进行复位。在 ϕ_2 期间，参考电平被接 C_s，因此（$V_{in}-V_{Ref}$)的差值在预放大器输出端（V_{out1} 和 V_{out3}）被放大，其插值出现在插值电容（C_{int}）的中点（V_{out2}）。这些输出被输入到后续锁存器以生成比较器输出。

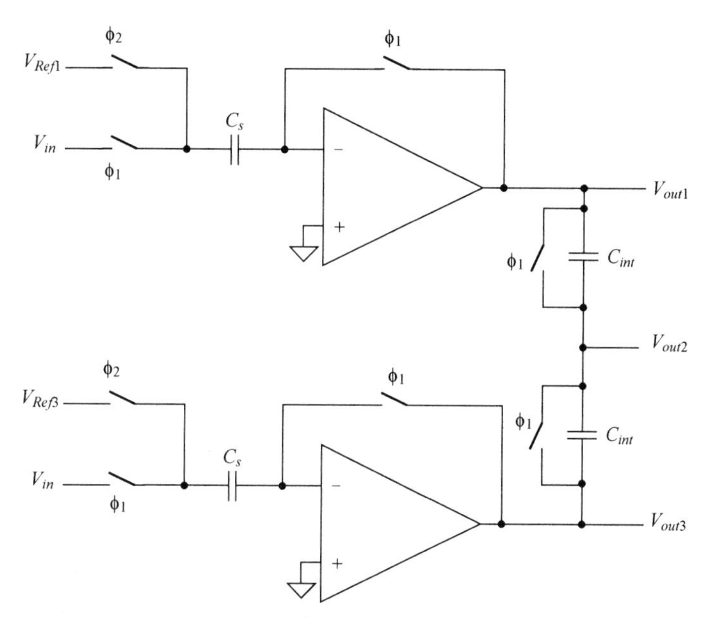

注：在两个预放大器间直接通过电容进行插值的简单电路，3 个输出分别用于 3 个锁存器的输入。

图 3.10

3.3 多步 ADC

快闪架构及其各种扩展构架由于受到所需的比较器数量的限制，在实际应用中只能实现相对较少的位数（6～8 位）。插值可以减少前置放大器的数量，但锁存器的数量仍然可能令人望而却步。多步转换器结构或许能成为中高分辨率 ADC 的实现架构。在多步 ADC 中，转换过程分为多个步骤，以便将比较器数量需求的从指数变为线性。例如，在快闪结构中，10 位转换器至少需要（$2^{10}-1=1023$）个比较器，然而，如果我们使用每步执行 5 位转换的 2 步转换过程，我们只需要［$2\times\left(2^5-1\right)=62$］个比较器，在数量上有了大幅削减，更容易实现，并可能大幅提高精度。多步 ADC 的例子有：子范围 ADC、折叠 ADC、流水线 ADC、循环 ADC、逐次逼近 ADC。

在多步架构中，前一步转换步骤会生成余量信号，输出给下一步转换。在各种多步架构中，余量信号的性质、相应时序以及生成方式不尽相同，因此带来了它们各自的独特特征、优势和劣势。

尽管各种多步转换器存在差异，但它们在关联性和误差模式方面有相似之处，一旦充分地理解了其中一个架构的细节、趋势、模式和敏感性，再结合各类型直接的差异，相关结论可以推广到其他架构中。我们将在下面的章节中介绍多步架构，同时，将在第 7 章中专门介绍流水线 ADC。我们选择流水线架构的原因，是因为它是多步 ADC 中最通用和最具代表性的构架之一，在高速和高分辨率 ADC 中，它也是一个具有吸引力的非常有效的架构。

3.4 子范围 ADC

在子范围 ADC 架构中，转换操作分为两个步骤：粗分步骤和细分步骤。粗分步骤生成转换器高有效位（most significant bits，MSB），并选择下一步使用的细分 ADC 的参考范围；或者，第一级有时会从输入信号中减去数字化信号，以产生应用于第二级的余量信号，而不是使用粗分位来选择第二级的参考范围。图 3.11 给出了概念性的解释，子范围 ADC 的框图如图 3.12 所示。

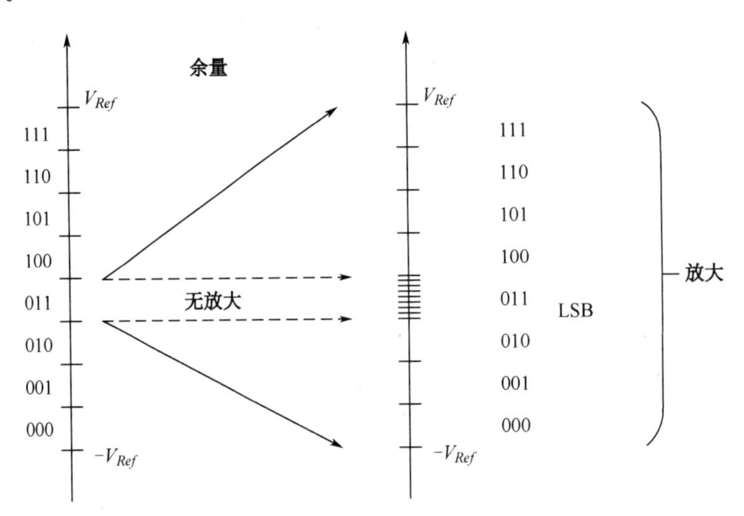

注：有无放大的子范围 ADC 的概念介绍。第一级的每个量化步长（子范围）在后端分为多个步长。在这种情况下，前端处理 3 个 MSB（8 个步长），后端处理 3 个 LSB（8 个步长）。总分辨率为 6 位。

图 3.11

如果第一级和第二级之间没有放大，精细 ADC 的精度需要与整个 ADC 所需的精度相等。此外，它的噪声分布将与第一级相似。也可以在第一级和第二级之间使用放大器，以级间放大器的额外功耗为代价，来降低第二级 ADC 的噪声和非线性影响。

如果使用级间放大器，通常在增益选择中必须注意保证在理想情况下能将余量信号控制在小于下一级的满量程范围内，这被称为冗余。通常，只使用满量程的一半，以便在第一级 ADC 中可能出现的错误的情况下，第二级不产生溢出。例如，假如第一级有 k_1 位，级间增

益将为 2^{k_1-1}。只要余量信号保持在可校正范围内，第一级的并行量化误差将在下一级中得到纠正。这种利用冗余进行的数字化误差校正是所有多步转换器的一个重要手段。图 3.13 给出了概念性的解释，由此产生的余量信号如图 3.14 所示。在两步 ADC 中，一位重叠将会使得总分辨率降低一位。

两个转换步骤可以在一个时钟周期内完成，也可以在多个周期内完成，由此提高 ADC 的吞吐量，从而提高 ADC 的速度。如果这两级运行在不同时钟相位，并具有级间放大器，那么对应的架构将类似于两级流水线 ADC。

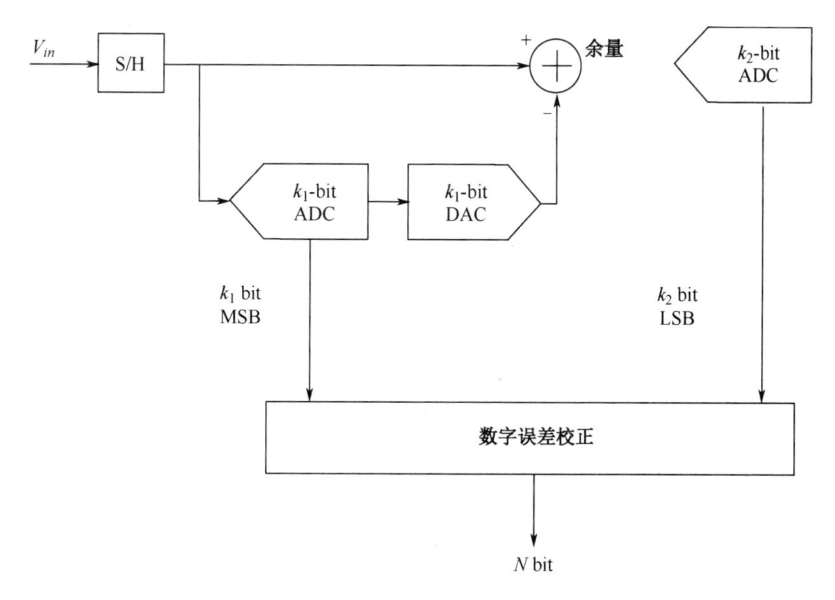

注：两级子范围 ADC 的框图。注意，与图 3.20 所示的流水线 ADC 架构的相似之处。

图 3.12

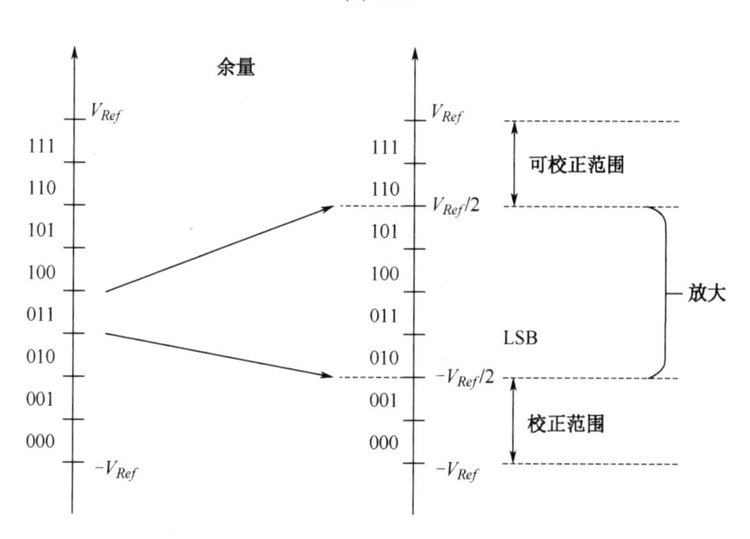

注：放大和冗余的子范围概念性介绍。第一级的每个量化步长（子范围）在后端分为多个步长。在这种情况下，前端处理 3 个 MSB（8 个步长），后端处理 3 个 LSB（8 个步长）。使用冗余更正错误有一位重叠，因此总分辨率为 5 位。

图 3.13

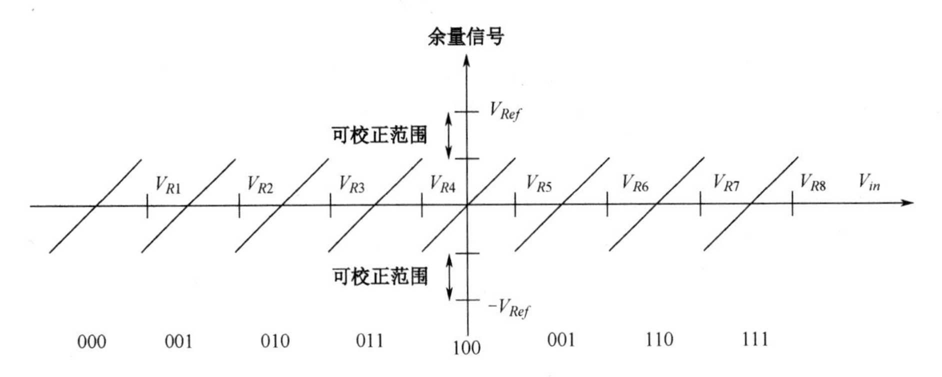

注：级间输出余量信号与其输入的关系示意图，这里使用一位冗余，因此余量仅占该级动态范围的一半。

图 3.14

3.5 折叠 ADC

在折叠架构中，A/D 转换分为两个步骤。第一步执行粗转换，并生成“折叠余量信号”，然后传递到精细转换步骤，如图 3.15 所示。余量信号是通过将输入信号折叠成的，折叠的段数与粗转换步骤中的编码位数相对应。例如，对于一位粗 ADC，生成 2 段折叠信号；对于 2 位粗 ADC，生成 4 段折叠信号；对于 3 位粗 ADC，生成 8 段折叠信号，以此类推。折叠段在正斜率和负斜率之间交替，其幅度峰峰值被限制在输入满幅度的$1/2^{k_1}$，其中 k_1 是粗转换步骤中的位数。3 位粗 ADC 的理想折叠残留信号如图 3.16 所示。

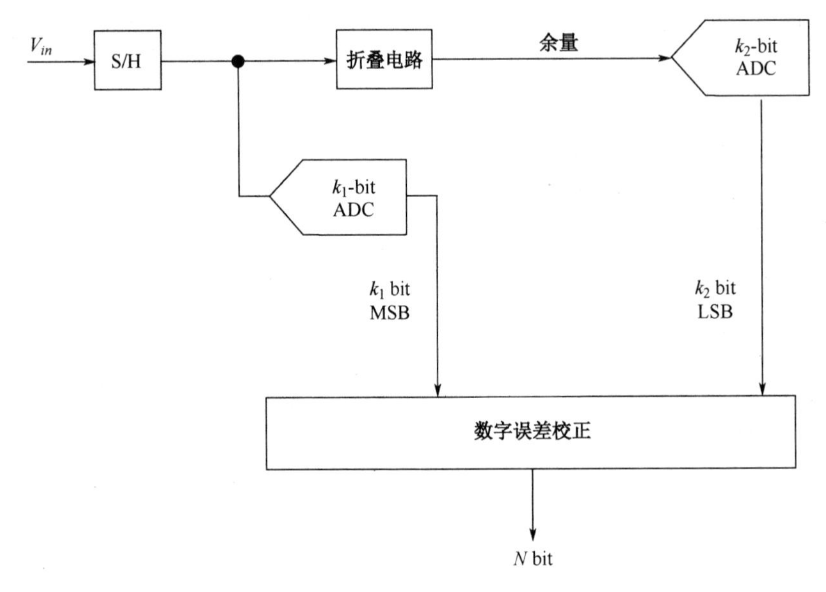

注：折叠 ADC 框图。

图 3.15

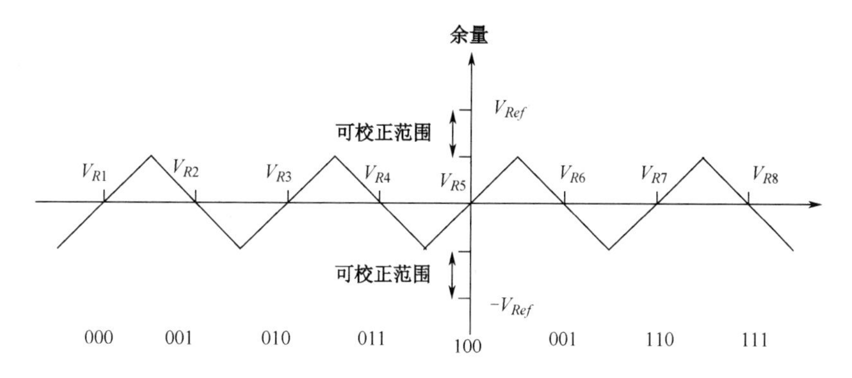

注：某一级的理想输入-折叠余量输出特性曲线图。

这里使用1比特位冗余，因此余量仅占该级动态范围的一半。

图 3.16

通常折叠操作由电流舵差分电路实现，如图 3.17 所示。传统上使用双极型晶体管，但近来也使用 MOS 管折叠电路。折叠电路的线性度随着输出信号振幅的增加而下降，导致折叠残留信号峰值附近变得圆滑（见图 3.18），这会降低对应重建信号的线性度。这时可以使用附加的一个输入输出特性在水平方向移动半段距离的折叠电路，确保折叠点接近其零交叉点，就可以减少非线性。此外，可以通过插值生成更多的零交叉点，进一步提高线性度，如图 3.19 所示。事实上，通过增加插值因子，可以添加更多的中间点，这时输出将取决于零交叉点而不是幅度，整体线性度可以大幅提高。如果使用足够的插值分辨率来覆盖所有位，就可以删除精细的 ADC，由此产生的折叠插值 ADC 将比多步 ADC 更接近快闪 ADC。

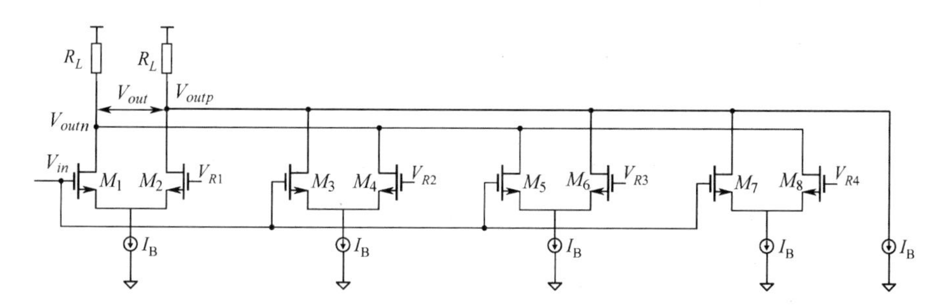

（a）NMOS 折叠电路

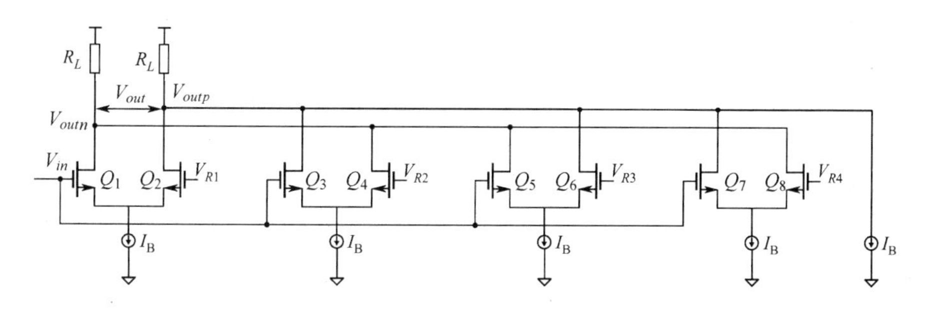

（b）BJT 折叠电路

注：折叠电路示例。

图 3.17

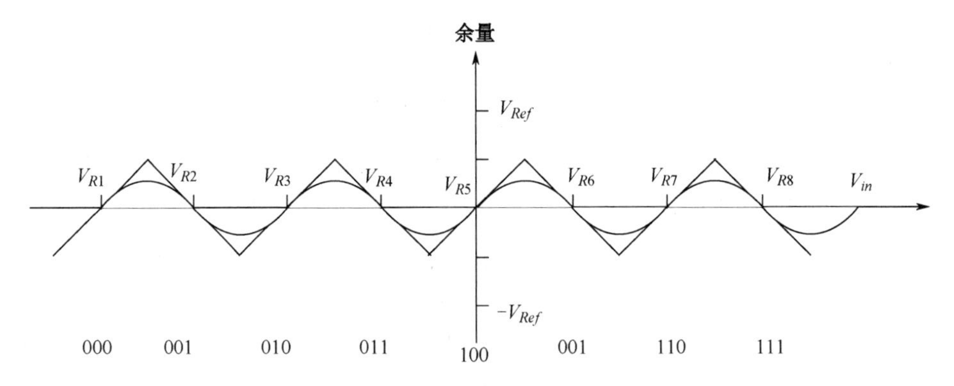

注：某一级的非线性输入-折叠残留输出特性曲线图。
实际和理想的余量信号差是非线性误差，不能通过冗余位校正。

图 3.18

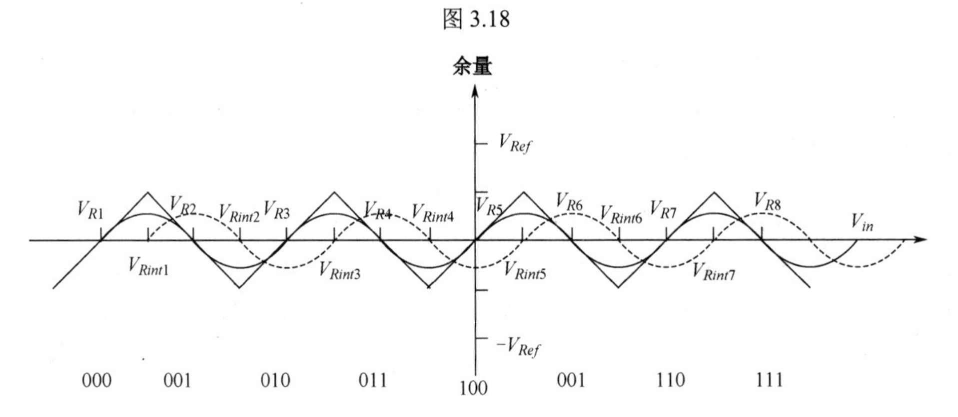

注：使用折叠插值后的余量信号，可以提高 ADC 的线性度。

图 3.19

折叠电路中的失调也会降低线性度，这时可以通过使用更多的零交叉点以及像前面提到的那样使用冗余来改善。冗余的概念可用于所有的多步架构，其中所有级的位数的总和超过转换器所需的位数。位重建中的这种重叠确保了前级误差不会导致后级溢出，如图 3.16、图 3.18 和图 3.19 所示。

精细的 ADC 通常直接处理折叠信号而不用放大，或者也可以使用放大器将折叠信号放大到适合后端 ADC 的幅度范围。类似于流水线 ADC，该放大器的增益误差将影响 ADC 的非线性，需要在数字重建中进行校正。

通常在折叠 ADC 中，两个转换步骤在一个时钟周期中执行，这使得 S/H 电路成为一个必不可少的重要部分，以便让 ADC“看到”被保持的信号；否则，折叠操作带来的非线性影响将变得非常难以处理。折叠传输特性是非线性的，会产生输入信号中不存在的谐波，这些谐波最好在重建过程消除。然而，折叠操作中的建立和增益误差可能导致这些谐波依然存在，并影响输出传输函数的非线性。这使得折叠架构可以实现的典型分辨率上限为 8～10 位。在前端添加采样-保持（S/H）电路可以缓解这个问题，但它增加了 ADC 的功耗和噪声。折叠的两个步骤还可以在多个时钟周期中完成，以提高吞吐量，从而提高 ADC 的速度和带宽。在这种情况下，它将类似于流水线构架，只不过其中第一级流水线的 MDAC 被折叠级取代。

3.6　流水线 ADC

流水线架构由两个或多个转换部分组成，如图 3.20 所示。时序图和采样信号在流水线上的处理过程如图 3.21 所示。每个部分由一个子 ADC、一个 DAC、一个减法器和一个级间放大器组成。输入信号由专用的 S/H 放大器（SHA）或第一级的 S/H 电路采样，它由第一级的子 ADC 量化，以生成首个 k_1 MSB，这些 MSB 通过第一级的 k_1 位 DAC 转换为量化的模拟信号。接着从输入中减去量化的 DAC 输出以生成余量信号，余量信号在第二级采样之前被放大。这个过程在流水线中重复，量化误差在每级中逐渐变小，并传递到下一级，直到通过末端的快闪 ADC 生成最低的 LSB。

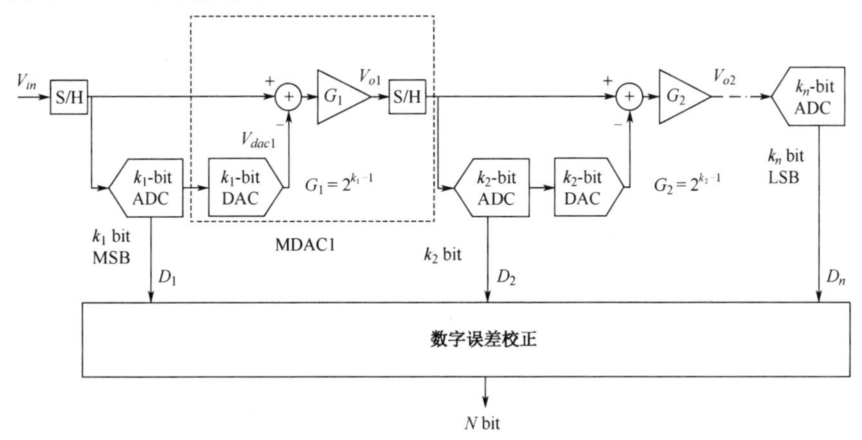

注：一个 n 级流水线 ADC 的框图。

图 3.20

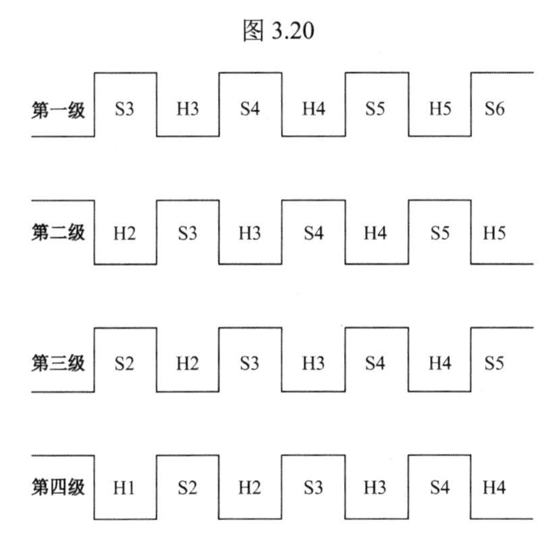

注：流水线 ADC 中 4 级的时序图。Sn 表示按相应级对第 n 个样本进行采样，Hn 表示在该级保持第 n 个样本的余量信号。例如，S3 表示该级对第三个样本的采样，H3 是指该级将第三个样本的余量保持并传给下一级。

图 3.21

在每个时钟相，各级将对输入的不同样本进行同时运算。例如，在图 3.21 的第一个时钟相，第二级正在给第三级生成第二个样本的余量信号，第一级将对下一个输入样本进行采样，即第三个样本。这种“流水线化”和并行处理大大增加了 ADC 的吞吐量。由于采样速率和 Nyquist 带宽是由吞吐率决定的，这些转换器能够达到很高的速度。

与前级相比，级间放大逐渐放松了对后级的精度和噪声要求。然而，余量信号生成的准确性对 ADC 的整体精度至关重要。与其他多步 ADC 类似，可以使用冗余和数字误差校正来降低每级对子 ADC 的敏感性。例如，只要余量信号不溢出并在校正范围内，第一级 k_1 位 ADC 中的误差可以通过后级进行校正。k_1 位的当级增益通常设置为 2^{k_1-1}，它将后续 ADC 的满幅范围的一半分配给校正范围。正如我们之前提到的，流水线 ADC 和子范围 ADC 之间有明显的相似之处。事实上，子范围 ADC 可以被视为流水线架构的特殊情况，3 位流水线级的余量信号看起来与图 3.14 所示的子范围 ADC 非常相似。

流水线 ADC 将转换过程分解为更小、更易于管理的任务，以类似流水线的方式同时执行。它们通过并行处理，以牺牲延迟和面积为代价实现高速，并逐步减少从一级到下一级的量化噪声（如余量），以实现高性能。然而，这种高性能的实现代价是牺牲级间放大器的功耗和 DAC、放大器误差校正电路的复杂性。这使得流水线架构成为高速和高分辨率方面最有效的架构之一。在报道中，可以见到使用此架构实现高达 2.5 GS/s 的采样率和高达 16 位的分辨率的转换器[1,2,14]。由于其重要性、受欢迎程度和复杂性，第 7 章专门以流水线 ADC 位代表讨论多步 ADC。

流水线架构的一个变体是循环（算法）ADC，其中的转换步骤以循环方式在同级中执行，如图 3.22（a）所示，时序图如图 3.22（b）所示。余量信号在第一个转换步骤中生成，并作为输入反馈到同级以执行第二个转换步骤，以此类推。显然，该架构不具有流水线架构特有的高吞吐量，因为在整个转换过程完成之前，ADC 无法对新输入进行采样。因此，这种架构在应用中被限制在相对较低的采样率。此外，由于使用同级来处理所有位，因此在循环 ADC 中，很难利用后级来提高精度、降低噪声。然而，它的优点是面积比流水线架构小得多。

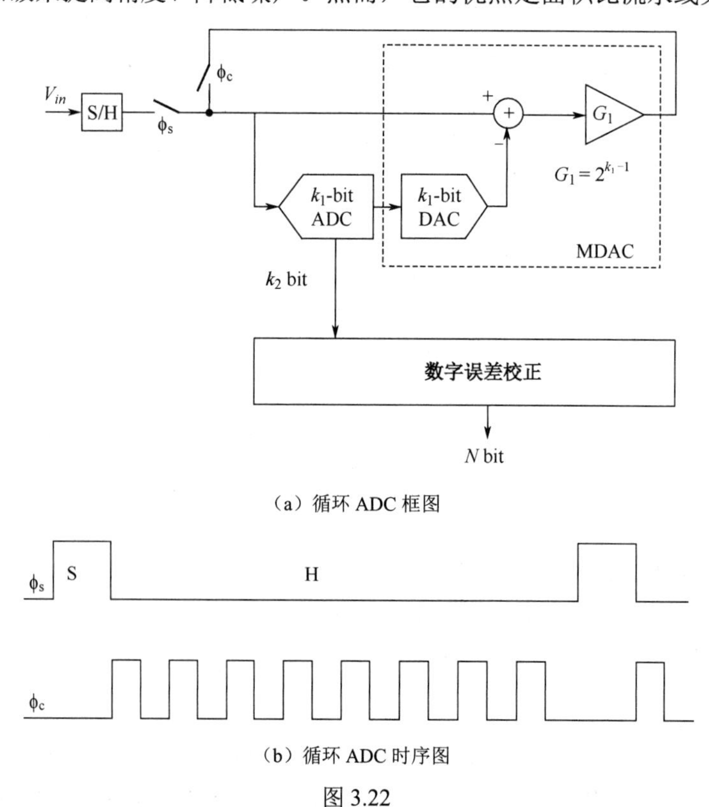

（a）循环 ADC 框图

（b）循环 ADC 时序图

图 3.22

3.7　逐次逼近 ADC

在逐次逼近（SAR）ADC 中，输入信号被采样，并与在逐次逼近寄存器的控制下的 *N* 位 DAC 产生的中点电压进行比较。SAR 根据比较器的数字输出来决定下一个 DAC 输出，并作为比较器下一个比较周期中的阈值。例如，如果输入大于 DAC 输出，比较器的输出“高”，MSB 设置为 1，下一个位也设置为 1，此时 DAC 输出等于输入范围上半部分的中点。如果比较器的输出为“低”，表示输入小于中点电平，MSB 设置为零，下一个位设置为 1，从而将 DAC 输出设置为输入范围下半部分的中点。通过二进制搜索算法，重复此过程 *N* 次，输入信号将被数字化为 *N* 位数字编码。

N 位 SAR ADC 需要 *N* 个周期才能完成转换过程。只有在整个转换完成后，才能对下一个输入样本进行采样。通常这个过程需要一个周期对输入进行采样，需要 *N* 个周期进行转换，总共有一个 *N*+1 个周期。在某些情况下，采样过程可能需要多个时钟周期，这会导致更多的周期。图 3.23 给出了框图和时序图，转换操作过程和 DAC 输出如图 3.24 所示。

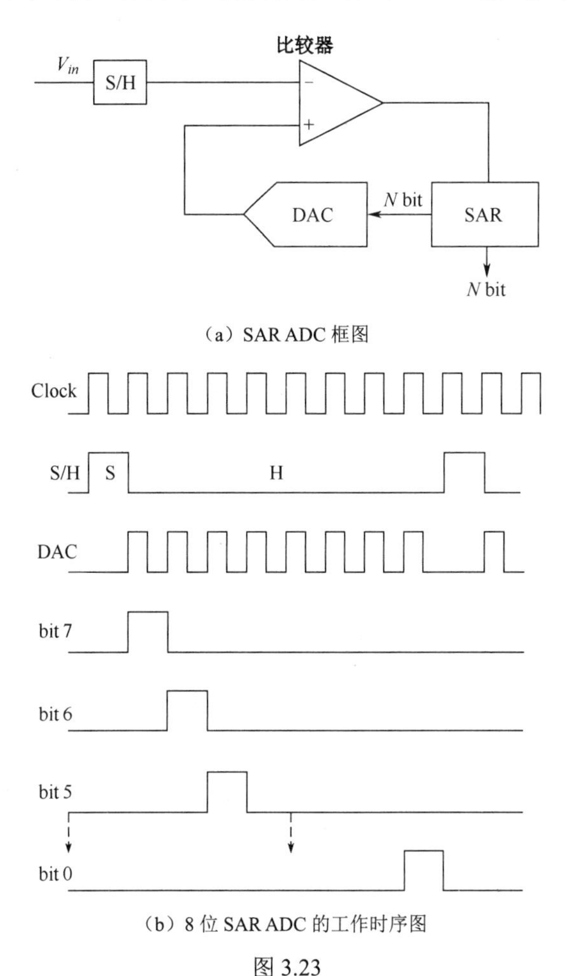

图 3.23

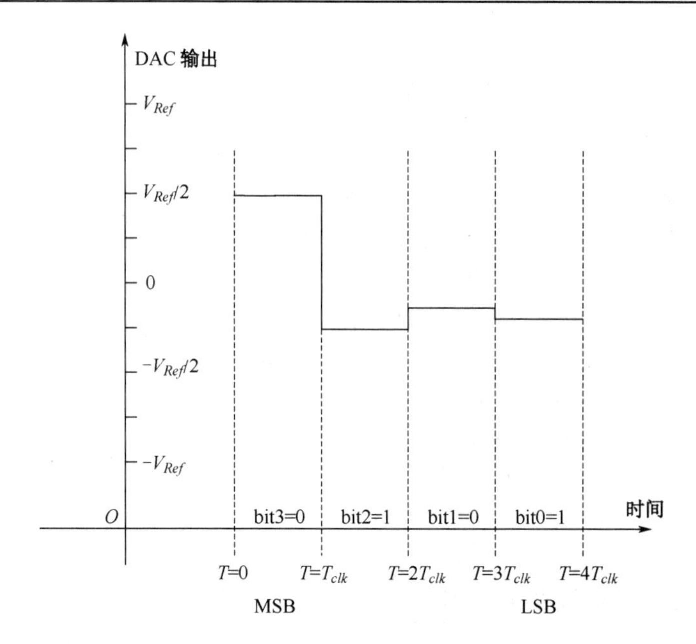

注：一个 4 位 SAR ADC 中的 DAC 输出波形。这里使用二进制搜索算法得到最后的数字输出。

图 3.24

从上述讨论中可以清楚地看出，SAR 转换器与循环 ADC 一样，本质上比其他多步架构慢，因此传统上它们仅限于低速应用。该 ADC 精度几乎完全取决于比较器和 DAC 的准确性，比较器中的失调对所有代码位会产生相同的影响，因此会引起整个 ADC 的失调，但不会影响其线性度。另外，其中任意一个步骤中的判决误差将导致整个结果产生不可逆转的误差。比较器或 DAC 误差会影响到 ADC 的线性度，这对比较器的准确性、编码速度以及 DAC 的线性度和速度都提出了严格的要求。为了降低这种敏感性，可以使用冗余技术，以便后续转换可以从前面的误差中恢复，这是通过使用更多转换步骤来实现的，同时使用小于 2 的基数，以使得即使存在中间误差，但输出仍然可以实现“正确”判决。然而，额外的步骤花费了更多的时间，从而降低了速度。此外，通过校准和动态元件匹配，还可以改善 DAC 的非线性。

有许多 DAC 实现构架可用于 SAR ADC，其中一个方案是电容电荷重分配 DAC，它使用 2^N 个单元电容实现 N 位转换器。4 位二进制 DAC 的示例如图 3.25 所示。在采样阶段 ϕ_s 期间，所有电容都通过顶板连接到输入，而底板则连接到地。在转换阶段 ϕ_D 中，输入被断开连接，一个单元电容连接到地，其他二进制加权电容根据步骤连接到参考电压 V_{Ref} 或接地。例如，在第一个 MSB 步骤中，最大的电容与参考电压连接，所有其他电容连接到地；在下一步，下一个最大的电容连接到参考电压，所有其他电容连接到地，而最大的电容则根据上次比较的结果确定连接到参考或接地。随着输出的数字结果不断接近样本的正确数字结果，比较器的输入将逐渐接近零。

在实际应用中，输入信号和 DAC 的输出都在同一组电容器上采样并相减。这使得比较器的输入接近零，相比于将输入接到一边，DAC 的输出接到另一边产生的大摆动更容易处理。此外，DAC 的线性度由电容匹配度决定，如果版图仔细布局，可以保证电容的匹配度。电容的匹配随着面积的增加而提高，无须校准即可实现 10～14 位的 ADC 所需要的匹配度。

转换步骤的速度将由比较器的速度、参考建立和电容的电荷重分配速度决定。其他可能的 ADC 实现方式将在本章后面的 3.11 节中讨论。

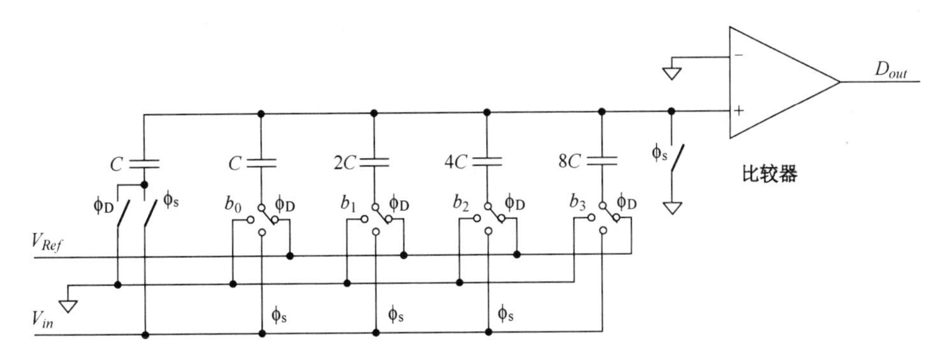

注：4 位 SAR ADC 中 DAC 实现的示例。在输入采样阶段期间，输入在所有电容器上采样。在 DAC 阶段期间，一个电容器 C 接地，而其他电容器接地或 V_{Ref}，具体取决于 DAC 代码。

图 3.25

SAR 转换器中的噪声以采样噪声和比较器噪声为主，它们的功耗很低，主要产生于比较器电路以及连接到参考端的 DAC 电容充电和放电所费功耗。现在已经出现了一些创造性的技术[12,13,17]用于降低功耗。由于 SAR 转换器的主要组成部分是比较器，SAR ADC 的功耗随着半导体工艺尺寸缩小而下降，其趋势几乎类似于数字电路。这与流水线 ADC 不同，后者对级间放大器的依赖使其在精细光刻工艺中更具挑战性。与流水线 ADC 相比，SAR 转换器通常速度较慢，体积更小，耗电量更少。它们同时具有较小的延迟，实现起来也简单得多。

一般来说，SAR ADC 易于实现，可以实现非常低的功耗，这使得它们成为相对较低速应用中很好的候选者。近年来，利用工艺技术的进步，SAR 转换器的采样率得到了提高。它们还可以通过交织大量 ADC 或将其集成到流水线架构中，来实现高速和低分辨率 ADC。它们结构简单，功耗低，在所有的 ADC 构架中成为一个很有吸引力的选项。此外，与转换的时钟相相比，它们短暂的采样时钟相特性非常适合时间交织，因为可以让通道数等于转换周期数（或位数）。

3.8　流水线与 SAR ADC

我们已经讨论了 SAR 和流水线架构之间的区别，SAR 速度较慢、更小、更简单、功耗更低。然而，注意相似之处也很重要，特别是考虑到两者都是多步骤 ADC。

如果我们将 SAR 的比较器看成子 ADC，就可以看出 SAR 架构类似于循环架构。循环架构在算法上与流水线相同。然而，与流水线和循环 ADC 不同，SAR ADC 不会产生或放大子 ADC 在每个数字化步骤后以量化误差形式出现的余量信号。SAR ADC 使用相同的输入信号，并在每个步骤中更改 DAC 代码，以逐步减少量化误差。因此，在传统的 SAR ADC 中，不存在类似流水线 ADC 通过级间放大实现精度提升，其子 ADC 和 DAC 的精度应与所需的 ADC 精度相匹配。

注意到这些架构的异同，使我们能够推断流水线 ADC 与 SAR ADC 的一些模式和技术等方面的讨论。例如，与流水线 ADC 类似，我们可以通过使用多个比较器，以及子二进制搜索步骤和/或增加周期数量等方式，在 SAR ADC 中使用冗余技术。此外，如第 7 章和第 9 章所述，它们的误差模式往往是相似的，可以使用类似于流水线 ADC 中使用的方法进行校正。

这些相似之处也让我们可以在单个 ADC 中集成 SAR 和流水线架构，以减少功耗[18,19]，这通常被称为流水线型 SAR ADC。例如，SAR ADC 可以用作流水线 ADC 中的子 ADC，SAR 的 DAC 可以用作流水线 ADC 中的 DAC。在其他实现方式中，以交织的 SAR 用作子 ADC，可以实现比使用单个 SAR 更高的速度。此外，SAR ADC 已被用作流水线 ADC 的最后一级中。

3.9 时间交织 ADC

时间交织 ADC 采用并行处理来提高 ADC 的速度。通过交织 M 个运行于 f_s / M 速度的 ADC，可以实现速率为 f_s 的净采样率。一个 2 路交织 ADC 的示例如图 3.26 所示。

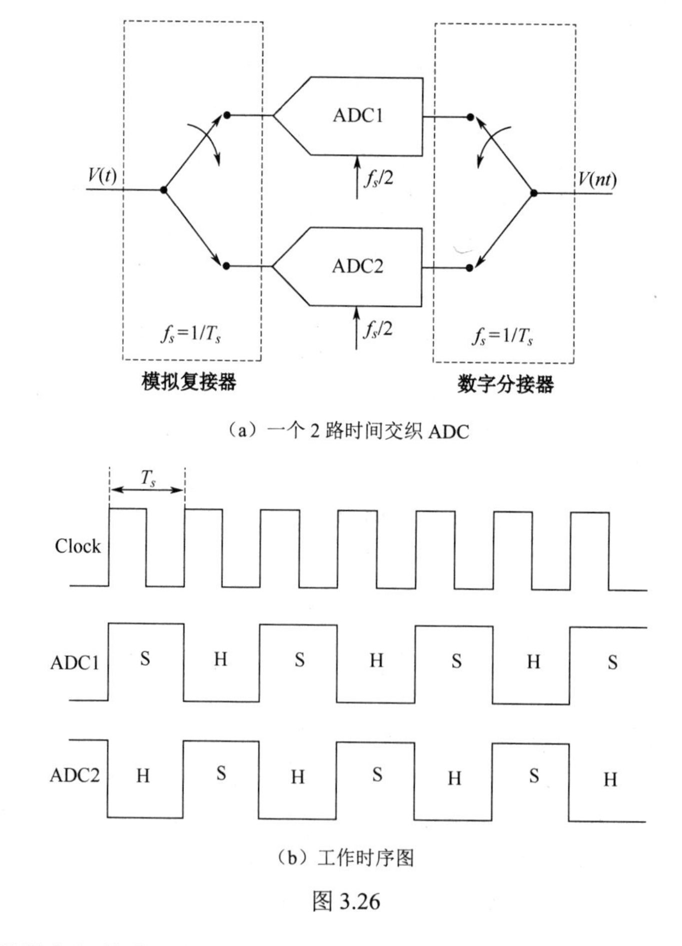

（a）一个 2 路时间交织 ADC

（b）工作时序图

图 3.26

然而，交织通道之间的失配带来的误差限制了转换器的精度。这些失配包括失调、增益、时序、带宽和非线性失配。它们会导致交织杂散，如表 3.1 所示。如果通道间匹配差，杂散可能会相当大，需要校正，以保证整个 Nyquist 带宽内的性能。如果未经校正，无杂散的带宽仅限于每个 ADC 的 Nyquist 带宽，即 $f_s/2M$ 。然而，在很多过采样的应用中，杂散可能出现在信号带宽以外，可以通过数字滤波器滤除掉，也是可以被接受的。在这些过采样的应用中，可能不需要校正交织杂散。

表 3.1　不同类型的通道间失配对 M 路交织 ADC 性能的影响，采样率为 f_s 。输入频率为 f_{in} ， f_{IL} 是交织杂散的频率，因子 k 为 1,2,···,M-1。

失配类型	输入端效应	杂散频率
失调失配	叠加效应	$f_{IL}=\frac{k}{M}f_s$
增益失配	幅度调制	$f_{IL}=\pm f_{in}+\frac{k}{M}f_s$
时序失配	相位调制	$f_{IL}=\pm f_{in}+\frac{k}{M}f_s$
带宽失配	与频率相关对幅度和相位调制	$f_{IL}=\pm f_{in}+\frac{k}{M}f_s$

尽管存在局限性，但时间交织 ADC 可以实现其他方案无法实现的非常高的速度，因此是高速 ADC 的一种非常重要的架构。高速是以面积、复杂性和性能为代价的。第 8 章将专门讨论这一重要类型的转换器。

3.10　Σ-Δ ADC

Σ-Δ 转换器采用过采样和噪声成形来降低量化噪声并提高性能。所需的过采样使它们的速度实际上比 Nyquist 转换器慢。理论上，Σ-Δ 转换器以速度换取分辨率。

在历史上，Σ-Δ 调制器与增量调制器一起出现在通信系统中，用于压缩数据。由于信号样本往往不会从一个样本到下一个样本发生很大的变化，因此通过传输信号和对之前传输样本积分而获得的估计值之间的差值（Δ）能够得到更高的效率。图 3.27（a）给出了增量调制器的框图。在接收端，需要一个解调器从传输的 Δ 信号中提取原始信号。

积分器可以移动到增量调制器中的正向路径中，这就得到了 Σ-Δ 调制器，如图 3.27（b）所示。它应该可以提供类似的压缩功能，并将解调过程简化为简单的低通滤波操作。然而，增量和 Σ-Δ 调制器之间并不完全等价。如果量化操作是线性操作，那么两者等效。然而，由于量化是非线性的，操作的顺序就变得很重要。因此，增量调制器中对量化后积分，并不等同于 Σ-Δ 调制器中的积分后量化。

因此，尽管历史上 Σ-Δ 调制器可能是受到增量调制器的启发而出现，但这两个结构并不等效。一个基本的区别是，由于在 Σ-Δ 调制器中，积分器出现在输入部分，调制器对输入信号的响应是低通滤波器，而不是增量调制器中的高通滤波器，这引起了 Σ-Δ 调制器对输入信号的量化噪声的噪声成形效果。此外，Σ-Δ 调制器跟踪输入幅度，而增量调制器跟踪输入斜率。

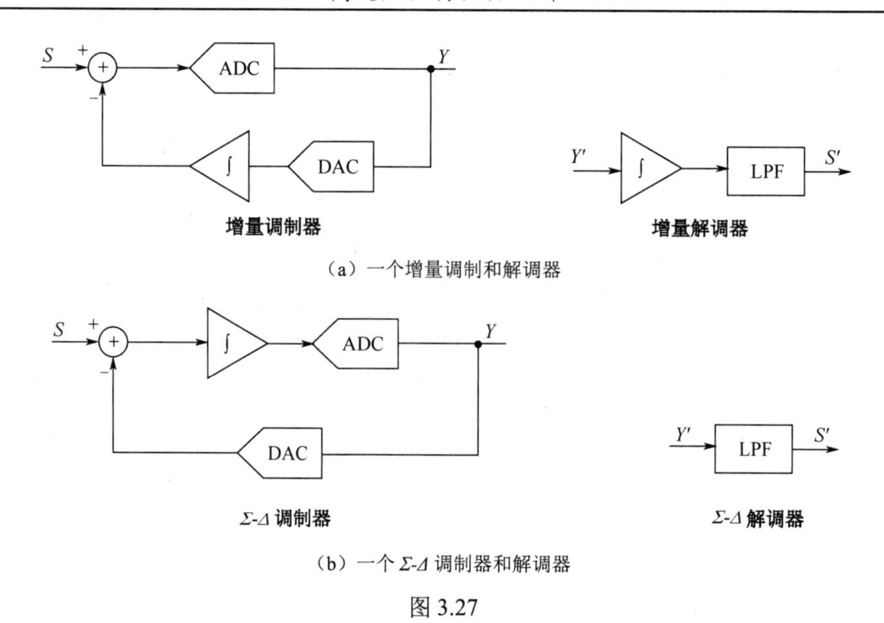

（a）一个增量调制和解调器

（b）一个 Σ-Δ 调制器和解调器

图 3.27

对于这种结构的名称，有些人喜欢“Σ-Δ”这个名称，因为调制是由差分信号（Δ）的叠加（Σ）组成的。其他人喜欢“Δ-Σ”名称，因为信号首先看到差分操作（Δ），然后是集成（Σ）。这两个名称都可以使用。

3.10.1 过采样和噪声整形

Σ-Δ 调制器的操作是基于一个假设，即 Σ-Δ 的带宽远小于采样率。这种过采样可以采用量化噪声整形，使其在信号波段内衰减。

图 3.28 给出了一个离散时间形式的 Σ-Δ 调制器框图，其中的传输函数用 z 域表示。量化噪声表示为加性噪声 Q。如果假设反馈传输函数 $F(z)=1$，那么噪声和信号输出为

$$Y_N(z)=\frac{Q(z)}{1+H(z)} \tag{3.17}$$

以及

$$Y_S(z)=\frac{S(z)H(z)}{1+H(z)} \tag{3.18}$$

式中，$S(z)$为信号的 z 域表达式；$Q(z)$为量化噪声；$H(z)$为积分器的传输函数；$Y_N(z)$ 为输出中的噪声部分；$Y_S(z)$ 为输出中的信号部分。噪声传递函数（noise transfer function，NTF）为

$$\text{NTF}=\frac{1}{1+H(z)} \tag{3.19}$$

信号传输函数（signal transfer function，STF）为

$$\text{STF}=\frac{H(z)}{1+H(z)} \tag{3.20}$$

总输出 $Y(z)$为

$$Y(z)=S(z)\times\text{STF}+Q(z)\times\text{NTF} \tag{3.21}$$

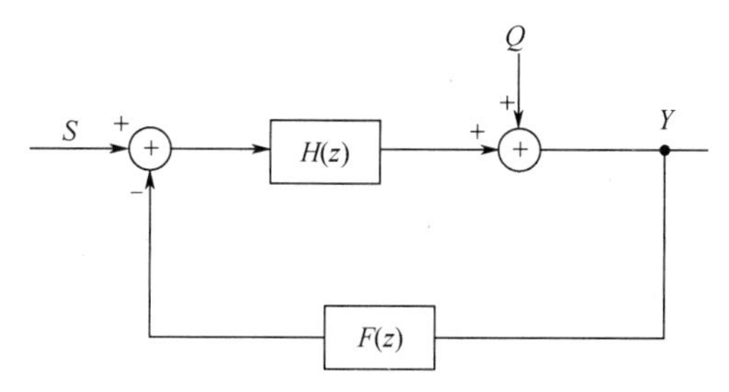

注：Σ-Δ 调制器的线性化表达

图 3.28

由于 $H(z)$是一个积分器，从 NTF 可以清楚地看出，量化噪声被高通滤波器滤波（噪声整形），因此它的低频部分被减弱，并随着频率增大而增加。另外，STF 是一个低通过滤器。尽管在小范围内减少了量化噪声，但总量化噪声实际上增加了。图 3.29 给出了一阶 Σ-Δ 调制器的整形后量化噪声与没有被整形（平坦的）噪声的对比。

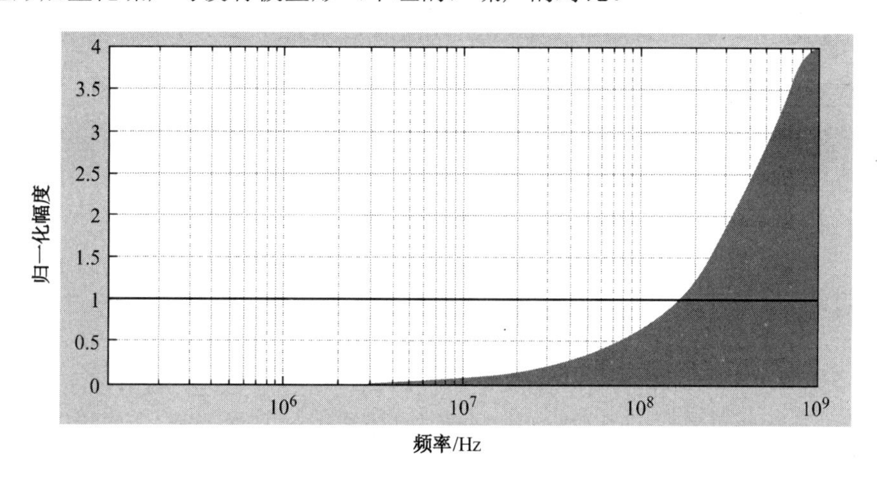

注：Σ-Δ 调制器的一阶噪声整形频谱与对应的均匀噪声频谱。

图 3.29

需要注意的是，尽管量化噪声被高通滤波（“整形”），但积分器和采样器的热噪声没有被整形。反馈路径或 DAC 中引入的噪声和非线性也不会整形。因此，Σ-Δ 调制放松了对 ADC 的要求，但没有放松对 DAC 线性的要求。这类似于多步冗余 ADC 中的情况。

如果仔细观察可以发现，图 3.28 中将量化噪声表示为与信号无关的加性白噪声并不完全准确，随着位数的减少这种数学模型会变得不再准确，从而导致系统产生意外的输出分量。此外，在时域上，输入输出间并没有样本与样本的相关性，这是因为输出在平均意义上跟踪输入，但孤立的单个输出样本与输入幅度之间没有直接的相关性。这限制了 Σ-Δ 调制器在某些时域应用中的适用性。

3.10.2 单比特调制器

对 DAC 线性的严格要求，催生了单比特量化的应用。单比特 DAC 有两个输出值，因此它在本质上一定是线性。然而，单比特调制器会受到量化噪声很大的影响，需要通过过采样技术进行改善。此外，量化噪声将与输入信号相关，从而导致信号频段中出现单音和杂散。

尽管如此，由于单比特 Σ-Δ ADC 结构简单，使其成为许多应用中的热门选择。

在时域中观察带有一位量化器的 Σ-Δ 调制器的输出，会发现一些有趣的现象，它的输出看起来像正脉冲和负脉冲流，其宽度与输入幅度成正比，类似于脉冲宽度调制器（PWM）。此外，输出脉冲的平均值跟踪输入幅度变化，如图 3.30 所示。

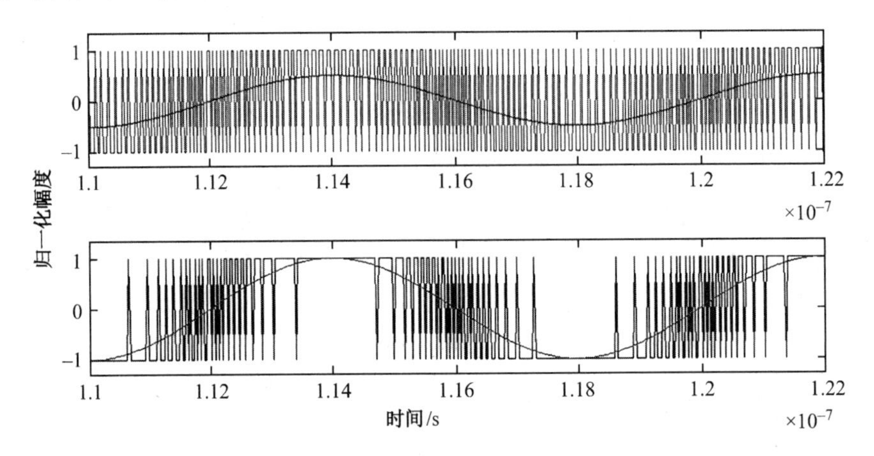

注：一个满幅度或半幅度输入正弦信号与其单比特 Σ-Δ 调制后的输出信号，其中下面的一个图形中出现了明显的过载效应。

图 3.30

3.10.3　过载

Σ-Δ 调制器中的一个问题就是过载，在单比特调制中更是如此。观察图 3.30 中的波形，可以看到输入正弦波需要小于 DAC 的满幅值，以便为调制器响应输入幅度留出空间。当输入接近 DAC 的满幅值时，输出开始限幅或振荡，这被称为“过载”。由于“不稳定”的时间可能比输入过载的持续时间长得多，因此必须防止这种情况发生，以免带来漫长的恢复时间。因此在使用中必须确保输入信号在某些程度上大大低于 DAC 的满幅值，通常减少 2～4dB。

此外，单比特量化器会产生显著的单音和谐波失真，虽然这些能量大多表现为带外的噪声，但它会占用一部分输出动态范围。这需要我们进一步降低输入信号幅度，以避免过载。这种额外的削减可以在 3dB 以内。

因此，为了预防过载，有可能会限制 Σ-Δ ADC 的实际动态范围和 SNDR。虽然信号频段内的噪底可能非常低，但考虑到过载和不稳定带来的限制，可以导致实际噪底减少约 3dB[①]。

3.10.4　一阶调制器

图 3.31 给出了一个离散时间一阶调制器的例子，其传输函数 $H(z)$为

$$H(z)=\frac{z^{-1}}{1-z^{-1}} \tag{3.22}$$

① 译者注：这里应该是指信噪比下降 3dB。

将式（3.22）代入式（3.19）和式（3.20），可以得到 STF 为

$$\mathrm{STF} = z^{-1} \tag{3.23}$$

NTF 为

$$\mathrm{NTF} = 1 - z^{-1} \tag{3.24}$$

因为输出 $Y(z)$可以用输入信号 $S(z)$和量化噪声 $Q(z)$表示为

$$Y(z) = S(z) \times \mathrm{STF} + Q(z) \times \mathrm{NTF} \tag{3.25}$$

将式（3.23）代入式（3.24）和式（3.25），可以得到

$$Y(z) = S(z) \times z^{-1} + Q(z) \times \left(1 - z^{-1}\right) \tag{3.26}$$

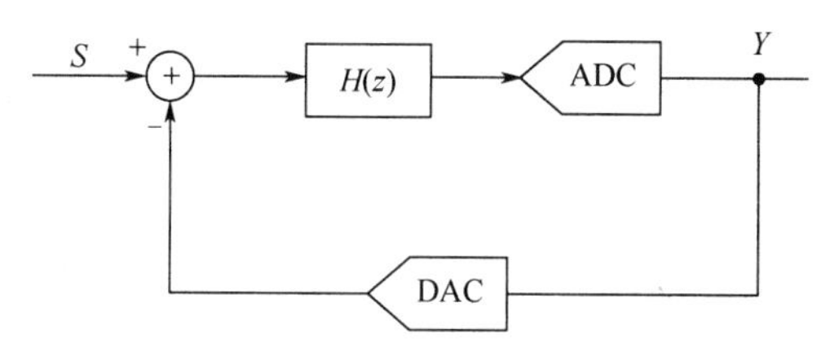

注：Σ-Δ 调制器框图

图 3.31

从式（3.26）中可以清楚地看到，输入信号通过调制器后被延时了一个周期，量化噪声被进行了高通滤波处理。将 z^{-1} 替换为 $\mathrm{e}^{-\mathrm{j}\omega T_s}$ ，可以得到低频部分的噪声特性，NTF 将为

$$\mathrm{NTF} = 1 - \mathrm{e}^{-\mathrm{j}\omega T_s}$$

所以

$$|\,\mathrm{NTF}\,|^2 = 4\sin^2\left(\frac{\omega T_s}{2}\right) \tag{3.27}$$

式中，ω为角频率；T_s为采样时间。式（3.27）表明量化噪声的最大值和总量分别会增大 4 倍和 2 倍，但是通过高通滤波以后，低频噪声将被显著降低，高频噪声将被放大。假设我们关心的频带带宽 B 远小于采样率 f_s，则 $\omega T_s / 2$ 将大大小于 1，于是

$$|\,\mathrm{NTF}\,|^2 \approx 4\left(\frac{\omega T_s}{2}\right)^2 \tag{3.28}$$

输出量化噪声功率将为

$$Y_N^2 \approx q^2 \int_0^B 4\left(\frac{2\pi f T_S}{2}\right)^2 \mathrm{d}f \approx \frac{q^2 4\pi^2 B^3 T_S^2}{3} \tag{3.29}$$

式中，q^2 为量化噪声功率谱密度。在步长为Δ的条件下，量化器的量化噪声功率为

$$P_Q = \frac{\Delta^2}{12}$$

其中，步长值为

$$\Delta = \frac{V_{FS}}{2^N}$$

量化噪声功率为

$$P_Q = \frac{\Delta^2}{12} = \frac{q^2 f_s}{2}$$

所以，式（3.29）中的量化噪声谱密度q^2可以替换为

$$q^2 = \frac{\Delta^2}{6f_s} = \frac{2P_Q}{f_s} \tag{3.30}$$

从而得到

$$Y_N^2 \approx \frac{8\pi^2 B^3}{3f_s^3} P_Q = \frac{2\pi^2 B^3}{9f_s^3} \Delta^2 \tag{3.31}$$

因为过采样率 OSR 为

$$\mathrm{OSR} = \frac{f_s}{2B} \tag{3.32}$$

于是，通过式（3.32）和式（3.31），可以得到

$$Y_N^2 \approx \frac{\pi^2}{3} \frac{P_Q}{\mathrm{OSR}^3} \tag{3.33}$$

所以，信号与量化噪声的比值为

$$\mathrm{SQNR}_{\mathrm{1st},\Sigma\text{-}\Delta}(\mathrm{dB}) = 6.02N + 1.76 - 5.17 + 30\log \mathrm{OSR} \tag{3.34}$$

以及

$$\mathrm{SQNR}_{\mathrm{1st},\Sigma\text{-}\Delta}(\mathrm{dB}) = 6.02N + 1.76 - 5.17 + 9\log_2 \mathrm{OSR} \tag{3.35}$$

这表明，在一阶Σ-Δ调制中，OSR 每增加 1 倍，SQNR 提高 9dB。与之相比，奈奎斯特过采样 ADC（见第 1 章）中 OSR 每增加 1 倍，SQNR 只提高 3dB，显然这里噪声整形技术对带内量化噪声的改善带来了很大的帮助。

3.10.5 二阶调制器

显而易见，由于噪声整形效果取决于积分器传输函数，因此高阶滤波器应该会增加量化噪声的衰减量。然而，在反馈循环中使用两个积分器可能会导致 180° 相移，会带来不稳定性。图 3.32 给出了二阶调制器的示例，其中积分器分为$H_1(z)$和$H_2(z)$两个部分，即

$$H_1(z) = \frac{1}{1 - z^{-1}} \tag{3.36}$$

和

$$H_2(z) = \frac{z^{-1}}{1 - z^{-1}} \tag{3.37}$$

对环路进行分析，可以得到 STF 为

$$\mathrm{STF} = z^{-1} \tag{3.38}$$

NTF 为

$$\mathrm{NTF} = \left(1 - z^{-1}\right)^2 \tag{3.39}$$

输出$Y(z)$为

$$Y(z) = S(z) \times \mathrm{STF} + Q(z) \times \mathrm{NTF} \tag{3.40}$$

由此可以得到

$$Y(z) = S(z) \times z^{-1} + Q(z) \times \left(1 - z^{-1}\right)^2 \tag{3.41}$$

所以，量化噪声为

$$|\mathrm{NTF}|^2=16\sin^4\left(\frac{\omega T_s}{2}\right) \tag{3.42}$$

以及

$$|\mathrm{NTF}|^2\approx 16\left(\frac{\omega T_s}{2}\right)^4 \tag{3.43}$$

输出量化噪声为

$$Y_N^2\approx q^2\int_0^B 16\left(\frac{2\pi f T_s}{2}\right)^4 \mathrm{d}f\approx\frac{q^2 16\pi^4 B^5 T_s^4}{5}$$

由此得到

$$Y_N^2\approx\frac{\pi^4}{5}\frac{P_Q}{\mathrm{OSR}^5}$$

所以信号与量化噪声的比值为

$$\mathrm{SQNR}_{2\mathrm{nd},\Sigma\text{-}\Delta}(\mathrm{dB})=6.02N+1.76-12.9+50\log\mathrm{OSR} \tag{3.44}$$

以及

$$\mathrm{SQNR}_{2\mathrm{nd},\Sigma\text{-}\Delta}(\mathrm{dB})=6.02N+1.76-12.9+15\log_2\mathrm{OSR} \tag{3.45}$$

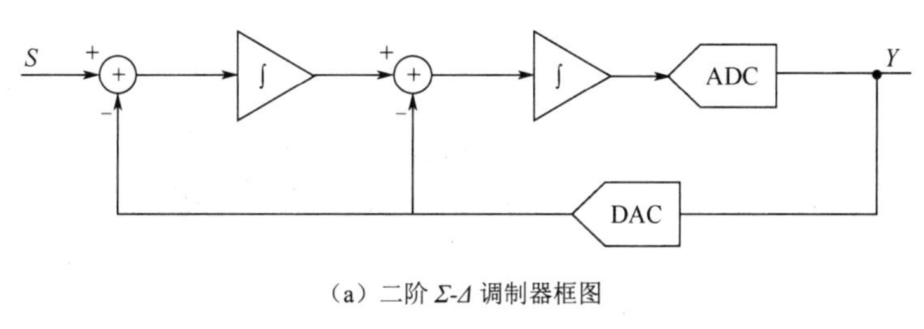

（a）二阶 Σ-Δ 调制器框图

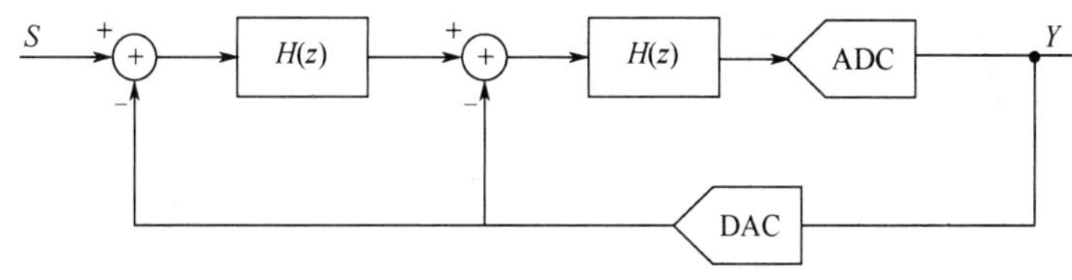

（b）将积分器写为 z 域表达式

图 3.32

从以上公式中可以看出，对于二阶 Σ-Δ 调制器，采样率或 OSR 每增加 1 倍，SQNR 提高 15dB。这里注意到一个有意思的现象，二阶 Σ-Δ 会使得 SQNR 基线降低 12.9dB，而在一阶 Σ-Δ 中只降低了 5.17dB。但是，在二阶系统中，OSR 或采样率的增加对 SQNR 的改善（15dB/倍频）比一阶系统的结果（9dB/倍频）要大得多。

3.10.6　更高阶与级联 Σ-Δ 调制器

采用比二阶更高的调制阶数，可以带来更加理想的噪声整形效果。将前面分析的结果进一步推广，容易得到 L 阶 Σ－Δ 转换器的量化噪声为

$$Y_N^2\approx\left(\frac{\pi^{2L}}{2L+1}\right)\frac{P_Q}{\mathrm{OSR}^{(2L+1)}} \tag{3.46}$$

其 SQNR 等于

$$\text{SQNR}_{L\text{th},\Sigma\text{-}\Delta}(\text{dB}) = 6.02N + 1.76 - 10\log\left(\frac{\pi^{2L}}{2L+1}\right) + 10(2L+1)\log\text{OSR} \tag{3.47}$$

以及

$$\text{SQNR}_{L\text{th},\Sigma\text{-}\Delta}(\text{dB}) = 6.02N + 1.76 - 10\log\left(\frac{\pi^{2L}}{2L+1}\right) + 3(2L+1)\log_2\text{OSR} \tag{3.48}$$

也就是说，OSR 或采样率每增加 1 倍，SQNR 增加 3（2L+1）dB。调制阶数越高，SQNR 噪声整形效果越好。图 3.33 给出了一个输出信号频谱的例子。但是，在实际应用中，保证高阶调制器稳定性是一个极具挑战性的工作，在采取了保证环路稳定性的种种措施以后，噪声整形的效果会下降，SQNZ 小于式（3.47）和式（3.48）计算出来的期望值。

此外，也可以使用多级或级联（MASH）Σ-Δ 架构来实现更高阶调制，这时可以放松稳定性方面的要求。这种方式是通过使用两个反馈循环来实现的，其中第二个环路对第一个环路产生的量化误差进行估计和处理。这种前馈方法使各回路的稳定性相互独立。

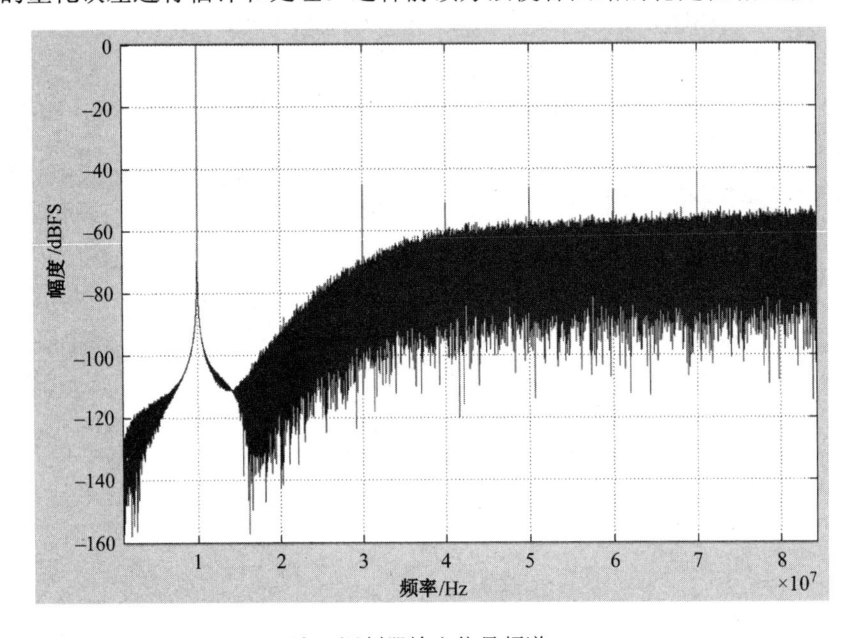

注：调制器输出信号频谱。

图 3.33

MASH Σ-Δ 结构如图 3.34 所示。通过从 DAC 输出中减去积分器输出信号估计出第一个环路的量化误差。这个被称为“余量”信号的量化误差，随后被第二个环路进行量化和噪声整形。第二个环路输出信号被一个与第一个环路滤波器相匹配的滤波器进行数字滤波器后，与第一级的输出组合在一起。图 3.35 所示的线性化模型对此进行了分析解释，第一个调制器 $Y_1(z)$ 的输出为

$$Y_1(z) = S(z)\times\text{STF}_1 + Q_1(z)\times\text{NTF}_1 \tag{3.49}$$

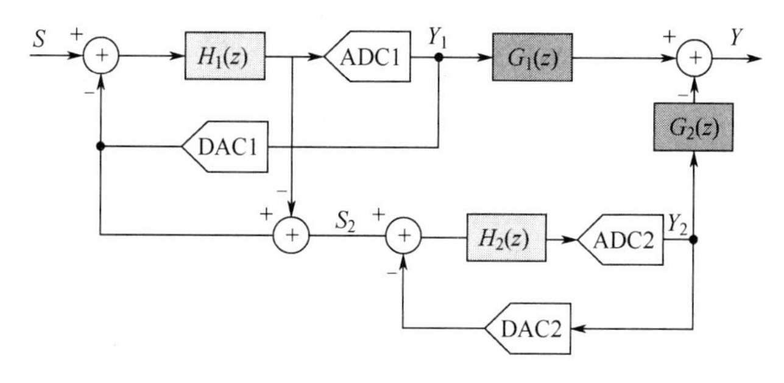

注：级联（MASH）Σ-Δ 调制器框图。

图 3.34

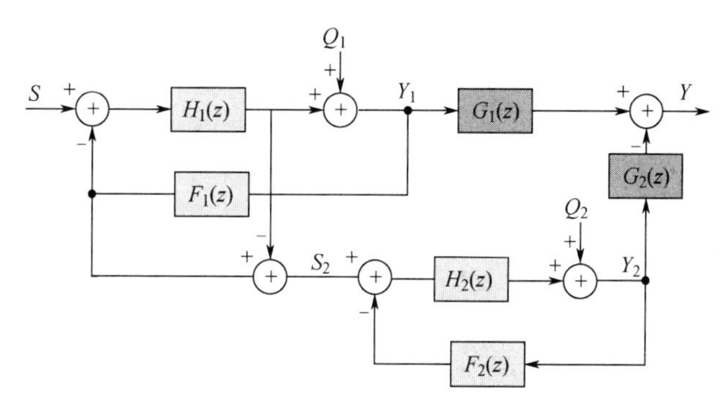

注：级联（MASH）Σ-Δ 调制器的线性化框图。

图 3.35

第二个调制器的输出 $Y_2(z)$ 为

$$Y_2(z) = S_2(z) \times \mathrm{STF}_2 + Q_2(z) \times \mathrm{NTF}_2 \tag{3.50}$$

因为

$$S_2(z) = Q_1(z) \tag{3.51}$$

以及

$$Y(z) = G_1(z) \times Y_1(z) - G_2(z) \times Y_2(z) \tag{3.52}$$

将式（3.49）～式（3.51）代入式（3.52），可以得到

$$Y(z) = S(z)G_1\mathrm{STF}_1 + Q_1(z)G_1\mathrm{NTF}_1 - Q_1(z)G_2\mathrm{STF}_2 - Q_2(z)G_2\mathrm{NTF}_2 \tag{3.53}$$

如果满足下面的条件

$$G_1(z)\mathrm{NTF}_1 - G_2(z)\mathrm{STF}_2 = 0 \tag{3.54}$$

那么第一级的量化误差将被抵消，输出将为

$$Y(z) = S(z) \times G_1 \times \mathrm{STF}_1 - Q_2(z) \times G_2 \times \mathrm{NTF}_2 \tag{3.55}$$

另外，若

$$G_1(z) = k \times \mathrm{STF}_2 \tag{3.56}$$

以及

$$G_2(z) = k \times \mathrm{NTF}_1 \tag{3.57}$$

则这时的输出为

$$Y(z) = k \times S(z) \times \mathrm{STF}_1 \times \mathrm{STF}_2 - k \times Q_2(z) \times \mathrm{NTF}_1 \times \mathrm{NTF}_2 \tag{3.58}$$

所以总噪声将等于两个 NTF 级联整形后的第二级量化噪声。如果第一级是一个二阶调制器，第二级是一个一阶调制器，那么串联后对第二级量化噪声形成一个三阶调制，即

$$\mathrm{NTF}_1 = \left(1 - z^{-1}\right)^2 \tag{3.59}$$

以及

$$\mathrm{NTF}_2 = \left(1 - z^{-1}\right) \tag{3.60}$$

所以

$$\mathrm{NTF}_1 \times \mathrm{NTF}_2 = \left(1 - z^{-1}\right)^3 \tag{3.61}$$

尽管实现了三阶调制，但稳定性因素分别来自第一个环路的二阶调制器和第二个环路的一阶调制器，这些调制器的稳定性更易于考察。

有趣的是，MASH 架构与本章前面和第 7 章后面描述的流水线或子范围架构之间存在相似性。类似于流水线 ADC 中数字和模拟级间增益因子之间的匹配，MASH 结构的第二级在第一级的余量上进行处理，MASH 架构的精度取决于数字滤波器和模拟滤波器之间的匹配程度，两个滤波器/增益之间的不匹配会导致整个 ADC 的噪声和线性性能退化。它通常需要校准，以获得可接受的性能。

3.10.7 离散时间和连续时间 Σ-Δ 调制器

到目前为止，我们讨论的都是离散时间 Σ-Δ 的实现方案，其中传输函数在 z 域中表示。这与开关电容实现方案兼容，这些实现方案在准确性、灵活性、对工艺流程变化的适应性以及与 CMOS 工艺流程的兼容性方面具有多重优势，这些将在第 6 章中讨论。然而，离散时间 Σ-Δ ADC 需要抗混叠滤波器，并且因为前端开关电容的电荷注入（回踢）效应而更难驱动。它们的功耗由放大器决定，在高采样率下可能会很高。这种结构如图 3.36（a）所示。

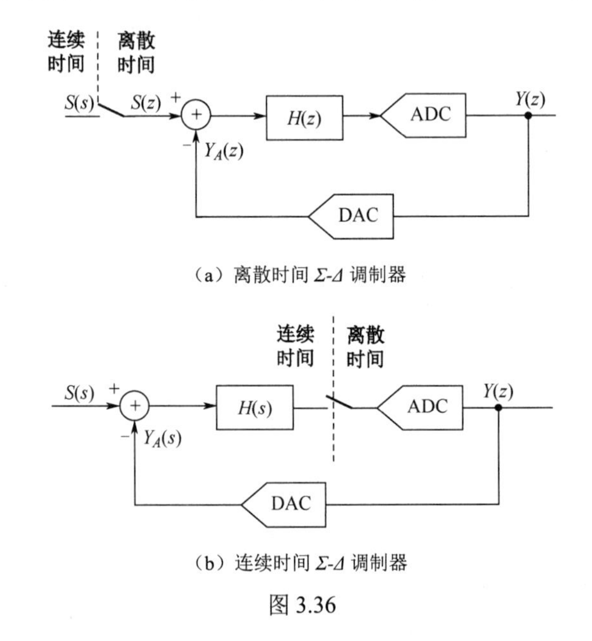

（a）离散时间 Σ-Δ 调制器

（b）连续时间 Σ-Δ 调制器

图 3.36

这些缺点催生了连续时间 Σ-Δ ADC 的出现和普及，它的采样发生在量化器中，而 DAC 和滤波器则工作在连续时间域。因此，在这种情况下，调制器的 s 域模型更合适表达其工作原理。滤波器通常使用 g_m / C 结构实现，与开关电容器实现相比，g_m / C 结构的精度往往较低，但速度更高。其框图如图 3.36（b）所示。

由于输入部分相对简单，并且使用非开关性的负载，连续时间 Σ-Δ 调制器更容易驱动。此外，信号由调制器中的连续时间滤波器滤波，该滤波器具有天然的抗混叠性质，这就降低了对 ADC 前面所需的外部抗混叠滤波器的要求。连续时间 Σ-Δ ADC 的另一个优势是在量化器中执行采样操作，因此，噪声整形降低了诸如采样开关非线性、采样抖动和电荷注入等采样的非理想性的影响。低失真采样是高速 ADC 中最具挑战性的问题之一，特别是对于高输入频率，连续时间 Σ-Δ ADC 的一个重要优势就是放松了这方面的要求。

然而，在连续时间 Σ-Δ 架构中，DAC 的实现可能相当具有挑战性。它通常采用电流舵 DAC 实现，与开关电容器实现相比，它的速度更高，但精度更低。此外，抖动也可能会对 DAC 操作产生巨大影响，这是连续时间实现的主要限制因素之一。

3.10.8　多比特调制器

尽管单比特 Σ-Δ ADC 结构简单，且 DAC 具有良好的线性，但它的性能受到大的量化噪声和单音干扰等限制，大的量化步长还会导致 DAC 输出、减法器与求和节点的大信号摆幅。此外，在单比特 ADC 中，增益定义不明确，与多比特实现方式相比，过载是一个更严重的问题，这导致输入动态范围的缩小，从而导致 SNDR 的退化。

从另一个角度看，多比特 Σ-Δ ADC 放宽了 OSR 要求、过载增益裕度以及模拟电路中的开关信号摆幅等方面的限制，它们允许更大的输入幅度，并提高了环路的稳定性。然而，DAC 的非线性会对其性能造成很大限制。由于它不会被环路衰减，DAC 非线性必须与 ADC 的总体期望精度相匹配，经常需要通过修正、校准和失配整形等技术提高 DAC 线性度。

3.10.9　带通 Σ-Δ 转换器

到目前为止，在我们的讨论中假设了一个低通滤波器调制器（积分器）和一个高通滤波器 NTF。或许我们也可以使用带通滤波器调制器（具有带阻滤波器特性的 NTF），这将获得带通 Σ-Δ ADC。在这种情况下，信号频带是一个相对狭窄的频段，可以位于频谱的任何位置。此实现可用于对窄带 IF 和 RF 信号的采样。

3.10.10　结束语

Σ-Δ ADC 是 ADC 中最重要和最具吸引力的结构之一，它们在高分辨率和低速应用场合的人气与优势是无与伦比的。近期的技术发展和创新架构的出现，使 Σ-Δ ADC 能够获得以往仅限于 Nyquist ADC 的带宽[3]。然而，尽管 Σ-Δ ADC 取得了令人着迷的进展，但因为需要过采样和噪声整形，这使得它们本质上慢于 Nyquist ADC。有关 Σ-Δ ADC 的更详细讨论，请参阅参考文献[9]。

3.11　DAC 架构

数模转换器将数字输入信号转换为电压或电流形式的模拟输出信号，它们是通信系统和许多其他应用的重要组成部分。此外，它们也是多步和 Σ-Δ ADC 等 ADC 架构中的一个重要组成部分。

3.11.1 电阻式 DAC

1. 电阻分压 DAC

图 3.37 给出了 3 位电阻分压 DAC 的概念性框图。数字编码控制开关，由此决定电阻梯架上的哪些抽头通过缓冲连接到输出。其输出将数字编码表达为模拟量。

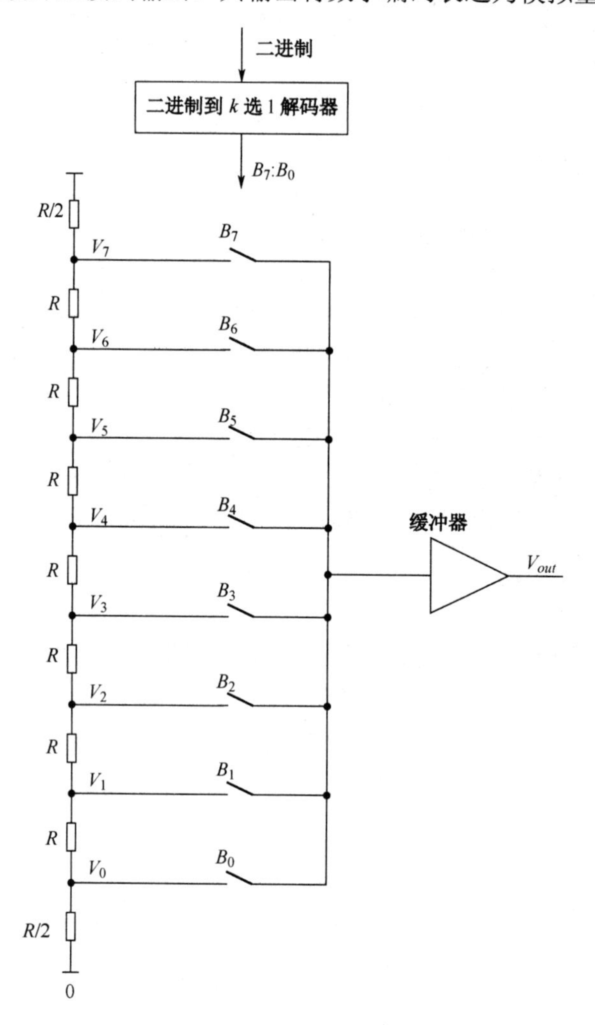

注：一个 3 位电阻分压 DAC。

图 3.37

电阻梯架电压 V_k 的理想表达式为

$$V_k = \frac{V_{Ref}}{2^N}\left(\frac{1}{2}+k\right) \tag{3.62}$$

其中， $k=0,1,2,\cdots,2^N-1$ ； N 为比特位数。

缓冲器通过低输出阻抗驱动 DAC 的负载，同时通过高输入阻抗以减小负载对电阻梯架电路的影响。如果电阻梯架中的单位电阻为 R，那么第 k 个抽头的等效电阻为

$$R_{eq}=\frac{\left(\frac{R}{2}+kR\right)\left[\frac{R}{2}+\left(2^N-1-k\right)R\right]}{2^N R} \tag{3.63}$$

所以

$$R_{eq}=\frac{\left(\frac{2^N}{2}-\frac{1}{4}+k\left(2^N-1\right)-k^2\right)R}{2^N} \tag{3.64}$$

如图 3.38 所示，电阻梯架中间的那级抽头具有最大的等效电阻。随着抽头位置向两边移动，等效电阻下降。通过对 k 取导数并令其为零，可以推导出最大等效电阻为

$$\frac{\partial R_{eq}}{\partial k}=\frac{\left(2^N-2k-1\right)R}{2^N}=0 \tag{3.65}$$

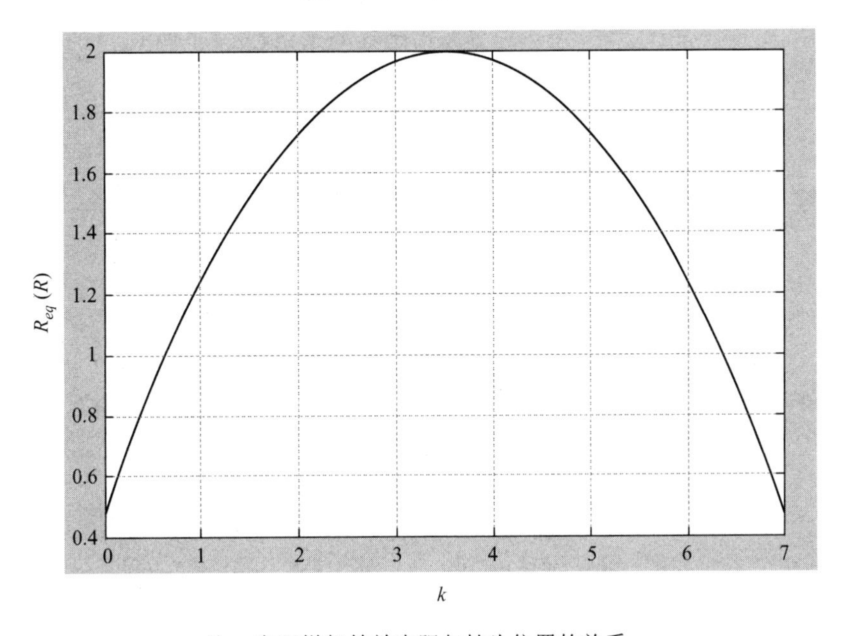

注：电阻梯架等效电阻与抽头位置的关系。

图 3.38

所以，具有最大电阻的抽头为

$$k\Big|_{max\_R_{eq}}=\frac{2^N-1}{2} \tag{3.66}$$

最大等效电阻为

$$R_{eq}\Big|_{max}=\frac{2^N}{4}R \tag{3.67}$$

也就是说，最大等效电阻将随着位数的增加呈指数级增长，随着单位电阻的增加而线性增长。有趣的是，式（3.66）给出了一个非整数的 k 值，所以最大电阻值将出现在距离 k 最近的整数上，即

$$k\Big|_{max\_R_{eq}}\cong\frac{2^N}{2}\quad 或\quad k\Big|_{max\_R_{eq}}\cong\frac{2^N}{2}-1 \tag{3.68}$$

最大等效电阻为

$$R_{eq}\Big|_{max}=\left(\frac{2^N}{4}-\frac{1}{4\times2^N}\right)R\cong\frac{2^N}{4}R \tag{3.69}$$

DAC 的静态线性度取决于电阻匹配以及输出缓冲器的线性度。不同类型的电阻具有不同的匹配特性。一个好的版图布线可以将匹配度提高到 8 位精度。此外，可以通过使用薄膜电阻，或者通过熔丝（或者反熔丝）切换电阻，进行调校和修正，进一步提高匹配度。图 3.3 曾给出过一个快闪 ADC 中电阻梯架的版图，其中的电阻由相同的单元构成。

与快闪 ADC 中使用的电阻梯架类似，随着抽头接近电阻梯架的中间，失配的影响往往会累积，而两端是接近理想情况。若失配是随机的，则积累是不相关的。然而，版图中的梯度效应带来的失配，会使其影响向中间逐渐增加。

对于梯度误差，电阻梯架中的第 k 个电阻 R_k 可以表达为

$$R_k=R+k\Delta R \tag{3.70}$$

式中，$k=1\sim2^N-1$；R 是单位电阻；ΔR 是电阻梯架中相邻的两个电阻的失配。第 k 个输出电压为

$$V_k=V_{Ref}\left(\frac{\frac{R}{2}+\frac{\Delta R}{2}+\sum_{i=1}^{i=k}(R+i\Delta R)}{R+\left(1+2^N\right)\frac{\Delta R}{2}+\sum_{i=1}^{i=2^N-1}(R+i\Delta R)}\right) \tag{3.71}$$

可以导出

$$V_k=\frac{V_{Ref}}{R_t}\left[\frac{R}{2}+\frac{\Delta R}{2}+\left(R+\frac{\Delta R}{2}\right)k+\frac{\Delta R}{2}k^2\right] \tag{3.72}$$

式中，V_k 是第 k 个抽头的电压；N 是位数；R 是单位电阻；R_t 是电阻梯架的总电阻。R_t 为

$$R_t=2^N R+\frac{2^{2N}\Delta R}{2}+\frac{\Delta R}{2} \tag{3.73}$$

式（3.72）表明，抽头电压和抽头顺序 k 之间呈抛物线关系。由此产生的 INL 误差也应该与 k 呈抛物线关系，如图 3.4 所示。如第 2 章所述，INL 由式（2.76）给出，即

$$\mathrm{INL}(k)=\frac{V_k-V_{id_k}}{\mathrm{LSB}}=\frac{V_k-\frac{V_{Ref}}{R_t}\left(\left(R+\Delta R2^{N-1}\right)k+\frac{(R+\Delta R)}{2}\right)}{\mathrm{LSB}} \tag{3.74}$$

式中，V_{id_k} 为理想抽头电压；LSB 为 DAC 的 LSB 大小，其等于 $V_{Ref}/2^N$。将式（3.72）代入式（3.74）可以得到

$$\mathrm{INL}(k)=\frac{\frac{V_{Ref}\Delta R}{2R_t}\left(\left(1-2^N\right)k+k^2\right)}{\mathrm{LSB}} \tag{3.75}$$

为了找到最大值，对其求导并令其等于 0，得到

$$\frac{\partial\mathrm{INL}(k)}{\partial k}=\frac{\frac{V_{Ref}\Delta R}{2R_t}\left(\left(1-2^N\right)+2k\right)}{\mathrm{LSB}}=0$$

由此可以得到最大 INL 出现在

$$k\Big|_{max_{INL}}=\frac{2^N-1}{2} \tag{3.76}$$

这与式（3.66）得到的最大等效电阻的 k 值相等。INL 误差的最大幅度为

$$\mathrm{INL}=\frac{V_{Ref}\times\Delta R\times\left(2^N-1\right)^2}{8R_t\times\mathrm{LSB}} \tag{3.77}$$

随后，最大的 INL 电压为

$$\mathrm{INL}=\frac{I\times\Delta R\times\left(2^N-1\right)^2}{8}\cong\frac{I\times\Delta R\times 2^{2N}}{8} \tag{3.78}$$

式中，I 是电阻梯架中的电流，等于 V_{Ref}/R_t。因为 LSB 等于 $V_{Ref}/2^N$，R_t 大约等于 $R\times 2^N$，所以以 LSB 为单位的 INL 最大值为

$$\mathrm{INL(LSB)}\cong\frac{\left(2^N-1\right)^2\times\Delta R/R}{8}\cong\frac{2^{2N}\times\Delta R/R}{8} \tag{3.79}$$

所以，从式（3.78）～式（3.79）中可以看到，INL 误差与电平数 2^N 的平方成正比。

因为式（3.76）得到的结果并不是一个整数，它可以近似为

$$k\big|_{max\_INL}\cong\frac{2^N}{2}\quad 或\quad k\big|_{max\_INL}\cong\frac{2^N}{2}-1 \tag{3.80}$$

以伏特为单位的最大 INL 结果为

$$\mathrm{INL}\cong\frac{I\times\Delta R\times 2^{2N}}{8} \tag{3.81}$$

以 LSB 为单位的 INL 最大值依然为

$$\mathrm{INL\,(LSB)}\cong\frac{2^{2N}\times\Delta R/R}{8} \tag{3.82}$$

为了降低 INL，可以采用图 3.39 所示的折叠电阻梯架。这时，由于上下半边是匹配的，减小了中间抽头的梯度误差，因此减小了最大 INL 误差，如图 3.40 所示。INL 与抽头数的平方成正比，因为折叠结构中抽头数降低了 2 倍，所以 INL 的峰值降低了 4 倍。此外，采用差分结构有助于消除电阻梯架中的一阶梯度和偶次谐波。

电阻间的随机失配将影响 DAC 的 DNL 和 INL，这种失配与电阻面积成反比，即

$$\frac{\sigma_R^2}{R^2}=\frac{A_R^2}{WL} \tag{3.83}$$

式中，σ_R^2 为电阻方差；R 为标称电阻值；A_R 为失配常数；W 为电阻宽度；L 为其长度。增加电阻的尺寸可以改善匹配性能，但这同时增加了寄生效应，降低了高频性能。

电阻梯架 DAC 的速度取决于电阻梯架的等效电阻、寄生电容和开关电阻。此外，输出缓冲器的带宽也会限制速度。靠近中部的抽头因为比靠近两端的电阻具有更大的等效电阻，所以将具有最慢的速度。为了提高建立速度，需要较小的电阻值，但这同时会增加电阻梯架的功耗。因为最大等效电阻随位数呈指数增长关系，在给定的速度下，功耗也随位数的平方呈指数增长关系。此外，电阻梯架的尺寸和开关数量随着位数（2^N）呈指数级增长，该架构只能用于低分辨率和低速场合中。

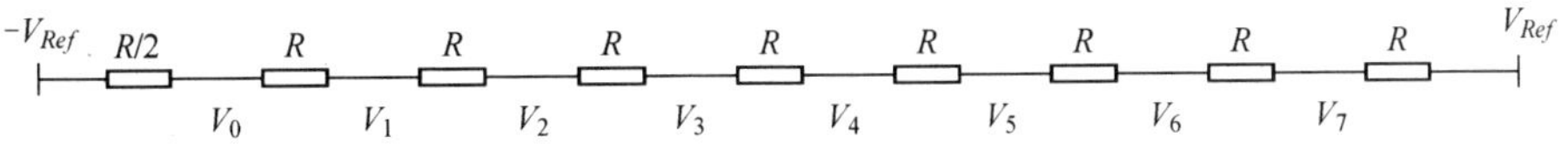

$-V_{Ref}$　R/2　R　R　R　R　R　R　R　R　V_{Ref}

V_0　V_1　V_2　V_3　V_4　V_5　V_6　V_7

（a）DAC 线性电阻梯架

图 3.39

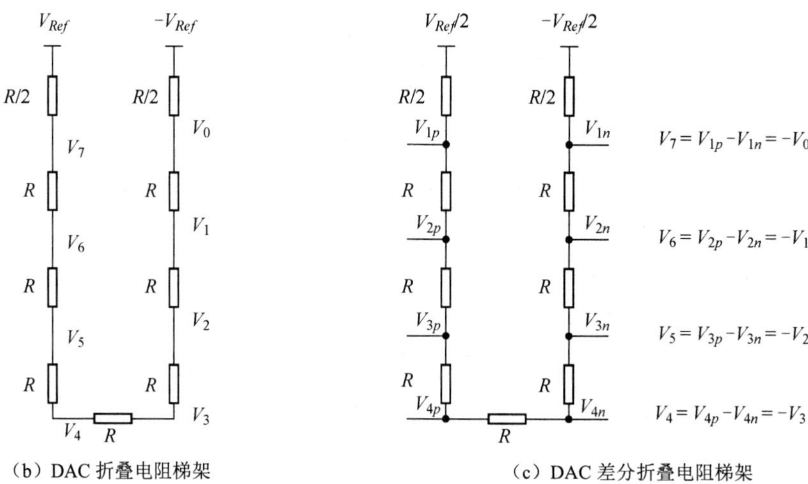

（b）DAC 折叠电阻梯架　　　　（c）DAC 差分折叠电阻梯架

图 3.39（续）

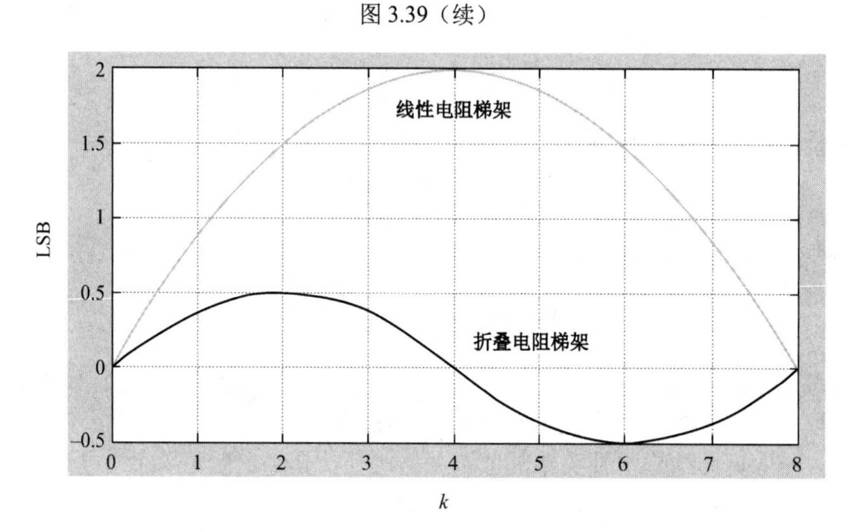

注：线性电阻梯架和折叠电阻梯架中 INL 误差与抽头顺序的关系。

图 3.40

2．R-2R 梯式 DAC

这个结构使用 R-2R 网络，如图 3.41 所示。与电阻分压 DAC 相比，它的速度更高。对于 N 位分辨率，此架构只需要 $2N$ 电阻，而不是 2^N 电阻。每个额外的位都需要一个额外的 R-2R 单元格。输出可以是电压或电流，分别如图 3.41 和图 3.42 所示。R-2R DAC 的输出电压需要缓冲器或运算放大器来驱动负载。电流模式网络也可以与运算放大器一起用于驱动负载。

在电压模式下，可以使用 N 个电压源（V_{Ref0}、V_{Ref1}、…、$V_{Ref(N-1)}$）的叠加来说明电阻网络的操作。对于 V_{Ref0}，图 3.41 中最左边的 R-2R 单元格的戴维南等效值为

$$R_{Th} = R\text{，}\quad V_{Th} = \frac{V_{Ref0}}{2} \tag{3.84}$$

根据这一点，V_{Ref0} 对输出电压的贡献为

$$V_{out0} = \frac{V_{Ref0}}{2^N} \tag{3.85}$$

同理，V_{Ref1} 对输出电压的贡献为

$$V_{out1}=\frac{V_{Ref1}}{2^{N-1}} \tag{3.86}$$

$V_{Ref(N-1)}$ 对输出电压的贡献为

$$V_{out(N-1)}=\frac{V_{Ref(N-1)}}{2} \tag{3.87}$$

因此，电路的输出是所有分支中参考电压的二进制组合。若所有参考电压都等于 V_{Ref}，并由相应的位控制接 V_{Ref} 或接地，则输出可以表示为

$$V_{out}=\sum_{i=0}^{N-1}\frac{b_i V_{Ref}}{2^{N-i}} \tag{3.88}$$

式中，b_i 是 DAC 的第 i 位；b_0 是最低位（LSB）；b_{N-1} 是最高位（MSB）。

同样，在电流模式实现方案中，输出电流为

$$I_{out}=\sum_{i=0}^{N-1}\frac{b_i I_{Ref}}{2^{N-i}} \tag{3.89}$$

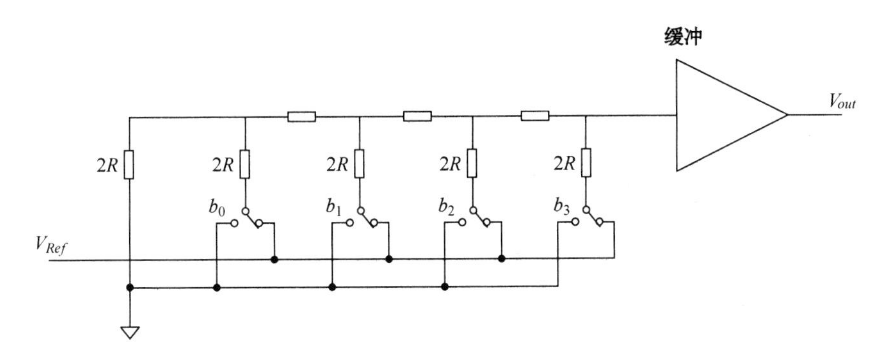

注：4 位电压模式 R-2R DAC。

图 3.41

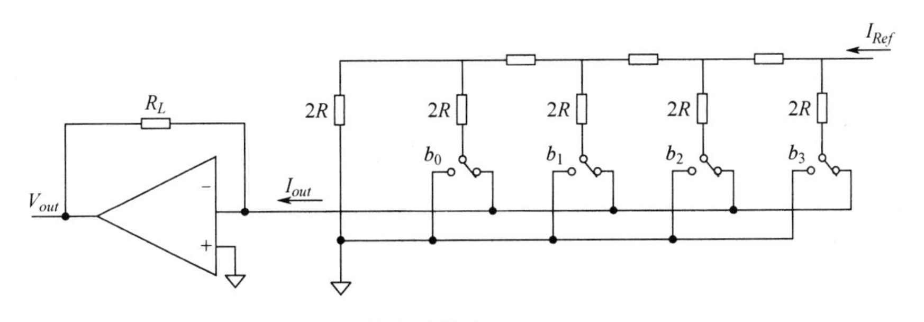

注：4 位电流模式 R-2R DAC。

图 3.42

与电阻分压 DAC 不同，R-2R DAC 本质上不是单调的，中间部分的编码（二进制）中的误差可能最严重。此外，缓冲器的负载会随数字编码变化，这就降低了其线性度。除了输出缓冲器，开关的电阻值和寄生电容也会影响 DAC 线性度与速度。

3.11.2 电容式 DAC

电容式 DAC 使用电容阵列和电荷共享将数字编码转换为模拟输出。图 3.43 给出了一个电容 DAC 的例子。在复位阶段，电容通过将其连接到地进行放电。在 DAC 阶段，根据 DAC 编码，对应的电容会连接到V_{Ref}或地，输出电压为

$$V_{out}=\frac{\sum_{i=0}^{N-1}b_iC_iV_{Ref}}{\sum_{i=0}^{N}C_i} \tag{3.90}$$

式中，N 为位数；b_i为 DAC 的第 i 位；b_0为 LSB，b_{N-1}为 MSB；C_i为第 i 个电容容量，$C_i=2^iC\,(i=0,\cdots,N-1)$，$C_N=C$。

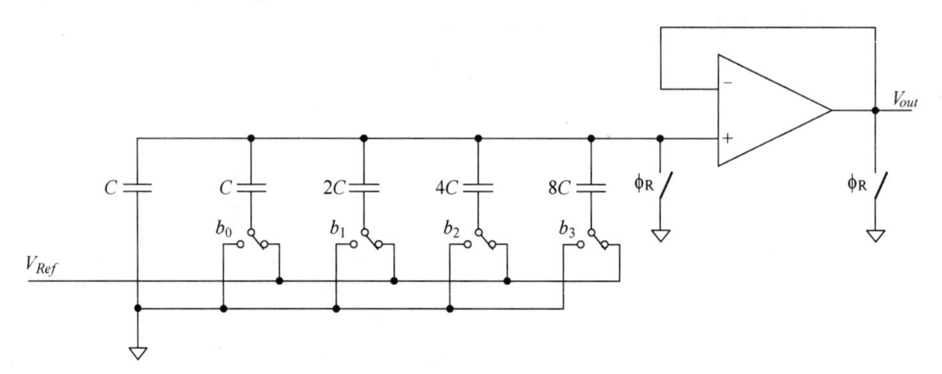

注：一个 4 位二进制电容式 DAC。

图 3.43

电容通常比电阻匹配更好，并与开关电容电路兼容。这些 DAC 通常通过带有运算放大器或跨阻放大器的开关电容电路实现，第 6 章将对此进行更详细的讨论。通常，多晶硅、MIM 或 MOM 电容因其更好的匹配特性和优越的线性度而更受欢迎。多晶硅电容由两层多晶硅组成，中间有一个薄绝缘层，绝缘层一般为氧化层。通过仔细的版图布局，它们可以在 125 fF 单元电容和 750 fF 总电容下达到良好匹配，达到 14～16 位精度要求[1,7]。

MIM 电容器由两层金属组成，中间有一个薄绝缘层。其中一个金属层通常是在工艺中插入常规金属层之间的特殊层。通过对薄绝缘体良好控制，可以实现高质量的电容和良好的匹配。这些电容器可以在 50 fF 单元电容和 200 fF 总电容的情况下实现 10～12 位精度范围内需要的匹配[2]。

在高速数据转换器应用中，应避免使用介电弛豫/吸收性能不良的电容器，因为它们可能导致记忆误差。通常，氧化物电容比 SiN 电容具有更好的介电弛豫/吸收性能[10,11]。

MOM 电容是使用工艺中的场氧化物作为绝缘体形成的电容。它们可以使用两个规则的金属层垂直形成，中间有氧化物。然而，这种结构由于绝缘体较厚且难以控制，导致密度低，匹配性差。MOM 电容器也可以通过叉指化的金属“手指”的形式，在同一个金属层上构成横向电容，如图 3.44 所示。通过在多个金属层上重复该结构，可以实现高密度。这种类型的 MOM 电容可以实现与 MIM 电容相当的匹配度，但密度要高得多。

电容的随机失配与其面积成反比，即

$$\frac{\sigma_C^2}{C^2}=\frac{A_c^2}{WL} \tag{3.91}$$

式中，σ_C^2 是电容的方差；C 是电容标称值；A_c 是失配常数；W 是电容的宽度；L 是长度。可以通过增加电容尺寸提高匹配度，但是这样做同时会增加功耗，降低高频性能。

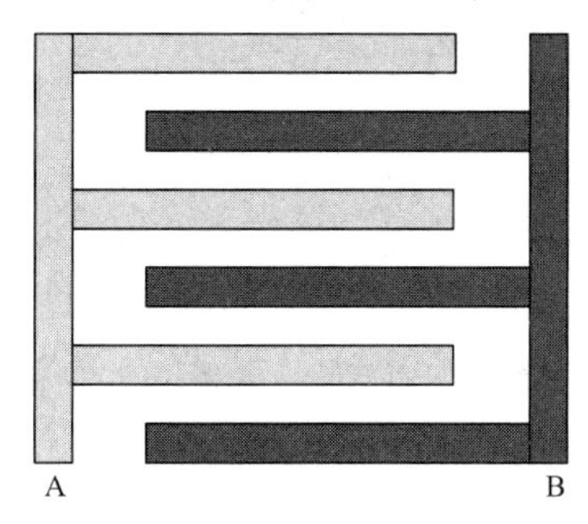

注：使用同一层上的金属走线在节点 A 和 B 之间形成 MOM 电容的示例，
其中手指可以延伸到多层金属。

图 3.44

对于图 3.43 所示的电容 DAC，线性度由缓冲器的电容失配度和输入电容决定，后者往往取决于电压。由于缓冲器的输入电容会变化，求和节点电压会随 DAC 编码的变化而改变，由此会降低 DAC 的线性度。这可以体现在输出电压的表达式中，该表达式为

$$V_{out}=\frac{\sum_{i=0}^{N-1}b_iC_iV_{Ref}}{\sum_{i=0}^{N}C_i+\sum_{i=0}^{N}C_{pi}+C_p} \tag{3.92}$$

式中，C_i 是 DAC 的电容；C_{pi} 是 DAC 电容上的寄生电容；C_p 是缓冲器的输入电容。由于 C_p 会随 DAC 编码改变，导致输出电压出现非线性。

电容式 DAC 也可以用图 3.45 所示的方式实现。在这里，求和节点电压虚拟接地，大大降低了缓冲器输入电容的非线性效应。在复位阶段，当 ϕ_R 为高电平时，所有电容器放电。而在 DAC 阶段，电容器根据 DAC 编码连接到 V_{Ref} 或接地。输出电压为

$$V_{out}=\frac{-\sum_{i=0}^{N-1}b_iC_iV_{Ref}}{C_f} \tag{3.93}$$

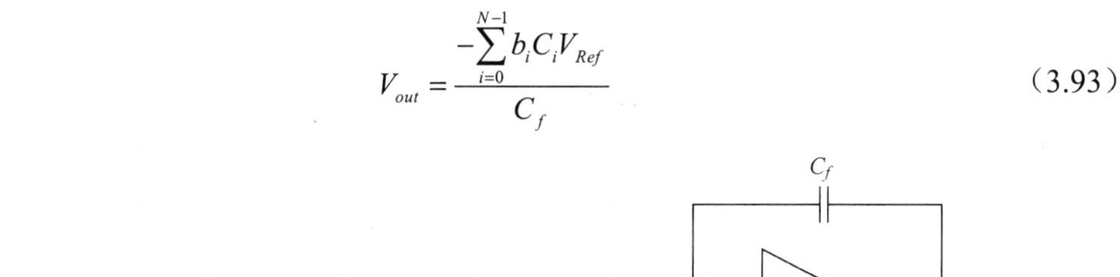
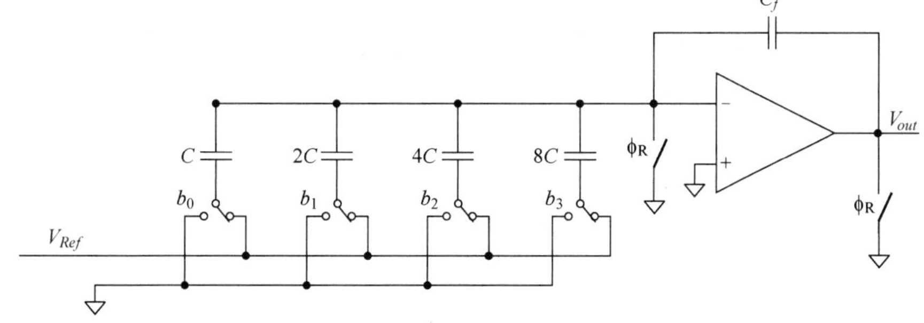

注：具有改进线性度的 4 位二进制电容式 DAC。

图 3.45

式中，C_f 为反馈电容。其中的负号是因为开关电容被接到放大器的负输入端，关于这点将在第 6 章中详细讨论。此外，工作过程也可以反过来，当 ϕ_R 为高电平时 DAC 电压被采样；当 ϕ_R 为低电平时，电荷重分配。这种情况下 DAC 输出为正，即

$$V_{out}=\frac{\sum_{i=0}^{N-1}b_iC_iV_{Ref}}{C_f} \tag{3.94}$$

由于工作中会切换不同的电容，二进制 DAC 在主编码转换时可能是非单调的。除了二进制编码，还可以采用温度计编码，构成由相同大小的电容组成的一元 DAC，如图 3.46 所示。温度计编码决定了与 V_{Ref} 相连的电容数量，接地的数量反之。这种 DAC 本质上是单调的，在面积上比二进制 DAC 小。然而，它需要更多的控制位（2^N），而不是二进制 DAC 的 N 位。一元 DAC 的输出为

$$V_{out}=\frac{-\sum_{i=1}^{2^N}B_iCV_{Ref}}{C_f}=\frac{-\sum_{i=0}^{N-1}b_i2^iCV_{Ref}}{C_f} \tag{3.95}$$

式中，B_i 为温度计码，取值范围从 0 到 2^N-1。反馈电容可以设置为任何期望的值，以实现任意增益或衰减。如果 $C_f=2^NC$，输出将为

$$V_{out}=\frac{-\sum_{i=0}^{N-1}b_i2^iV_{Ref}}{2^N} \tag{3.96}$$

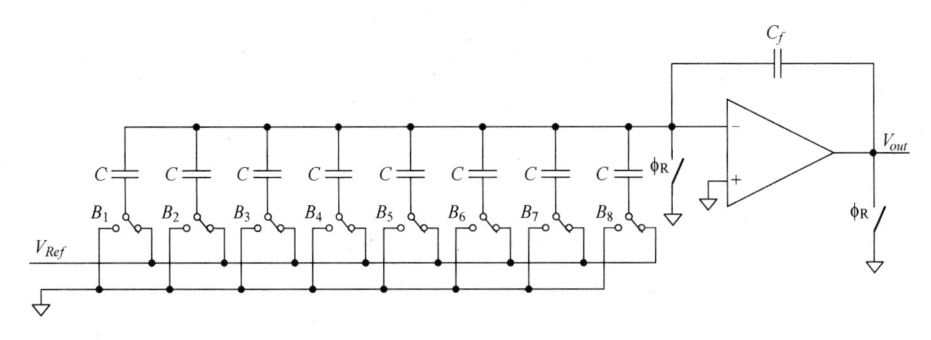

注：线性度更好的 3 位一元电容式 DAC。

图 3.46

需要注意的是，因为使用了 2^N 个电容，使我们能够拥有（2^N+1）个电平，这将在第 7 章讨论流水线 ADC 中的 MDAC 时详细讨论。此外，我们可以使用 2^N-1 个电容器，而不是 2^N，在那里我们使用温度计编码的零电平，输出仍将为

$$V_{out}=\frac{-\sum_{i=1}^{2^N}B_iCV_{Ref}}{C_f} \tag{3.97}$$

式中，B_i 为温度计码，取值范围从 0 到 2^N-1。如果在 ϕ_R 为高电平时，DAC 电压被采样，在 ϕ_R=0 时电荷重分配，输出信号的极性将反相，成为

$$V_{out}=\frac{\sum_{i=1}^{2^N}B_iCV_{Ref}}{C_f}=\frac{\sum_{i=0}^{N-1}b_i2^iCV_{Ref}}{C_f} \tag{3.98}$$

图 3.47 给出了一元 DAC 的另一种实现形式，其中 DAC 有两个电平（$V_{Ref}/2$ 和 $-V_{Ref}/2$）。在 ϕ_1 期间，所有电容都会复位。在 ϕ_2 期间，根据 DAC 温度计编码 D 及其非 D'，电容被连接到 $V_{Ref}/2$ 或 $-V_{Ref}/2$。输出的极性由编码（D 或 D'）或参考（$V_{Ref}/2$ 或 $-V_{Ref}/2$）的极性决定。图 3.47 所示的结构给出了负输出。交换 D 和 D'、或 $V_{Ref}/2$ 和 $-V_{Ref}/2$，将翻转输出极性。

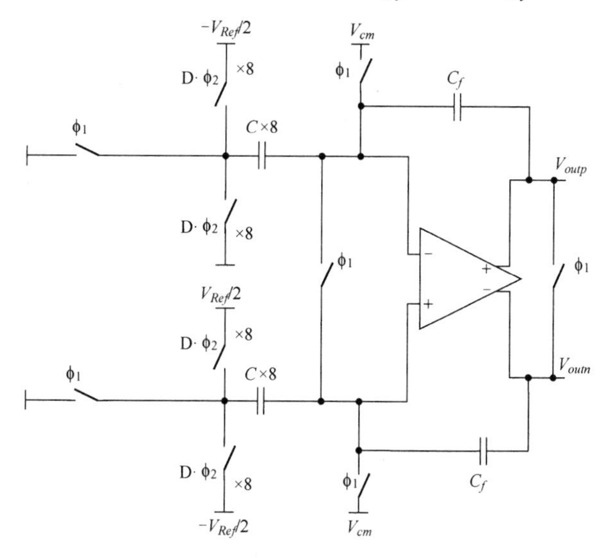

注：3 位一元电容 DAC 的差分实现形式。

图 3.47

有趣的是，图 3.45～图 3.47 所示的结构可用于放大 DAC 编码。这被称为乘法 DAC（multiplying DAC，MDAC），通常用于流水线 ADC。MDAC 的增益 G 由下式给出

$$G=\frac{\sum_{i=1}^{2^N} C_i}{C_f} \tag{3.99}$$

式中，C_i 为 DAC 电容，其标称值等于 C；C_f 为反馈电容。

在迄今为止讨论的电容式 DAC 结构中，DAC 电容的数量和/或大小随位数呈指数级增长。在高分辨率应用中，可以使用其他架构来减少面积和功耗。图 3.48 显示了一个示例，其中使用衰减电容 C_B 来减少 DAC 电容的数量和大小。对于 N 位 DAC，可以使用 $2\times\left(2^{N/2}-1\right)$ 个电容，而不是原来的 2^N-1 个单元电容。衰减电容 C_B 和左阵列的串联组合后的容值应等于右阵列中的一个单位电容 C[5,6]。

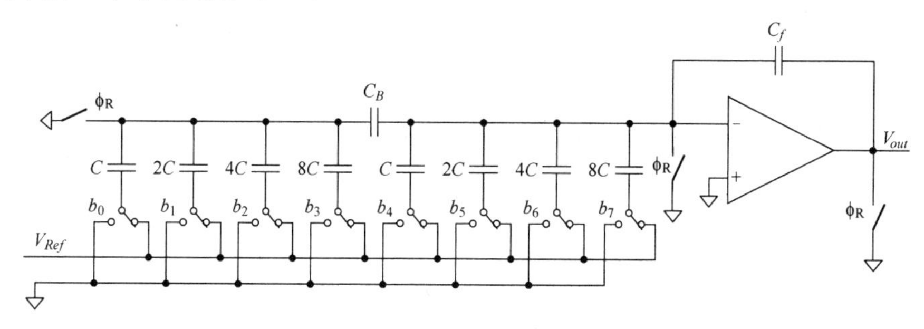

注：带衰减电容 C_B 的二进制电容 DAC。

图 3.48

3.11.3 电流舵 DAC

这是最快的 DAC 结构，其中 DAC 单元是一个电流源，而不是电阻或电容。目前的单元可以用双极或 MOS 晶体管实现。它们使用具有高输出阻抗的电流源，通常用共源共栅电流源电路实现。如图 3.49 所示，电流舵由数字编码控制，如

$$I_{out} = \sum_{i=0}^{N-1} b_i 2^i I \tag{3.100}$$

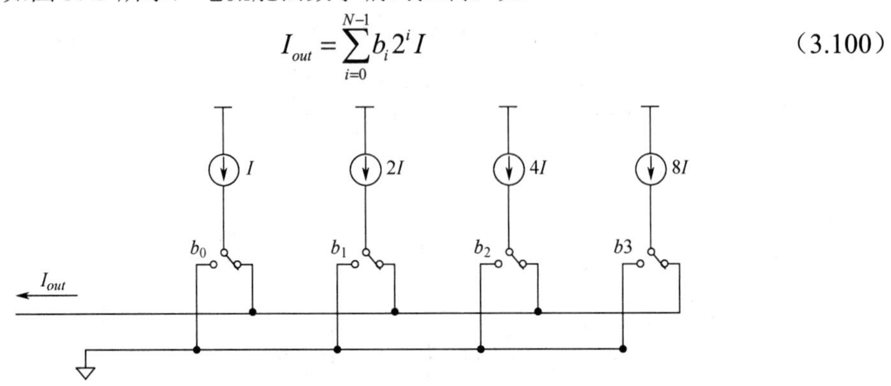

注：4 位电流舵 DAC 的理想模型。

图 3.49

在超高速的应用中，输出电流可以直接作用于负载，如图 3.50 所示。在低速或中速情况下，可以通过 I-V 转换器驱动负载，如图 3.51 所示。

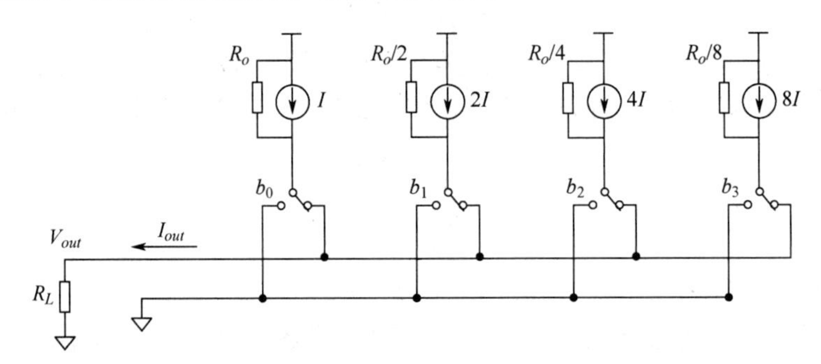

注：4 位电流舵 DAC 的简单模型，包括电流源的输出阻抗。

图 3.50

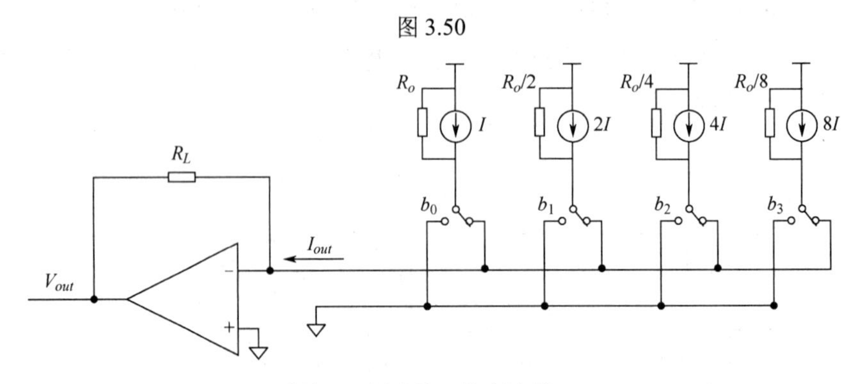

注：带有 I-V 缓冲的 4 位电流舵 DAC。

图 3.51

由于实际的电流源单元具有有限的输出阻抗，输出电压会对电流产生调制，这种调制影响到这种 DAC 精度。输出阻抗如图 3.50 和图 3.51 所示。如果 DAC 直接驱动负载（图 3.50），输出电压将为[5]

$$V_{out}(k) = kI\frac{R_L R_o / k}{R_L + \frac{R_o}{k}} \tag{3.101}$$

式中，R_o 为电流源单元的输出电阻；R_L 为负载电阻；k 为导通的单元数，$k = 0,1,\cdots,2^N - 1$。因此输出电压为

$$V_{out}(k) = IR_L\frac{k}{1+\frac{kR_L}{R_o}} \tag{3.102}$$

因此，当 R_o 比 R_L 大得多时，有限的输出电阻导致的非线性将接近零。非线性失真以二阶为主，但也存在一些较小的高阶非线性。差分结构减少了电流调制中的二阶失真和由此产生的 HD2。

电流舵 DAC 的另一个示例是如图 3.52 所示的一元实现结构。这种结构使用温度计编码，电流源的数量与 2^N 成正比。因此，与二进制实现相比，单调性得到保证，线性度更好。然而，它需要大量的开关控制位（2^N）。与之相比，图 3.51 所示的二进制编码结构实现体积更大，不能保证单调性，整体线性度较差，但是它需要的控制位减少到 N 位。

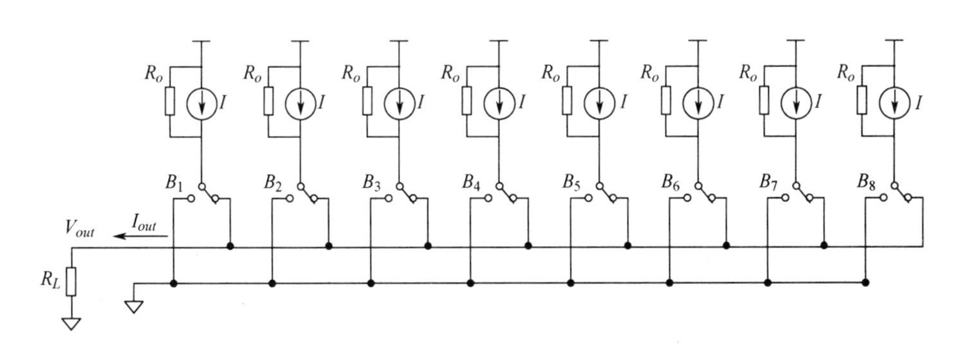

注：具有电阻负载的一元电流舵 3 位 DAC。

图 3.52

图 3.53 给出了一些电流源的实现电路。图 3.53（a）是一个简单的电流镜，其输出阻抗等于电流源器件的输出阻抗。图 3.53（b）是一个共源共栅电流镜，输出阻抗将比级联器件的阻抗增加约 $g_m R_{ds}$ 倍。但级联降低了动态范围，保持器件饱和的最大电压从原先的 $V_{DD} - V_{SD}|_{sat}$ 降低到

$$V_{out}\big|_{max} = V_{DD} - \left(V_{SD}\big|_{sat} + V_{SG}\right) \tag{3.103}$$

图 3.53（c）是一个增强动态范围共源共栅电流镜，它通过偏置电压 V_B 来改善动态范围，最大输出电压将为

$$V_{out}\big|_{max} = V_{DD} - 2V_{SD}\big|_{sat} \tag{3.104}$$

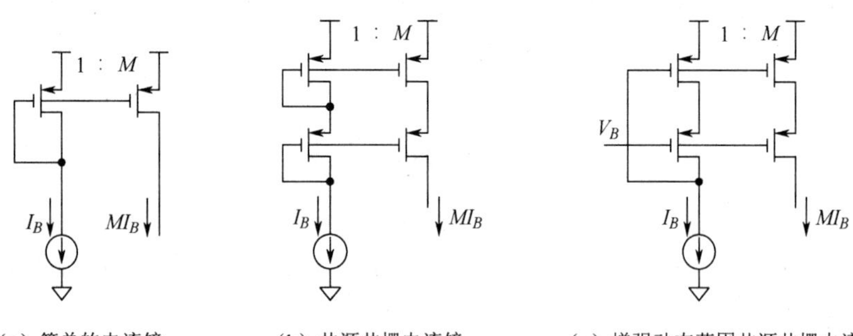

（a）简单的电流镜　　（b）共源共栅电流镜　　（c）增强动态范围共源共栅电流镜

注：电流镜举例图。

图 3.53

可以通过设置偏置电压V_B，使得动态范围最大化，并最大限度地减少共源共栅结构中工艺、电源和温度带来的影响。文献[15]给出了可用于产生这种偏置电压的技术案例。

电流舵 DAC 的另一个误差来源是电流单元之间的随机不匹配。这通常与它们的尺寸成反比，即

$$\frac{\sigma_I^2}{I^2}=\frac{\sigma_\beta^2}{\beta^2}+\sigma_{V_T}^2\left(\frac{g_m}{I}\right)^2 \tag{3.105}$$

其中

$$\frac{\sigma_\beta^2}{\beta^2}=\frac{A_\beta^2}{WL} \tag{3.106}$$

以及

$$\sigma_{V_T}^2=\frac{A_{V_T}^2}{WL} \tag{3.107}$$

式中，g_m是跨导，$\beta=\mu C_{ox}W/L$；W是器件宽度；L是长度；I是电流；A_β和A_{V_T}均是失配常数。有趣的是，可以通过减少g_m/I来降低阈值电压失配的影响，这是通过增加$V_{gs}-V_T$来实现的，这反过来又增加了器件的过驱动。然而，这会缩小动态范围，并可能降低线性度。此外，增加面积将减少失配，但会增加寄生效应，从而降低了速度。

图 3.54 给出了电流舵/开关结构的案例，这种结构的速度由电流源的输出阻抗决定。由于电流舵可以在非常高的速度下完成，因此这种结构通常可以达到所有 DAC 结构中的最高速度。然而，它也会消耗最高的功耗。

需要注意的是，电流单元的“关闭”是通过将电流从输出路径转向替代路径来实现的。电流不应该完全关闭，否则需要相对较长的时间才能重新打开，并会降低速度和线性度。因此，这两个开关被设计为在 ON 状态下重叠。对于图 3.54（a）所示的 PMOS 开关，可以通过产生图 3.54（b）所示的非重叠时钟时序的发生器来实现。这两个时钟在低时重叠，这确保了 PMOS 设备在其导通状态下重叠。

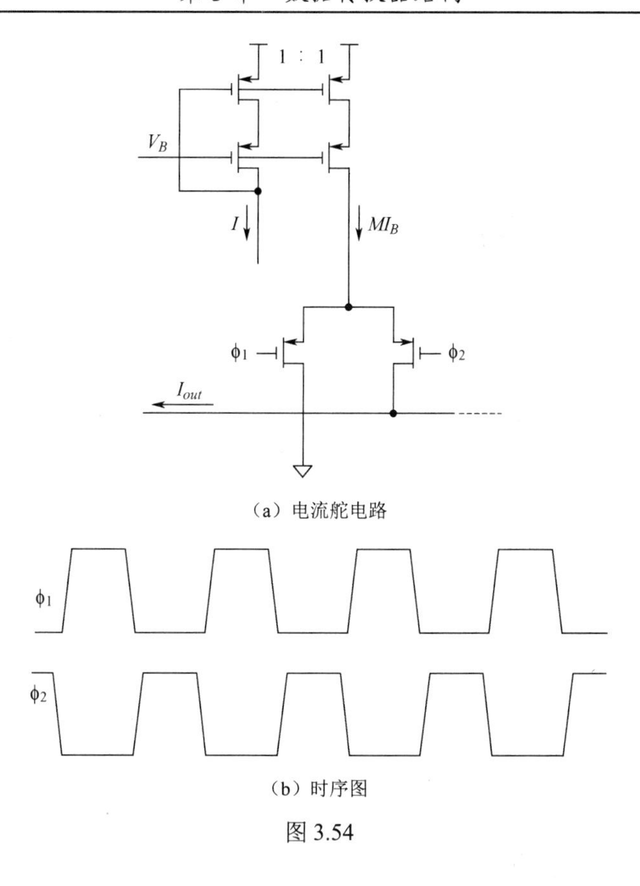

（a）电流舵电路

（b）时序图

图 3.54

3.12　结论

本章概述了一些最常用的高速 ADC 和 DAC 架构。这些讨论的一个重要结论是：速度和性能往往是从根本上相矛盾的参数，旨在提高性能的架构和设计措施往往牺牲速度；反之亦然。这一现象至关重要，它使得同时实现高性能和高速的设计变得非常具有挑战性。

一些架构能够比其他架构更好地实现这种权衡。例如，流水线 ADC 最近被证明是在高性能和高速空间中一个强大的架构，虽然 Σ-Δ 和 SAR ADC 最近取得了一些成功，但流水线 ADC 固有的高速度给了它们巨大的优势。

另一个设计趋势是使用校准和数字辅助来增加另一种技术路径，与其他可实现的技术路径相比，它可以实现更高的精度。这既适用于 ADC，也适用于 DAC。校准允许模拟电路设计者优化模拟端的速度或功耗，同时降低那些可以通过数字校准的精度方面的设计要求。随着我们向更加精细光刻 CMOS 工艺的不断迁移，这一点变得更加重要，因为这些工艺本质上对模拟电路的友好性在不断降低。

思　考　题

1．在下面的要求条件下，你会选择哪种 ADC 构架？为什么？

（1）一个 16 位，10MS/s ADC？

（2）一个 5 位，1GS/s ADC？

（3）一个 10 位，100MS/s ADC？

（4）一个 14 位，200MS/s ADC？

（5）一个 6 位，20GS/s ADC？

2．考虑用下面的结构实现一个 14 位，100MS/s ADC：

（1）流水线；

（2）SAR；

（3）Σ-Δ；

（4）折叠。

使用每个架构的利弊是什么？你会选择哪种架构，为什么？

3．考虑使用以下架构实现 6 位 10 GS/s ADC：

（1）快闪；

（2）带内插的快闪；

（3）时间交织；

（4）流水线。

使用每个架构的利弊是什么？你会选择哪种架构，为什么？

4．对于 5 位快闪 ADC：

（1）绘制快闪 ADC 的简化原理图。

（2）需要多少比较器？

（3）电阻梯架中电阻的数量是多少？

5．对于 5 位快闪 ADC：

（1）假设使用线性电阻梯架，梯度造成的单位电阻失配为 1%，最大 INL 是多少？

（2）如果使用折叠电阻梯架，最大 INL 是多少？

（3）绘制上述两种情况下的 INL。

6．对于精度为 0.5 LSB 的 5 位快闪 ADC，假设 $A_R = 6\text{nm}$，$A_{VT} = 1\text{mV}\cdot\mu\text{m}$，忽略其他误差来源。为了在 0.18μm CMOS 工艺上实现这种精度，预计电阻梯架的单元电阻和比较器预放大器的输入缓冲有什么尺寸？

7. 如果 6 位快闪 ADC 使用 4 倍的插值，其中每个比较器由一个预放大器和一个锁存器组成，请绘制该快闪结构。其中需要使用多少个预放大器？与直接结构相比节省了多少？

8．对于比较器由两个预放大器和锁存器组成的 6 位快闪 ADC，请绘制其框图。假设使用两层插值、每层系数为 4 的插值结构来实现，请绘制其框图。新结构节省了多少个前置放大器？

9．某 6 位快闪 ADC，使用锁存器为 g_m / C 为 20 Grad/s 的比较器。快闪 ADC 以 1 GS/s 的速度工作。预计的 BER 是多少？如果采样率提高到 10 GS/s，BER 会如何变化？

10．某子范围 ADC 由 2 级组成，每级的分辨率为 5 位，有 1 位冗余。整个 ADC 的分辨率是多少？如果没有级间放大，整个 ADC 的精度设计目标为 0.5 LSB，第一级和第二级子 ADC 的精度应该是多少？

11．某子范围 ADC 由 2 级组成，每级的分辨率为 5 位，有 1 位冗余，使用增益为 16 的级间放大器。整个 ADC 分辨率是多少？如果整个 ADC 的精度为 0.5 LSB，那么第一级和第二级子 ADC 所需的精度应该是多少？放大器所需的精度是多少？

12．对于之前问题的子范围 ADC，分别画出中点上升型（mid-rise）、中点平坦型（mid-tread）两种子 ADC 情况下，放大后第一级的余量电压随输入电压变化的函数。这两种情况有什么区别？在这两种情况下，使用这两级的位重建最终输出字。

13．对于第一级有 4 位的 6 位折叠 ADC，绘制折叠余量电压与输入电压之间的关系曲线。绘制 ADC 的框图和使用 MOS 电流镜实现的对应折叠电路。如果使用 1 位冗余，第二级的分辨率是多少？

14．对于 5 位 SAR ADC：

（1）画出 DAC 结构、时序图和 DAC 输出随时间变化图。

（2）将输出字表示为电容值的函数。

（3）设计一个可以使用的冗余方案。

15．对于采样率为 1 GS/s 的 4 路时间交织 ADC，输入 200MHz 的信号。由于不同原因的失配产生的交织杂散将出现在什么地方？如果输入由 200MHz 和 300MHz 的双音组成，请重复回答上面的问题。

16．对于 Σ-Δ ADC，在以下每个条件下预期的 SQNR 是多少？

（1）1 位量化，一阶，OSR=32。

（2）2 位量化，三阶，OSR=4。

（3）5 位量化，五阶，OSR=8。

（4）你将如何实施这些方案？每个方案的优点和缺点是什么？

17．使用行为建模语言，创建一个模型来模拟 6 位 SAR ADC 操作。该模型应包括比较器、DAC 和 SAR 控制。考虑 DAC 和比较器中的误差，并定量和定性地评论其影响。

18．已知某 4 位电阻梯架 DAC，梯度失配度为 1%。

（1）给出模拟输出与 DAC 编码函数。

（2）绘制 INL 随编码变化的图形。最大 INL 是多少？

（3）假设使用折叠电阻梯架，绘制 INL 与编码关系图，并计算最大 INL。

（4）绘制 DAC 结构。

19．对于 5 位 R-2R 网络 DAC：

（1）绘制 DAC 结构。

（2）给出输出电压随 DAC 编码变化的函数。

（3）将其与电阻梯架实现结构在尺寸、功耗和线性度上进行比较。

20．对于 5 位电容 DAC，请分别绘制其在二进制和一元实现构架下的结构框图。每个案例的利弊各是什么？

21．一种 5 位电流舵 DAC，由多个 100μA 的电流源组成。绘制该 DAC 结构。假设供电电压 1.8V，其总功耗是多少？

22．对于上一个问题中的 5 位电流舵 DAC，如果目标精度需要达到 0.5 LSB，驱动负载 100Ω，输出阻抗需要多大？

23．分析图 3.48 所示的 8 位电容 DAC 结构的工作原理，并给出输出电压随数字编码变化的函数，计算由此需要的电容 C_B 的大小，并讨论。

24. 使用 SPICE 类的仿真工具，构建一个 3 位电容 DAC 仿真模型，其中单元电容取 1pF。

进行时域仿真。

25．使用 SPICE 类的仿真工具，构建一个 3 位电流舵 DAC 仿真模型，其中单元电流源取100μA，进行时域仿真。

参 考 文 献

[1] A.M.A. Ali, A. Morgan, C. Dillon, *et al.*, "A 16-bit 250-MS/s IF Sampling Pipelined ADC with Background Calibration," *IEEE Journal of Solid-State Circuits*, 45(12), pp. 2602–2612, Dec 2010.

[2] A.M.A. Ali, H. Dinc, P. Bhoraskar, *et al.*, "A 14b 1GS/s RF Sampling Pipelined ADC with Background Calibration," *IEEE Journal of Solid-State Circuits*, 49(12), pp. 2857–2867, Dec 2014.

[3] Y. Dong, J. Zhao, W. Yang, *et al.*, "A 930mW 69-DR 465MHz-BW CT 1-2MASH ADC in 28nm CMOS," *IEEE ISSCC Digest of Technical Papers*, pp. 278–279, 2016.

[4] B. Razavi, *Principles of Data Conversion System Design*, IEEE Press, Piscataway, NJ, 1995.

[5] F. Maloberti, *Data Converters*, Springer, Dordrecht, The Netherlands, 2010.

[6] M.J.M. Pelgrom, *Analog-to-Digital Conversion*, Second Edition, Springer, Dordrecht, The Netherlands, 2013.

[7] A.M.A. Ali, C. Dillon, R. Sneed, *et al.*, "A 14-bit 125 MS/s IF/RF Sampling Pipelined ADC With 100 dB SFDR and 50 fs Jitter," *IEEE Journal of Solid-State Circuits*, 41(8), pp. 1846–1855, Aug 2006.

[8] K. Kattmann and J. Barrow, "A Technique for Reducing Differential Non-Linearity Errors in Flash A/D Converters," *IEEE ISSCC Digest of Technical Papers*, pp. 170–171, 1991.

[9] R. Schreier and G. Temes, *Understanding delta-sigma data converters*, IEEE Press, Piscataway, NJ, 2005.

[10] J.W. Fattaruso, M. De Wit, G. Warwar, *et al.*, "The Effect of Dielectric Relaxation on Charge-Redistribution A/D Converters," *IEEE Journal of Solid-State Circuits*, 25, pp. 1550–1561, Dec 1990.

[11] A. Zanchi, F. Tsay, and I. Papantonopoulos, *et al.*, "Impact of Dielectric Relaxation on a 14-bit 70-MS/s Pipeline ADC in 3-V BiCMOS," *IEEE Journal of Solid-State Circuits*, 38(12), pp. 2077–2086, Dec 2003.

[12] B.P. Ginsburg and A.P. Chandrakasan, "500-MS/s 5-bit ADC in 65-nm CMOS with Split Capacitor Array DAC," *IEEE Journal of Solid-State Circuits*, 42(4), pp. 739–747, 2007.

[13] M. van Elzakker, E. van Tuijl, P. Geraedts, *et al.*, "A 10-bit charge redistribution ADC consuming 1.9uW at 1MS/s," *IEEE Journal of Solid-State Circuits*, 45(5), pp. 1007–1015, 2010.

[14] A.M.A. Ali, H. Dinc, P. Bhoraskar, *et al.*, "A 14-bit 2.5GS/s and 5GS/s RF Sampling ADC with Background Calibration and Dither," *IEEE VLSI Circuits Symposium*, pp. 206–207, 2016.

[15] A.M.A. Ali, "Stably-biased cascode networks," US Patent 7,023,281, Apr 2006.

[16] G. Manganaro, *Advanced Data Converters,* Cambridge University Press, Cambridge, UK, 2012.

[17] R. Kapusta, J. Shen, S. Decker, *et al.*, "A 14b 80MS/s SAR ADC with 73.6dB SNDR in 65nm CMOS," *IEEE ISSCC Digest of Technical Papers*, pp. 472–473, 2013.
[18] M. Furuta and M. Nozawa, "A 10-bit, 40-MS/s, 1.21 mW pipelined SAR ADC using single-ended 1.5-bit/cycle conversion technique," *IEEE Journal of Solid State Circuits*, 46(6), pp. 1360–1370, Jun 2011.
[19] Y. Zhu, C.-H. Chan, S.-W. Sin, *et al.*, "A 50-fJ 10-b 160-MS/s pipelined-SAR ADC decoupled flip-around MDAC and self-embedded offset cancellation," *IEEE Journal of Solid State Circuits*, 47(11), pp. 2614–2626, Nov 2012.

第 4 章 采样

对输入信号进行采样是 A/D 转换过程中最关键的步骤之一。采样保持（S/H）电路连接外部模拟世界，将连续时间信号转换为离散时间保持信号。采样通常与封装寄生效应、印刷电路板、抗锯齿滤波器和驱动放大器息息相关。采样期间引入的任何失真或噪声都会影响数字输出，并且很难消除。

由于 ADC 的采样速率快到以 GS/s 来计算，并且输入频率上升到 GHz 范围，因此输入采样问题变得越来越具有挑战性。前端采样器的任务是对输入信号进行采样，该信号在非常短的采集时间内以非常快的速度变化。前端采样器也要求具有相对较高的线性度和较低的噪声。在文献中，对于高达 100 MHz 的输入频率和高达 125 MS/s 的采样率，已经达到了优于 100 dB 的采样线性度[1]。最近也出现了高达 1 GHz 输入频率和 1 GS/s 的采样率且线性度优于 80 dB [2]的报道。

本章将讨论高速 ADC 中输入采样的难点，重点将放在设计权衡和优化上，以实现高性能并可在未来进一步改进。本章还将讨论和分析采样电路的非线性特性。通过一些假设和近似，以简单直观的方式说明其趋势和特性，同时避免过于严格复杂但不直观的数学分析。

4.1 CMOS 采样器

一个简单的采样保持电路由一个开关和一个采样电容串联而成，如图 4.1 所示。开关由时钟驱动，当开关接通时，电容器在一段持续时间采样输入信号，这称为采样、跟踪或采集阶段。当开关关闭时，样品被“取走”并被电容器保持，进入保持阶段。采样器由具有有限源级阻抗 Z_S 的信号源驱动，如图 4.2 所示，其起着影响各方面采样性能的重要作用。

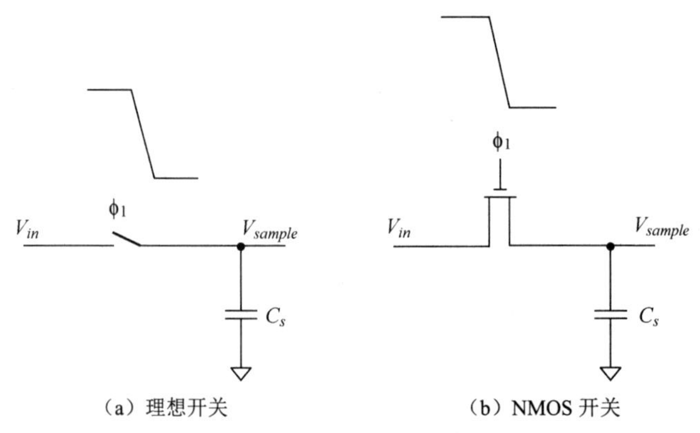

（a）理想开关　　（b）NMOS 开关

注：一个带输入开关和采样电容的简单采样网络。

图 4.1

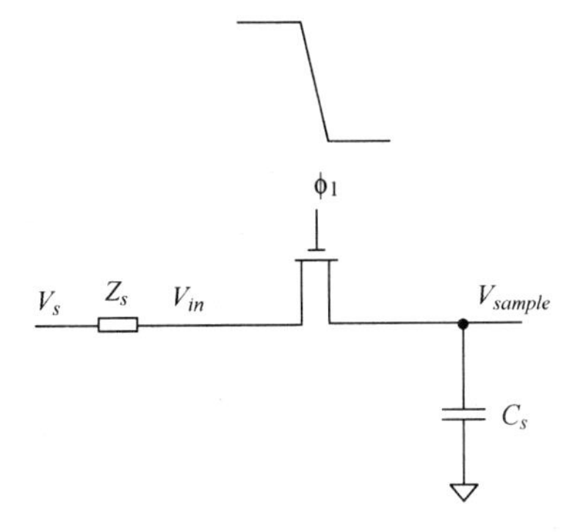

注：由输入 V_s 和阻抗 Z_s 驱动的带有输入开关与采样电容的简单采样网络。

图 4.2

除采样率之外，采样保持电路的其他两个重要性能指标是噪声和线性度。

4.1.1　采样噪声

引起采样噪声的两个主要因素是输入路径的噪声（输入噪声）和时钟路径的噪声（抖动）。抖动噪声将在本章后面介绍。输入噪声是由开关电阻的噪声和采样路径中的其他噪声分量引起的，包括源级阻抗。图 4.1 所示的电路忽略了源级阻抗，若在采样（跟踪）阶段期间的阻抗是 R_{sw}，则噪声功率密度 S_n 将由下式给出

$$S_n = 4kTR_{sw} \tag{4.1}$$

式中，k 是玻耳兹曼常数，约等于 $1.38\times10^{-23}J/K$，T 是以开尔文为单位的绝对温度。对于带宽为 $B_{in}=1/2\pi R_{sw}C_s$ 的电阻电容网络，其中电阻 R_{sw} 是主要噪声来源，在电容 C_s 上采样的总噪声功率为

$$N=\int_0^{\infty}\frac{4kTR_{sw}}{1+(2\pi R_{sw}C_s)^2}\mathrm{d}f \tag{4.2}$$

解出积分可得

$$N = 4kTR_{sw}\times B_N = 4kTR_{sw}\left(\frac{\pi}{2}B_{in}\right) = 4kTR_{sw}\left(\frac{\pi/2}{2\pi R_{sw}C_s}\right)$$

式中，B_N 是带宽 B_{in} 的一阶滤波器的有效噪声带宽。因此，积分后的噪声功耗为

$$N=\frac{kT}{C_s} \tag{4.3}$$

这是采样噪声的著名 kT/C 公式。我们可以看到噪声与电阻值无关，因为作为主要噪声因素的电阻 R_{sw} 本身就是与电容一起限制带宽的电阻。如果噪声产生和带宽限制彼此分离，那么该公式将不成立。例如，如果输入端的噪声源主导总噪声而不影响带宽，那么噪声将劣于 kT/C。相反，若带宽受到非主噪声分量的限制，则噪声可以优于 kT/C。换句话说，kT/C 并不是基准。

话虽如此，从 kT/C 公式得出的结论实际上是有用的，且对于高速 ADC 非常重要。也就是说，为了改善热噪声，我们经常需要更大的采样电容。这揭示了一个重要的限制条件，因为大的电容限制了速度，又需要更多的功率，并且更难以驱动。这表明噪声与速度、线性度和功耗的指标矛盾，这证实了第 2 章在 ADC 指标和 FOM 背景下讨论的直观趋势。换句话说，实现高性能和高速度比单独实现高性能或高速度更具挑战性。

4.1.2 采样线性度

与热噪声不同，采样线性度受许多因素影响，其中一些因素可能在 ADC 外部，并且可能无法在模拟仿真中正确建模。采样操作的非线性和多维性质使得低失真与高速采样器的设计成为一门科学，同时是一门艺术。这是模拟电路设计挑战的优秀实例。

让我们从图 4.1 中所示的简单采样器开始。有两个过程降低了采样线性度。第一个是输入跟踪过程，开关打开，电路与连续时间 RC 电路没有区别。在此阶段里，即使开关从未关闭，也存在一些非线性因素恶化了采样失真。第二个是从采样/跟踪相到保持相的过渡过程。这个过程中关闭开关，信号被保持，会从外部引入可能会降低性能的非线性源。其中一个来源是非线性电荷注入或回踢，如果没有足够的时间来稳定，它会恶化失真。在关闭开关的过程中引出的另一个非线性源是采样时钟上可能存在的周期性抖动。该抖动随时间移动采样时刻，调制采样信号，从而引起失真。

因此，造成采样的非线性有 3 个因素：跟踪失真；电荷注入（或回踢）失真；周期性抖动。

下面将介绍本节中的前两种失真机制，抖动将在 4.4 节中单独介绍。

1. 跟踪失真

在图 4.3 和图 4.4 中，输入开关的电阻和寄生电容将随输入信号而变化。即使开关始终导通，这种变化也会在跟踪期间导致非线性失真。这可以由下式表示

$$V_{sample} = V_{in}\frac{1/sC_s}{R_{sw}+1/sC_s} = V_{in}\frac{1}{1+sC_sR_{sw}} \tag{4.4}$$

式中，C_s 是采样电容；R_{sw} 是开关的电阻。如果忽略源级阻抗和寄生电容，输入采样带宽（B_{in}）由下式给出

$$B_{in} = \frac{1}{2\pi R_{sw}C_s} \tag{4.5}$$

值得注意的是，输入采样带宽（B_{in}）与奈奎斯特定理给出的 ADC 量化带宽不同，后者是采样率的一半。通常，在 IF 采样和 RF 采样应用中，因为需要在较高奈奎斯特区域采样带限信号，输入（采样）带宽远大于量化带宽。

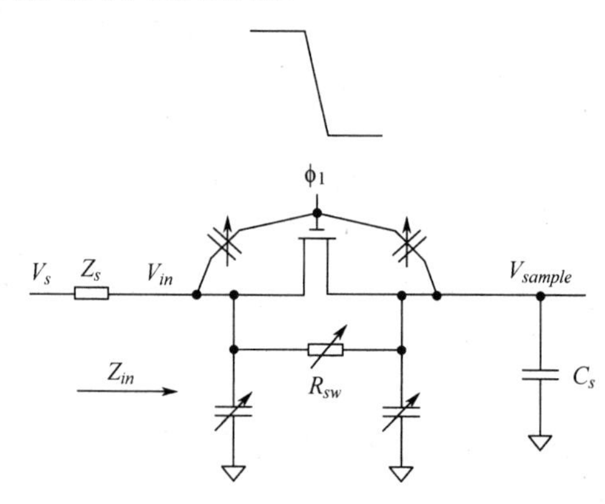

注：由输入 V_s 和阻抗 Z_s 驱动的带有输入开关和采样电容的简单采样网络。
开关由时序控制，其寄生效应如图。

图 4.3

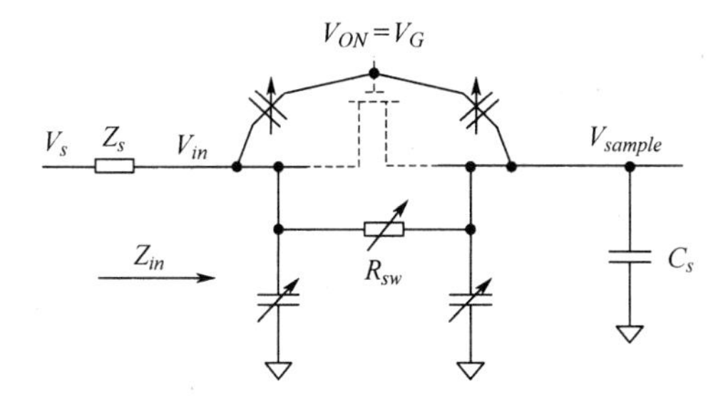

注：在采样或跟踪阶段的由输入 V_s 和阻抗 Z_s 驱动的带有输入开关与采样电容的简单采样网络。开关的寄生效应如图。

图 4.4

在线性工作区域，当 V_{DS} 非常小时，开关的电阻可近似表示为

$$R_{sw} \cong \frac{L}{\mu C_{ox} W\left(V_{GS}-V_T\right)} \cong \frac{L}{\mu C_{ox} W\left(V_G-V_T-V_{in}\right)} \tag{4.6}$$

式中，μ 是电荷载流子的迁移率；C_{ox} 是单位面积中的晶体管氧化物电容；V_{GS} 是栅源电压；V_T 是阈值电压；V_G 是施加到栅极的时钟高电压。可以得出

$$R_{sw} \cong \frac{L/\left[\mu C_{ox} W\left(V_G-V_T\right)\right]}{1-\dfrac{V_{in}}{V_G-V_T}} \cong \frac{R_0}{1-\dfrac{V_{in}}{V_G-V_T}} \tag{4.7}$$

式中，R_0 是开关的阻抗，如果其源极接地（$V_{in}=0$）。将式（4.7）代入式（4.4）得

$$V_{sample}=V_{in}\frac{1}{1+sC_s\dfrac{R_0}{1-\dfrac{V_{in}}{V_G-V_T}}}$$

可以使用泰勒级数展开式近似为

$$V_{sample} \cong V_{in}\frac{1}{1+sC_sR_0\left(1+\dfrac{V_{in}}{V_G-V_T}+\left(\dfrac{V_{in}}{V_G-V_T}\right)^2+\cdots\right)}$$

整理上式，可得

$$V_{sample} \cong \frac{V_{in}}{1+sC_sR_0}\frac{1}{1+\dfrac{V_{in}sC_sR_0/\left(1+sCR_0\right)}{V_G-V_T}+\dfrac{V_{in}^2SC_sR_0/\left(1+sCR_0\right)}{\left(V_G-V_T\right)^2}+\cdots} \tag{4.8}$$

这里可以进一步使用泰勒级数展开式，得到

$$V_{sample} \cong \frac{V_{in}}{1+sC_sR_0}\left[1-\frac{\dfrac{V_{in}sC_sR_0}{1+sC_sR_0}}{V_G-V_T}+\left(\frac{\dfrac{V_{in}sC_sR_0}{1+sC_sR_0}}{V_G-V_T}\right)^2-\left(\frac{\dfrac{V_{in}^2sC_sR_0}{1+sC_sR_0}}{\left(V_G-V_T\right)^2}\right)-\left(\frac{\dfrac{V_{in}sC_sR_0}{1+sC_sR_0}}{V_G-V_T}\right)^3+\cdots\right] \tag{4.9}$$

式（4.9）表明，开关电阻随输入信号的变化会导致失真，就像输入电压V_{in}的二阶、三阶和更高阶分量所证明的一样。在此分析中，我们强调了V_{GS}依赖输入的影响。阈值电压V_T取决于背栅-源电压[①]（V_{BS}），因此也取决于输入。所以，式（4.9）中的项R_0和V_T会对失真产生影响。

该分析表明开关特性中的输入依赖性与跟踪失真之间存在因果关系。除失真的原因之外，理解式（4.9）中描述的失真对开关输入依赖性的灵敏度的影响因素也很重要。也就是说，是否存在相同变化可能导致更多（或更少）失真的情况？式（4.9）说明了当信号相关的V_{GS}引起失真时，每个失真阶数的灵敏度。然而，列出所有包含R_{sw}变化原因的类似公式可能过于复杂且不直观。

或者，如果我们从式（4.4）开始，可以采用更简单的方法，并根据电阻值的变化给出采样电压的总变化为

$$\left|\frac{\delta V_{sample}}{V_{sample}}\right| \cong \frac{(\omega_{in}C_sR_{sw})^2}{1+(\omega_{in}C_sR_{sw})^2} \times \left(\frac{\delta R_{sw}}{R_{sw}}\right) \tag{4.10}$$

式中，δR_{sw}描述了电阻值的变化；ω_{in}是输入角频率；δV_{sample}是采样电压的变化。式（4.10）的左侧是采样电压的相对变化，因此前者也包括总失真。

式（4.10）不会如式（4.9）一样将失真分解为单个阶次和谐波。它将开关电阻的与输入相关的所有变化集总在一个参数δR_{sw}中，并将采样电压的总变化和失真归为δV_{sample}。这种简化可以更好地了解失真对电阻变化的灵敏度如何受到采样过程的不同参数的影响。该方法还可以扩展到其他失真源，如与输入相关的寄生电容，输入缓冲器的特性。然而，重要的是要注意，采样电压δV_{sample}的所得变化的一部分可以是增益误差的形式，并不是失真。因此，式（4.10）和类似公式可用于定性地说明粗略趋势，但不足以进行定量分析或表示失真。

式（4.9）和式（4.10）都表明，对于开关电阻δR_{sw}的相同变化，采样电压的变化（以及失真）随着输入频率、采样电容和/或开关电阻的增加而变差。随着采样电容增加（这是改善kT/C噪声所需），改善失真变得更具挑战性。在高输入频率下改善失真也是一个难题。这种趋势通常对于小于采样网络（$1/C_sR_{sw}$）的带宽或与其类似的输入频率（ω_{in}）有效。另外，对于固定的输入频率和采样电容，可以通过降低开关电阻δR_{sw}的输入依赖性[②]来改善跟踪失真。

为了降低δR_{sw}，可以使用开关电容电平移位器自举输入开关，如图 4.5 所示。这减小了式（4.6）中V_{GS}电压的变化量，从而降低了开关电阻的变化。类似地，为了减少由于体效应和漏源结的寄生电容引起的开关特性的变化，也可以使用背栅自举，如图 4.5 所示[3]。这种自举使V_{GS}和V_{BS}几乎保持恒定，从而降低了开关的非线性。

尽管有这些措施，输入开关仍然是输入跟踪期间失真的主要来源。自举缺陷、信号相关的寄生电容、开关V_{DS}的变化以及由输入信号导致的源漏互换都会导致跟踪失真。例如，在式（4.6）中，开关的栅极处的寄生电容（C_G）使得栅端信号相对于源极产生了衰减。这是由于自举电容和栅电容之间的分压所致，可以得到

① 译者注：背栅-源电压，实际上就是体源电压，体又称为背栅。

② 译者注：这里以及后面多次出现的“输入依赖性”是指相关参数会受输入信号大小影响而变化。

$$R_{sw} \cong \frac{L}{\mu C_{ox} W\left(V_G - V_T - V_{in}\right)} \cong \frac{L}{\mu C_{ox} W\left(\frac{C_B V_{in}}{C_B + C_G} - V_T - V_{in}\right)} \tag{4.11}$$

式中，C_B 是自举电容；C_G 是输入开关栅极上的寄生电容。如果 C_B 远大于 C_G，如我们所期望的，栅极电压几乎等于输入电压。然而，大的 C_B 具有大的寄生效应，需要大的开关，会在非常高的速度下恶化失真。这种情况同样适用于背栅自举。因此，实际上，自举的精度也是有限的，我们必须容忍输入开关中的一些变化。

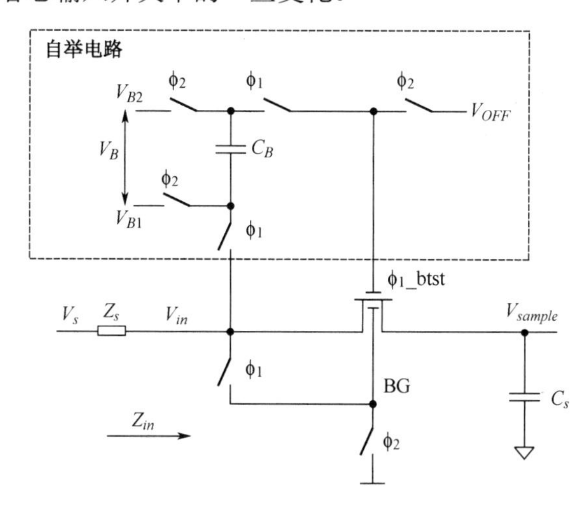

注：使用 NMOS 自举输入开关的采样网络。输入开关的栅极和背栅自举。

图 4.5

最后，如果在时域中表示式（4.4），得到

$$V_{sample} = V_{in} - R_{sw} C_s \frac{\mathrm{d}V_{sample}}{\mathrm{d}t} \tag{4.12}$$

其中，R_{sw} 取决于输入电压和开关的 V_{DS}。这是一个非线性方程，包括采样电压的非线性项及其导数。因此，它是一个带存储的非线性系统，可以使用 Volterra 级数进行分析。不过这种分析非常复杂，通常只能提供不太直观的视角[4]。虽然要注意采样输出中存在非线性存储组件，但记忆误差通常由非线性回踢（电荷注入）而非跟踪存储引发。

2. 回踢失真

除了跟踪失真，当开关关闭时来自输入开关的电荷注入（回踢）也是非线性的，这会导致额外的失真。开关中存储的电荷近似由下式给出

$$Q_{ch} \approx WLC_{ox}\left(V_G - V_T - V_{in}\right) \tag{4.13}$$

式中，W 是晶体管的宽度；L 是其长度；C_{ox} 是单位面积内 MOS 氧化物电容；V_G 是栅极电压；V_T 是阈值电压；V_{in} 是加在 MOS 开关源端的输入电压。除非 V_G 等于 V_{in} 且阈值电压是固定的，否则存储的电荷将取决于输入，因此会是非线性的。

导致电荷注入的另一个因素是时钟馈通，这是由于从栅极到 MOS 开关的源极和漏极的时钟信号的耦合。这种依赖于输入的耦合会导致非线性回踢和失真。如果设备尺寸合适，使用 CMOS 传输门可以帮助处理此问题，如图 4.6 所示。它还可以减小开关电阻随输入电压的变化。然而，这种改进的作用相对有限，并且会因输入路径上 PMOS 器件的附加寄生效应而降低。另一种选择是在 NMOS 输入开关的一侧或两侧使用虚拟 NMOS 器件，若其尺寸适

当，可抵消其电荷注入（图 4.7），在抵消回踢时往往更有效。然而，所实现的性能通常限于 8 位以下的线性度。

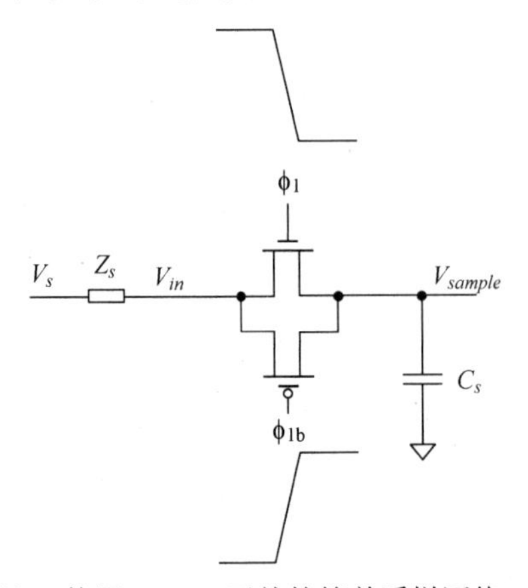

注：使用 CMOS 开关的简单采样网络。

图 4.6

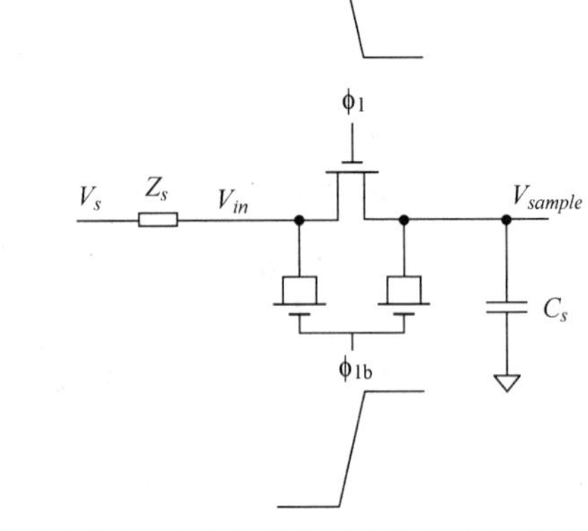

注：使用虚拟 NMOS 开关消除电荷注入的简单采样网络。

图 4.7

减少非线性电荷注入的更有效方法是自举输入开关，它曾在图 4.5 中被用于改善跟踪线性度。由于自举在跟踪期间改善了开关的线性度，因此也会减少其非线性电荷注入。实践证明，这比使用 CMOS 传输门或虚拟 NMOS 开关要好得多。自举栅和背栅分别降低了式(4.13)中（$V_G - V_{in}$）和 V_T 项的输入依赖性。这降低了所存储电荷的输入依赖性，从实质上改善了回踢的线性度。但是，自举缺陷和时钟馈通通常会将性能限制在 8～10 位范围内。

为了进一步改进非线性电荷注入和时钟馈通的缺点，可以采用底板采样，在电容的另一侧增加一个“采样”开关，其时钟的下降沿（ϕ_{1a}）相对于输入开关的时钟提前一些，如图 4.8 所示。其时序图如图 4.9 所示。由于采样开关两端的电压近似等于零，其端口之一接地，因此其电荷注入与输入无关。另外，在理想情况下，因为采样开关将在输入开关关闭之前打开，输入开关的电荷注入不会影响采样电容上的电压。

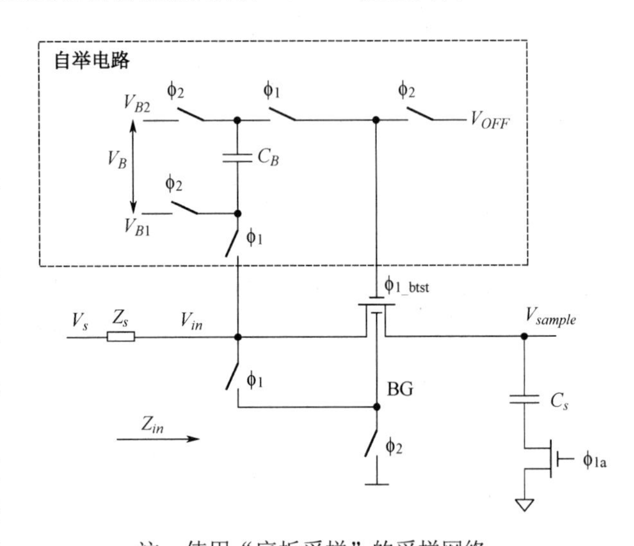

注：使用“底板采样”的采样网络。

图 4.8

在实际应用中，采样开关两端的电压不会为零，因此其电荷注入可能具有一些轻微的输入依赖性。此外，采样电容底部的寄生电容可能导致一些输入开关的电荷注入出现在采样电容上。然而，这些影响通常非常小，并且底板采样可以显著改善由于电荷注入引起的失真。

图 4.8 中观察到的另一个问题是输入开关在跟踪阶段是自举的，但在保持阶段不是。从开关断开时的固定栅极电压（V_{OFF}）切换到开关接通时跟踪输入信号的值会导致与输入相关的回踢，这会恶化失真。通过使用图 4.10[5]中所示的“两相自举”可以进一步改善这一问题。在这种方法中，输入在开启和关闭阶段都是自举的，因此回踢是相对恒定的并且与输入无关。

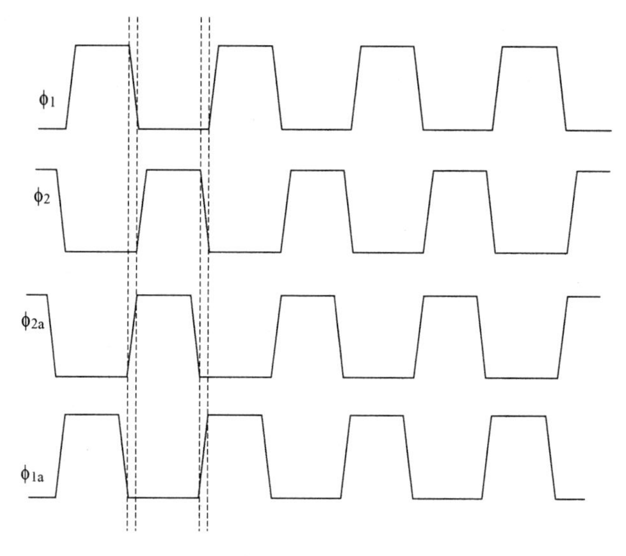

注：用于底板采样的时钟时序图。

图 4.9

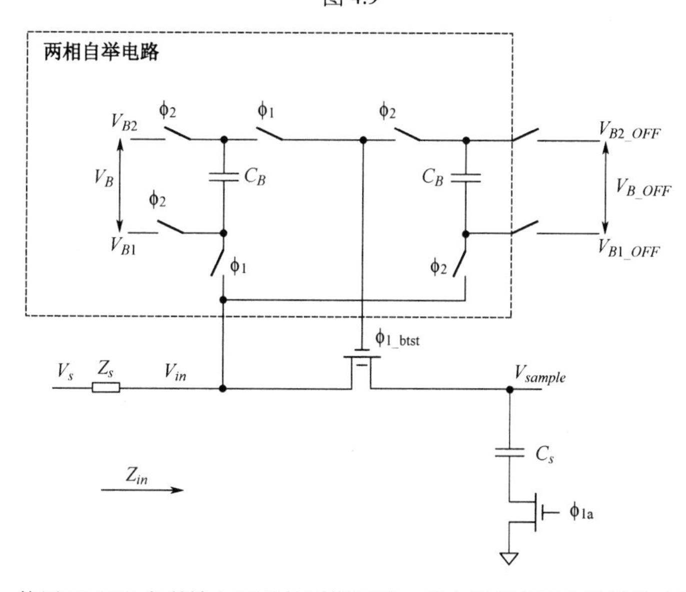

注：使用 NMOS 自举输入开关的采样网络，其中栅极在两个阶段均自举。

图 4.10

另一种可能的回踢失真源是电荷存储错误。一些非线性回踢可以与先前的采样或它们的量化相关。除了当前采样，这还会导致与先前采样的非线性函数相关的失真。纠正这些错误除前面讨论的线性化之外，还需要清除电荷存储[2]。

非线性回踢对失真的影响取决于采样率和输入带宽。如果给定足够的时间，非线性电荷注入将消散，因此不会恶化采样失真。所以，降低采样率和增加输入带宽将改善由于回踢引起的失真。决定输入带宽和采样器对回踢响应的关键因素是源级阻抗。

3. 源级阻抗

尽管源级阻抗严重影响了跟踪和回踢失真，但它经常被忽视。理解其影响的一种简单方法是通过非线性输入阻抗Z_{in}表示ADC采样网络，该阻抗由阻抗为Z_s的源极驱动，如图4.11（a）所示。施加到ADC的输入电压由下式给出

$$V_{in}=\frac{V_s Z_{in}}{Z_s+Z_{in}} \tag{4.14}$$

在跟踪期间，由于ADC输入阻抗δZ_{in}的变化，ADC输入电压δV_{in}的变化可表示为

$$\frac{\delta V_{in}}{V_{in}}=\frac{\delta Z_{in}/Z_{in}}{1+Z_{in}/Z_s} \tag{4.15}$$

因此，为了改善跟踪失真，我们需要降低ADC采样网络（$\delta Z_{in}/Z_{in}$）中的非线性，这一直是我们讨论的焦点。此外，还需要增加输入阻抗（Z_{in}）并降低源级阻抗Z_s。对于相同的采样网络和采样率，驱动阻抗越高，失真越严重。对此的直观解释是ADC（Z_{in}）的非线性输入阻抗从源处获取非线性电流（δI_{in}）。这导致源级阻抗上有非线性电压降。对于相同的非线性电流，源级阻抗越高，非线性压降越高，因此失真越严重。值得注意的是，这种失真虽然发生在ADC外部的输入信号上，但这是由ADC的非线性引起的。

减小源级阻抗中的非线性电流的另一种方法是使用提供大小相等方向相反的非线性电流的并行路径来消除该失真。概念图如4.11（b）所示。补偿阻抗Z_c提供大小相等方向相反的变化，减小了流经源级阻抗的非线性电流，从而改善了主路径中的线性度[2]。

（a）采样网络（Z_{in}）的输入阻抗与此阻抗中的抽取非线性电流δI_{in}的示意图

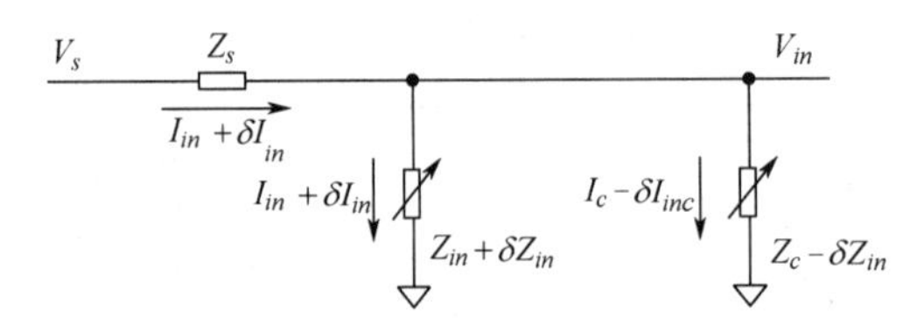

（b）具有并联补偿阻抗（Z_c）的输入网络[1,7]

图4.11

文献[2]中描述了一个实际案例，如图4.12所示。通过使用由全并行结构子ADC采样网络形成的并行补偿路径，降低主采样路径源级阻抗的失真。输入开关是自举的，主路径中的残余非线性影响由输入自举开关M_{sw}的寄生电容决定。实际上，由于寄生电容导致栅极电压衰减，自举是不完美的。因此，栅极上的信号幅度小于源极上的信号幅度，开关的V_{GS}与输入信号的相位不同。另外，全并行路径的失真主要由比较器的前置放大器（M_{pre}）的输入器件决定。器件的V_{GD}信号与输入信号同相，输入信号与主路径中输入开关的V_{GS}反相。通过适当的尺寸调整，这种相反的输入依赖性产生相反的非线性，减小了源级阻抗中的非线性电流。

除了跟踪失真，源级阻抗还控制着输入带宽B_{in}，因此也会影响回踢失真。较小的源级阻抗会增加带宽，从而改善非线性回踢的稳定性。此外，包含跨ADC输入端的旁路电容的源级阻抗可以减少回踢毛刺，从而改善失真。

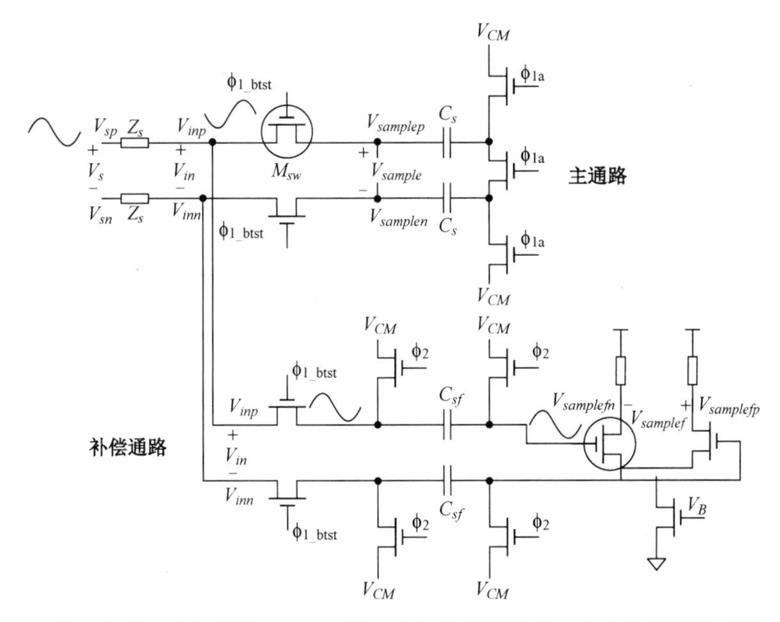

注：使用全并行路径补偿 MDAC 输入路径的非线性的一个非线性补偿示例。

图 4.12

值得注意的是，源级阻抗代表信号源和 ADC 之间所有元件的等效阻抗。其中包括端接电阻，可能是抗混叠滤波器、串联电阻、旁路电容、寄生电感和封装线的电容以及驱动放大器，图 4.13 给出了一个例子。输入带宽 B_{in} 通常受源级阻抗 Z_s 和 ADC 输入阻抗 Z_{in} 的限制。此外，Z_s 中的无功分量创建了一个谐振网络，必须针对最大带宽和/或最优失真进行优化，同时避免“振铃”。

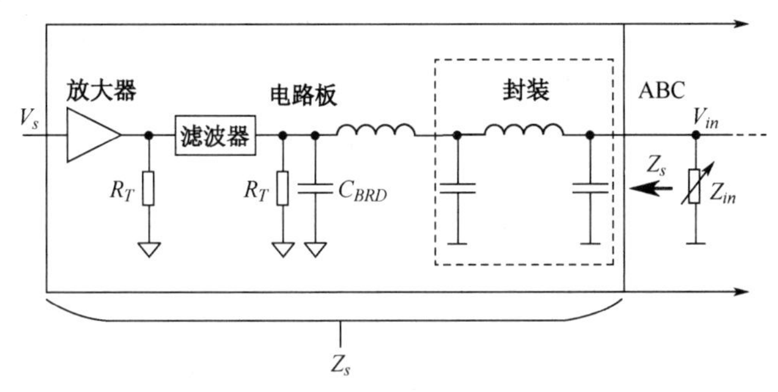

注：驱动 ADC 的源级阻抗的图示，包括放大器、滤波器、终端电阻 R_T、板电容 C_{BRD} 和封装寄生。

图 4.13

4. 差动工作

为了改善偶次谐波失真，高速 ADC 通常采用差分输入，如图 4.14 所示。如果差分输入完全匹配，偶次谐波将被消除，如第 2 章所述。除差分采样开关之外，还需要在差动开关的端口处连接到共模电压 V_{CM} 的单端采样开关来减弱共模信号，这反过来有助于消除偶次谐波和整体失真。

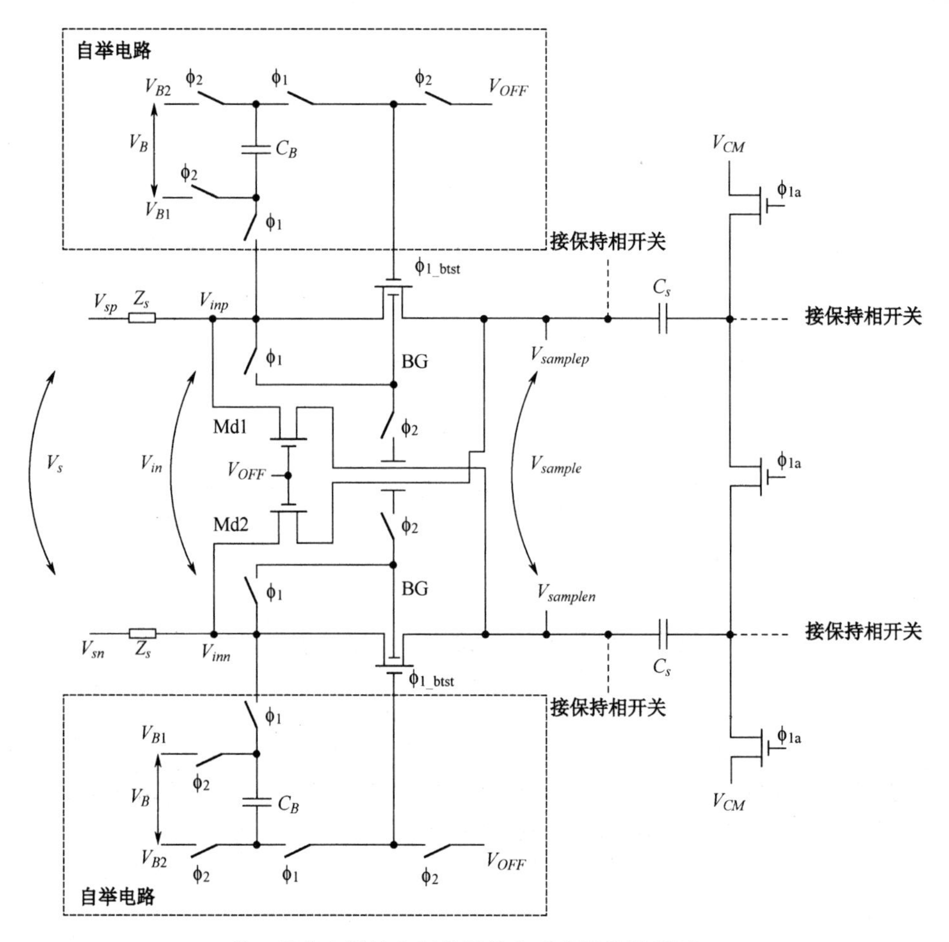

注：具有自举输入开关的差分采样网络的示例。

当输入开关关闭时，器件 Md1 和 Md2 用于关闭信号直通。

图 4.14

为了理解差分运算对偶次谐波的影响，将采样器表示为二阶非线性系统，因此可得

$$V_{samplep}(t) = \alpha_1 V_{inp}(t) + \alpha_2 V_{inp}^2(t) \tag{4.16}$$

且

$$V_{samplen}(t) = \alpha_1 V_{inn}(t) + \alpha_2 V_{inn}^2(t) \tag{4.17}$$

差分输出可由下式表示

$$V_{sample}(t) = \alpha_1\left(V_{inp}(t) - V_{inn}(t)\right) + \alpha_2\left(V_{inp}^2(t) - V_{inn}^2(t)\right) \tag{4.18}$$

若两个单端输入匹配正弦信号，则有

$$V_{inp}(t) = A\sin\omega t\text{，}\quad V_{inn}(t) = -A\sin\omega t$$

并且采样电压将没有偶次谐波，并由下式给出

$$V_{sample}(t) = 2\alpha_1 A\sin\omega t$$

若两个输入之间存在幅度失配，则两个输入将由下式给出

$$V_{inp}(t) = A_p\sin\omega t\text{，}\quad V_{inn}(t) = -A_n\sin\omega t \tag{4.19}$$

其中相对幅度失配由下式给出

$$\Delta = \frac{A_p - A_n}{A} = 2\frac{A_p - A}{A} = 2\frac{A - A_n}{A} = 2\delta$$

如果两个输入端之间存在相位失配ϕ，那么两个输入将由下式给出

$$V_{inp}(t) = A\sin\omega t\text{，}\quad V_{inn}(t) = -A\sin(\omega t + \phi) \tag{4.20}$$

仅由幅度失配产生的对二次谐波的影响可以通过将式（4.19）代入式（4.18）得出

$$\text{HD2}_{diff} \approx \text{HD2}_{se} + 20\log(\Delta) \tag{4.21}$$

式中，HD2_{diff}是以 dB 为单位的差分二次谐波电平；HD2_{se}是每侧的单端二次谐波电平（dB）；Δ是幅度不平衡。

仅由相位失配产生的对二次谐波的影响可以通过将式（4.20）代入式（4.18）得出，并由下式给出

$$HD2_{diff} = HD2_{se} + 20\log\left(\frac{\sin\phi}{\cos(\phi/2)}\right) \tag{4.22}$$

式中，HD2_{diff}是以 dB 为单位的差分二次谐波电平；HD2_{se}是以 dB 为单位的单侧单端二次谐波电平；ϕ是以弧度表示的两个输入之间的相位失配（不平衡）。从式（4.22）中可以得出如下结论。

（1）对于小的相位失配，HD2_{diff}明显优于HD2_{se}。

（2）差分HD2_{diff}随着相位失配的增加而降低。

（3）导致HD2_{diff}对HD2_{se}没有提升的相位失配为 60°。

（4）将相位失配增加到 60°以上会导致差分HD2_{diff}进一步降低，使差分HD2_{diff}比单端HD2_{se}差。

（5）90°相位失配导致HD2_{diff}比HD2_{se}差 3dB。

（6）当相位失配接近 180°时，最坏情况下HD2_{diff}比HD2_{se}差渐近接近 6 dB。

对于小的相位失配，式（4.22）可近似为

$$\text{HD2}_{diff} \approx \text{HD2}_{se} + 20\log(\phi) \tag{4.23}$$

从式（4.21）～式（4.23)可以清楚地看出，由于 HD2 是负数，因此幅度和相位失配将降低差分二次谐波电平，使得失配幅度的每次翻倍都会引起差分二次谐波幅度降低 6 dB。

在幅度和相位都存在失配的情况下，HD2 由下式给出

$$\text{HD2}_{diff} \approx \text{HD2}_{se} + 10\log\left(\frac{4\delta^2 + \left(1-\delta^2\right)^2\sin^2(\phi)}{\delta^2 + \left(1-\delta^2\right)\cos^2\left(\frac{\phi}{2}\right)}\right) \tag{4.24}$$

它展示了幅度和相位失配对二次谐波的影响。若失配很小，则式（4.24）可以近似为

$$\text{HD2}_{diff} \approx \text{HD2}_{se} + 10\log\left(\Delta^2 + 4\sin^2\left(\frac{\phi}{2}\right)\right) \tag{4.25}$$

进一步可得

$$\text{HD2}_{diff} \approx \text{HD2}_{se} + 10\log\left(\Delta^2 + \phi^2\right) \tag{4.26}$$

式中，HD2_{diff}是以 dB 为单位的差分二次谐波电平；HD2_{se}是以 dB 为单位的每侧单端二次谐波电平；ϕ是以弧度表示的两个输入之间的相位失配（不平衡）；Δ是幅度失配。

即便在传输系统的两边存在与输入信号相反的失配，HD2 的抵消效果也会受到影响。

在这种情况下，式（4.16）和式（4.17）中的参数α_2可能在两端之间不匹配，如

$$\alpha_{2p} = (\alpha_2 + \varepsilon\alpha_2)\mathrm{e}^{\mathrm{j}\theta}, \quad \alpha_{2n} = (\alpha_2 - \varepsilon\alpha_2)\mathrm{e}^{-\mathrm{j}\theta} \tag{4.27}$$

式中，α_2、α_{2p}和α_{2n}均是复数；θ是相位响应的失配；ε是幅度响应失配，由下式给出

$$\varepsilon = \frac{|\alpha_{2p}| - |\alpha_{2n}|}{2|\alpha_2|} \tag{4.28}$$

HD2 可由下式给出

$$\mathrm{HD2}_{diff} \approx \mathrm{HD2}_{se} + 10\log\left[(\Delta+\varepsilon)^2 + (\phi+\theta)^2\right] \tag{4.29}$$

其中，$(\Delta+\varepsilon)$表示总振幅失配，$(\phi+\theta)$表示总相位失配。注意，表达式中相位项ϕ和θ之间以及幅度失配项Δ和ε之间的平方项的因素。这种差异是由于式（4.16）和式（4.17）中的二阶非线性对输入信号进行平方的结果，与α_2项中的失配相比，输入信号中失配的影响会加倍。

除了降低偶次谐波，差分输入采样还可以灵活地处理输入信号。当输入开关关闭时，还可以通过利用与输入开关相同但连接在另一侧的虚拟器件来消除输入信号馈通。这些虚拟器件（图 4.14 中的 Md1 和 Md2）始终处于关闭状态，从输入到采样电容产生大小相等但相位相反的耦合，以减少保持阶段的输入馈通。

重要的是要注意，图 4.14 所示电路并不能抵御共模变化，因此共模建立值需要满足目标性能要求，否则偶次谐波抵消效果将会下降。

5. 设计折中小结

总结一下，提高跟踪线性度的因素包括：

（1）减小的采样电容。

（2）减小的源级阻抗。

（3）低输入频率。

（4）采样网络的输入信号变化小。

（5）使用具有良好匹配和对称性的差分运算。

我们还看到，回踢失真受到跟踪线性度的影响。换句话说，跟踪线性越好，回踢就越线性。但是，还有其他因素会影响回踢失真。这些因素包括可用于电荷注入耗散的建立时间、隔离和输入采样带宽。

因此，以下方法可以减少回踢失真。

（1）减少回踢的非线性分量。

（2）增大采样带宽（B_{in}）。

（3）降低采样率。

（4）减少采样电容。

（5）减少源级阻抗。

（6）降低输入频率。

（7）减少输入信号的变化量。

（8）加强隔离性能。

4.2 输入缓冲

基于上述结论，有时需要输入缓冲器来实现所需的采样线性度。输入缓冲器能提供更好的隔离、较低的驱动采样电容的源级阻抗以及高的输入阻抗。它还可以减少从源级阻抗汲取的非线性电流。因此，它可以改善采样网络的跟踪和回踢线性度。然而，整体失真可能受到缓冲器本身的线性度的影响。通常设计高线性输入缓冲器具有挑战性，高线性输入缓冲器会降低热噪声并消耗大量功率。但是，在跟踪和回踢失真方面，它们可以实现比其他方式更高的性能。文献中性能最优的高速采样器包括输入缓冲器。

图 4.15 给了一个带有输入缓冲器的采样网络的例子，其中单个缓冲器同时驱动采样路径、栅自举网络和背栅自举网络。在某些情况下，自举电路的负载效应可能对主采样路径的线性有影响。因此，可以将不同的缓冲器用于不同的网络，以独立地优化每个网络。一个例子如图 4.16 所示[1]。由于它们的非线性负载和回踢，这种结构减少了驱动自举电路对采样线性度的负面影响。这是以更大面积和更高功耗为代价实现的。

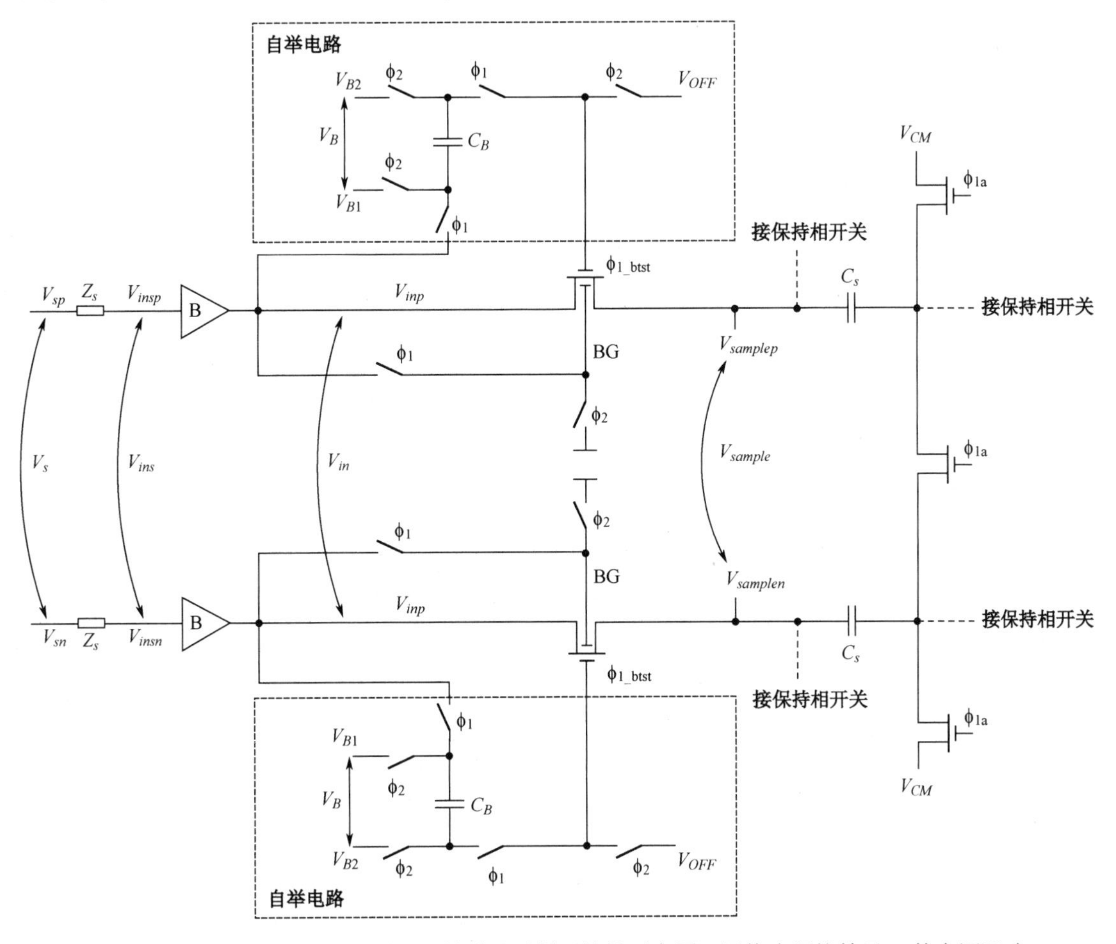

注：具有自举输入开关和输入缓冲器的差分采样网络的示意图。网络由阻抗等于 Z_s 的电源驱动。

图 4.15

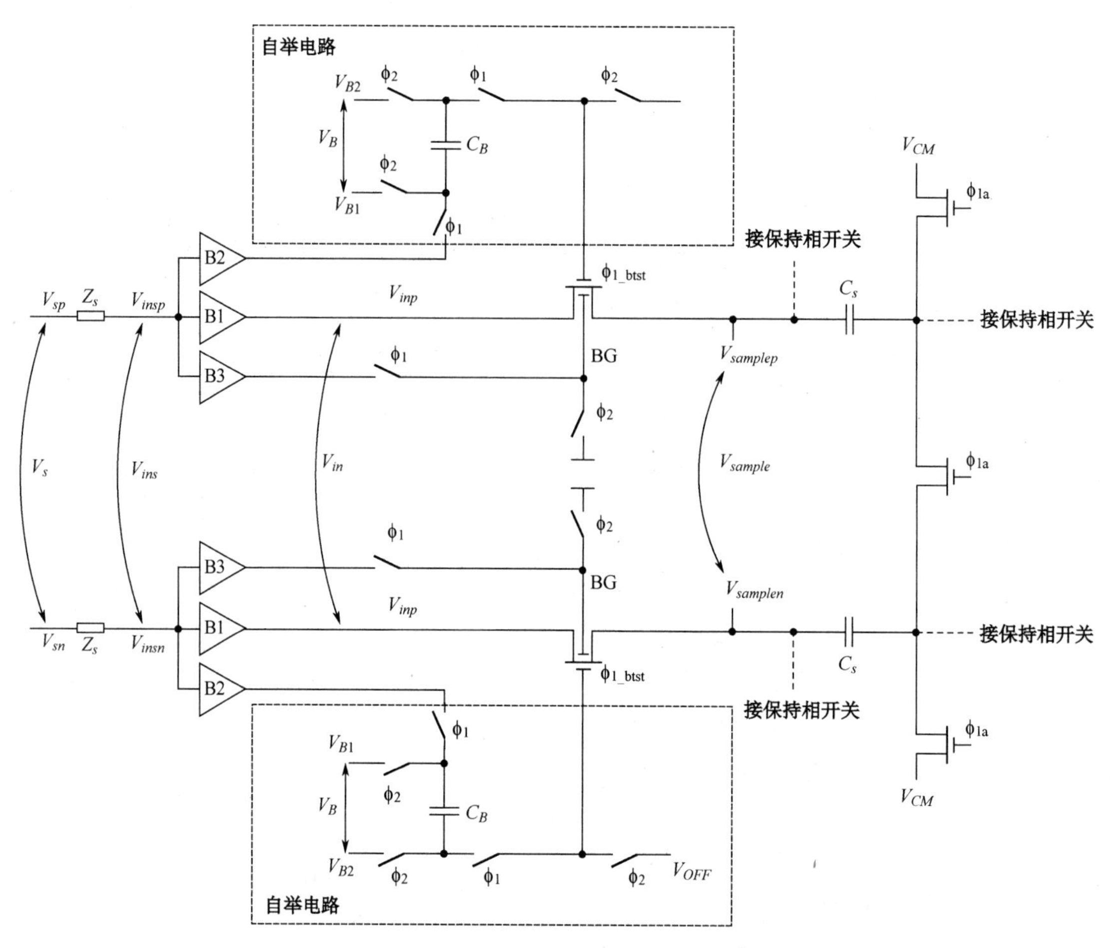

注：具有自举输入开关和输入缓冲器的差分采样网络的示意图。3 个独立的缓冲器驱动采样电容器、开关的栅极自举电路和开关的背栅。©2010 IEEE（转载自参考文献[1]）。

图 4.16

4.2.1 输入缓冲器设计

ADC 的输入缓冲器通常是源极跟随器或射极跟随器。这些结构具有低输出阻抗、高输入阻抗和相对低的失真。传统的源极跟随器和射极跟随器如图 4.17 所示。在采样器中，负载阻抗 Z_L 由采样电容支配。电流 I 是直流偏置电流，电流 i_L 是流过采样电容的交流负载电流。MOS 晶体管和源极跟随器的等效电路如图 4.18 所示。重要的是要注意，信号通常足够大，使得模型的参数变化，这是缓冲器失真的主要原因。

源极和背栅连接的源极跟随器的传输特性由下式给出

$$\frac{v_o}{v_{in}} \cong \frac{1}{1+\dfrac{1}{\left(g_m+1/Z_f\right)Z_L}} \tag{4.30}$$

式中，g_m 是跟随器件的跨导（M_f）；Z_f 是跟随器件的输入阻抗（M_f）；Z_L 是负载阻抗，包括负载（采样电容）和跟随器的输出阻抗和电流源。需要注意的是，式（4.30）的分母中与器件相关的项也是与信号相关的，因此会导致输出失真。可以通过增加跨导 g_m 和负载阻

抗 Z_L 来减小该项。

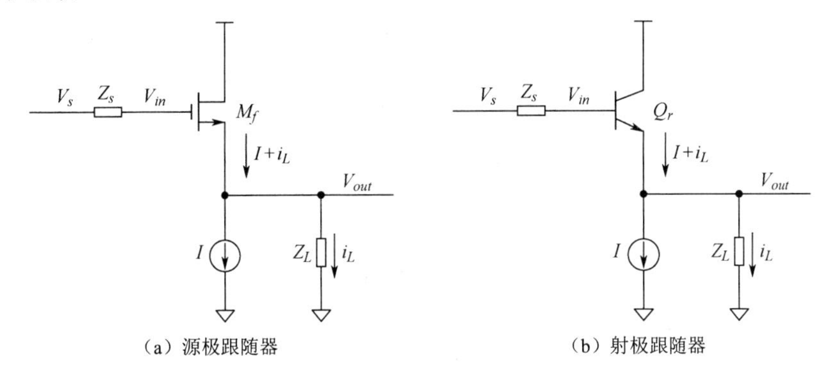

注：简化电路图。

图 4.17

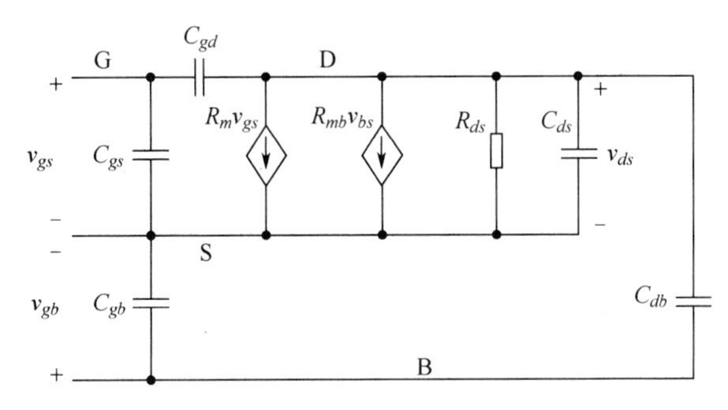

（a）MOS 晶体管的简化模型

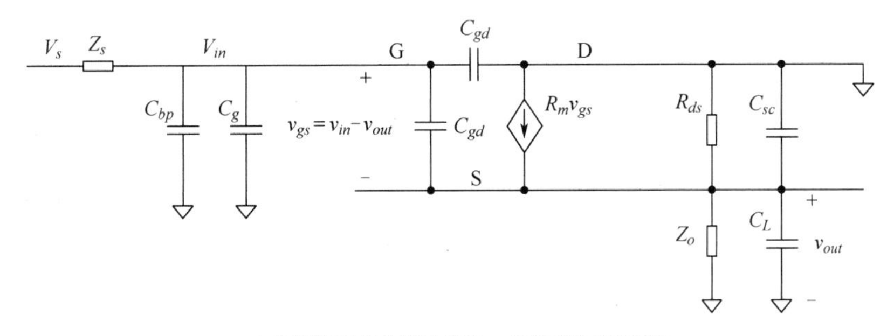

（b）源极跟随器的简化模型，其背栅连接到源级

图 4.18

在存在源级阻抗 Z_s 的情况下，传递特性由下式给出

$$\frac{v_o}{v_s} \cong \frac{1}{(1+sC_iZ_s)} \times \frac{1}{\left(1+\frac{Z_{s\_eq}+Z_f}{(1+g_mZ_f)Z_L}\right)} \tag{4.31}$$

其中，Z_{s_eq} 是 Z_s 和 $1/sC_i$ 的并联，由下式给出

$$Z_{s\_eq} = \frac{Z_s}{1+sC_iZ_s} \tag{4.32}$$

对于 MOS 晶体管（M_f），输入阻抗 Z_f 由下式给出

$$Z_f = \frac{1}{sC_{gs}} \tag{4.33}$$

源极跟随器输入节点对地的电容为

$$C_i = C_{bp} + C_g + C_{gd} \tag{4.34}$$

式中，C_{bp} 是输入旁路电容；C_g 是栅极到地的电容；C_{gd} 是栅极到漏极的电容。负载阻抗 Z_L 由下面的表达式给出

$$\frac{1}{Z_L} = sC_L + \frac{1}{Z_o} + \frac{1}{R_{ds}} + sC_{sc} \tag{4.35}$$

其中，C_L 是负载/采样电容；Z_o 是电流源的输出阻抗；R_{ds} 是 MOS 晶体管 M_f 的输出阻抗；C_{sc} 是跟随器件的源极到地电容。

MOS 源极跟随器的输入阻抗由下式给出

$$\frac{1}{Z_{in}} = sC_i + \frac{1}{Z_f + Z_L + g_m Z_f Z_L} \tag{4.36}$$

因此，要增加输入阻抗，我们需要进行以下操作。

（1）增加跟随器晶体管的输入阻抗（Z_f）。

（2）增加负载阻抗，包括：增加跟随器的输出阻抗；增加电流源的输出阻抗；通过降低采样电容来增加负载阻抗。

（3）增加跟随器的跨导 g_m。

（4）降低输入电容 C_i。

另外，缓冲器的输出阻抗由下式给出

$$\frac{1}{Z_{out}} = \frac{1}{Z_o} + \frac{1}{R_{ds}} + sC_{sc} + \frac{1 + g_m Z_f}{Z_f + \dfrac{1}{sC_i}} \tag{4.37}$$

在存在源级阻抗 Z_s 的情况下，输出阻抗的表达式变为

$$\frac{1}{Z_{out}} = \frac{1}{Z_o} + \frac{1}{R_{ds}} + sC_{sc} + \frac{1 + g_m Z_f}{Z_f + \dfrac{1}{sC_i + 1/Z_s}} \tag{4.38}$$

对于较大的 g_m 值，式（4.38）可以近似为

$$\frac{1}{Z_{out}} \approx \frac{1 + g_m Z_f}{Z_f + \dfrac{1}{sC_i + 1/Z_s}} \tag{4.39}$$

对于小的源级阻抗和大的输入电容，可以进一步简化为

$$Z_{out} \approx \frac{1}{g_m} + \frac{Z_s}{g_m Z_f} \approx \frac{1}{g_m} \tag{4.40}$$

因此，问题的关键在于如果源极跟随器想要获得小的输出阻抗，跟随器件（M_f）必须具有大的跨导 g_m。此外，减小源级阻抗（Z_s）、增加跟随器件 M_f 的输入阻抗（Z_f）以及增加输入电容 C_i 也会降低缓冲器的输出阻抗。

考虑到双极型晶体管的输入电阻（$r_B + r_\pi$）有限，前面描述的分析同样可以应用于射极跟随器。射极跟随器的等效电路如图 4.19 所示。若忽略基极电阻 r_B，则源极跟随器的传输

特性将类似于式（4.30），即

$$\frac{v_o}{v_{in}} \cong \frac{1}{1+\frac{1}{\left(g_m+1/Z_f\right)Z_L}} \tag{4.41}$$

式中，g_m 是跟随器件的跨导（Q_f）；Z_f 是跟随器件的输入阻抗（Q_f）；Z_L 是负载阻抗，包括负载（采样电容）、跟随器的输出阻抗和电流源。与 MOS 晶体管相比，双极型晶体管的输出阻抗更高，其具有相对更高的带宽、更高的跨导和更好的线性度，这使得射极跟随器能够实现更高的性能。

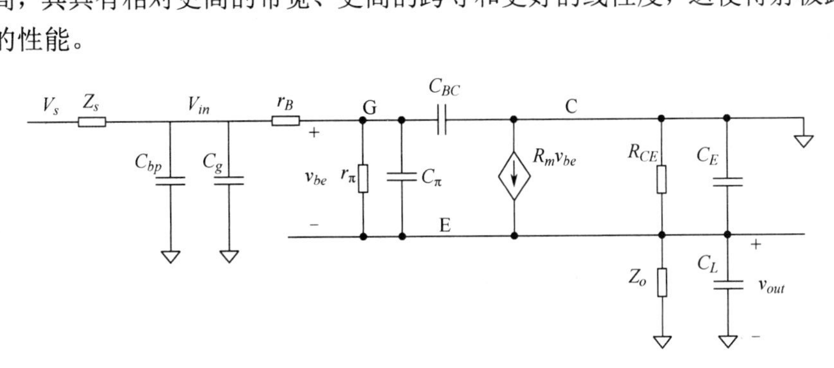

注：射级跟随器的简化模型。

图 4.19

在存在源级阻抗 Z_s 的情况下，传递特性由下式给出

$$\frac{v_o}{v_s} \cong \frac{1}{\left(1+sC_iZ_S\right)} \times \frac{1}{\left(1+\frac{Z_{S\_eq}+Z_f}{\left(1+g_mZ_f\right)Z_L}\right)} \tag{4.42}$$

其中，Z_{s_eq} 是 Z_s 和 $1/sC_i$ 的并联，其值由下式给出

$$Z_{s\_eq} = \frac{Z_s}{1+sC_iZ_s} \tag{4.43}$$

双极型晶体管（Q_f）的输入阻抗 Z_f 由下式给出

$$Z_f = \frac{1}{1/r_\pi + sC_\pi} \tag{4.44}$$

在我们的分析中忽略基极电阻 r_B。Q_f 的基极对地电容为

$$C_i = C_{bp} + C_B + C_{BC} \tag{4.45}$$

式中，C_{bp} 是输入旁路电容；C_B 是基极对地电容；C_{BC} 是基极-集电极电容。负载阻抗 Z_L 由下式给出

$$\frac{1}{Z_L} = sC_L + \frac{1}{Z_o} + \frac{1}{R_{CE}} + sC_E \tag{4.46}$$

式中，C_L 是负载/采样电容；Z_o 是电流源的输出阻抗；R_{CE} 是双极型晶体管（Q_f）的输出阻抗；C_E 是跟随器件的发射极到地电容。

忽略基极电阻 r_B 后，射极跟随器的输入阻抗为

$$\frac{1}{Z_{in}} = sC_i + \frac{1}{Z_f + Z_L + g_mZ_fZ_L} \tag{4.47}$$

与源极跟随器类似，可以通过以下方式增加射极跟随器的输入阻抗。

（1）增加跟随器晶体管的输入阻抗（Z_f）。

（2）增加负载阻抗。

（3）增加跟随器的跨导 g_m。

（3）减少输入电容 C_i。

射极跟随器的输出阻抗由下式给出

$$\frac{1}{Z_{out}}=\frac{1}{Z_o}+\frac{1}{R_{CE}}+sC_E+\frac{1+g_mZ_f}{Z_f+\dfrac{1}{sC_i+1/Z_s}} \tag{4.48}$$

若 g_m 很大且源级阻抗很小，则射极跟随器的输出阻抗可以近似为

$$Z_{out}\approx\frac{1}{g_m}+\frac{Z_s}{\beta}\approx\frac{1}{g_m} \tag{4.49}$$

式中，β 是双极型晶体管的短路电流增益（I_C/I_B）。为了降低射极跟随器的输出阻抗，需要增加其 g_m。此外，虽然可以通过降低输入电容以增加输入阻抗，但输出阻抗呈现相反的趋势。也就是说，增加输入电容降低了输出阻抗，进而改善了跟踪线性度和回踢线性度。

无论是源极跟随器还是射极跟随器，缓冲器的反向增益（隔离）大致由下式给出

$$\frac{v_{in\_r}}{v_{out}}=\frac{1}{1+\dfrac{Z_f}{Z_s\|Z_i}} \tag{4.50}$$

式中，V_{in_r} 是由于在输出端施加的信号 V_{out} 而出现在缓冲器输入端的信号；Z_s 是源级阻抗；Z_i 是从输入到地的阻抗，包括旁路电容 C_{bp}。或者说，隔离可以由输入电压的比率来表示，该部分由输出处的注入电荷或电流 i_{out} 产生，其由下式给出

$$\frac{V_{in\_r}}{i_{out}}=\frac{1}{\dfrac{1}{Z_L}-sC_L+\left(g_m+\dfrac{1}{Z_L}-sC_L+\dfrac{1}{Z_f}\right)\dfrac{Z_f}{Z_s\|Z_i}} \tag{4.51}$$

式中，i_{out} 是由负载电容 C_L 注入的电流（流入电容 C_L 的电流）。从式（4.50）和式（4.51）可以清楚地看出，可以通过增加跟随器晶体管的输入阻抗 Z_f 和减小等效阻抗 $Z_s\|Z_i$ 来改善隔离度，这可以通过使用小的源级阻抗和/或小的输入阻抗 Z_i 来实现。有意思的是，增大输入电容 C_i 会降低输入阻抗 Z_i，从而改善输入缓冲器的隔离度。这就是为什么在这个节点上经常会被添加一个电容。尽管该电容降低了输入带宽和缓冲器的输入阻抗，但它提高了隔离性能，改善了回踢及其线性度，这正是我们所希望的。

4.2.2 输入缓冲器的非线性

我们希望输入缓冲器具有低输出阻抗，低输出阻抗会改善采样网络的跟踪线性度，降低了对输入开关非线性的敏感度。此外，低输出阻抗增加了采样带宽，因此改善了缓冲器输出端的非线性回踢的稳定性。降低输出阻抗需要增加跨导 g_m，这样会增加功耗。

影响失真的另一个因素是输入阻抗 Z_{in} 及其非线性 δZ_{in}。从式（4.36）和式（4.47）中可以看到，输入阻抗取决于信号相关的晶体管参数，因此是非线性的。我们希望增加输入阻抗，

但它会加剧缓冲的非线性。因此，为了改善缓冲器输入处的跟踪失真，我们可以有意地降低其输入阻抗，这会改善阻抗的线性度，比大而高度非线性阻抗更好。此外，如前所述，通过增加输入电容 C_i 来降低输入阻抗，可以改善缓冲器的隔离度和采样网络通过缓冲器传播并到达驱动器网络的回踢，这同样可以改善回踢线性度。

除上述这些由于负载和驱动器的相互作用而导致缓冲器非线性的因素之外，式（4.30）和式（4.41）突出了缓冲区内部非线性的主要来源。源极或射极跟随器的传输特性由下式给出

$$\frac{v_o}{v_{in}} \cong \frac{1}{1+\frac{1}{\left(g_m+\frac{1}{Z_f}\right)Z_L}} = \frac{1}{1+\frac{1}{\left(1+\frac{1}{g_m Z_f}\right)g_m Z_L}} \tag{4.52}$$

算上源级阻抗，我们得到

$$\frac{v_o}{v_s} \cong \frac{1}{\left(1+sC_iZ_s\right)} \times \frac{1}{\left(1+\frac{Z_{s\_eq}+Z_f}{\left(1+g_mZ_f\right)Z_L}\right)}$$

若 $g_mZ_f \gg 1$，则传递函数可以近似为

$$\frac{v_o}{v_{in}} \cong \frac{1}{1+\frac{1}{g_mZ_L}} \tag{4.53}$$

且

$$\frac{v_o}{v_s} \cong \frac{1}{\left(1+sC_iZ_s\right)} \times \frac{1}{\left(1+\frac{Z_{s\_eq}}{g_mZ_fZ_L}+\frac{1}{g_mZ_L}\right)} \tag{4.54}$$

在式（4.53）和式（4.54）中，引起非线性的信号相关项会随着跟随器 g_m 的增加、负载阻抗 Z_L 的增加和源级阻抗 Z_s 的减小而减小。

如果忽略源级阻抗，并假设输出电压的非线性可以近似为由于 g_m 的信号依赖性而导致的输出电压的变化，就可以把非线性简化表示为输出的变化，利用式（4.53）可以得到

$$\frac{\delta v_o}{v_o} \cong \frac{\delta g_m / g_m}{1+g_mZ_L} \tag{4.55}$$

因此，非线性性能与源/射极跟随器的 g_m 的变化成比例。此外，我们希望获得大的负载阻抗 Z_L 和大的 g_m 以减小由于 g_m 的变化引起的输出电压的失真。所以，很明显增加 g_m 是改善输入缓冲器性能的关键。由于双极型晶体管的 g_m 一般比 MOS 晶体管的 g_m 更大且线性度更好，因此射极跟随器通常比源极跟随器具有更好的线性度。

源极跟随器的跨导 g_m 可表示为

$$g_m = \sqrt{\frac{2\mu C_{ox}WI_t}{L}} \tag{4.56}$$

射极跟随器的 g_m 由下式给出

$$g_m = \frac{qI_t}{kT} \tag{4.57}$$

其中，I_t是跟随器件（M_f或Q_f）中的电流。因此，想增加g_m就要增加电流I_t，这也增加了功耗。如图 4.20 所示，由于负载电流流入负载电容，电流I_t由直流分量I和交流分量i_L组成，即

$$I_t = I + i_L \tag{4.58}$$

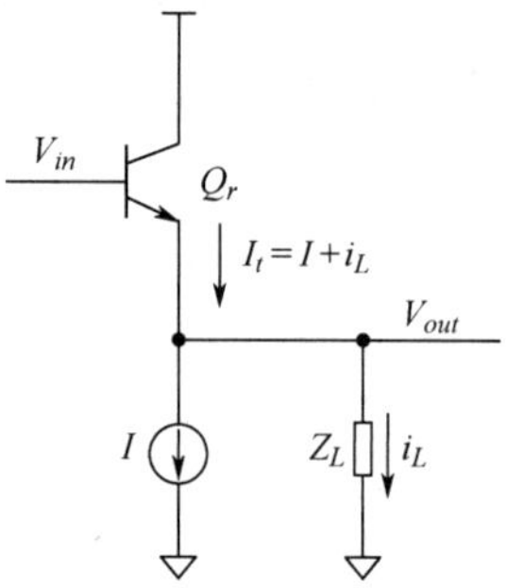

注：射极跟随器驱动负载Z_L的简化示意图。

图 4.20

负载电流为

$$i_L = \frac{v_o}{Z_L} \cong v_o \omega_{in} C_L \tag{4.59}$$

因此，变化电流i_L随着负载电容和/或输入频率的增加而增加，这增加了g_m的变化，也就加剧了失真。此外，提高信号幅值会增加电流i_L，这也会加剧失真。

对于 MOS 源极跟随器，利用式（4.56），可以得到

$$\frac{\delta g_m}{g_m} = \frac{\delta I_t}{2I_t} \approx \frac{i_L}{2I} \tag{4.60}$$

将式（4.60）代入式（4.55），得到源极跟随器的输出变化为

$$\frac{\delta v_o}{v_o} \cong \frac{0.5 i_L / I}{1 + g_m Z_L} \tag{4.61}$$

对于双极性射极跟随器，通过式（4.57），可以得到

$$\frac{\delta g_m}{g_m} = \frac{\delta I_t}{I_t} \approx \frac{i_L}{I} \tag{4.62}$$

将式（4.62）代入式（4.55），得到射极跟随器的输出变化为

$$\frac{\delta v_o}{v_o} \cong \frac{i_L / I}{1 + g_m Z_L} \tag{4.63}$$

因此，式（4.61）和式（4.63）表明为了减少失真，需要大幅增加偏置电流，使得其变化i_L远小于其 DC 偏置值I。此外，增加跟随器件的g_m是减少失真的关键。话虽如此，重要的是要注意到增加电流会导致动态范围缩小，从而恶化失真。增加器件尺寸可以解决这个问题，但它会增加寄生电容，这会降低阻抗，从而以不同的方式恶化失真。

在我们继续进行之前，应该先研究源/射极跟随器的大信号行为。对于源极跟随器，V_{GS}由下式给出

$$V_{GS}=V_{in}-V_{out}=V_T+\sqrt{\frac{2\left(I+\frac{V_{out}}{Z_L}\right)}{\mu C_{ox}W/L}} \tag{4.64}$$

式中，V_T 是阈值电压；μ 是器件的迁移率；C_{ox} 是每单位面积的氧化物电容；W 是宽度；L 是长度。如果连接了源端和背栅端，那么 V_T 不会随 V_{SB} 改变。非线性的主要来源是在负载中流动的电流 V_{out}/Z_L。

对于射极跟随器，V_{BE} 由下式给出

$$V_{BE}=V_{in}-V_{out}=\frac{kT}{q}\ln\left(\frac{I+\frac{V_{out}}{Z_L}}{I_S}\right) \tag{4.65}$$

式中，I_s 是双极型晶体管的饱和电流；k 是玻耳兹曼常数；T 是绝对温度；q 是电子电荷。失真的主要原因也是由负载引起的电流变化。然而，射极跟随器的对数函数比源极跟随器的平方根关系弱得多。也就是说，由负载电流引起的射极跟随器的 V_{BE} 的变化远小于源极跟随器的 V_{GS} 的变化。源极跟随器的另一个限制是阈值电压对 V_{SB} 电压的依赖性。可以通过连接源极和背栅端来减轻这种依赖性。然而，这在本来就是非线性的输出端上增加了额外的寄生效应。这证实了先前的结论，即射极跟随器具有比源极跟随器更好的线性度。

总而言之，为了通过缓冲区改善失真，需要进行以下操作。

（1）增加跟随晶体管的跨导。

（2）减少输入信号缓冲区参数的变化，尤其是其跨导。

（3）减少源极阻抗。

（4）尽可能使用射极跟随器代替源极跟随器。

（5）增加负载阻抗。①减小受采样电容限制的负载电容。②降低输入频率，从而增加容性负载阻抗。

最后几点再次强调了在高输入频率和大采样电容的条件下取得良好失真性能的难度。通常，输入频率是不受 ADC 设计者控制的参数。采样电容一般也取决于 ADC 的噪声要求。因此，这种趋势告诉我们，同时实现良好的失真（SFDR）和良好的热噪声（SNR）比实现其中一种目标更难。

减少缓冲电流及其 g_m 的变化而不大幅增加功率的另一种方法，是使用替代路径来提供负载电流 i_L，图 4.21 [1,2,9,10,12]中概念性地展示了这点。在跟随器件中，减少缓冲器的电流可以显著改善其线性度。这种消除失真方案的实现如图 4.22 [1,9,10,12]所示。在缓冲电流源的输入端和共源共栅节点之间连接一个与负载电容相等的复制电容，由于后者是低阻抗节点，流入复制电容的电流将近似等于负载电流。电流源器件（M_s）的高输出阻抗迫使大部分复制电流流过共源共栅器件（Q_c）并进入负载，减小了跟随器件中的电流变化，从而改善了失真。

如果将复制阻抗称为 Z_c，在本例中它是由复制电容 C_L 组成的，g_{m2} 是图 4.22 中共源共栅器件 Q_c 的跨导，Z_{f2} 是其输入阻抗。将参数 ε_1 和 ε_2 定义为

$$\varepsilon_1=\frac{1}{g_m Z_f} \tag{4.66}$$

$$\varepsilon_2 = \frac{1}{g_{m2}Z_{f2}} + \frac{1}{g_{m2}Z_c} \tag{4.67}$$

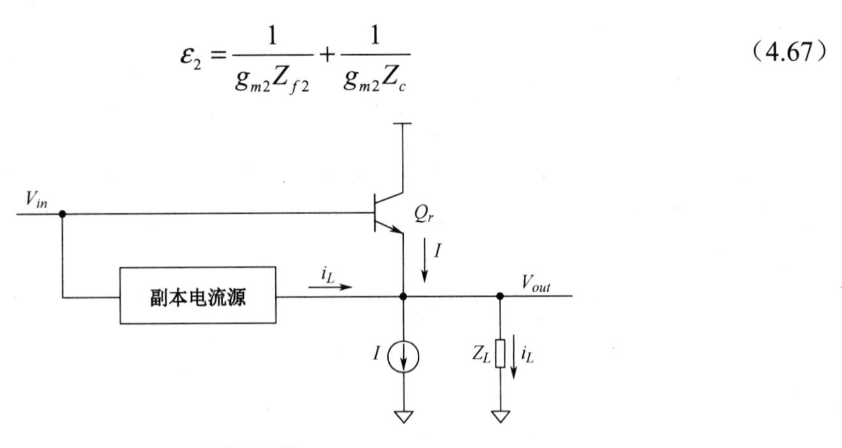

注：可以抵消失真的射极跟随器[1,2,9,10,12]。©2010 IEEE（转载自参考文献[1]）。

图 4.21

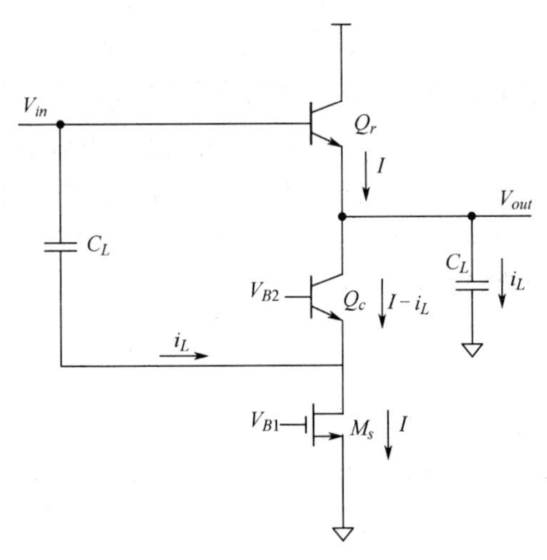

注：可以消除失真的射极跟随器[1,9,10,12]。©2010 IEEE（转载自参考文献[1]）。

图 4.22

传递函数为

$$\frac{v_o}{v_{in}} = \frac{1 + \left[\frac{1}{g_m Z_c}\frac{1}{(1+\varepsilon_1)}\frac{1}{(1+\varepsilon_2)}\right]}{1 + \frac{1}{(1+\varepsilon_1)g_m Z_L}} \tag{4.68}$$

如果补偿阻抗 Z_c 设计为

$$Z_L = Z_c(1+\varepsilon_2) \tag{4.69}$$

那么，输出由下式给出

$$\frac{v_o}{v_{in}} \cong 1 \tag{4.70}$$

也就是说，如果满足式（4.69）中的条件，那么该线性化技术实际上可以消除由于缓冲器电流和 g_m 的变化引起的缓冲器中的失真。如果 g_{m2} 很大，式（4.69）中的条件可以近似为

$$Z_L = Z_c(1+\varepsilon_2) \cong Z_c \tag{4.71}$$

式（4.71）表明，使用复制负载应该完成所需的失真消除。此外，双极共源共栅器件具有比 MOS 共源共栅器件更大的 g_{m2}，因此双极共源共栅器件可以使这种失真消除技术更有效。

除了减小跟随器的 g_m 的变化，这种消除失真的技术还增加了缓冲器 C_i 的输入电容，这有利于减少回踢，并且因此改善了回踢线性度。然而，增加缓冲器 C_i 的输入电容降低了缓冲器的输入阻抗和输入带宽，这是该线性化方案的副作用。如果这种损失是可以接受的，使用这种失真消除技术可以使失真改善 10 dB，并将功耗降低 70%[1]。

要注意的是，从缓冲失真的角度来看，输入阻抗的值并不像其线性度那样重要。驱动一个大小等于采样电容的电容并不意味着缓冲器是无用的。由于存在与其串联的输入开关，采样电容难以驱动。该开关导致从源级阻抗流出非线性电流，从而产生跟踪失真。此外，来自开关的回踢是非线性的，这会导致额外的失真。另外，为消除失真而增加的电容会在跟踪阶段产生线性电流，并且不会切换，所以它没有非线性回踢。

尽管如此，输入电容的增加减少了输入带宽，这使得非线性回踢难以稳定，并且因此可以以不同的方式恶化失真。减小带宽也使得难以对高输入频率进行采样。平衡这几者的关系很复杂，并且这也是输入采样电路多维特性优化设计过程的一个很好的例子。

图 4.23 展示了一个带有失真消除功能、用以驱动整个采样网络射极跟随器，图 4.24 显示了一个源极跟随器的实现方案。由于 MOS 晶体管的输出阻抗会明显低于双极型晶体管的输出阻抗，因此图 4.24 中的源极跟随器实现可能会受到式（4.35）中较差的输出阻抗 R_{ds} 的影响，这会降低负载阻抗 Z_L 并因此加大失真。由于短沟道效应，这种情况在精细光刻工艺中变得更加严重。

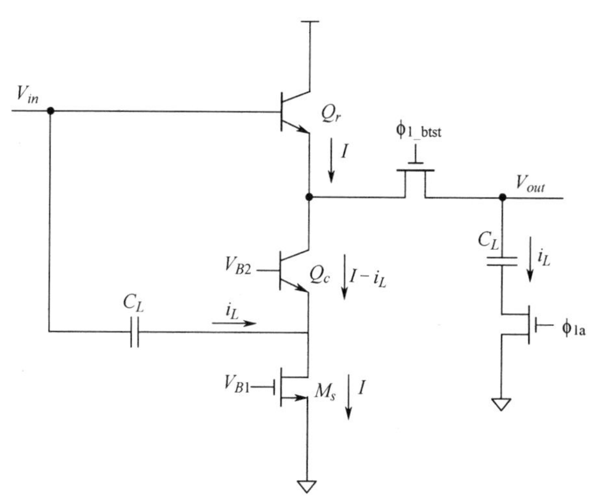

注：可以抵消失真的射极跟随器驱动的采样网络[1,9,10,12]。©2010 IEEE（转载自参考文献[1]）。

图 4.23

通过使用图 4.24 所示的自举，可以改善 MOS 跟随器晶体管（M_f）的输出电阻。使用辅助晶体管 M_B 和电平移位电容 C_B 将输入自举到跟随器件 M_f 的漏极。这种自举减少了晶体管 M_f 的漏极-源极电压的变化，因此有效地改善了其输出阻抗。

另一种用于改善失真和隔离的方法是级联缓冲，如图 4.25 所示。这种技术改善了缓冲器的隔离度，从而改善了 ADC 驱动器的回踢。它还降低了对第二个缓冲器输出阻抗的要求，因为输入开关被移动到其输入端[6,11]。而且，双极型晶体管的 β 引起了开关中变化电流减小，从而改善了其跟踪失真。但是，由于缓冲器增多，这种方法的功耗通常很高。开关 M_{sw} 可用于在保持阶段关闭第二个缓冲器，从而将该跟随器的功耗降低 50%[11]。前面提到的失真消除方案也可用于进一步降低功耗[9,10]。

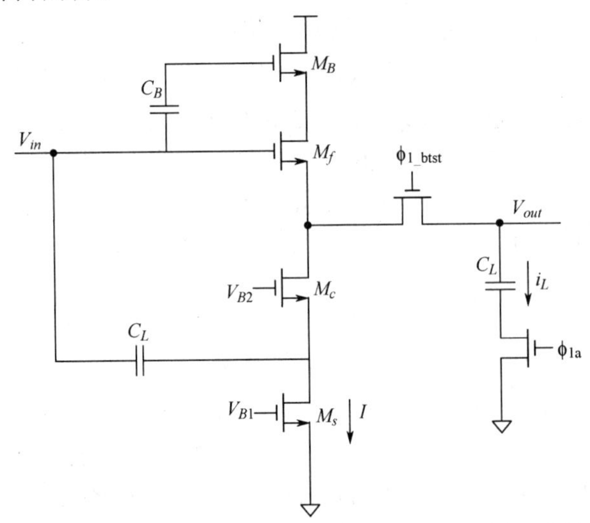

注：可以抵消失真的源极跟随器驱动的采样网络[1,2,8~10,12]。

©2014 IEEE（转载自参考文献[2]）。

图 4.24

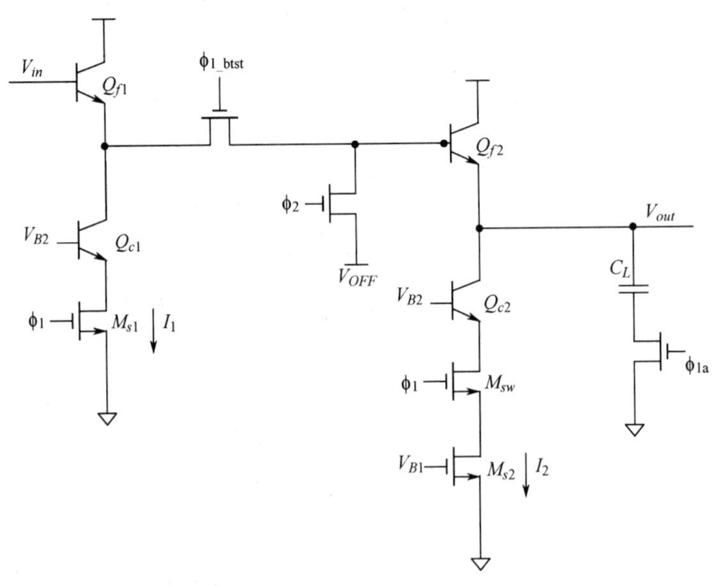

注：具有级联发射极跟随器可改善隔离度的采样网络[6,11]。

©2006 IEEE（转载自参考文献[6]）。

图 4.25

4.2.3 设计折中小结

为了提高 ADC 输入缓冲器的线性度，需要进行以下操作。

（1）增加跟随器的跨导。

（2）减少输入信号缓冲区参数的变化，尤其是其跨导。

（3）增加负载阻抗。

①减小负载电容，但其受采样电容限制，因此可能由诸如噪声之类的其他因素决定。

②降低输入频率，输入频率会增加容性负载阻抗。但这一点不受设计者的控制。

③增加跟随器晶体管和电流源的输出阻抗。

（4）减少缓冲器输入阻抗的变化。

（5）增加缓冲器的输入阻抗，以改善输入带宽并减少其变化。

（6）降低缓冲器的输出阻抗。

（7）在输入节点上使用旁路电容，并在输入带宽和回踢建立中直接进行适当的权衡。

（8）加强缓冲区的隔离。

（9）降低 ADC 驱动器的源极阻抗。

4.3　互补双极性采样保持器

尽管 CMOS 和 BiCMOS 采样器性能较高，但如果可以使用具有高 f_t 值的 NPN 和 PNP 晶体管，互补双极性采样保持电路仍然特别适合带宽需求非常高的应用场景。图 4.26 给出了一个示例，其中推挽（AB 类）设计用于降低功耗[13]。前面关于射极跟随器的非线性的讨论也适用于该采样器中的跟随器。这里与前面的主要区别在于偏置点，它通常将图 4.26 中的跟随器置于 AB 类工作模式，而不是通常用于发射器/源极跟随器的 A 类工作模式。

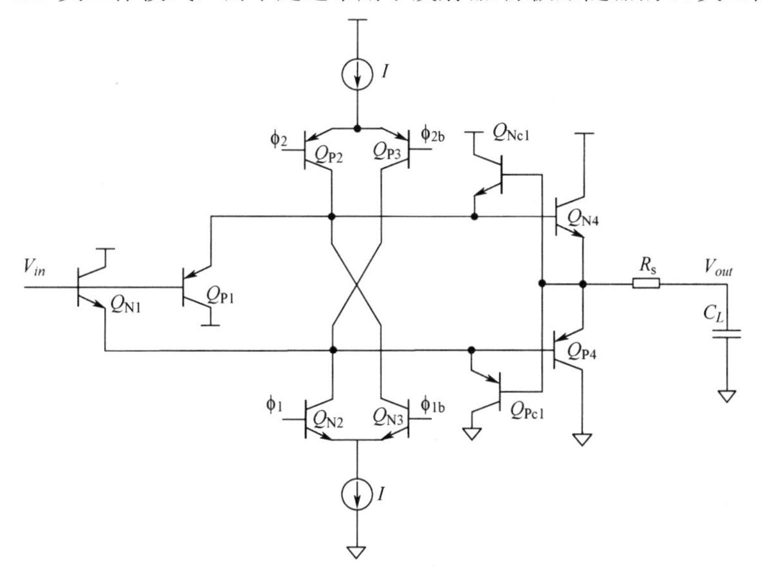

注：互补双极性采样保持电路。©2000 IEEE（转载自参考文献[13]）。

图 4.26

图 4.26 中的结构由两个跟随器（Q_{N1}-Q_{P4}）和（Q_{P1}-Q_{N4}）的级联组成。通过器件 Q_{N2}-Q_{N3} 和 Q_{P2}-Q_{P3}，利用对电流 I 的控制来执行切换。使用器件 Q_{Nc1} 和 Q_{Pc1} 实现钳位电路，以防止双极型器件进入饱和状态。该采样保持电路有非常好的隔离效果，且易于驱动[13]。

4.4 时钟抖动

时钟抖动可能是采样噪声和失真的主要原因，特别是在输入频率较高时，它会导致采样瞬间的波动。若抖动是随机的，则会导致噪声恶化。若抖动是周期性的，则会导致失真和杂散。因此，从这个角度来看，我们可以将抖动视为有以下两种类型。

（1）周期性抖动：通常是由于来自周期性源的耦合，导致杂散和谐波形式的失真。它会导致 SFDR 和 SNDR 降低。

（2）随机抖动：由噪声引起并导致 SNDR 下降。

周期性抖动的一个例子是输入信号在采样时钟上耦合。如第 2 章所述，采样过程可看成乘法器，将时钟上的输入分量转换为采样信号中的二次谐波。随着输入频率的增加，该二次谐波将显著恶化。另外，时钟发生器中和 ADC 内部的采样时钟路径中的噪声源都会导致随机抖动。

典型的 ADC 采样网络如图 4.27（a）所示，ADC 内部的时钟路径如图 4.27（b）所示。外部时钟以差分方式作用于片上差分缓冲器，然后是差分至单端转换器，它可产生单端 CMOS 时钟。这可以转到占空比稳定器（duty-cycle stabilizer，DCS），然后是非重叠时钟发生器。时钟最终通过驱动器生成具有所需幅度、电平和上升/下降时间的采样时钟。

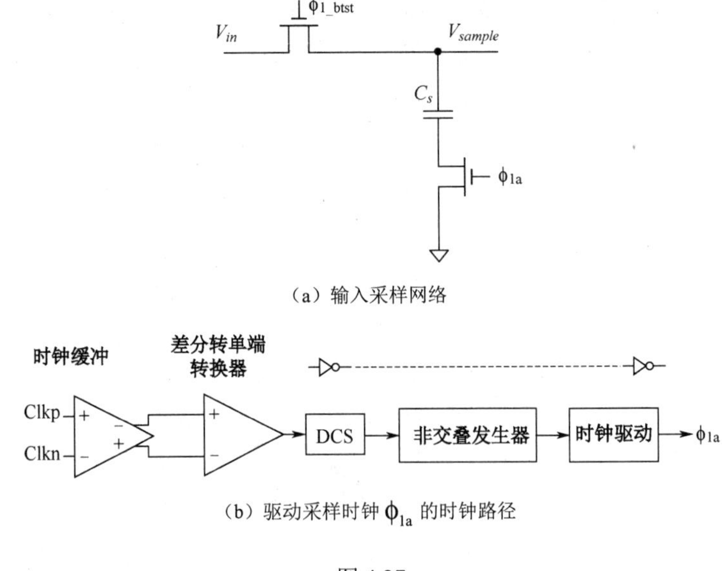

（a）输入采样网络

（b）驱动采样时钟 ϕ_{1a} 的时钟路径

图 4.27

时钟路径的另一个例子如图 4.28 所示，其中有一个 DCS 路径和一个分频器路径。DCS 用于将 ADC 时钟的占空比控制在 ADC 所需的值，通常为 50%。也可以将频率是 ADC 采样速率的 2 倍或 4 倍的更高频率的时钟应用于时钟缓冲器以改善其抖动，并且可以使用分频器将时钟分频至 50%占空比的采样时钟速率。

图 4.29 给出了使用 NAND 或 NOR 门的非交叠时钟发生器的实例，非交叠时间由非交叠发生器的反馈路径中的反相器的数量控制。在反馈路径中没有反相器的情况下，我们将获得最小的非交叠时间（t_d）。在反馈路径中插入两个反相器会使延迟增加两个门延迟到 $3t_d$。

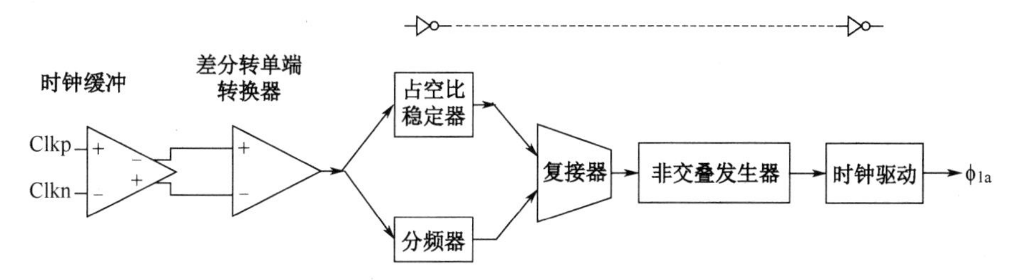

注：使用 DCS 或分频器驱动采样时钟 ϕ_{1a} 的时钟路径。

图 4.28

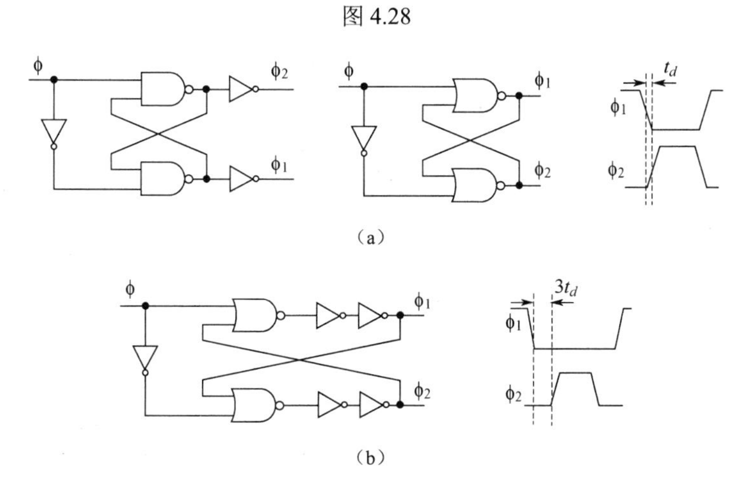

（a）

（b）

注：非重叠时钟发生器的示例。

图 4.29

如第 2 章所述，采样过程通过时域中的乘法完成，它对应频域中的卷积运算。在理想情况下，采样时钟由时域和频域中的一系列脉冲表示。然而，时钟信号中的噪声和杂散会导致脉冲中包含宽带噪声、近端噪声和可能的杂散。采样过程的调制效果会导致这些伪像出现在输入频率的基波附近。在第 2 章中曾经研究过抖动对输入信号的调制影响，对输入正弦波，可以得出

$$\Delta X(f)=\frac{2\pi f_{in}A}{2}\left[\Delta T\left(f-f_{in}\right)-\Delta T\left(f+f_{in}\right)\right] \tag{4.72}$$

式中，$\Delta X(f)$ 是抖动对采样信号的影响；ΔT 是抖动信号；A 是输入信号幅度；f_{in} 是输入信号频率。若抖动主要由噪声决定，则对噪声的影响由下式给出

$$N_j=4\pi^2 f_{in}^2 A_{RMS}^2 J^2 \tag{4.73}$$

式中，N_j 是抖动引起的噪声；J 是抖动的 RMS 值；A_{RMS} 是输入信号的 RMS 值。由抖动引起的 SNDR 为

$$\text{SNDR}=\frac{1}{4\pi^2 f_{in}^2 J^2} \tag{4.74}$$

以及

$$\text{SNDR (dB)}=-20\log\left(2\pi f_{in}J\right) \tag{4.75}$$

时钟抖动的一部分原因是来自各种噪声源的耦合。这些抖动可能来自 ADC 芯片上或印制电路板（printed circuit board，PCB）上的电源、地和衬底噪声。根据抖动是随机的还是周期性的，它们分别会导致 SNDR 或 SFDR 性能恶化。抖动难以模拟，但需要被透彻理解和尽

可能减小。减少时钟耦合所需的措施包括以下几项。

（1）陡峭的时钟边缘。

（2）隔离时钟电源和地。

（3）有效的衬底隔离。

（4）使用差分时钟。

时钟抖动的另一个原因是 ADC 时钟路径中器件的噪声。这种随机抖动会降低 ADC 的 SNDR。它可以使用周期性稳态（periodic steady state，PSS）分析和周期性噪声分析[14]进行仿真，因此可以进行适当的优化。

重要的是要注意，如果对时钟路径中的各个门/级使用传统的小信号 AC 噪声分析，然后将它们的噪声功率相加，可能会产生严重错误的结果。这是因为各级电路之间的独立性假设是错误的，并且阈值交叉处的操作点取决于上升/下降时间。

另外，PSS 分析和周期性噪声分析适用于总体平均值随时间周期变化的循环平稳噪声。在 PSS 分析中，模拟器（例如，SpectreRF[14]）计算大信号稳态周期“工作点”。然后，它将电路在工作点附近线性化。周期性噪声分析利用 PSS 分析的结果来调制由偏置相关噪声源产生的噪声，并调制从噪声源到输出的传递函数。线性化系统是时变的，这种方法可以模拟频率转换效应，并在数值上解决问题。该仿真技术可用于调制器、混频器、采样器、开关电容电路、逻辑电路和振荡器。它还可用于分析 ADC 时钟路径的噪声，模拟其总抖动。

与振荡器不同，驱动电路和采样器的抖动仿真需要计算跨过阈值瞬间的噪声，而不是整个周期的平均噪声。这需要使用“频闪”周期性噪声分析，它可以计算某个时间点的噪声。然后通过将噪声功率积分到奈奎斯特频率并将其平方根除以从 PSS 分析获得的时钟边沿的斜率来计算抖动。将积分限制在奈奎斯特频率的原因，是由于选通过程造成模拟伪影，它采样时钟信号并将宽带噪声混叠到第一奈奎斯特域。图 4.30 给出了一个例子。其中的抖动由下式给出

$$J=\frac{V_N}{\text{Slope}}=\frac{4.2\times10^{-3}}{84\times10^{9}}=50\text{fs} \tag{4.76}$$

式中，V_N 是积分噪声电压，是使用频闪周期性噪声分析获得的奈奎斯特频率之前的积分噪声功率的平方根；Slope 是使用 PSS 分析获得的采样时刻采样时钟沿的斜率。

该方法在参考文献[6]中得到验证，并且与测量的抖动结果一致。值得注意的是，在无限大的带宽上用积分时钟噪声来测量抖动功率，可以捕获所有宽带抖动噪声。将模拟中的积分限制到第一奈奎斯特域的原因，是在模拟期间采样时刻对时钟信号进行采样/选通而发生的混叠效应的假象。如第 2 章所述，此积分限制不适用于其他情况，尤其是在测量或计算相位噪声的抖动时。

精确的抖动仿真使设计人员能够了解各种抖动因素，并优化 ADC 时钟路径设计以实现低抖动。它还有助于研究外部时钟源的影响。但是，模拟并未考虑通过衬底、电源和地轨的噪声耦合。

通常，ADC 中的大部分抖动来自前端时钟缓冲器，这通常占抖动的 60%～70%。其次是差分到单端转换器，占 20%～30%。由于该点的时钟边沿尖锐，后面的门和时钟分配电路一般引起抖动的能力最小。然而，当时钟路径中过多的门、缓慢的时钟边沿或两者都有的情况下，会改变引起抖动的诱因，并且显著地加剧抖动。图 4.31 给出了一个差分时钟缓冲器的例子。钳位二极管用于控制时钟摆幅，从而提高缓冲器的速度和抖动。图 4.32 给出了一个差分至单端转换器的示例。

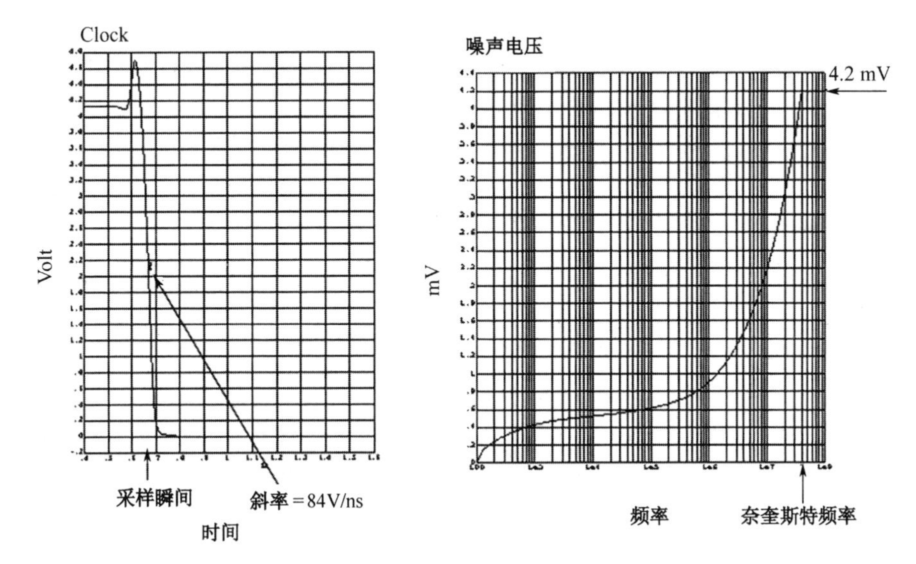

注：PSS分析结果的示例（左），以及使用频闪周期性噪声分析获得的积分噪声电压（右）[6]。

图4.30

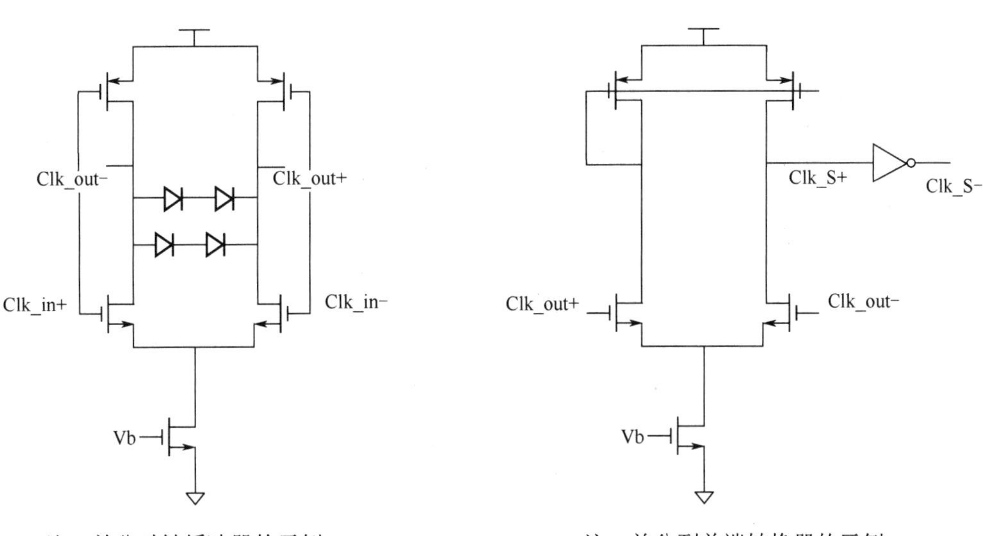

注：差分时钟缓冲器的示例。

图4.31

注：差分到单端转换器的示例。

图4.32

在ADC输入端使用更高频率的时钟，然后进行分频，可以提高整体抗抖动性能[15]，其原因是应用于前端缓冲器的时钟信号的斜率较大。这种操作对抖动的改善可以用第2章中讨论的预期抖动结果。

$$J_{RMS}\left(t_{th}\right)=\frac{\sqrt{E\left[n^{2}\left(t_{th}\right)\right]}}{\mathrm{d}v\left(t_{th}\right)/\mathrm{d}t} \tag{4.77}$$

其中，$J_{RMS}\left(t_{th}\right)$是阈值电压下的RMS抖动值，$E\left[n^{2}\left(t_{th}\right)\right]$是阈值电压下的抖动噪声功率，$\mathrm{d}v\left(t_{th}\right)/\mathrm{d}t$是阈值点处信号的斜率。增加输入时钟的斜率可减少时钟缓冲器对抖动的影响。

然而，时钟的频率越高可能抖动越厉害。因此，如果增加斜率的好处大于高抖动输入时钟实现的代价，那么使用较高频率的时钟和分频可以减少总抖动。图 4.33 给出了一个示例。其中，分频比为 2 时可以显著改善抖动。将分频比增加到 4 会进一步改善抖动，但改善程度要小得多。继续增加分频比不仅不会进一步改善抖动，实际上可能还会开始降低。

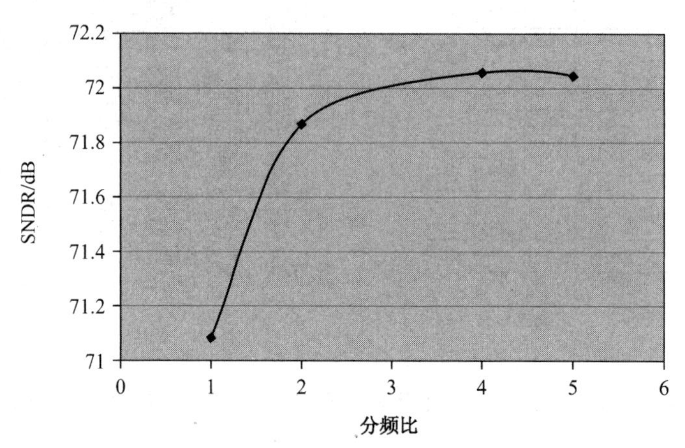

注：高频时钟分频比对抖动和 SNDR 的影响。

图 4.33

由于外部时钟上的任何抖动都会直接影响整体抖动，因此确保外部抖动尽可能低是很重要的。通常优选低抖动晶体振荡器用于评估和测试 ADC；或者，从宽带噪声的角度来看，带有尖锐带通滤波器的信号发生器同样有效。在这两种情况下，使用“干净”时钟通常意味着使用正弦时钟信号。

总之，我们需要注意的关于时钟抖动的一些要点如下。

（1）时钟抖动渐渐成为高速和高分辨率 ADC 性能的限制因素。

（2）需要很好地理解时钟路径，以优化其设计和整个 ADC 的设计。

（3）为降低时钟抖动，ADC 设计人员需要降低 ADC 路径中的噪声、时钟路径上的耦合以及外部时钟中的噪声。

（3）目前最先进的 ADC 抖动约为 50fs。

4.5 结论

本章首先讨论了采样过程及其局限性。采样失真和噪声可能受输入路径或时钟路径的限制。采样缺陷会降低 SNDR 和 SFDR。其次分析和解释了对采样非理想性的各种影响因素，包括各种改进性能参数的设计折中和技术。最后详细讨论了输入采样网络和输入缓冲器的优化。

高频信号的高速采样是最具挑战性的模拟设计问题之一。这是一个非常复杂且多维的问题，此问题的解决依赖于直觉和分析。然而，它也是最令人愉快和最值得解决的设计问题之一。

思　考　题

1．推导式（4.10），并针对相同的电阻值相对变化绘制左侧与输入频率、采样电容和开关电阻的关系曲线。

2．推导式（4.15）并绘制左侧与输入阻抗和源极阻抗的关系图。

3．对于差分输入，若单端 HD2 为 50 dB，想获得差分 HD2 为 90 dB，则可容忍的相位和幅度失衡是多少？

4．若采样电容为 1 pF，输入的频率为 100 MHz，幅度为 1 V，讨论射极跟随器达到 10 位失真所需的偏置电流大概是多少。

5．若失真为 16 位，重复问题 4。

6．对采样电容为 6pF，重复问题 5。并讨论此结果。

7. 对于 2 pF 的采样电容和 50Ω 的源电阻，多少开关电阻才能使输入带宽至少为 1 GHz？采样噪声电压是多少？如果输入满量程为 1 V，SNR 是多少？

8．若源电阻为 100Ω，则重复问题 7。讨论结果。

9．对于问题 7，如果要以 10 位精度稳定 10 mV 回踢，允许的最大采样率是多少？

10．源极跟随器驱动 2 pF 的采样电容，对于 200 MHz 以下的输入频率，要求其输入阻抗大于 10 kΩ。从动设备的输入电容为 100 fF，所需的 g_m 是多少？源极跟随器的输出阻抗是多少？

11．如果源电阻为 200Ω，问题 10 中缓冲器的反相电压增益是多少？

12．对于问题 10 的缓冲器，如果在缓冲器的输入端添加一个 2 pF 的旁路电容，缓冲器的输入阻抗和输入带宽会怎样变化？

13．对于自举输入开关，如果开关栅极处的寄生电容为 100 F，那么自举电容应为多少，以使开关 V_{GS} 的变化小于 0.1%？

14．如果我们考虑源电阻，那么式（4.10）会如何变化？失真随着源电阻的增加如何变化？讨论结果。

参 考 文 献

[1] A.M.A. Ali, A. Morgan, C. Dillon, *et al.*, "A 16-bit 250-MS/s IF Sampling Pipelined ADC with Background Calibration," *IEEE Journal of Solid-State Circuits*, 45(12), pp. 2602–2612, Dec 2010.

[2] A.M.A. Ali, H. Dinc, P. Bhoraskar, *et al.*, "A 14b 1GS/s RF Sampling Pipelined ADC with Background Calibration," *IEEE Journal of Solid-State Circuits*, 49(12), pp. 2857–2867, Dec 2014.

[3] J.M. Brunsilius, S.R. Kosic, and C.D. Peterson, "Dynamically-driven deep n-well circuit," US Patent 7,830,199, Nov 2010.

[4] P. Nikaeen and B. Murmann, "Digital Compensation of Dynamic Acquisition Errors at the Front-End of High Performance A/D Converters," *IEEE Journal of Selected Topics in Signal Processing*, 3(3), pp. 499–508, Jun. 2009.

[5] A.M.A. Ali, "Input switches in sampling circuits," US Patent 8,593,181, Nov 2013.
[6] A.M.A. Ali, C. Dillon, R. Sneed, *et al.*, "A 14-bit 125 MS/s IF/RF Sampling Pipelined ADC with 100 dB SFDR and 50 fs Jitter," *IEEE Journal of Solid-State Circuits*, 41(8), pp. 1846–1855, Aug. 2006.
[7] A.M.A. Ali and P. Bhoraskar, "Distortion cancellation in analog circuits," US Patent 8,866,541, Oct 2014.
[8] A.M.A. Ali, H. Dinc, P. Bhoraskar, *et al.*, "A 14-bit 2.5GS/s and 5GS/s RF Sampling ADC with Background Calibration and Dither," *IEEE VLSI Circuits Symposium*, pp. 206–207, 2016.
[9] A.M.A. Ali, "Buffer amplifier structures with enhanced linearity," US Patent 6,778,013, Aug 2004.
[10] A.M.A. Ali, "Signal samplers and buffers with enhanced linearity," US Patent 7,119,584, Oct 2006.
[11] A.M.A. Ali, "Buffer amplifiers with enhanced efficiency," US Patent 7,279,986, Oct 2007.
[12] A.M.A. Ali, "High performance voltage buffers with distortion cancellation," US Patent 8,339,161, Dec 2012.
[13] C. Moreland, F. Murden, M. Elliott, *et al.*, "A 14-bit 100-Msample.s subranging ADC," *IEEE Journal of Solid-State Circuits*, 35(12), pp. 1791–1798, Dec 2000.
[14] SpectreRF User Guide, Cadence Design Systems, Sep 2003.
[15] F.M. Murden and A.M.A. Ali, "Clock sources and methods with reduced clock jitter," US Patent 7,173,470, Feb 2007.

第 5 章　比较器

比较器在 A/D 转换器中无处不在。每个 ADC 至少有一个比较器，量化操作由比较器执行。比较器根据其两个输入之间的关系产生一个数字输出位。一个完整的快闪转换器则简单地由一组比较器构成，它将输入信号与一组等距阈值进行比较，就可以完成输入信号的量化工作。

比较器有许多架构，其中一些表现出了截然不同的性能权衡，而另一些则在性能上大致相似。本章将讨论比较器，并将重点介绍常用于先进的高速 ADC 的架构和设计技术。本章讨论中将涵盖原理、设计参数和性能权衡。

5.1　比较器功能

在理想情况下，比较器实现图 5.1 所示的功能。如果比较器的正输入（V_{inp}）大于其负输入（V_{inn}），那么比较器的输出为“高”（V_{HI}）；否则，输出为“低”（V_{LO}）。比较器的输入可以是模拟信号或采样保持信号。输出 V_{HI} 和 V_{LO} 代表有效的数字逻辑电平。实现图 5.1 中的转换效果的电路需要具有无穷大增益。实际的比较器传输特性如图 5.2 所示，它受到非理想性的影响，其中可能有失调（V_{OS}）和由下式给出有限直流增益 A_{DC}。

$$A_{DC} = \frac{V_{HI} - V_{LO}}{V_{in\_th}} \tag{5.1}$$

式中，V_{in_th} 是在输出端产生有效逻辑电平所需的最小输入电压差。在时域中，比较器的输出相对于其输入存在延迟。比较器速度的一个衡量标准是传播延时（见图 5.3），它定义为当输入大于 V_{in_th} 时输入和输出转换之间的中点延迟。

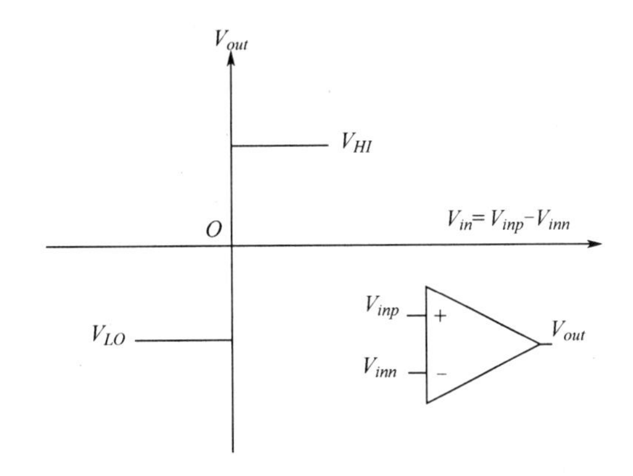

注：理想的比较器特性。

图 5.1

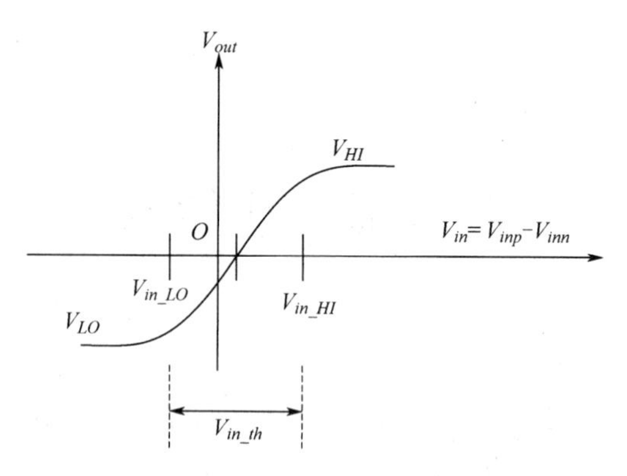

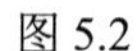

注：比较器特性演示失调（V_{OS}）和有限增益。

图 5.2

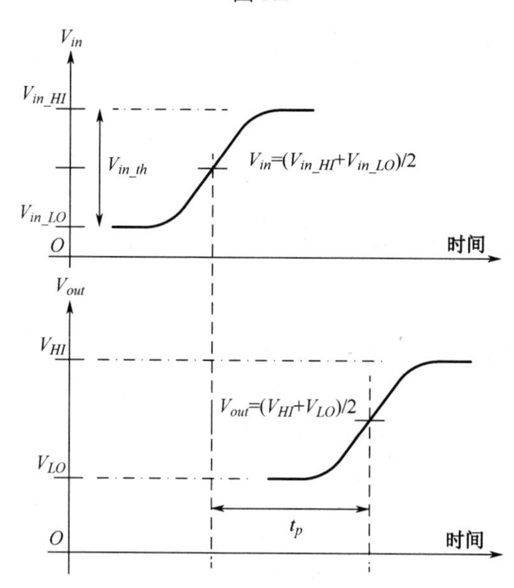

注：比较器的输入和输出转换随时间变化。显示了传播延时（t_p）。

图 5.3

比较器具有描述其行为不同方面的多个性能维度。一些比较器的设计参数有采样带宽、传播延时、亚稳态（BER）、失调、精度、噪声、输入共模范围、功耗。

采样带宽描述了比较器采样宽带模拟信号或高采样率保持信号的能力，它由其输入路径的带宽决定。在无采样保持的架构中，此带宽决定了比较器以及 ADC 可以处理的输入频率的上限。

传播延时是指从采样输入的瞬间到最终输出为有效逻辑电平的时间。它通常在过渡中点之间进行测量。若输出通过一系列门，则传播延时将需要包括该链路的总延迟。

当比较器的输入电压差非常小以至于输出处于非有效逻辑电平的未定义状态时，就会发生比较器的亚稳态。在再生比较器中，亚稳态由比较器的再生时间常数决定。当输入非常小时，再生延迟是主要因素；而在没有亚稳态时（对于相对大的输入值），传播延时占主导地位。亚稳态决定了比较器的误码率（bit error rate, BER）和误差概率 $P(e)$。

等效输入失调会影响比较器的精度。失调可能是系统性的或随机性的，通常是由器件之间的不匹配引起的。改进匹配需要增加器件的面积以减少不匹配的随机因素。此外，可以通过仔细的布局匹配技术来减少不匹配，如共同质心、半单元镜像，以及交互数字化[1]。

因此，与许多其他模拟模块类似，比较器的精度与其速度指标相矛盾。为提高比较器的精度而采取的措施通常会降低其速度；反之亦然。例如，可以通过使用大面积器件来减少它们的不匹配以改善失调，但是大面积器件具有大的寄生效应，这会降低速度。

除了失调，比较器的精度还可能受到动态和建立误差、参考误差以及噪声的限制。这些非理想因素的影响可能比静态失调更不可预测且会带来更大问题，因此也必须得到解决。

比较器的噪声是其所有模块的噪声功率之和，包括采样网络、一个或多个预放大器和锁存器。在计算等效输入噪声时，比较器任何子模块的噪声功率按其前级增益的平方缩小。第 4 章介绍了采样网络的噪声，第 6 章将讨论放大器的噪声。

值得注意的是，得益于数字误差校正技术，具有冗余的高速多步 ADC 对比较器的精度、偏移和噪声的要求可以大大降低，这有助于设计人员优化比较器的速度、采样带宽和功耗。

输入共模范围决定了比较器在改变共模值时的稳定性。共模范围是输入共模值的范围，在这个范围内比较器的性能基本上没有变化。

5.2　比较器结构

5.2.1　开环比较器

在最简单的形式中，比较器只是一个增益非常高的放大器，如图 5.4 所示。事实上，特别是在没有补偿的情况下，像差分对和两级放大器这样的简单放大器结构可以用作比较器。图 5.5 给出了一个差分对的例子。然而，“放大器型”比较器的有限增益带宽积使它们对于高速应用来说是不切实际的。然而，开环放大器可以用作驱动再生锁存器的增益级。

图 5.5 所示差分放大器可用作比较器或比较器内的预放大器，其等效输入失调为

$$V_{OS}^2 = V_{OS_{MN1/MN2}}^2 + \left(\frac{g_{mP1}^2}{g_{mN1}^2}\right) V_{OS_{MP1/MP2}}^2 \tag{5.2}$$

式中，V_{OS} 是差分对的等效输入失调；$V_{OS_{MN1/MN2}}^2$ 是由于晶体管 M_{N1} 和 M_{N2} 之间的不匹配导致的失调。对于门而言，$V_{OS_{MP1/MP2}}^2$ 是由于晶体管 M_{P1} 和 M_{P2} 之间的不匹配而引起的失调。失调值由下式给出

$$V_{OS_{MN1/MN2}}^2 = \sigma_{VT\_MN1}^2 + \left(\frac{V_{gsN1} - V_{T_{MN1}}}{2}\right)^2 \left(\frac{\sigma_{\beta_{MN1}}^2}{\beta_{MN1}}\right)^2 \tag{5.3}$$

和

$$V_{OS_{MP1/MP2}}^2 = \sigma_{VT\_MP1}^2 + \left(\frac{V_{sgP1} - V_{T_{MP1}}}{2}\right)^2 \left(\frac{\sigma_{\beta_{MP1}}^2}{\beta_{MP1}}\right)^2 \tag{5.4}$$

其中

$$\sigma_{VT}^2 = \frac{A_{VT}^2}{WL}, \qquad \frac{\sigma_\beta^2}{\beta^2} = \frac{A_\beta^2}{WL} \tag{5.5}$$

式中，A_{VT} 和 A_β 是失配常数；$\beta = \mu C_{ox} W / L$；V_T 是器件阈值电压；W 是 MOS 器件的宽度；

L 是它的沟道长度。因此，匹配和失调可以通过增加器件的大小来改善。

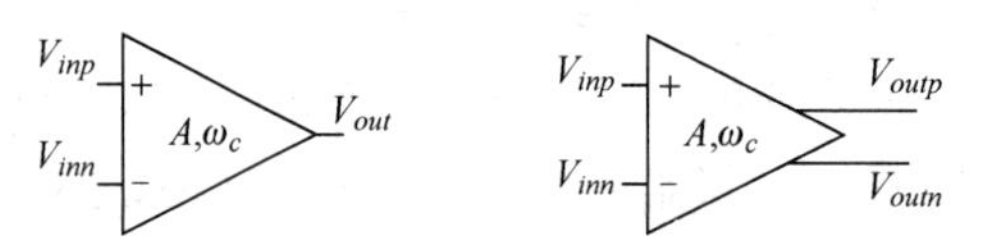

（a）单端比较器的简化表示　（b）差分比较器的简化表示

注：增益为 A，带宽为 ω_c。

图 5.4

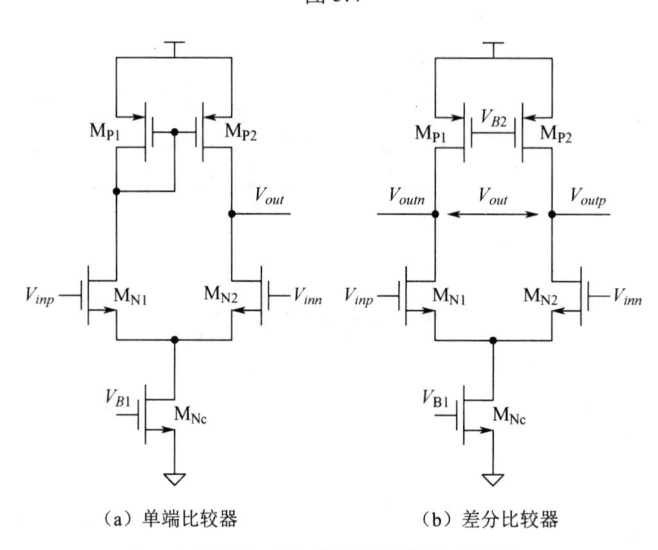

（a）单端比较器　（b）差分比较器

注：作为差分对实现的简单比较器示例。

图 5.5

如果放大器直流开环增益为 A_{DC}，3dB 带宽为 f_c，单位增益带宽为 f_u，那么放大器的速度由 f_c 决定，即

$$f_c \approx \frac{f_u}{A_{DC}} \tag{5.6}$$

对于相同的单位增益带宽，比较器的增益越高，其带宽越低。根据放大器的小信号模型可得[2]

$$A(s) = \frac{A_{DC}}{1+s/\omega_c} \tag{5.7}$$

其中，ω_c 是 3dB 角带宽，由下式给出

$$\omega_c = 2\pi f_c$$

通过式（5.7）的时域解得到输出电压为

$$V_O(t) = V_{initial} + \left(V_{final} - V_{initial}\right)\left(1-\mathrm{e}^{-\omega_c t}\right) \tag{5.8}$$

对于幅度 V_{in_th} 的阶跃输入，比较器的 DC 输出（V_{final}）由 V_{HI} 给出，初始电压由 V_{LO} 给出。因此，把式（5.1）代入式（5.8）中，可以得到

$$V_O(t) = V_{LO} + \left(V_{HI} - V_{LO}\right)\left(1-\mathrm{e}^{-\omega_c t}\right) = V_{LO} + A_{DC}V_{in\_th}\left(1-\mathrm{e}^{-\omega_c t}\right)$$

因此，瞬时输出电压由下式给出

$$V_O(t)=V_{LO}+A_{DC}\left(1-e^{-\omega_c t}\right)V_{in\_th}$$

传播延时被定义为达到有效高电平和低电平之间的中点$(V_{HI}+V_{LO})/2$所需的时间，参考文献[2]给出如下等式

$$\frac{V_{HI}+V_{LO}}{2}-V_{LO}=V_{HI}-\frac{V_{HI}+V_{LO}}{2}=\frac{V_{HI}-V_{LO}}{2}=A_{DC}\left(1-e^{-\omega_c t_p}\right)V_{in\_th} \tag{5.9}$$

将式（5.1）代入式（5.9）得到

$$\frac{V_{HI}-V_{LO}}{2}=\left(V_{HI}-V_{LO}\right)\left(1-e^{-\omega_c t_p}\right)$$

因此，传播延时为

$$t_p=\ln 2/\omega_c \tag{5.10}$$

这是众所周知的一阶系统中传播延时的公式。

对于大信号，随着输入幅度的增加，延迟将减小，直到由比较器的压摆率确定的上限为止。图 5.6 说明了比较器的带宽和过驱动对其传播延时的影响[2,3]。对于比 V_{in_th} 大 m 倍的输入，式（5.9）变为

$$\frac{V_{HI}-V_{LO}}{2}=A_{DC}\left(1-e^{-\omega_c t_p}\right)m\frac{V_{HI}-V_{LO}}{A_{DC}} \tag{5.11}$$

由此得到

$$\frac{1}{2m}=1-e^{-\omega_c t_p}$$

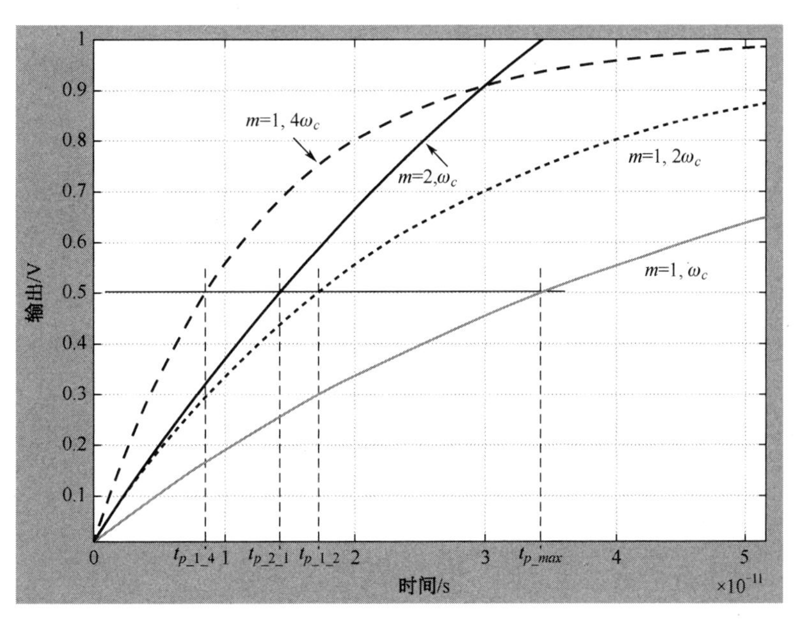

注：比较器在不同的过驱动电平（m=1,2）和不同的带宽（ω_c、$2\omega_c$、$4\omega_c$）下的输出响应示例[2,3]。

图 5.6

因此，传播延时为

$$t_p=\frac{\ln\left(\frac{2m}{2m-1}\right)}{\omega_c} \tag{5.12}$$

其中，过载系数 m 定义为

$$m = \frac{V_{in}}{V_{in\_th}} \tag{5.13}$$

因此，随着 m 增加，传播延时减小，一直持续到达到摆率限制为止[2]。压摆率（SR）定义了输出电压的最大允许变化率，并由对电容 C 充电或放电的最大电流 I_{max} 决定，这里的电容 C 表示比较器限制节点上的总负载和内部电容之和。因此压摆率表示为

$$\text{SR} = \frac{\Delta V}{\Delta t} = \frac{I_{max}}{C} \tag{5.14}$$

因此，摆率限制的传播延时为

$$t_p = \frac{V_{HI} - V_{LO}}{2\text{SR}} \tag{5.15}$$

比起使用单个放大器，也可以使用多级放大器构建开环比较器，以改善增益带宽权衡，如图 5.7 所示。在使用 n 级放大器时，每个放大器增益为 A_i，3-dB 角带宽为 ω_{ci}，单位增益角频率为 ω_{ui}，总增益由下式给出[4]

$$A = \prod_{i=1}^{n} A_i \tag{5.16}$$

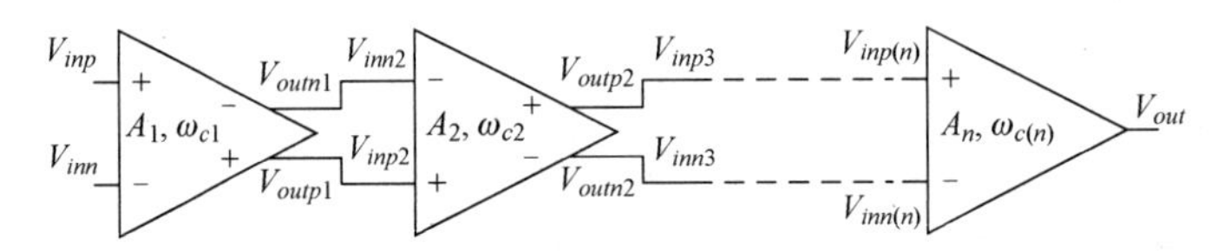

注：简化示意图显示了一个由 n 个增益级的级联组成的比较器[2]。

图 5.7

如果每个放大器的建立时间常数为 τ_i，即

$$\tau_i = \frac{1}{\omega_{ci}} \tag{5.17}$$

并且 3dB 角带宽为

$$\omega_{ci} = \frac{\omega_{ui}}{A_i} \tag{5.18}$$

总稳定时间常数可以近似为

$$\tau \approx \sum_{i=1}^{n} \tau_i = \sum_{i=1}^{n} \frac{1}{\omega_{ci}} = \sum_{i=1}^{n} \frac{A_i}{\omega_{ui}} \tag{5.19}$$

若所有级具有相同的增益和带宽，则

$$\tau \approx \frac{nA}{\omega_u} \tag{5.20}$$

另外，若要使用单级来实现该增益，则时间常数为

$$\tau = \frac{A^n}{\omega_u} \tag{5.21}$$

比较式（5.20）和式（5.21），可以看到单个放大器的时间常数远大于使用 n 级级联实现相同增益所获得的时间常数。因此，使用多级有助于增加另一个自由度，可以提高增益，并且对带宽的影响较小。如本章稍后所述，比较器的预放大器中经常采用这种方法。

5.2.2　迟滞比较器

在一些应用中，输入噪声和波动可能会大到可以改变比较器的输出。这种无意间的切换有时被称为“颤动”，并可能导致系统问题。在这些情况下，比较器最好具有迟滞现象，如图 5.8 所示，其中比较器的阈值取决于输出电平。如果比较器的输出为高电平，那么阈值为 V_{thn}。如果输出为低电平，那么阈值为 V_{thp}，其中 V_{thp} 大于 V_{thn}。由于阈值取决于比较器的状态，因此实现迟滞需要正反馈。

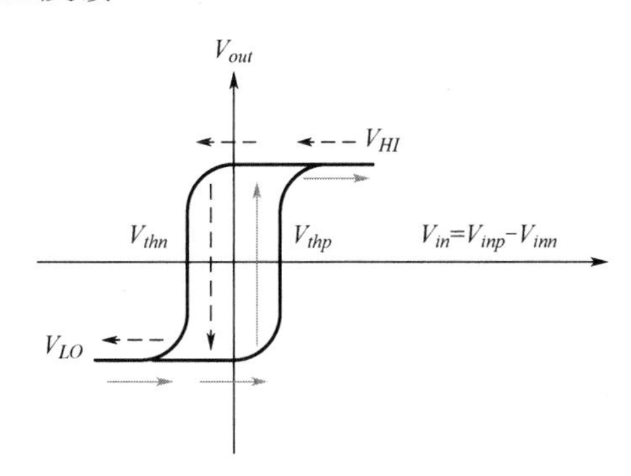

注：比较器具有迟滞功能，其迟滞以零为中心。

图 5.8

带迟滞的比较器功能的另一个示例如图 5.9 所示，实现电路如图 5.10 所示。在这种情况下，比较器的两个阈值为正，并由下式给出

$$V_{thn}=\left(\frac{R_1+R_2}{R_2}\right)V_R-\frac{R_1}{R_2}V_{HI} \tag{5.22}$$

和

$$V_{thp}=\left(\frac{R_1+R_2}{R_2}\right)V_R-\frac{R_1}{R_2}V_{LO} \tag{5.23}$$

中点 V_{th} 由下式给出

$$V_{th}=\left(\frac{R_1+R_2}{R_2}\right)V_R-\frac{R_1}{R_2}\left(\frac{V_{HI}+V_{LO}}{2}\right) \tag{5.24}$$

迟滞的大小或宽度为

$$V_h=\frac{R_1}{R_2}\left(V_{HI}-V_{LO}\right) \tag{5.25}$$

另一个例子如图 5.11 和图 5.12 所示，其中输入被施加到比较器的负输入端以提供反相特性。触发点为

$$V_{thn}=\left(\frac{R_2}{R_1+R_2}\right)V_R+\frac{R_1}{R_1+R_2}V_{LO} \tag{5.26}$$

和

$$V_{thp}=\left(\frac{R_2}{R_1+R_2}\right)V_R+\frac{R_1}{R_1+R_2}V_{HI} \tag{5.27}$$

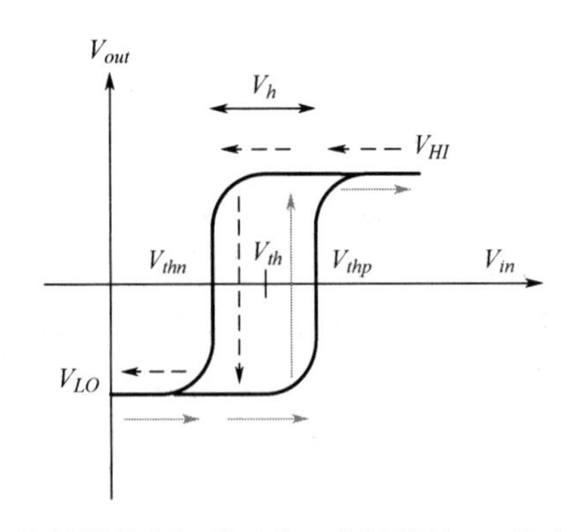

注：比较器具有迟滞功能，其迟滞以 V_{th} 为中心。

图 5.9

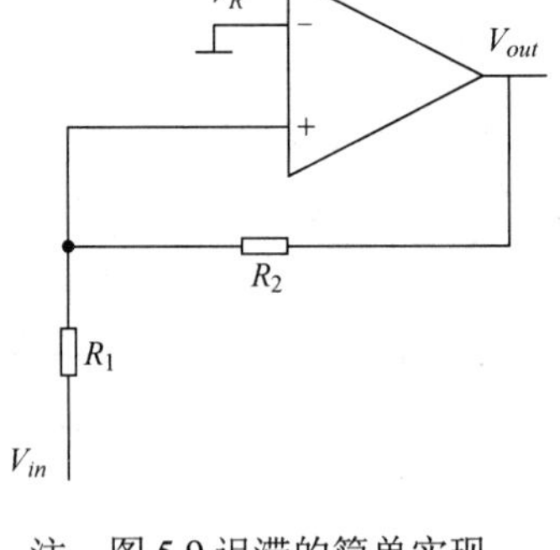

注：图 5.9 迟滞的简单实现。

图 5.10

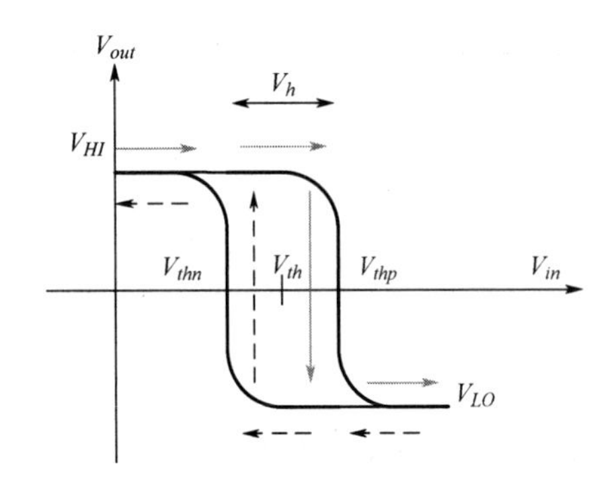

注：反相迟滞示例。

图 5.11

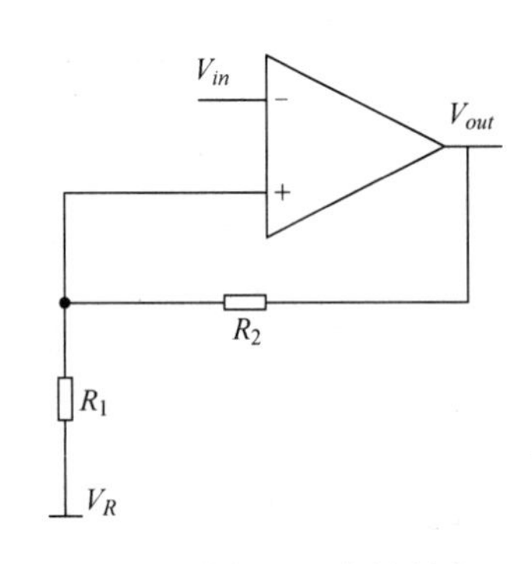

注：图 5.11 中的迟滞的简单实现。

图 5.12

中点 V_{th} 由下式给出

$$V_{th}=\left(\frac{R_2}{R_1+R_2}\right)V_R+\frac{R_1}{R_1+R_2}\left(\frac{V_{HI}+V_{LO}}{2}\right) \tag{5.28}$$

迟滞的大小为

$$V_h=\frac{R_1}{R_1+R_2}\left(V_{HI}-V_{LO}\right) \tag{5.29}$$

5.2.3 再生比较器

再生比较器基于锁存器（或双稳态多谐振荡器），是高速应用的首选。一个锁存器由两个反相器以正反馈的方式背靠背组成，如图 5.13 所示。与开环放大器相比，正反馈的再生效应使锁存器可以实现更好的性能和速度。此外，它还增加了另一个自由度，有助于实现更好的比较器整体设计。

为了分析锁存器的行为，我们将每个放大器/反相器表示为图 5.13 所示的小信号模型，如图 5.14 所示。这给出了[4]

$$g_m V_{o1}+\frac{V_{o2}}{R_o}=-sCV_{o2} \tag{5.30}$$

和

$$g_m V_{o2} + \frac{V_{o1}}{R_o} = -sCV_{o1} \tag{5.31}$$

由于 $A = g_m R_o$ 且 $\tau = R_o C$，因此得到

$$V_{o1} - V_{o2} = \frac{\tau}{A-1} s\left(V_{o1} - V_{o2}\right) \tag{5.32}$$

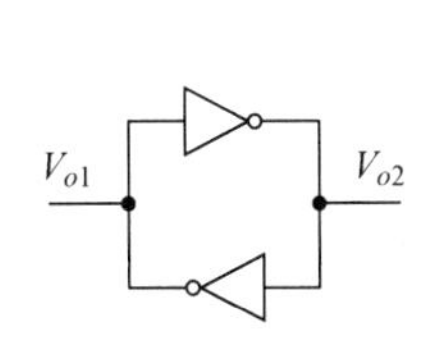

注：再生锁存器的简单表示。

图 5.13

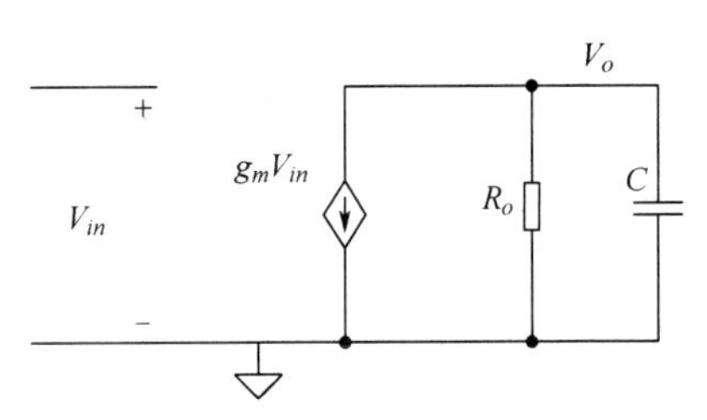

注：MOS 晶体管或反相器的简单模型。

图 5.14

该微分方程的解与时间 t_0 的初始条件有关，由下式给出

$$V_o(t) = V_{o1}(t) - V_{o2}(t) = V_o(t_0) \mathrm{e}^{t(A-1)/\tau} \tag{5.33}$$

它可以近似表示为

$$V_o(t) \approx V_o(t_0) \mathrm{e}^{\omega_u t} \tag{5.34}$$

其中

$$\omega_u \approx \frac{g_m}{C} \approx A\omega_c \approx A/\tau \tag{5.35}$$

锁存时间常数受器件的单位增益频率（g_m/C）限制，这也是工艺的基本限制。锁存器的传播延时由下式给出

$$t_p = \frac{\ln\left(\dfrac{\Delta V}{V_o(t_0)}\right)}{\omega_u} = \frac{\ln\left(\dfrac{V_{HI} - V_{LO}}{2 \times V_o(t_0)}\right)}{\omega_u} \tag{5.36}$$

因此，锁存器的速度取决于其单位增益带宽，即

$$\omega_u = \frac{g_m}{C} \tag{5.37}$$

它的增益为

$$\frac{V_o(t)}{V_o(t_0)} \approx \mathrm{e}^{\omega_u t} \tag{5.38}$$

显然，与放大器相比，使用锁存器可以实现更高的增益和速度。比较器设计人员经常通过级联一个或多个预放大器和一个锁存器，来同时利用放大器和锁存器的优势。图 5.15 给出了单端实现方案，图 5.16 给出了差分实现方案。

例如，开环预放大器可针对非常小的输入信号进行优化，而锁存器则针对较大的输入进行优化。如图 5.17 所示，在相同的时间常数下，对于较小的输入幅度，开环放大器的输出将比锁存器的输出更快，直到达到一个比锁存器的速度明显更快的点。另外，通常在锁存器之后是一连串驱动器用以驱动负载，避免锁存器过载。因此，一个比较器可以由一个或多个预放大器、一个或多个锁存器以及驱动器级联组成。有讨论提出，对于总的期望增益 G，预

放大器的最佳数量是 ln(*G*)，每个放大器的增益为 *e*=2.7。另外，在某些情况下，速度曲线在 3～10 级内趋于平坦，所以从功率和面积的角度来看，3 级预放大器看起来更具优势。但在某些情况下，6 级低增益预放大器的级联是最佳选择[2,3]。

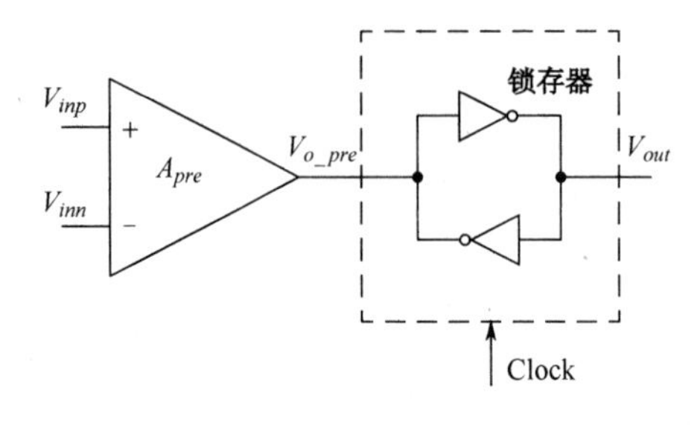

注：一个简单的单端比较器，包括一个预放大器和一个锁存器。

图 5.15

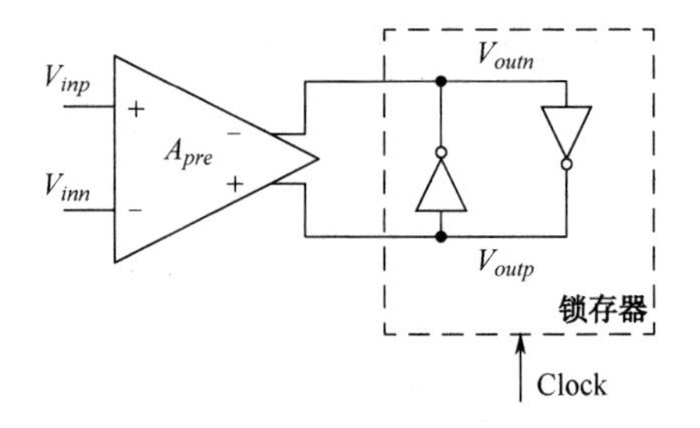

注：由预放大器和锁存器组成的简单差分比较器。

图 5.16

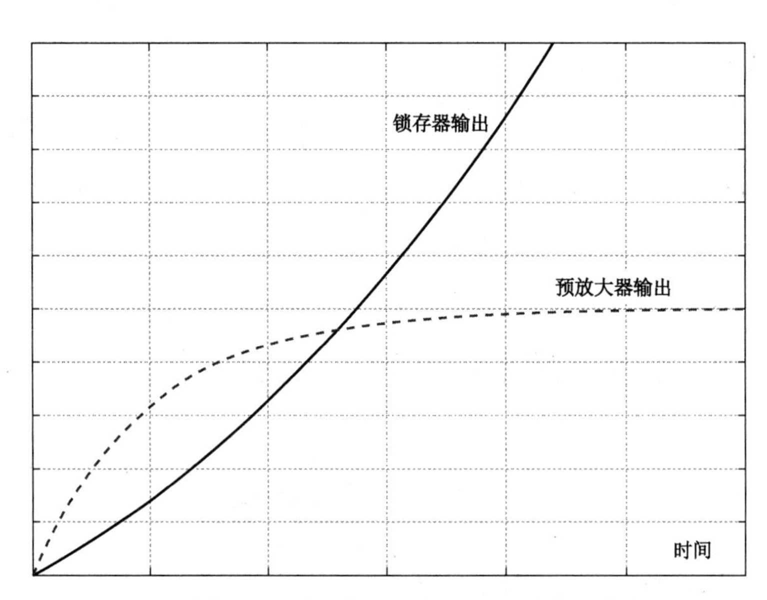

注：开环放大器和再生锁存器的输出随时间变化的曲线图。

假定两者具有相同的时间常数。©1989 IEEE（经许可转载自参考文献[3]）。

图 5.17

需要特别注意的一点是，假设两者的时间常数相同，对于较小的输入幅度，开环预放大器的速度可能比锁存器快，如图 5.17 所示。但是，放大器的时间常数由其 3dB 带宽和主极点频率决定，如图（5.8）所示。如果它的增益 *A* 大于 1，那么带宽将比单位增益带宽小 *A* 倍，如图（5.6）所示。另外，锁存器的时间常数由单位增益带宽确定，如式（5.34）所示。也就是说，由式（5.8）可得，开环放大器的输出电压由下式给出

$$V_o|_{OL}=V_{initial}+\left(V_{final}-V_{initial}\right)\left(1-\mathrm{e}^{-\omega_c t}\right)=A_{DC}V_{in}\left(1-\mathrm{e}^{-\omega_u t/A_{DC}}\right) \tag{5.39}$$

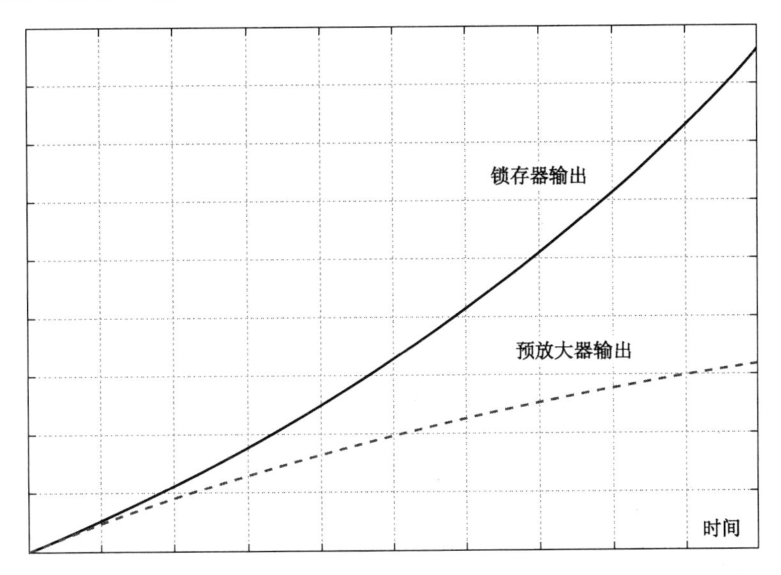

注：开环放大器和再生锁存器的输出随时间变化的曲线图。两种情况下的单位增益带宽相同。

图 5.18

由式（5.34）可知，锁存器的输出电压为

$$V_o|_{Latch}=V_{in}e^{\omega_u t} \tag{5.40}$$

单位增益带宽等于 g_m/C，是工艺的基本限制。若预放大器和锁存器都针对最佳的单位增益带宽进行了优化，则通过式（5.39）和式（5.40）可以看出，对于所有输入幅度 V_{in}，锁存器将比预放大器快，如图 5.18 所示。由于锁存器的失调被预放大器的增益缩小了，因此预放大器增益的主要好处是减少了等效输入失调并提高了比较器的精度。预放大器本身的失调可以自动归零，从而大大降低了总失调。

但是，在失调不是很关键的情况下，可以将比较器以其最简单的形式简化为单个锁存器。预放大器可用于提供隔离并帮助驱动锁存器，而放大和再生仅由锁存器完成。使用预放大器的其他原因包括为输入采样提供高输入阻抗、简化锁存器的复位以及减少输入的回踢。使用哪种结构取决于所需的特性，如失调、传播延时、BER 和采样带宽。

在再生比较器中，通常使用两相。在第一相中，禁用正反馈。在下一相中，在启用正反馈的情况下释放锁存器，迫使锁存器进入两个稳定状态（高电平和低电平）之一。有时需要在复位相进行预放大，在另一相进行锁存，这样可以得到很多好处。

5.3　亚稳态

亚稳态是指比较器的输出达到有效逻辑电平之前的时间段。在亚稳态期间，没有从数字角度定义的输出，因此成为比较器的速度上限。锁存器生成有效逻辑电平 V_{logic} 所需的最小输入电压 V_{min} 由下式给出

$$V_{logic}\approx V_{min}e^{\omega_u T}$$

其中，T 是可用时间。误差概率 $P(e)$或 BER 由下式给出

$$\mathrm{BER} \approx P(e) \approx \frac{V_{min}}{V_{Range}} \approx \frac{V_{logic}}{V_{Range}} \mathrm{e}^{-\omega_u T}$$

其中，V_{Range}是比较器覆盖的输入范围。若预放大器的净增益为A，则 BER 为

$$\mathrm{BER} \approx P(e) \approx \frac{V_{logic}}{AV_{Range}} \mathrm{e}^{-\omega_u T} \tag{5.41}$$

显然，与单位增益带宽或可用时间的影响相比，增益对亚稳态的影响很小。通过增加可用时间 T 或增加比较器的速度 ω_u，BER 可以变得非常小。例如，如果忽略指数之外的项，对于一个 1GS/s 的 ADC，且锁存相位是周期的一半，可以得到

$$T = 0.5\,\mathrm{ns}$$

为了实现 10^{-9} 的 BER，需要单位增益带宽为

$$\omega_u \cong \frac{\ln\left(10^9\right)}{T} = 41.4\,\mathrm{Grad/s}$$

和

$$f_u = \frac{\omega_u}{2\pi} \cong 6.6\,\mathrm{GHz}$$

如果想要 10^{-15} 的 BER，需要单位增益带宽为

$$f_u \cong 11\,\mathrm{GHz}$$

另外，对于开环比较器，BER 的意义较小。输出由下式给出

$$V_o = A_{DC}\left(1 - \mathrm{e}^{-\omega_c t}\right)V_{in} \tag{5.42}$$

因此，BER 为

$$\mathrm{BER}\,|_{OL} \approx P(e)\,|_{OL} \approx \frac{V_{min}}{V_{Range}} \approx \frac{V_{logic}}{A_{DC}V_{Range}\left(1 - \mathrm{e}^{-\omega_c T}\right)} \tag{5.43}$$

与再生比较器不同，开环比较器的速度由 3dB 带宽（而不是单位增益带宽）决定。另外，由于 T 和 ω_C 任意大，因此 BER 受到下面数值的限制。

$$\mathrm{BER}\,|_{OL} = P(e)\,|_{OL} < \frac{V_{logic}}{A_{DC}V_{Range}} \tag{5.44}$$

凭直觉，在没有正反馈的情况下，若输入小于给出有效输出逻辑电平所需的最小值，则开环比较器将一直保持在该未定义状态，无法生成有效逻辑电平。BER 也受式（5.44）中所示数值的限制，该数值主要取决于增益。这是严重限制开环比较器在高速 ADC 中使用的主要弱点。

5.4 开关电容比较器

开关电容结构在简化失调消除、多输入处理以及使用双端比较器对差分信号进行比较等方面，为比较器设计人员带来了额外的自由度。

通常使用两种类型的开关电容比较器：电平转换输入网络；电荷重分配输入网络。

5.4.1　电平转换输入网络

在这种结构中，单个电容与比较器输入串联使用，以存储输入电压之一（如参考电压）[5]。它还可以用于存储预放大器的失调量，以消除失调。单端实现示例如图 5.19 所示，差分实现示例如图 5.20 所示，时序图如图 5.21 所示。在 ϕ_1 期间，参考电压在电容器上采样，并且锁存器处于正反馈状态，生成对应于先前采样的输出。在 ϕ_2 期间，输入与电容串联。预放大器的输入与输入信号减去存储在电容器上的参考电压成正比，并且预放大器的输出被存储在锁存器的端口上。这两个时钟相位不重叠，并且锁存时钟的下降沿超前于其他时钟沿。

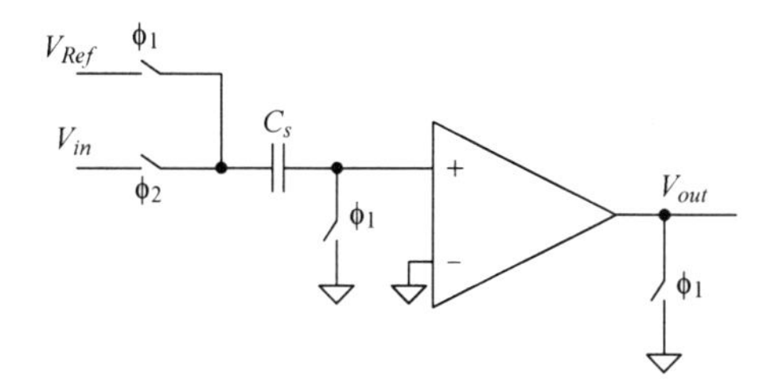

注：使用电平转换电容器的开关电容比较器。

图 5.19

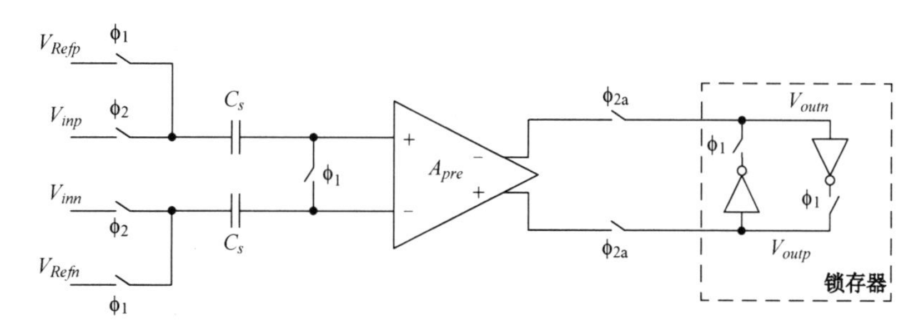

注：使用电平转换电容器的开关电容差分比较器。

图 5.20

由于串联电容和比较器输入电容之间的分压，使用串联电容会导致一些衰减。另外，两个电容之间的失配会导致比较器的失调。这些考虑因素对串联电容的值设置了下限。但是，若电容太大，则充电和驱动将需要更长的时间或更低的阻抗。

重要的是要注意，在这种结构中，输入通过电容和预放大器一直传播到锁存器再生节点。整个路径的采样带宽必须足够大，以满足所需要求。采样时刻由时钟 ϕ_{2a} 的下降沿确定；或者，可以在 ϕ_1 期间对电容进行输入采样，而在 ϕ_2 期间施加参考。若采样参考所需的带宽小于采样输入所需的带宽，则此配置可能更有效。

图 5.20 中比较器的等效输入失调和噪声来自采样网络、预放大器和锁存器。对于失调值，可以表示为

$$V_{OS}^2 = V_{OS\_precharge}^2 + V_{OS\_sample}^2 + \frac{V_{OS\_pre}^2}{A_s^2} + \frac{V_{OS\_latch}^2}{A_s^2 A_{pre}^2} \qquad (5.45)$$

式中，V_{OS} 是等效输入失调；$V_{OS\_precharge}$ 是由于 ϕ_1 期间的预充电而导致的等效输入失调；

V_{OS_sample}是由于ϕ_2期间的采样网络而导致的等效输入失调；V_{OS_pre}是预放大器的失调；A_s是采样网络的增益/衰减；V_{OS_latch}是锁存器的失调；A_{pre}是预放大器的增益/衰减。ϕ_2期间的采样网络增益为

$$A_s = \frac{C_s}{C_s + C_{pre}} \tag{5.46}$$

式中，C_s是串联电容；C_{pre}是预放大器的输入电容。

同样，等效输入噪声功率由下式给出

$$v_n^2 \approx 2\left(v_{n\_precharge}^2 + v_{n\_sample}^2\right) + \frac{v_{n\_pre}^2}{A_s^2} + \frac{v_{n\_latch}^2}{A_s^2 A_{pre}^2} \tag{5.47}$$

式中，$v_{n_precharge}$是在ϕ_1期间存储在采样电容上的噪声；v_{n_sample}是在ϕ_2期间以输入为参考的采样噪声；v_{n_pre}是差分预放大器的噪声电压；v_{n_latch}是差分锁存器的噪声电压。式（5.47）中因数2由差分运算[①]得出。ϕ_2期间等效输入采样噪声源自采样开关，并且会受到预放大器带宽的限制。ϕ_1期间在采样电容上采样的噪声为

$$v_{n\_precharge}^2 = \frac{kT}{C_s}\left(\frac{C_s + C_p}{C_s}\right) \tag{5.48}$$

式中，C_s是串联电容；C_p是在ϕ_1期间预放大器输入端的寄生电容。从式（5.47）中可以看出，噪声主要由kT/C噪声和预放大器的噪声控制。若预放大器的增益很低，则锁存器的噪声贡献也可能很大。

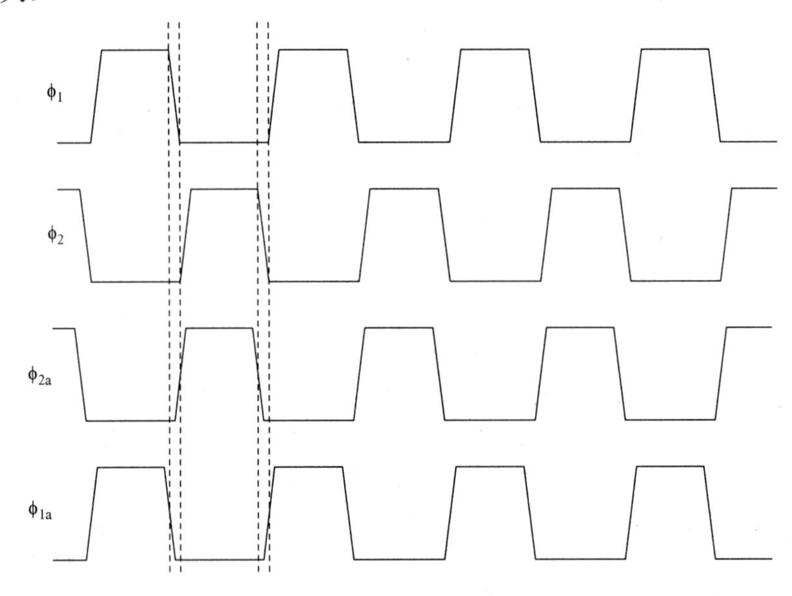

注：开关电容差分比较器的时序图。

图 5.21

图 5.22 给出了带有失调消除的这种结构的一种变化形式，其中预放大器的失调在ϕ_1期间存储在电容上，然后在ϕ_2期间串联抵消失调。在这种情况下，比较器的失调将由锁存器控制，该失调可以被预放大器的增益衰减。

① 译者注：这里是指由于差分信号的噪声会同时来自正负信号端，两路噪声叠加而导致噪声功率加倍。

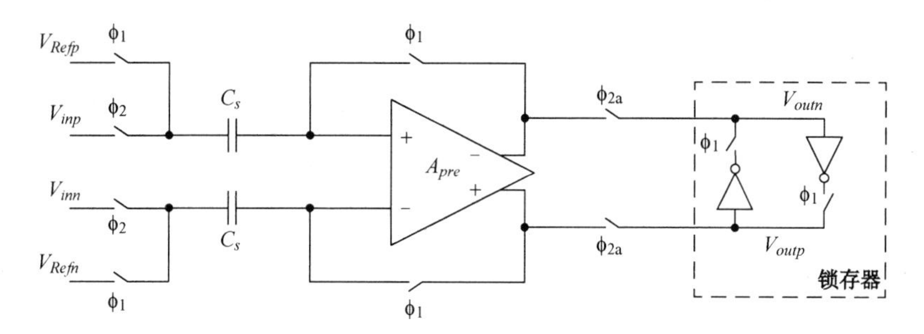

注：使用电平转换电容器和预放大器失调消除的开关电容差分比较器。

图 5.22

5.4.2　电荷重分配输入网络

图 5.23 显示了另一种开关电容器结构，其中两个输入在同一阶段在两组不同的电容器上采样。在下一阶段，采样开关断开，保持开关闭合[6,7]，电荷重新分配，并在一段时间延迟后启用锁存器。这种结构的优点是其采样网络仅由采样电容和开关组成，速度非常快。但是，采样边沿和锁存器使能之间需要一定的延迟，以适应电荷重新分配以及通过预放大器和锁存器的传播所需的时间。与电平移位结构相比，这会增加传播延时。因此，此结构以传播延时换取采样延迟。

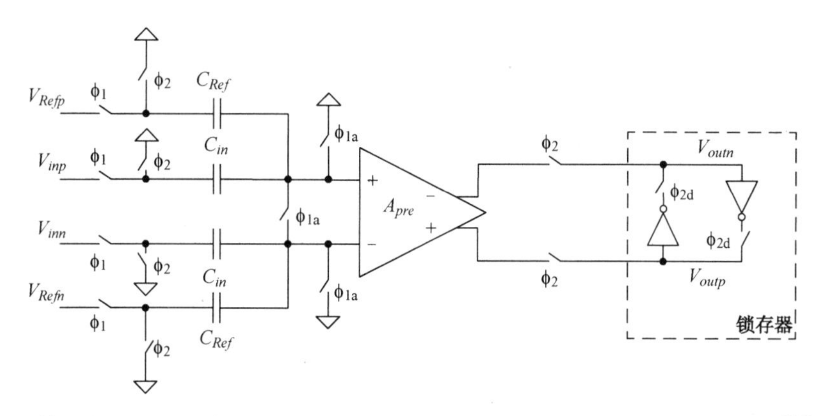

注：使用电荷重分配采样网络的开关电容差分比较器。时钟 ϕ_{2d} 相较于 ϕ_2 延迟[6,7]。

图 5.23

除了高采样带宽，电荷重分配结构还可以完成两个以上输入信号的复杂处理，并且对输入信号有较小的回踢。通过将采样过程从放大器和锁存器中解耦出来，输入信号得以与锁存器的回踢和预放大器的非线性隔离。

图 5.23 中比较器的等效输入失调和噪声由采样网络、预放大器和锁存器“贡献”。对于失调量，可以表示为

$$V_{OS}^2 = V_{OS\_precharge}^2 + V_{OS\_sample}^2 + \frac{V_{OS\_pre}^2}{A_s^2} + \frac{V_{OS\_latch}^2}{A_s^2 A_{pre}^2} \tag{5.49}$$

式中，V_{OS} 是等效输入失调；$V_{OS\_precharge}$ 是由于 ϕ_1 期间的预充电引起的等效输入失调；V_{OS_sample} 是 ϕ_2 期间电荷重分配网络的等效输入失调；V_{OS_pre} 是预放大器的失调；A_s 是电荷重分配网络的增益；V_{OS_latch} 是锁存器的失调；A_{pre} 是预放大器的增益。ϕ_2 期间的采样网络增益为

$$A_s = \frac{C_{in}}{C_{in} + C_{Ref} + C_{pre}} \tag{5.50}$$

式中，C_{in} 是输入采样电容；C_{Ref} 是参考采样电容；C_{pre} 是预放大器的输入电容。由于 C_{in} 和 C_{Ref} 通常相等，因此该比较器的采样增益明显小于图 5.20 中所示的电平移位比较器以及式（5.46）给出的增益。这表明与电平移位比较器相比，电荷重分配比较器的等效输入失调将更差。

等效输入噪声功率由下式给出

$$v_n^2 = 2\left(v_{n\_precharge}^2 + v_{n\_sample}^2\right) + \frac{v_{n\_pre}^2}{A_s^2} + \frac{v_{n\_latch}^2}{A_s^2 A_{pre}^2} \tag{5.51}$$

式中，$v_{n\_precharge}$ 是在 ϕ_1 期间存储在采样电容上的噪声；v_{n_sample} 是在 ϕ_2 期间以输入为参考的采样噪声；v_{n_pre} 是差分预放大器的噪声电压；v_{n_latch} 是差分锁存器的噪声电压。因数 2 由差分运算得出。

ϕ_2 期间开关动作导致了此相位上的等效输入采样噪声，并且将受到预放大器带宽的限制。ϕ_1 期间在采样电容上采样的噪声为

$$v_{n\_precharge}^2 = \frac{kT}{C_{in}}\left(\frac{C_{in} + C_{Ref} + C_p}{C_{in}}\right) \tag{5.52}$$

式中，C_p 是 ϕ_1 期间预放大器输入端的电容。

式（5.50）～式（5.52）表明，与电平移位比较器相比，电荷重分配比较器的等效输入噪声会更差，这是由于它具有较低的采样增益和较高的采样噪声。

总之，与电平转换网络相比，电荷重分配结构在采样期间具有更宽的采样带宽、更好的隔离性和更大的灵活性，但代价是传输延时更长，失调更差，噪声更高且精度更低。

5.5 失调消除

比较器的精度受到静态、动态、随机或系统误差的限制。它们会表现为失调误差、增益误差、参考误差、老化或建立误差等形式。可以通过仔细的布局和尺寸调整技术减少系统性和随机性的不匹配。但是，通常对速度和功耗的关注所采取的措施会影响精度。在流水线转换器中尤其如此，因为冗余和数字误差校正允许更低的快闪设计精度。然而，在许多情况下，我们仍然希望能减小或消除比较器的失调。

为了减少等效输入失调，通常通过所谓的"自动调零"实现失调抵消。图 5.22 给出了一个示例。在复位阶段，预放大器的失调存储在电容器 C_s 中。在采样阶段，电容器连接使得存储的失调与相反极性信号串联，因此失调被抵消。

消除偏移的另一种技术是使用工厂校准/调整。通过输入零信号来测量失调。失调还可

以在正常操作期间让比较器离线进行校准，在离线校准期间将其替换为另一个备用比较器，然后在校准完成后将其切换回原来的状态。但是，这需要在输出路径中使用额外的开关，这可能会恶化传播延时。在某些情况下，偏差可以在不影响 ADC 的正常运行的情况下，通过流水线转换器某级的余量进行测量（第 9 章将详细介绍）[8]，然后通过在输入端、预放大器或锁存器中插入相反的失调来抵消该失调。

5.6　负载与回踢

在电平移位结构采样阶段，预放大器和锁存器汲取的非线性电流会导致输入信号的采样失真。此外，如果没有足够的时间使“回踢”稳定下来，那么由于锁存复位和再生而导致的电荷注入（回踢）会恶化失真。另外，由于预放大器和锁存器与输入隔离，仅有来自开关的回踢，因此电荷重分配比较器的负载与回踢效应更为温和。

在某些结构中，预放大器不一定用于提供增益，而是用于提供电容性输入阻抗，从而减少输入的回踢，并让锁存器的复位更容易。在其他情况下，预放大器可用于产生非线性电流，用来消除第 4 章中提到的由主信号路径汲取的电流[5]，消除失真。

5.7　比较器示例

在高速比较器中，设计目标通常是使速度最大化，同时使功耗最小。在精度方面，需要减少失调和其他误差来源，但是发展趋势是使用工厂校准、失调消除、背景校准和自动调零技术来处理失调。另外，具有冗余的流水线和 SAR 转换器等多步转换器的普及，使比较器的精度退为第二要务，因为可以使用数字误差校正来校正大的误差，而无须进行校准或微调。因此，比较器设计的重点转移到速度和功耗上。

图 5.24 给出了一个由预放大器与锁存器组成的比较器示例。预放大器以所需的采样带宽驱动锁存器，同时将输入与回踢隔离。锁存器针对速度、功率和驱动能力进行了优化。输入通过预放大器传输到锁存器的再生节点。采样时刻由开关 M_{NS}、M_{NS1} 和 M_{NS2} 断开的时间确定。

在此示例中，比较器失调由采样网络、预放大器和锁存器的失调组成。由式（5.45）和式（5.49）可知

$$V_{OS}^2 \approx V_{OS\_precharge}^2 + V_{OS\_sample}^2 + \frac{V_{OS_{MN1/MN2}}^2}{A_s^2} + \frac{\left(V_{OS_{MP1/MP2}}^2 + V_{OS_{MN5/MN6}}^2\right)}{A_s^2 A_{pre}^2} \tag{5.53}$$

式中，$V_{OS\_precharge}$ 是由于 ϕ_1 期间的预充电而导致的等效输入失调；V_{OS_sample} 是采样网络的等效输入失调；A_s 是采样网络的衰减；A_{pre} 是预放大器的增益；$V_{OS_{MN1/MN2}}$ 是预放大器 M_{N1}/M_{N2} 的输入对的失调；$V_{OS_{MN5/MN6}}$ 是锁存器 NMOS 器件的失调；$V_{OS_{MP1/MP2}}$ 是锁存器 PMOS 器件的失调。NMOS 和 PMOS 对的失调分别由式（5.3）和式（5.4）给出。

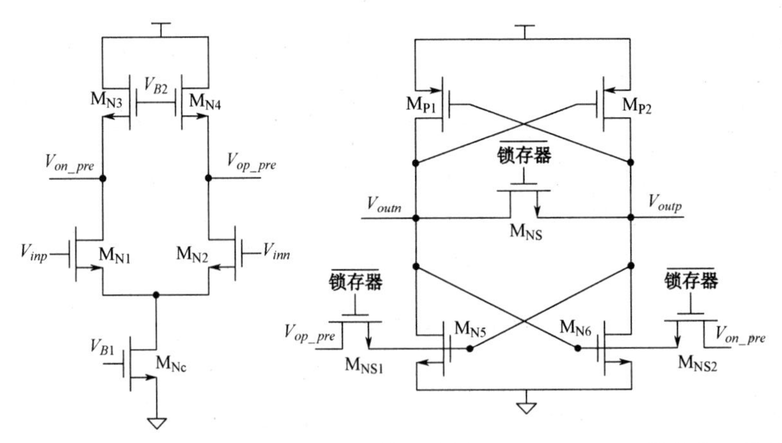

注：包括一个预放大器和一个锁存器的比较器的示意图。© 2014 IEEE（转载自参考文献[5]）。

图 5.24

等效输入噪声功率由下式给出

$$
\begin{aligned}
v_n^2 &\approx 2\left(v_{n_{precharge}}^2 + v_{n_{sample}}^2\right) + \frac{v_{n_{pre}}^2}{A_s^2} + \frac{v_{n_{latch}}^2}{A_s^2 A_{pre}^2} \\
&\approx 2\left(v_{n_{precharge}}^2 + v_{n_{sample}}^2 + \frac{v_{n_{MN1}}^2}{A_s^2} + \frac{v_{n_{MN5}}^2}{A_s^2 A_{pre}^2} + \frac{v_{n_{MP1}}^2}{A_s^2 A_{pre}^2}\right)
\end{aligned}
\tag{5.54}
$$

式中，$v_{n\_precharge}$ 是预充电阶段在采样电容上存储的噪声；v_{n_sample} 是放大阶段等效输入的采样噪声；A_{pre} 是预放大器增益；$v_{n_{MN1}}$ 是 M_{N1} 或 M_{N2} 器件的栅极参考噪声；$v_{n_{MN5}}$ 是 M_{N5} 或 M_{N6} 器件的门参考噪声；$v_{n_{MP1}}$ 是 M_{P1} 或 M_{P2} 器件的门参考噪声。MOS 晶体管的栅极等效热噪声功率为

$$
v_n^2 = \frac{2}{3} \times \frac{4kT}{g_m} \Delta f \tag{5.55}
$$

式中，g_m 是跨导；k 是玻耳兹曼常数；T 是绝对温度；Δf 是带宽。

独立预放大器的增益为

$$
A_{pre} = \frac{g_{mN1}}{g_{mN3}} \tag{5.56}
$$

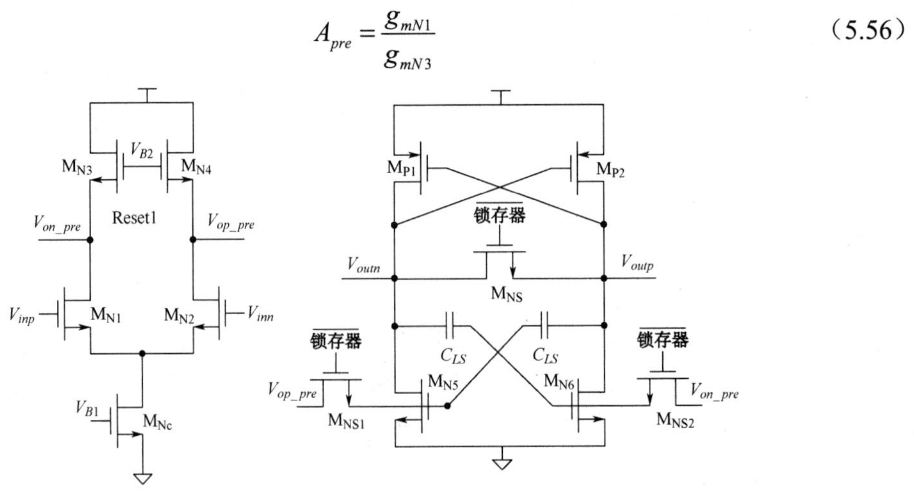

注：比较器的示意图，包括一个预放大器和一个锁存器。© 2014 IEEE（转载自参考文献[5]）。

图 5.25

但是，在加载了锁存器后，输出电阻将包括锁存器的“撬棍”[①]开关（M_{NS}）和任何其他差分电阻负载（R_L），以提供

$$A_{pre} = \frac{g_{mN1}}{g_{mN3} + 2/R_L} \tag{5.57}$$

预放大器的带宽决定了采样带宽，并表示为

$$\text{BW}_{3\text{dB}_{pre}} = \frac{g_{mN3} + 2/R_L}{2\pi C_L} \tag{5.58}$$

式中，C_L 是负载电容。最后，锁存器的单位增益带宽为

$$\omega_u = \frac{g_{mN5} + g_{mP1}}{C_L} \tag{5.59}$$

当“锁存器”信号为低电平时，锁存器被复位，并且在预放大器和锁存器再生节点上对输入进行采样。当“锁存”信号变高电平时，锁存开始，输出移向有效逻辑电平。通常在此阶段将输入断开，以避免对锁存过程造成任何干扰。

图 5.25 显示了类似的结构，其中增加了电平移位电容（C_{LS}）[5]。这些电容用于 DC 电平转换，因此 NMOS 和 PMOS 器件的 V_{gs} 独立达到超过电源 V_{DD} 的最大值。在没有电容 C_{LS} 的情况下，锁存器的 NMOS 和 PMOS 器件的 V_{gs} 受到以下限制。

$$V_{gsN6} + V_{sgP2} = V_{DD} \tag{5.60}$$

通过添加电容 C_{LS}，可以得到

$$V_{gsN6} + V_{sgP2} = V_{DD} + V_{C_{LS}} \tag{5.61}$$

也就是说，通过电平移位，可以使 V_{gs} 电压最大化。例如，若 $V_{C_{LS}}$ 等于 V_{DD}，则可以使每个 NMOS 和 PMOS 器件的 V_{gs} 等于 V_{DD}，这使得它们的总和等于 $2V_{DD}$，而不是 V_{DD}。这就提高了器件的 g_m，从而显著改善了锁存器的噪声和速度。

重要的是要注意，在一些应用中，对预放大器进行了优化，以减少回踢，帮助驱动和复位锁存器，从而最大程度地提高采样带宽。它可能不会提供任何放大，因为它的增益实际上可能小于 1。

图 5.26 显示了一个具有高增益预放大器的 CMOS 比较器的示例，该预放大器使用 PMOS 电流源作为负载。由 PMOS 负载形成的高输出阻抗使得采用共模反馈（CMFB）来控制输出共模工作点变得很重要[9]。共模反馈通过将预放大器的输出连接到 NMOS 电流源的栅极来实现。若输出共模过高，则 NMOS 电流会增加，从而降低输出共模；反之亦然，因此，放大器保持在其所需的工作区域内工作。PMOS 电流源的高阻抗意味着带宽将比图 5.24 所示的预放大器低得多。但是，在这种应用中，动态增益用于放大输入信号，而无须完全建立。与图 5.24 所示的结构不同，该预放大器没有足够的带宽来处理高频输入信号，因此通常需要一个保持信号[9]。

图 5.27 显示了一个 BiCMOS 比较器，其中双极型晶体管被用作预放大器和锁存器中的输入。双极型晶体管的高单位增益带宽 f_T、高增益、低寄生效应和低失调性能改善了传播延时、再生时间和比较器的失调[6]。与 CMOS 同类产品相比，这些比较器具有高速、高精度和更好的 BER。

---

① 译者注：crow-bar switch 的字面意思是撬棍开关，一般理解为复位开关。

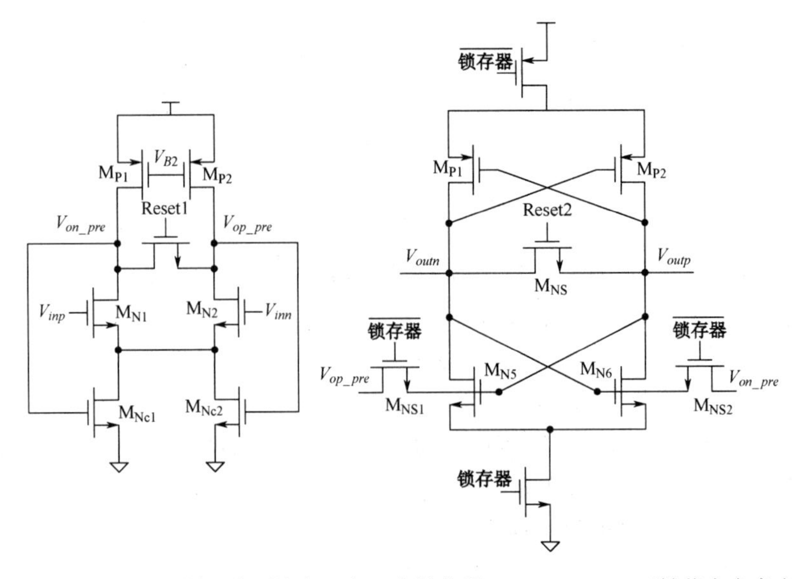

注：比较器的示意图，包括一个预放大器和一个锁存器。© 2000 IEEE（转载自参考文献[9]）。

图 5.26

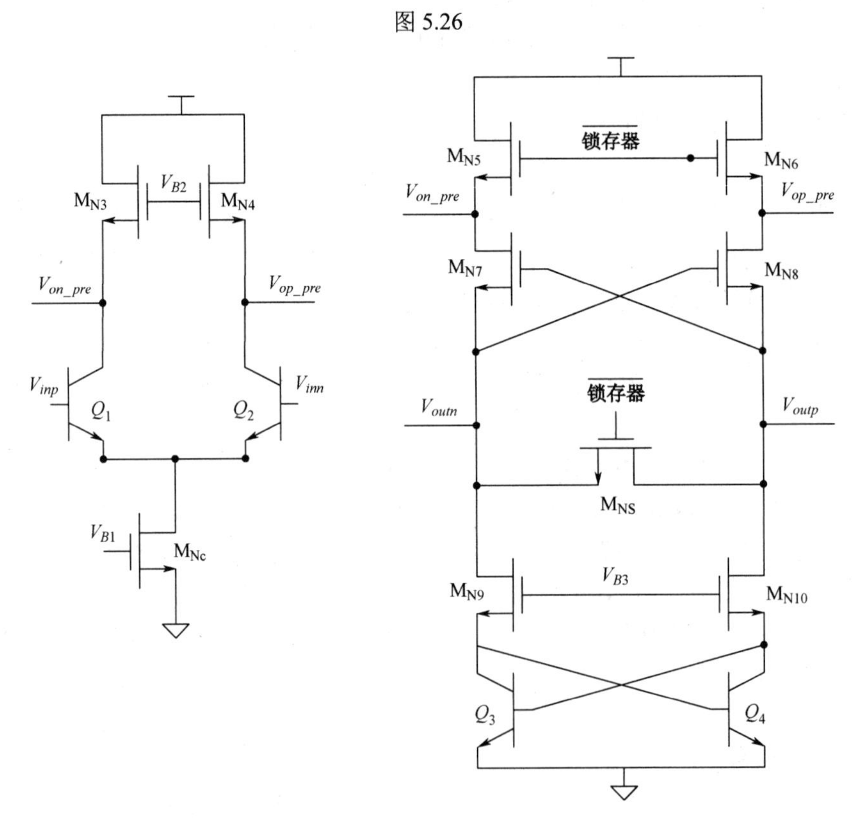

注：BiCMOS 比较器的示意图，包括一个预放大器和一个锁存器。© 2006 IEEE（转载自参考文献[6]）。

图 5.27

在上述示例中，采用采样网络将差分输入与某个参考电平进行比较。另外，比较器可以有 4 个输入，以便比较两个差分输入，无须采样电容器。图 5.28 给出了一个 4 输入比较器的示例。尽管这种类型的比较器可能非常快，但是由于两个差分输入之间的共模差异，它可能会出现误差。

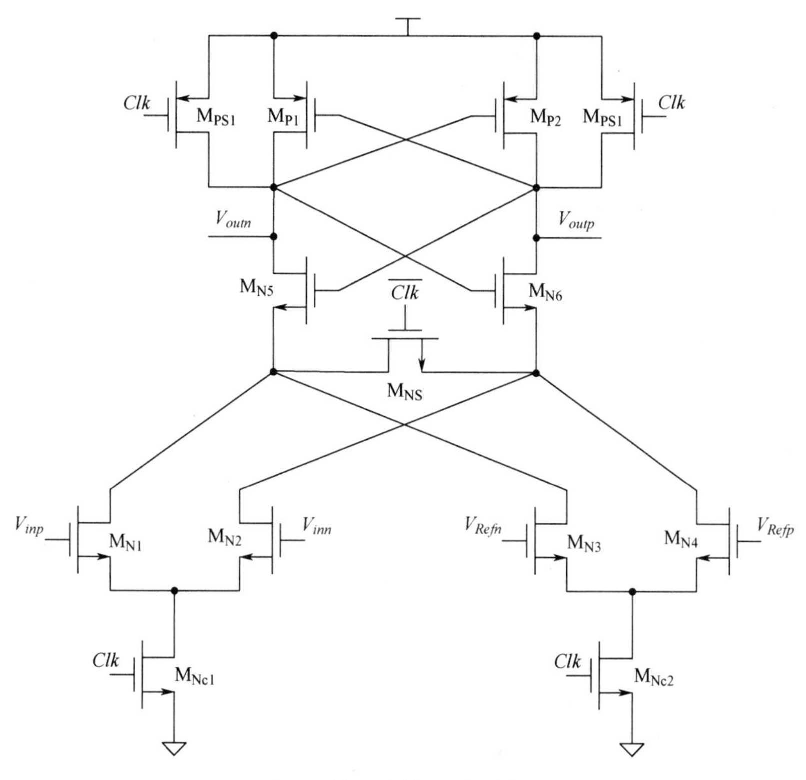

注：4 输入比较器原理图。

图 5.28

5.8　结论

本章讨论了比较器的设计和性能指标。首先介绍了开环、可再生和开关电容比较器。其次给出了将比较器构建为一个或多个预放大器的级联、后接再生锁存器的优选实现方式。在某些应用中，使用多个预放大器被认为是最佳的选项。在其他应用中，可以仅通过一个预放大器来隔离回踢并驱动锁存器，不提供放大功能。通过案例说明了设计折中方案，提供了消除失调和改善速度的技术方法。最后介绍了 CMOS 和 BiCMOS 工艺中比较器的电路示例。

思　考　题

1．使用单极开环放大器构建比较器，其直流增益为 40dB，增益带宽积为 100MHz。

（1）比较器的传播延时是多少？

（2）如果最小有效逻辑电平为 1V，比较器可以分辨的最小幅度是多少？

（3）如果比较器的输入满量程为 1V，那么可实现的最佳 BER 是多少？

2．使用具有 100MHz 增益带宽积的锁存器构建比较器。如果最小有效逻辑电平为 1V，并且使用问题 1 的输入电压，

（1）比较器的传播延时是多少？

（2）如果比较器的输入满量程为 1V，那么 50ns 内可达到的 BER 是多少？

（3）如果时间更改为 100ns，那么 BER 是多少？

3．如果具有相同的单位增益频率，使用式（5.39）和式（5.40）推导再生锁存器要比开环放大器快的条件。假设初始条件相同，解释结果。

4．使用式（5.39）和式（5.40）推导再生锁存器要比开环放大器慢的条件。推导中假设初始条件相同。

5．对于总增益 G，推导获得最快响应总增益所需的级联放大器的最佳数量。

6．对于工作在 500MS/s 的再生锁存器，当 BER 分别为 10^{-9}、10^{-10} 和 10^{-15} 时，所需的单位增益频率是多少？讨论结果。

7．比较器由预放大器与锁存器组成。预放大器的增益为 20dB，3dB 带宽为 1GHz。锁存器的单位增益频率为 1GHz。如果输入电压为 1mV，有效输出逻辑电平为 0.5V。如果锁存器在输入等于以下数值时启用，那么分别求出比较器的传播延时。

（1）1mV。

（2）2mV。

（3）5mV。

（4）10mV。

何时应启用锁存器以使传播延时最小化？

8．比较器由预放大器与锁存器组成。预放大器的增益为 20dB，3dB 带宽为 1GHz。锁存器的单位增益频率为 10GHz。如果输入电压为 1mV，有效输出逻辑电平为 0.5V，那么当锁存器的输入等于以下数值，求出比较器的延迟时间。

（1）1mV。

（2）2mV。

（3）5mV。

（4）10mV。

何时应启用锁存器以使传播延时最小化？

9．在问题 8 中，如果预放大器的增益为 1（0dB），求解。

10．某比较器由具有 10mV 失调的锁存器组成。如果比较器的等效输入失调不超过 1mV，那么在最小传播延时时，应该使用多少个预放大器（数量足够多）来驱动锁存器？推导中忽略预放大器的失调或假设它们将在工作期间得到校正。

11．对于图 5.20 所示的比较器结构，假设锁存器的噪声电压为 1mV，而预放大器的噪声电压为 0.5mV。预放大器的增益为 20dB，3dB 带宽为 100MHz，输入电容为 50fF。采样电容为 0.1pF，RC 网络的时间常数是预放大器的时间常数的 1/10。在 ϕ_1 期间，预放大器输入端的寄生电容为 50fF。估算比较器的总等效输入噪声。

12．对于图 5.23 所示的比较器结构，假定锁存器的噪声电压为 1mV，而预放大器的噪声电压为 0.5mV。预放大器的增益为 20dB，3dB 带宽为 100MHz，输入电容为 50fF。采样电容均为 0.1pF，RC 网络的时间常数是预放大器的时间常数的 1/10。在 ϕ_1 期间，预放大器输入端的寄生电容为 50fF。估算比较器的总等效输入噪声。

13．使用类似 SPICE 的模拟器，对比较器进行建模，如图 5.20 所示。可以使用晶体管级电路或宏模型。电容 C_S 为 1pF，参考电压 V_{Refp}-V_{Refn} 为 0.5V。预放大器的增益为 20dB，单位增益频率为 100 MHz。锁存器的单位增益频率分别为：

（1）50 MHz；

（2）100 MHz；

（3）200 MHz。

对于 0.1mV、1mV、10mV 和 100 mV 的差分输入，将比较器的输出绘制为时间的函数。

14．对于问题 13，在 C_s、预放大器和锁存器中引入失调。讨论每个失调的影响。

15．在问题 13 和问题 14 中，对图 5.23 所示的比较器，采用相等的采样电容分别为 1pF。讨论结果。

16．将图 5.26 所示的预放大器的增益和 3dB 带宽的推导表达式结果与图 5.24 的预放大器进行比较。如果没有时间使预放大器稳定下来，那么它的动态增益与稳定时间 t_s 的关系是什么？如果两个比较器的锁存器相同，你如何看待它们在采样带宽、失调和传播延时方面的比较？

17．对于图 5.28 中的比较器，根据输入和参考值得出差分输出的表达式。共模值的差异将如何影响输出？

18．一个具有 1V 输入满量程的 5 位 1GS/s 闪存 ADC，其每个比较器均由一个增益为 10 的预放大器和一个单位增益带宽为 20GHz 的锁存器组成。如果有效逻辑电平为 0.5V，那么 BER 是多少？如果快闪只有 4 位，BER 是多少？讨论结果。

参 考 文 献

[1] A. Hastings, “The Art of Analog Layout,” Prentice Hall, Upper Saddle River, NJ, 2001.

[2] P.E. Allen and D.R. Holberg, “CMOS Analog Circuit Design,” Second Edition, Oxford University Press, New York, NY, 2002.

[3] J. Doernberg, P.R. Gray, and D.A. Hodges, “A 10-bit 5-Msample.s CMOS Two-Step Flash ADC,” *IEEE Journal of Solid-State Circuits*, 24(2), pp. 241–249, Apr. 1989.

[4] M. Gustavsson, J.J. Wikner, and N.N. Tan, “CMOS Data Converters for Communications,” Kluwer Academic Publishers, Dordrecht, The Netherlands, 2000.

[5] A.M.A. Ali, H. Dinc, P. Bhoraskar, *et al.*, “A 14b 1GS/s RF Sampling Pipelined ADC with Background Calibration,” *IEEE Journal of Solid-State Circuits*, 49(12), pp. 2857–2867, Dec 2014.

[6] A.M.A. Ali, C. Dillon, R. Sneed, *et al.*, “A 14-bit 125 MS/s IF/RF Sampling Pipelined ADC with 100 dB SFDR and 50 fs Jitter,” *IEEE Journal of Solid-State Circuits*, 41(8), pp. 1846–1855, Aug 2006.

[7] A.M.A. Ali, A. Morgan, C. Dillon, *et al.*, “A 16-bit 250-MS/s IF Sampling Pipelined ADC with Background Calibration,” *IEEE Journal of Solid-State Circuits*, 45(12), pp. 2602–2612, Dec 2010.

[8] A.M.A. Ali, H. Dinc, P. Bhoraskar, *et al.*, “A 14-bit 2.5GS/s and 5GS/s RF Sampling ADC with Background Calibration and Dither,” *IEEE VLSI Circuits Symposium*, pp. 206–207, 2016.

[9] K. Nagaraj, D.A. Martin, M. Wolfe, *et al.*, “A Dual-Mode 700-Msamples/s 6-bit 200-Msamples/s 7-bit A/D Converter in a 0.25-μm Digital CMOS Process,” *IEEE Journal of Solid State Circuits*, 35(12), pp.1760–1768, Dec 2000.

第6章 放大器

本章将讨论放大器的结构、分析以及设计。放大器可用在采样保持放大器（SHA），可作为流水线 ADC 中级间（MDAC）放大器，以及 Σ-Δ 转换器的积分器。该放大器的性能通常对整个 ADC 至关重要。例如，在流水线 ADC 中，MDAC 的放大器作为主要的构建模块决定着 ADC 量化器的性能和速度。如果需要一个驱动容性负载或开关电容电路反馈放大器，可以使用运算跨导放大器（operational transconductance amplifier，OTA）。若它驱动阻性负载，则需要使用低阻运算放大器（operational amplifier，opamp）。但是，为简单起见，“opamp”这一词汇通常用于上述两种放大器的统称。

6.1 开关电容电路

现代模拟设计对 CMOS 和 BiCMOS 工艺的依赖促进了开关电容器电路的重要性和普及性。这是由于 MOS 晶体管是良好的开关，电容相比电阻具有更好的线性度、更好的匹配和更低的温度变化。开关电容电路通过电容比和时钟速率确定电路的关键特性。如果设计得当，它们可以相对与工艺无关，实现相当好的准确性，无须修正或校准[1]。这些电路的主要要求包括：良好的开关、非交叠的时钟，以及能够满足期望的准确性要求的建立时间。开关电容电路也与采样时间（离散时间）系统兼容，对于高分辨率 ADC 来说，它们成为一种自然而有吸引力的选择。

6.1.1 开关电容电阻

如果有一个电容 C 在电压为 V_1 和 V_2 两个节点之间以时钟速率（频率）f_s 切换（见图 6.1），电荷 q_1 和 q_2 将由下式给出

$$q_1 = CV_1 \tag{6.1}$$

以及

$$q_2 = CV_2 \tag{6.2}$$

由切换引起的两个节点之间的电荷转移由 q 给出，即

$$q = q_1 - q_2 = C(V_1 - V_2) \tag{6.3}$$

在两个节点之间流动的有效电流为

$$I = \frac{q}{T_S} = C(V_1 - V_2)f_s \tag{6.4}$$

式中，T_s 是时钟周期。因此，开关电容相当于一个等效电阻 R_{eq}，为

$$R_{eq} \approx (V_1 - V_2)/I \approx 1/f_sC \tag{6.5}$$

（a）开关电容　　（b）等效电阻

图 6.1

如果信号频率远低于时钟频率，这个近似就能够成立。因此，该开关电容器可用于图 6.2 所示的电路中形成一个低通滤波器，从而

$$\frac{V_{out}}{V_{in}} \approx \frac{1}{1+sR_{eq}C_2} \approx \frac{1}{1+sC_2/f_sC_1} \tag{6.6}$$

等效电阻为

$$R_{eq} = \frac{1}{C_1 f_s} \tag{6.7}$$

该滤波器的截止频率f_c为

$$f_c = \frac{f_s C_1}{2\pi C_2} \tag{6.8}$$

若该滤波器由电阻 R_{eq} 实现，则截止频率为

$$f_c = \frac{1}{2\pi R_{eq} C_2} \tag{6.9}$$

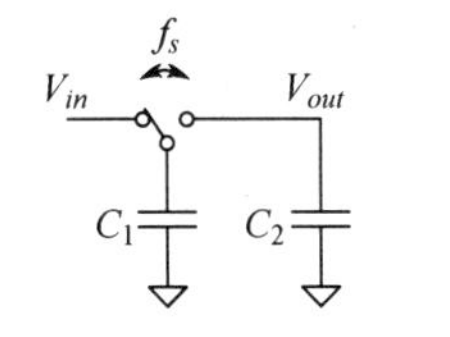

（a）开关电容低通滤波器

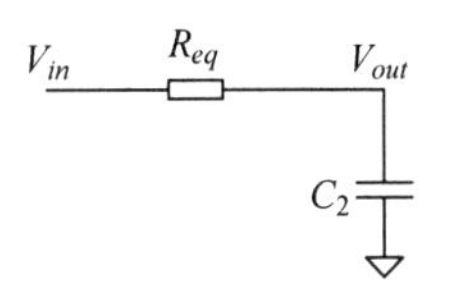

（b）等效连续时间滤波器

图 6.2

通过比较式（6.8）和式（6.9），可以看到，在使用开关电容（switched capacitor，SC）的情况下，截止频率取决于时钟速率和电容比，这可以做得非常准确。而在传统的 RC 情况下，截止频率取决于电阻和电容的值，这可能会随着工艺和温度而发生很大变化。因此，只要在离散时域操作，使用 SC 滤波器就可以获得更高的精度。这种连续时间上的近似仅在远低于时钟频率的情况下有效。

SC 电路的精确操作需要非交叠时钟，如图 6.3 所示。非交叠确保了先断开再建立的切换，否则泄漏、毛刺和电荷注入将会降低电路的精度。可以使用图 6.4 所示的电路生成非交叠时钟。在这种情况下，非交叠时间由 t_d 给出，等于典型的门延迟。另一个例子如图 6.5 所示，通过在非交叠电路的反馈路径中插入两个反相器，将非交叠时间增加到 $3t_d$。

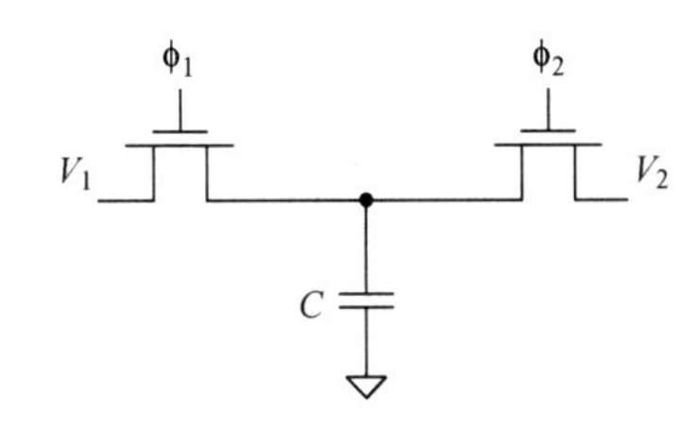

注：一个使用非交叠时钟的开关电容。

图 6.3

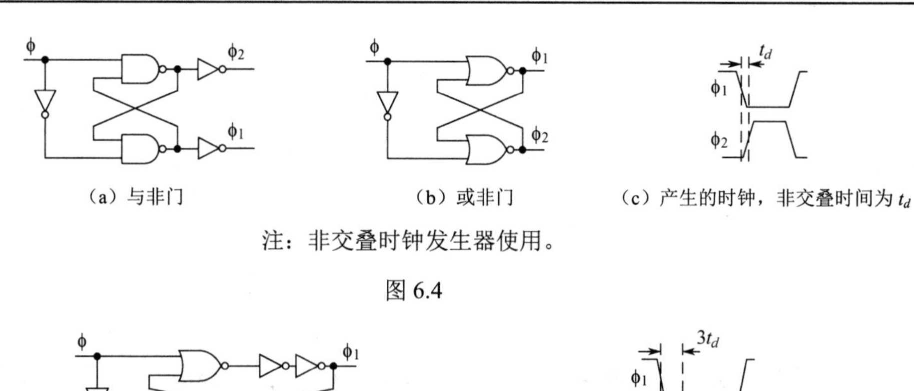

（a）与非门　（b）或非门　（c）产生的时钟，非交叠时间为 t_d

注：非交叠时钟发生器使用。

图 6.4

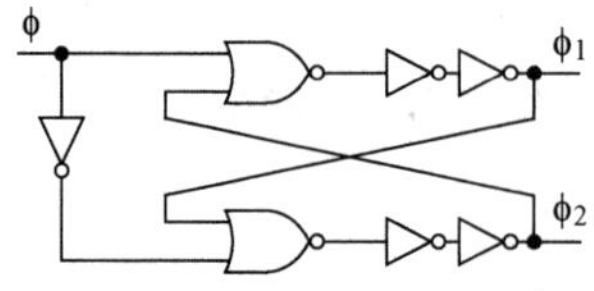

（a）使用 NOR 门的非交叠时钟发生器　（b）由此产生的具有较长非交叠时间的非交叠时钟（$3t_d$）

图 6.5

6.1.2 开关电容有源滤波器

开关电容滤波器的另一个例子是反相积分器。一个 RC 反相积分器如图 6.6（a）所示，假设放大器是理想的情况下，传递函数为

$$\frac{V_{out}}{V_{in}}=-\frac{1}{sR_1C_2} \tag{6.10}$$

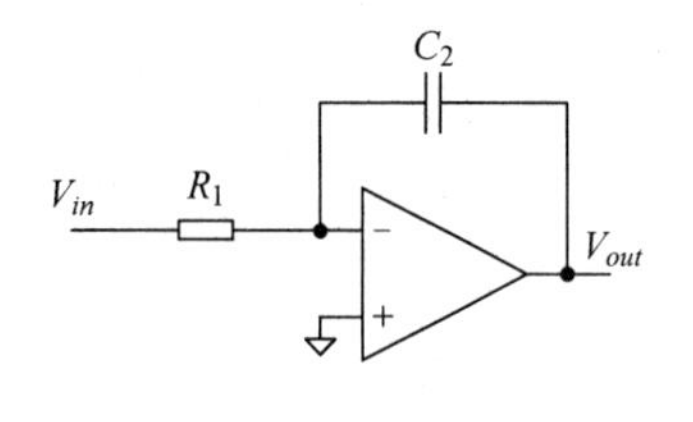

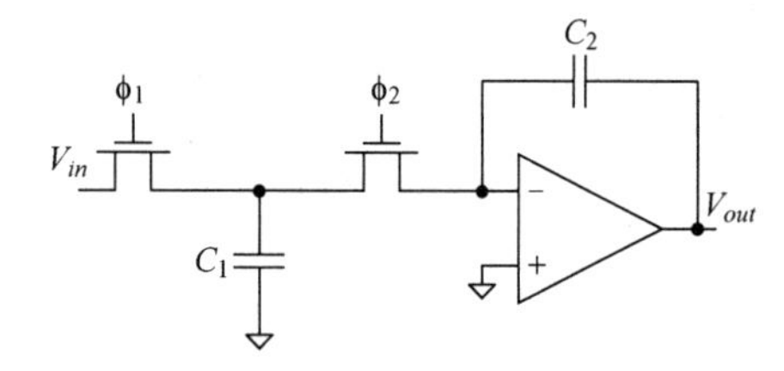

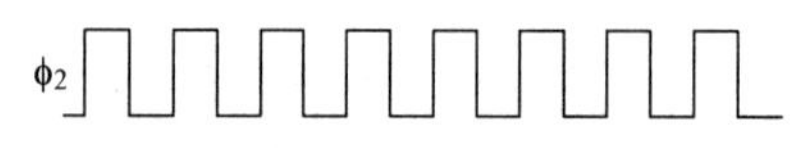

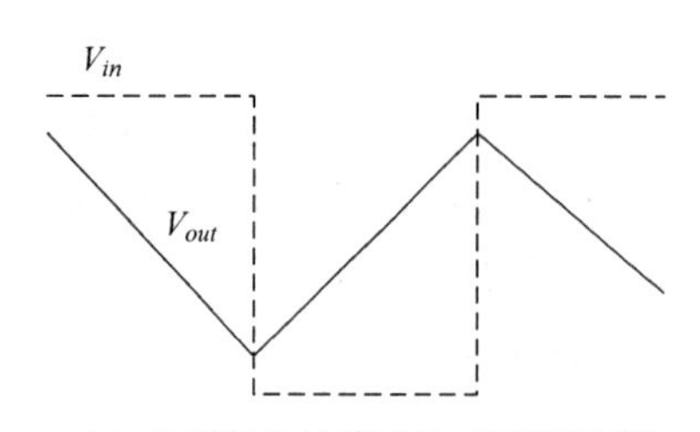

（a）反相连续时间积分器（低通滤波器）　（b）等效开关电容器

注：这两种情况下都显示了输入波形和输出波形。

图 6.6

该电路完成连续时间操作，其时间常数为

$$\tau = R_1C_2 \tag{6.11}$$

另外，SC 等效电路如图 6.6（b）所示，传递函数可近似表示为

$$\frac{V_{out}}{V_{in}}=-\frac{C_1 f_s}{sC_2} \tag{6.12}$$

此 SC 电路提供离散时间（采样时间）操作，时间常数为

$$\tau=\frac{C_2}{C_1 f_s} \tag{6.13}$$

开关电容电路的离散特性使得 z 域表示更适合滤波器分析[2]，其中 z 定义为

$$z=\mathrm{e}^{\mathrm{j}\omega T_s} \tag{6.14}$$

式中，T_s 是时钟周期；ω 是角频率；z^{-1} 表示单位延迟。通过分析两个时钟相位的电荷进出电容，可以计算出 z 域的传递函数。在 ϕ_1 工作期间，电荷 q_1 为

$$q_1[n]=C_2 V_{in}[n] \tag{6.15}$$

在 ϕ_2 工作期间，流出电容的电荷 q_2 为

$$q_2[n]=-C_2 V_{out}[n]+C_2 V_{out}[n-1] \tag{6.16}$$

由于 ϕ_2 比 ϕ_1 迟半个时钟周期，因此

$$q_2[n]=q_1[n-1/2] \tag{6.17}$$

将式（6.15）和式（6.16）代入式（6.17），得到

$$q_2[n]=-C_2 V_{out}[n]+C_2 V_{out}[n-1]=C_1 V_{in}[n-1/2] \tag{6.18}$$

因此，在 z 域中，可以得到

$$-C_2 V_{out}+C_2 V_{out} z^{-1}=C_1 V_{in} z^{-1/2} \tag{6.19}$$

传递函数为

$$\frac{V_{out}}{V_{in}}=-\frac{C_1}{C_2}\frac{z^{-1/2}}{1-z^{-1}} \tag{6.20}$$

这是一个离散时域中的反相积分器。用连续时间代替 z 给出

$$\frac{V_{out}}{V_{in}}=-\frac{C_1}{C_2}\frac{\mathrm{e}^{-\mathrm{j}\omega T_s/2}}{1-\mathrm{e}^{-\mathrm{j}\omega T_s}} \tag{6.21}$$

对于远小于 f_s 的频率，ωT_s 非常小，因此

$$\mathrm{e}^{-\mathrm{j}\omega T_s}\approx 1-\mathrm{j}\omega T_s \tag{6.22}$$

将式（6.22）代入式（6.21）得到

$$\frac{V_{out}}{V_{in}}\approx-\frac{C_1}{\mathrm{j}\omega T_s C_2}\approx-\frac{f_s C_1}{\mathrm{j}\omega C_2}\approx-\frac{1}{\mathrm{j}\omega R_{eq} C_2} \tag{6.23}$$

这是式（6.10）的连续时间近似，即

$$\frac{V_{out}}{V_{in}}\approx-\frac{1}{\mathrm{s}R_{eq}C_2}\approx-\frac{f_s C_1}{sC_2} \tag{6.24}$$

图 6.6（b）和图 6.7 中所示的 SC 滤波器的一个缺点是它对电容器顶板的寄生效应敏感。这些寄生效应降低了精度、匹配度和电路速度。在存在寄生的情况下，则式（6.24）给出的传递函数变为

$$\frac{V_{out}}{V_{in}}\approx-\frac{f_s(C_1+C_{p1}+C_{p2})}{sC_2} \tag{6.25}$$

这表明寄生电容改变了时间常数和电路的等效电阻。另一种对寄生效应不太敏感的开关电容电阻如图 6.8 所示。在这种情况下，ϕ_1 工作期间流动的电荷 q_1 为

$$q_1=C_1(V_1-V_2) \tag{6.26}$$

ϕ_2 工作期间电容放电。因此，等效电阻为

$$R_{eq} \cong (V_1 - V_2)/I = 1/f_s C \tag{6.27}$$

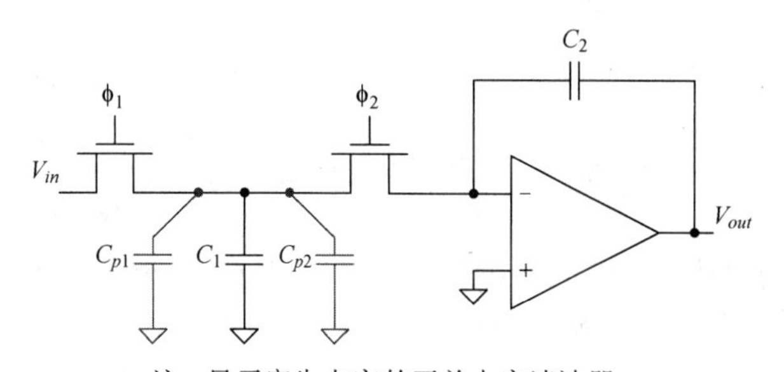

注：显示寄生电容的开关电容滤波器，这个结构对寄生电容很敏感。

图 6.7

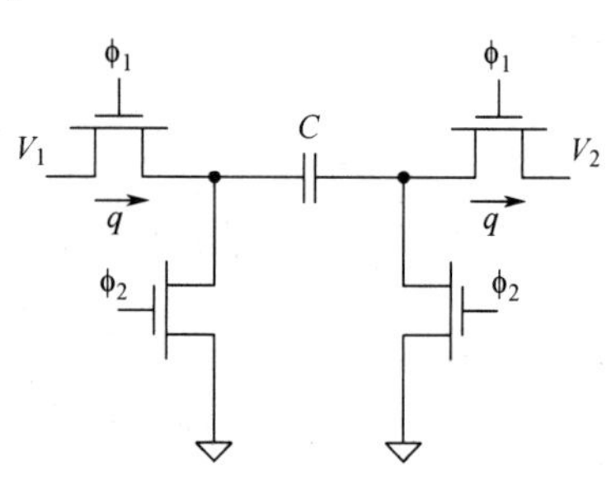

注：寄生不敏感的开关电容电阻。

图 6.8

图 6.9 所示电路在反相积分器配置中使用了 SC 电阻，其中寄生电容 C_{p1} 被驱动电压 V_{in} 过载（over-ridden），而 C_{p2} 被电路的反馈环路驱动至零。因此，该积分器通常称为寄生不敏感的反相积分器。传递函数为

$$\frac{V_{out}}{V_{in}} = -\frac{C_1}{C_2}\frac{1}{(1-z^{-1})} \tag{6.28}$$

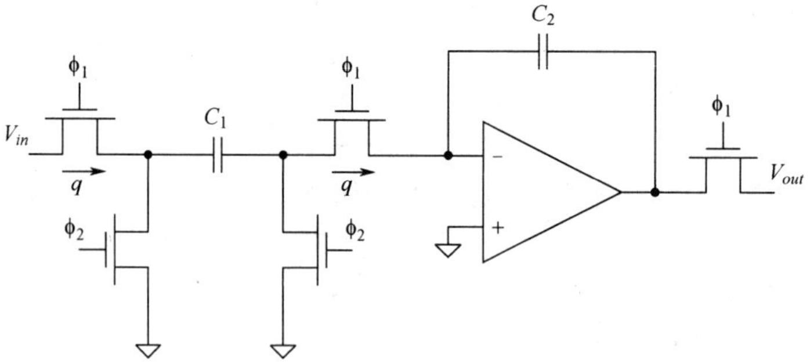

注：寄生不敏感的反相开关电容积分器（低通滤波器）。

图 6.9

对于频率比时钟频率小得多的信号，可以在连续时域中进行近似，得到

$$\frac{V_{out}}{V_{in}} \approx -\frac{C_1}{\mathrm{j}\omega T_s C_2} \approx -\frac{f_s C_1}{\mathrm{j}\omega C_2} \approx -\frac{1}{\mathrm{j}\omega R_{eq} C_2} \tag{6.29}$$

类似地，寄生不敏感的同相积分器可以设计为如图 6.10 所示。在 ϕ_1 工作期间，输入在电容上进行采样，电荷 q 从输入端向右流动，对电容 C_1 充电。在 ϕ_2 工作期间，电荷 q 向左流出电容到地，因此给电容 C_2 充电。与反相寄生不敏感积分器不同，该电路的输出在输入采样后的半个周期后的 ϕ_2 期间被采样。传递函数为

$$\frac{V_{out}}{V_{in}} = \frac{C_1}{C_2}\frac{z^{-1/2}}{(1-z^{-1})} \tag{6.30}$$

其对低频信号的连续时间近似为

$$\frac{V_{out}}{V_{in}} \approx \frac{C_1}{\mathrm{j}\omega T_s C_2} \approx \frac{f_s C_1}{\mathrm{j}\omega C_2} \approx \frac{1}{\mathrm{j}\omega R_{eq} C_2} \tag{6.31}$$

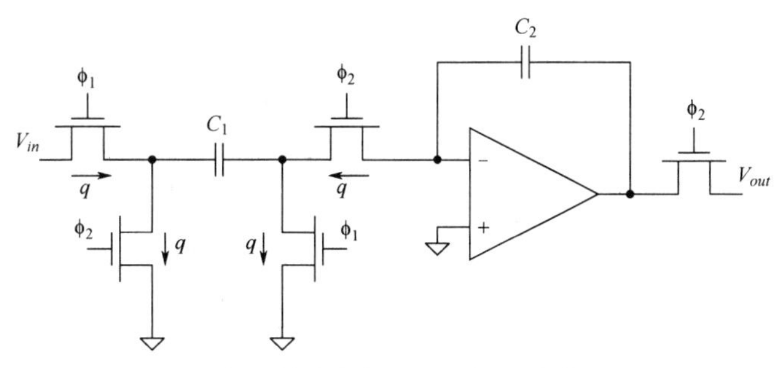

注：同相开关电容积分器（低通滤波器）。

图 6.10

6.1.3　开关电容放大器

到目前为止，我们一直用滤波器和积分器来分析开关电容电路的操作，但同样的分析可以扩展到开关电容放大器。若反馈电容器每个周期进行复位/放电，则上一个循环的存储消失，积分过程中断。这使得电路的行为像一个放大器。图 6.11 所示为同相放大器，其传递函数为

$$\frac{V_{out}}{V_{in}}=\frac{C_1 z^{-1/2}}{C_2} \tag{6.32}$$

如果我们忽略半周期延迟，传递函数将为

$$\frac{V_{out}}{V_{in}}=\frac{C_1}{C_2} \tag{6.33}$$

需要注意的是，尽管这些电路对 C_1 和 C_2 对地的寄生不敏感，但它们对 C_1 和 C_2 之间的寄生敏感。图 6.9～图 6.11 中的电路就是这样，因为电容上的寄生会有效地改变电容器的值。图 6.12 所示为放大器电路，其中电容 C_2 上的寄生与 C_1 上的同等比例的寄生不匹配，将导致传输函数产生增益误差。该误差由下式表示：

$$\frac{V_{out}}{V_{in}}=\frac{C_1 z^{-1/2}}{C_2+C_p} \tag{6.34}$$

由于增益取决于电容比，因此可以通过使用相同的单元来获得良好的精度，从而使寄生成比例匹配，而不会影响增益。

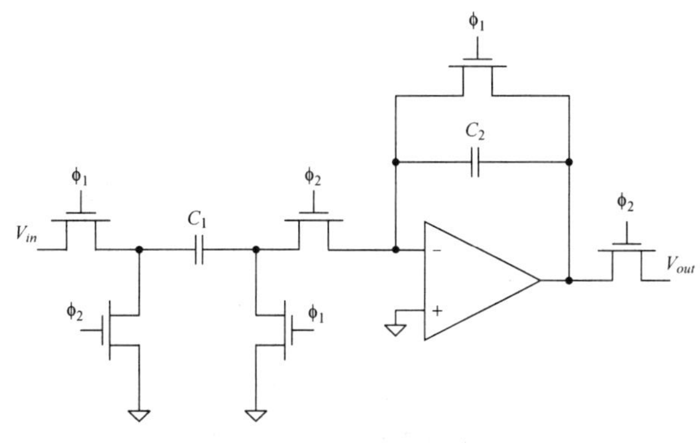

注：开关电容同相放大器。

图 6.11

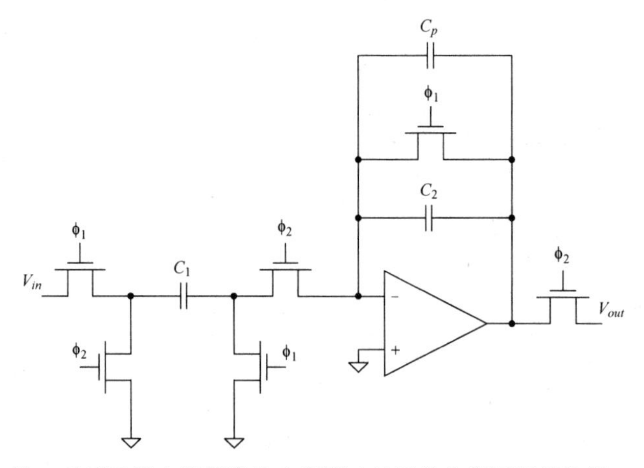

注：显示反馈电容器寄生电容影响的开关电容同相放大器。

图 6.12

该电路的一个简化形式如图 6.13 所示。这是一个开关电容放大器，也可以用作采样保持放大器（sample-and-hold amplifier，SHA）。在这种情况下，采样开关使用提前的时钟，如图 6.14 所示，在第 4 章中曾经讨论过。通过减少连接到放大器的求和节点的开关数量可以减少求和节点上的寄生电容，从而提高反馈系数、精度和速度。如果假定运算放大器是理想的，那么该开关电容放大器的增益为

$$G = \frac{C_1}{C_2} \tag{6.35}$$

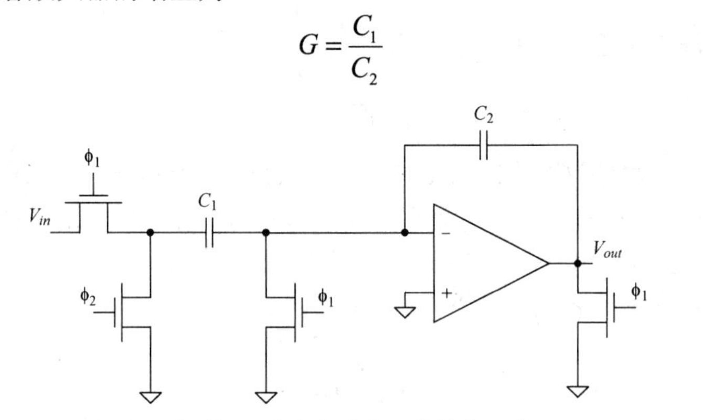

注：非反相开关电容放大器的简化形式。

图 6.13

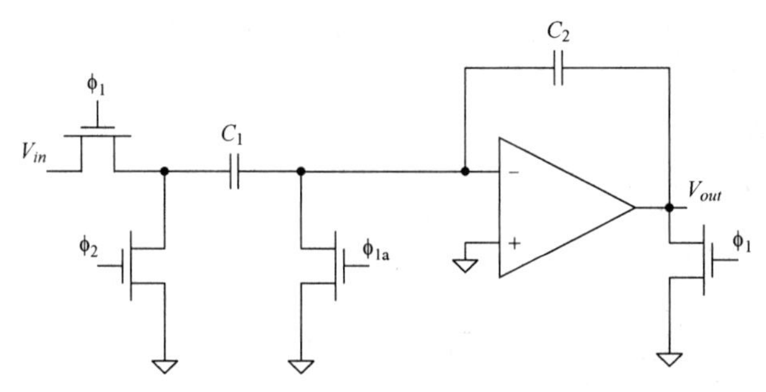

注：非反相开关电容放大器的简化形式，带有提前的采样开关，以最小化输入开关的电荷注入。它可以用作采样保持放大器。

图 6.14

图 6.15 显示了这种放大器的翻转版本，其中反馈电容在采样阶段用作采样电容，在保持阶段用作反馈电容。这个翻转式放大器的增益为

$$G=\frac{C_1+C_2}{C_2} \tag{6.36}$$

若需要单位增益，则要去除电容 C_1，得到一个可用作采样保持放大器的结构，从而具有固定为 1 的准确增益。对于相同的增益，图 6.15 所示的电路与图 6.14 所示的电路相比具有更高的反馈系数。然而，它需要额外的开关，这可能会影响其速度。如果输入共模与输出共模不同，它也有可能出现共模毛刺。这些共模毛刺会使设计复杂化，并减慢差分建立时间。

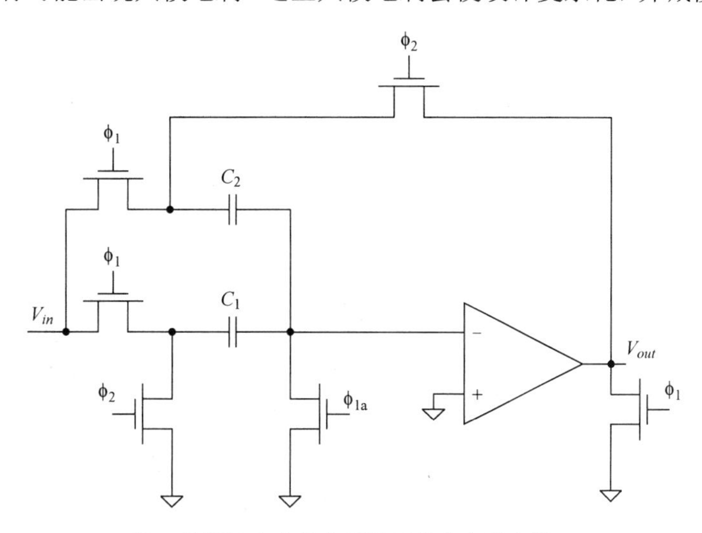

注：带翻转电容的非反相开关电容放大器。

图 6.15

6.1.4　开关电容放大器的非理想性

如果运算放大器具有有限的直流开环增益 A_{DC}，对图 6.16 中电路的开关电容放大器的增益进行分析可以得到

$$\frac{V_{out}}{V_{in}}=\frac{C_1}{C_2}\frac{1}{1+(\dfrac{(C_1+C_2+C_{ps})/C_2}{A_{DC}})}=\frac{C_1/C_2}{(1+\dfrac{1}{\beta A_{DC}})}=\frac{G}{(1+\dfrac{1}{\beta A_{DC}})} \tag{6.37}$$

式中，C_{ps} 是放大器求和节点上的寄生电容；β 是反馈系数。

$$\beta=\frac{C_2}{C_1+C_2+C_{ps}} \tag{6.38}$$

式（6.37）可以用电荷守恒来导出。在 ϕ_1 工作期间，给电容器 C_1 充电的电荷量 q_1 为

$$q_1=V_{in}C_1 \tag{6.39}$$

在 ϕ_2 工作期间，由求和节点处的电荷守恒可得电荷将被重新分配，表达式为

$$q_1+V^-C_1+V^-C_{ps}=(V_{out}-V^-)C_2 \tag{6.40}$$

式中，V^- 是求和节点电压，即

$$V^-=-\frac{V_{out}}{A_{DC}} \tag{6.41}$$

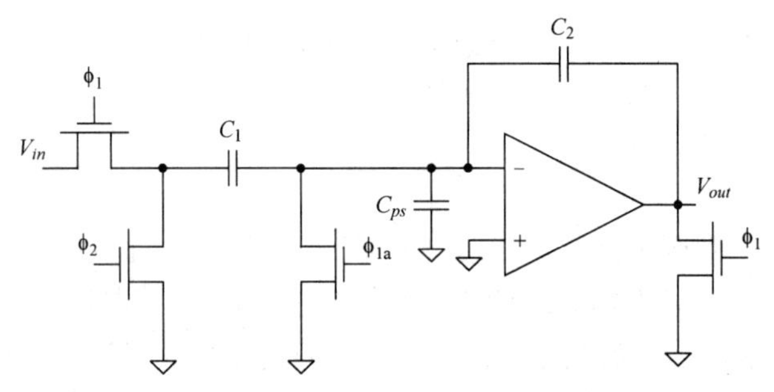

注：非反相开关电容放大器的简化形式。

图 6.16

将式（6.39）和式（6.41）代入式（6.40），可以得到

$$V_{in}C_1-\frac{V_{out}C_1}{A_{DC}}-\frac{V_{out}C_{ps}}{A_{DC}}=(V_{out}+\frac{V_{out}}{A_{DC}})C_2 \tag{6.42}$$

将式（6.42）整理得到式（6.37），即

$$A_{cl_{DC}}=\frac{V_{out}}{V_{in}}=\frac{C_1}{C_2}\frac{1}{1+(\frac{(C_1+C_2+C_{ps})/C_2}{A_{DC}})}=\frac{C_1/C_2}{(1+\frac{1}{\beta A_{DC}})}=\frac{G}{(1+\frac{1}{\beta A_{DC}})} \tag{6.43}$$

比较式（6.43）和式（6.35），可以看到有限开环直流增益 A_{DC} 使得整个闭环增益中产生了误差。因此，需要最大化开环直流增益 A_{DC} 以使误差最小化。式（6.43）中的增益公式假定已完全建立。因此，它通常被称为电路的闭环直流增益 $A_{cl_{DC}}$。

除了上述静态（DC）误差，开关电容放大器还受到建立误差导致的动态精度的影响。此外，这有一部分是由于运算放大器（或运算跨导放大器）的有限带宽以及开关的寄生电阻。如果运算放大器具有单位增益角频率为 ω_u 的单一极点，那么将在 6.2.3 节得出该放大器闭环增益 A_{cl} 为

$$A_{cl}=\frac{V_{out}}{V_{in}}=\frac{C_1/C_2}{(1+\frac{1}{\beta A_{DC}})}\frac{1}{(1+s/\beta\omega_u)}=\frac{A_{cl_{DC}}}{(1+s/\beta\omega_u)} \tag{6.44}$$

因此，开关放大器电路的闭环带宽 BW_{cl} 为

$$BW_{cl}\cong\beta f_u \tag{6.45}$$

式中，β 是反馈系数；$f_u=\omega_u/2\pi$ 是运算放大器的单位增益频率。对于图 6.16 所示的电路，β 为

$$\beta=\frac{C_2}{C_1+C_2+C_{ps}} \tag{6.46}$$

式中，C_1 是采样电容；C_2 是反馈电容；C_{ps} 是放大器求和节点处的寄生电容。单位增益频率通常为

$$f_u=\frac{g_m}{2\pi C_L} \tag{6.47}$$

式中，g_m 是运算跨导放大器的跨导；C_L 是其总负载电容。本章稍后将对不同放大器结构进行更详细的介绍。

如果我们假设放大器是单极点系统，那么建立误差 ε 随时间 t_s 推移将近似为

$$\varepsilon=\mathrm{e}^{-t_s\beta\omega_u}=\mathrm{e}^{-t_s 2\pi B\omega_{cl}} \tag{6.48}$$

从式（6.45）中可以观察到，闭环带宽由运算放大器单位增益频率和反馈系数决定。式

(6.48）表明建立误差取决于闭环带宽和建立时间，由时钟频率决定。

从上面的讨论可以清楚地看出，开关电容放大器的精度是由运算放大器的开环增益、单位增益带宽以及反馈系数决定的。这些参数影响放大器的建立误差和直流精度。在流水线 ADC 的级间放大器中，增益精度非常重要，因为它会影响量化器的线性度，这将在第 7 章中讨论。另外，在采样保持放大器中，增益精度不是很关键，而增益线性度更重要。

例 6.1：从图 6.13 所示的同相放大器开始，我们怎么构建一个反相放大器？

答：反相放大器的一个例子如图 6.17 所示。在这里改变了其中一些开关的相位，使得在 ϕ_2 工作期间电容复位，在 ϕ_1 工作期间，施加输入并对输出进行采样。

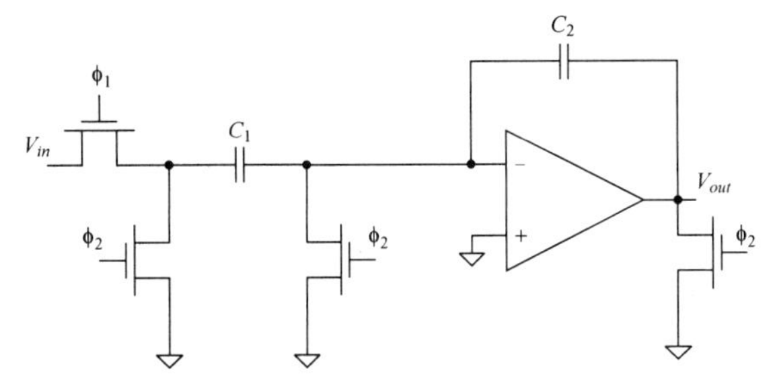

注：开关电容反相放大器的一个例子。

图 6.17

反相放大器的直流传递函数为

$$\frac{V_{out}}{V_{in}} = \frac{-C_1/C_2}{(1+\frac{1}{\beta A_{DC}})} \tag{6.49}$$

例 6.2：我们如何构建减法 SC 放大器？

答：我们可以组合反相放大器和同相放大器来获得一个减法放大器，如图 6.18 所示。在 ϕ_1 工作期间，输入 V_{in1} 被采样，反馈电容和放大器被复位。在 ϕ_2 工作期间，施加 V_{in2}，并对输出进行采样。该电路从 V_{in1} 中减去 V_{in2}，可以得到

$$V_{out} = \frac{C_1/C_2}{(1+\frac{1}{\beta A_{DC}})}(V_{in1} - V_{in2}) \tag{6.50}$$

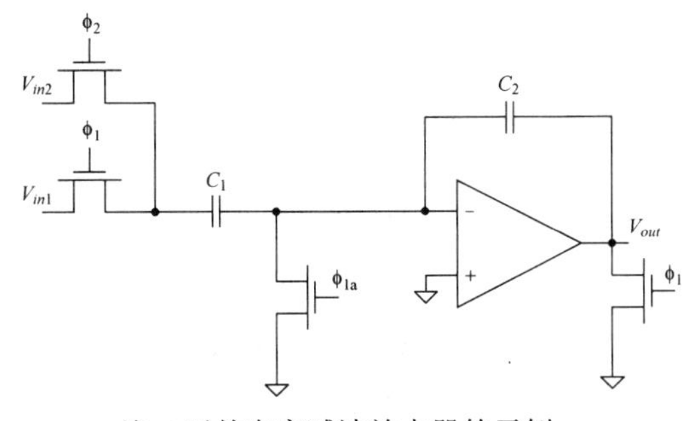

注：开关电容减法放大器的示例。

图 6.18

6.2 放大器设计

在 6.1 节中，运算跨导放大器呈现为黑盒子。本节将讨论运算跨导放大器的结构和设计参数。在开关电容和电容负载电路中，运算放大器通常被实现为运算跨导放大器。与运算放大器不同，运算跨导放大器提供具有相对较高输出阻抗的电流输出，而不是低输出阻抗的电压输出。在稳定后，负载电容器的阻抗很高，这就不需要运算放大器具有低输出阻抗。

放大器的一些重要设计参数为直流增益、摆率、单位增益频率、闭环带宽、相位裕度、共模抑制比（CMRR）、电源抑制比（PSRR）、噪声、输入共模范围、输出动态范围。

6.2.1 直流增益

直流增益定义为在接近直流的非常低的频率下，完成建立后输出电压与输入电压之比。直流增益决定放大器的精度，即

$$A_{DC}=\left.\frac{v_o}{v_{in}}\right|_{f\to 0}=\left.\frac{v_o}{v_{in}}\right|_{t\to\infty} \tag{6.51}$$

式中，v_o 和 v_{in} 分别是输出电压和输入电压。在本节中，这些电压小写字母代表它们的信号分量而不是它们的直流偏置值。在开关电容电路中，重要的是要区分“直流”项，它是指在充分的建立时间后的信号量，而不是没有信号内容的放大器的直流偏压。

6.2.2 摆率

摆率定义为输出电压随着时间的最大变化率。定义式为

$$\mathrm{SR}=\frac{\Delta V}{\Delta t}=\frac{I}{C} \tag{6.52}$$

当 OTA 的全部电流充放能力都用于对放大器内外电容充电时，其摆率决定了大信号建立速度的上限。通常，建立行为包括大信号建立时间和小信号建立时间。在应用中希望压摆时间最小化，因为它本质上是高度非线性的[10]。

6.2.3 小信号建立

当压摆和大信号建立完成时，输出接近其最终值，随后的放大器小信号建立由其带宽、反馈系数和相位裕度（PM）决定。建立行为将在很大程度上取决于系统极点的数量。

1．单极点系统

对于单极点系统，图 6.19 中的波特图显示了图 6.20 所示的通用反馈放大器的极点频率、单位增益频率和闭环带宽。假设这是一个单极点系统，则开环传输函数为

$$A(s)=\frac{A_{DC}}{1+s/\omega_p} \tag{6.53}$$

其中，A_{DC} 是放大器的开环直流增益；ω_p 是主极点。从放大器输入到其输出的闭环增益将是

$$A_{cl\_gen} = \frac{V_o}{V^+ - V^-} = \frac{A(s)}{1+\beta A(s)} \tag{6.54}$$

其中，β 是反馈系数。后缀"gen"表示图 6.20 所示的一般反馈放大器结构。将式（6.53）代入式（6.54）得到

$$A_{cl\_gen} = \frac{\dfrac{A_{DC}}{1+s/\omega_p}}{1+\beta\dfrac{A_{DC}}{1+s/\omega_p}} = \frac{A_{DC}}{1+s/\omega_p+\beta A_{DC}} = \frac{\dfrac{A_{DC}}{1+\beta A_{DC}}}{1+s/\omega_p(1+\beta A_{DC})} \tag{6.55}$$

可整理为

$$A_{cl\_gen} = \frac{A_{cl\_gen_{DC}}}{1+\dfrac{s}{\beta A_{DC}\omega_p}} = \frac{A_{cl\_gen_{DC}}}{1+\dfrac{s}{\beta\omega_u}} = \frac{A_{cl\_gen_{DC}}}{1+\dfrac{s}{2\pi \mathrm{BW}_{cl}}} \tag{6.56}$$

和

$$A_{cl\_gen} = \frac{A_{cl\_gen_{DC}}}{1+\dfrac{s}{2\pi\beta f_u}} = \frac{A_{cl\_gen_{DC}}}{1+\dfrac{s}{2\pi \mathrm{BW}_{cl}}} \tag{6.57}$$

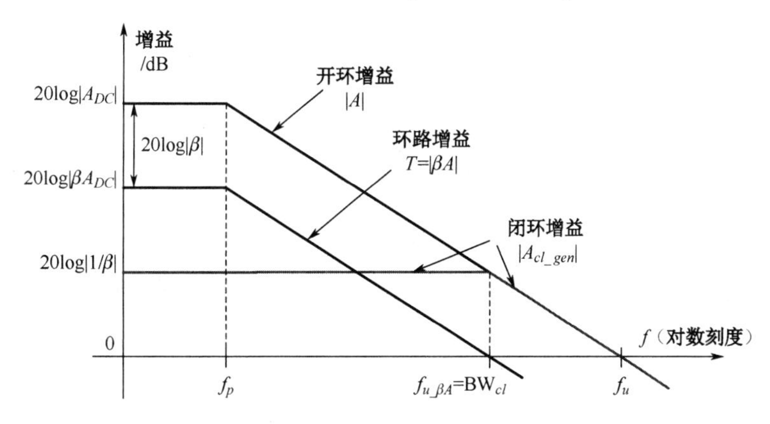

注：显示开环增益（A）、环路增益（βA）、主极点频率（f_p）、闭环带宽（BW_{cl}）、放大器的单位增益频率（f_u）和环路增益的单位增益频率 $f_{u\text{-}\beta A}$ 的波特图。

图 6.19

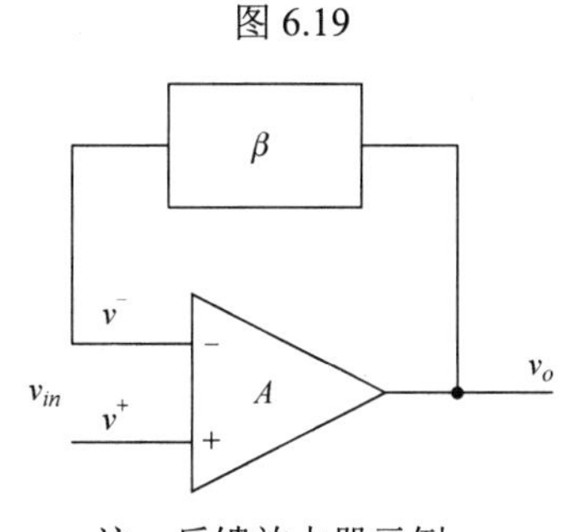

注：反馈放大器示例。

图 6.20

其中闭环带宽为

$$\mathrm{BW}_{cl} = f_u \times \beta \tag{6.58}$$

放大器的闭环直流增益为

$$A_{cl\_gen} = \frac{1/\beta}{1+1/\beta A_{DC}} = \frac{A_{DC}}{1+\beta A_{DC}} \tag{6.59}$$

环路增益（T）定义为

$$T = \beta A(\mathrm{s}) \tag{6.60}$$

并且直流环路增益为

$$T_{DC} = \beta A_{DC} \tag{6.61}$$

重要的是要注意，开环放大器的单位增益频率 f_u 不同于环路增益的单位增益频率 $f_{u\_\beta A}$，有

$$f_{u\_\beta A} \approx \mathrm{BW}_{cl} \approx f_u \times \beta \tag{6.62}$$

图 6.16 所示的电路可以以更简单的格式重新绘制成图 6.21，输入的位置与图 6.20 所示通用放大器的位置不同。因此，我们期望分子改变，而分母（特征方程）应保持不变。在图 6.21 所示电路的直流闭环增益为

$$A_{cl_{DC}} = \frac{v_o}{v_{in}} = \frac{C_1/C_2}{1+1/\beta A_{DC}} \tag{6.63}$$

闭环增益为

$$A_{cl} = \frac{A_{cl_{DC}}}{1+\dfrac{s}{2\pi\beta f_u}} \tag{6.64}$$

其中反馈系数为

$$\beta = \frac{C_2}{C_1 + C_2 + C_{ps}} \tag{6.65}$$

式（6.63）～式（6.65）与式（6.37）～式（6.45）一致。单极点系统无条件稳定，小信号建立由单位增益频率和反馈系数决定。增加单位增益频率或反馈系数改善了闭环带宽，从而改善建立行为。

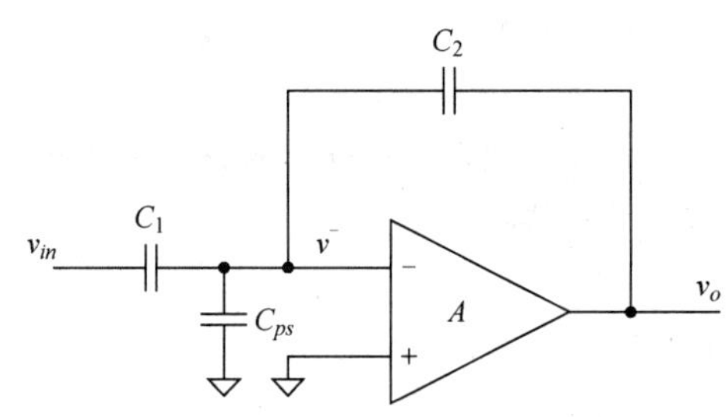

注：一个带寄生电容 C_{ps} 开关电容放大器。

图 6.21

2. 双极点系统

在二阶系统中，波特图如图 6.22 所示。系统存在第二极点（f_{p2}），这将被证明影响建立行为。开环增益为[2]

$$A(\mathrm{s}) = \frac{A_{DC}}{(1+s/\omega_{p1})(1+s/\omega_{p2})} \tag{6.66}$$

式中，ω_{p1} 是第一个极点；ω_{p2} 是第二个极点。第一个极点通常设计得比第二个极点小得多。

因此，有时会称 ω_{p1} 为主极点，ω_{p2} 为非主极点。图 6.20 中放大器的闭环传输函数为

$$A_{cl\_gen} = \frac{v_o}{v^+ - v^-} = \frac{A(s)}{1+\beta A(s)} \tag{6.67}$$

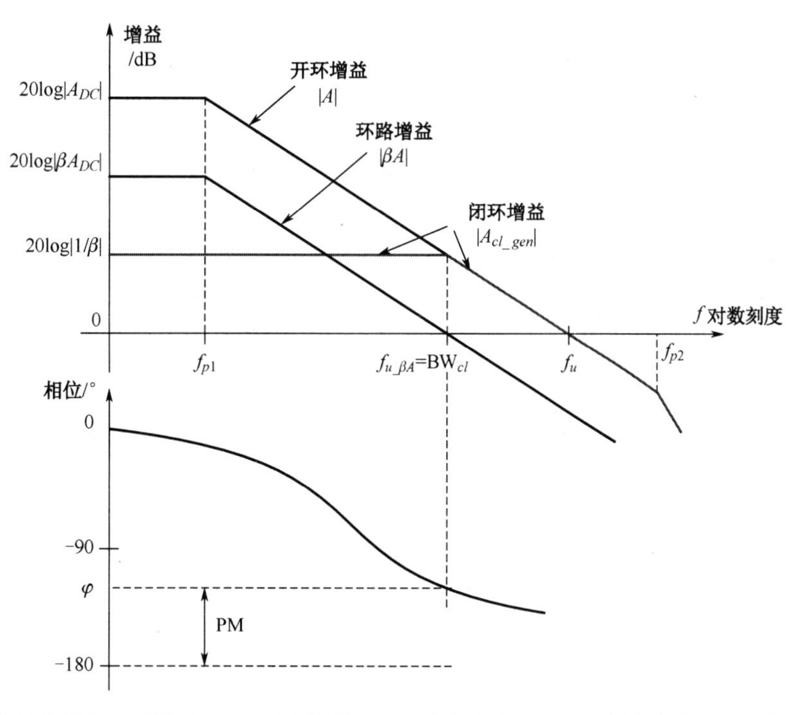

注：显示双极点放大器的开环增益（A）、环路增益（βA）、主极点频率（f_{p1}）、非主极点（f_{p2}）、闭环带宽（BW_{cl}）和单位增益频率（f_u）的波特图。

图 6.22

将式（6.66）代入式（6.67）给出

$$A_{cl\_gen}(s) = \frac{\omega_{p1}\omega_{p2}A_{DC}}{s^2 + (\omega_{p1}+\omega_{p2})s + (1+\beta A_{DC})\omega_{p1}\omega_{p2}} \tag{6.68}$$

与式（6.59）类似，闭环直流增益仍为

$$A_{cl\_gen_{DC}} = \frac{A_{DC}}{1+\beta A_{DC}} \tag{6.69}$$

式（6.68）可以用闭环直流增益表示为

$$A_{cl\_gen}(s) = \frac{(1+\beta A_{DC})\omega_{p1}\omega_{p2}A_{cl\_gen_{DC}}}{s^2 + (\omega_{p1}+\omega_{p2})s + (1+\beta A_{DC})\omega_{p1}\omega_{p2}} \tag{6.70}$$

可以表示为

$$A_{cl\_gen}(s) = \frac{\omega_0^{\ 2}A_{cl\_gen_{DC}}}{s^2 + 2\xi\omega_0 s + \omega_0^{\ 2}} = \frac{\omega_0^{\ 2}A_{cl\_gen_{DC}}}{s^2 + \left(\dfrac{\omega_0}{Q_p}\right)s + \omega_0^2} \tag{6.71}$$

式中，ω_0 是谐振频率；Q_p 是品质因数；ξ 是阻尼比。

$$\xi = \frac{1}{2Q_p} \tag{6.72}$$

谐振频率 ω_0 为

$$\omega_0^2 = (1+\beta A_{DC})\omega_{p1}\omega_{p2} \tag{6.73}$$

阻尼比 ξ 为

$$\xi = \frac{\omega_{p1}+\omega_{p2}}{2\sqrt{(1+\beta A_{DC})\omega_{p1}\omega_{p2}}} \tag{6.74}$$

从式（6.71）开始，特征方程（characteristic equation，CE）为

$$\mathrm{CE}(s) = s^2 + 2\xi\omega_0 s + \omega_0^2 \tag{6.75}$$

这是一个有两个根的二阶方程。有以下 3 种情况。

（1）如果 $\xi > 1$，$Q_p < 0.5$，则两个根是实数根，那么系统过阻尼。

（2）如果 $\xi < 1$，$Q_p > 0.5$，则两个根是复数根，那么系统欠阻尼。

（3）如果 $\xi = 1$ 且 $Q_p = 0.5$，则两个根重合，那么系统是临界阻尼。

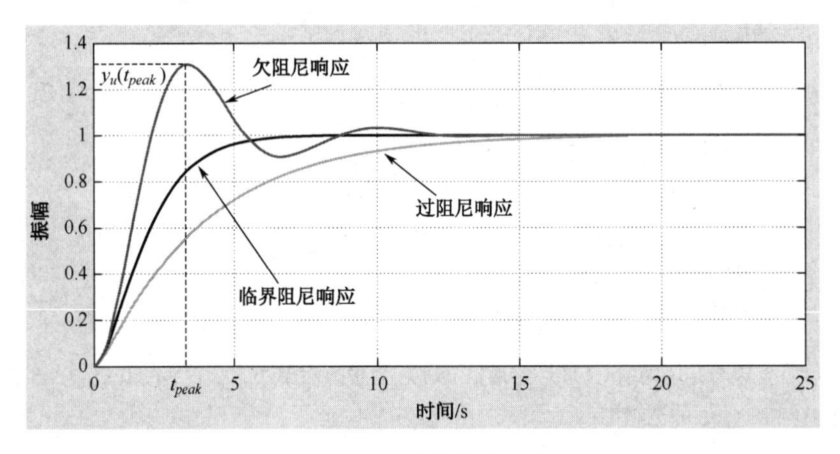

注：双极点系统的阶跃响应。

图 6.23

3 种类型的阶跃响应如图 6.23 所示。式（6.76）给出了一个欠阻尼二阶系统的阶跃响应[2]：

$$y_u(t) = \left[1 + \frac{1}{\sqrt{1-\xi^2}} \mathrm{e}^{-\xi\omega_0 t} \sin(\omega_0\sqrt{1-\xi^2}t + \phi)\right]u(t) \tag{6.76}$$

其中

$$\phi = \arctan\frac{\sqrt{1-\xi^2}}{\xi} \tag{6.77}$$

在欠阻尼操作中，峰值过冲的位置为

$$t_{peak} = \frac{\pi}{\omega_0\sqrt{1-\xi^2}} \tag{6.78}$$

并且峰值过冲的幅度为

$$y_u(t_{peak}) = 1 + \mathrm{e}^{-\pi\xi/\sqrt{1-\xi^2}} \tag{6.79}$$

在过阻尼时，阶跃响应可以更好地表示为

$$y_u(t) = 1 - \frac{1}{2\sqrt{\xi^2-1}}\left(\frac{\mathrm{e}^{-(\xi-\sqrt{\xi^2-1})\omega_0 t}}{\xi-\sqrt{\xi^2-1}} - \frac{\mathrm{e}^{-(\xi+\sqrt{\xi^2-1})\omega_0 t}}{\xi+\sqrt{\xi^2-1}}\right) \tag{6.80}$$

当临界阻尼时，阶跃响应为

$$y_u(t)=\left[1-(1+\omega_0 t)\mathrm{e}^{-\omega_0 t}\right] \tag{6.81}$$

如果 $\beta A_{DC}>>1$，$\omega_{p1}<<\omega_{p2}$ 并且 $s>>\omega_{p1}$，我们定义闭环角带宽（angular bandwidth）ω_{cl} 为

$$\omega_{cl}\approx\beta A_{\mathrm{DC}}\omega_{p1}=2\pi\times\mathrm{BW}_{cl}=\omega_{u\_\beta A}=2\pi f_{u\_\beta A}\approx\beta\omega_u \tag{6.82}$$

从式（6.71）中，闭环增益将为

$$A_{cl\text{-}gen}(s)\approx\frac{\beta A_{DC}\omega_{p1}\omega_{p2}A_{cl\text{-}gen_{DC}}}{\mathrm{s}^2+\omega_{p2}s+\beta A_{DC}\omega_{p1}\omega_{p2}}=\frac{\omega_{cl}\omega_{p2}A_{cl\_gen_{DC}}}{s^2+\omega_{p2}s+\omega_{cl}\omega_{p2}} \tag{6.83}$$

从式（6.73）中，谐振频率可以近似为

$$\omega_0^{\ 2}\approx\beta A_{DC}\omega_{p1}\omega_{p2}\approx\omega_{cl}\omega_{p2} \tag{6.84}$$

从式（6.74）中，阻尼比为

$$\xi\approx\frac{\omega_{p2}}{2\sqrt{\beta A_{DC}\omega_{p1}\omega_{p2}}}\approx\frac{1}{2}\sqrt{\frac{\omega_{p2}}{\omega_{cl}}} \tag{6.85}$$

由于临界阻尼需要 $\xi=1$。因此，从式（6.85）中，临界阻尼需要满足以下条件：

$$\omega_{p2}\approx4\omega_{cl}\approx4\beta A_{DC}\omega_{p1} \tag{6.86}$$

也就是说，对于临界阻尼，非主极点需要位于约 4 倍的闭环带宽处。

相位裕度（PM）被定义为环路增益函数，等于单位环路增益点处的相位与−180° 之间的差值，即

$$\mathrm{PM}=\phi\big|_{T=0\mathrm{d}B}-(-180°) \tag{6.87}$$

其中，$\phi\big|_{T=0\mathrm{dB}}$ 是环路增益 $T=0$ dB 时的相位，且 T 等于 βA。如图 6.22 的波特图所示。值得重视的是，相位裕度是在环路增益 $f_{u\_\beta A}$ 在单位增益频率下测量的，而不是开环放大器的单位增益频率 f_u。

对于一个二阶系统，相位裕度为[2]

$$\mathrm{PM}=\arccos(\sqrt{1+4\xi^4}-2\xi^2) \tag{6.88}$$

考虑到极点方面，它可以近似为[3]

$$\mathrm{PM}\approx180-\arctan(\frac{\omega_{u\_\beta A}}{\omega_{p1}})-\arctan(\frac{\omega_{u\_\beta A}}{\omega_{p2}})\approx180-\arctan(\frac{\omega_{cl}}{\omega_{p1}})-\arctan(\frac{\omega_{cl}}{\omega_{p2}}) \tag{6.89}$$

临界阻尼对应的阻尼比为 1，因此 PM ＝ 76°。较小的相位裕度表示欠阻尼；相位裕度较大对应于过阻尼。

有时候需要稍微欠阻尼的性能，其中阻尼系数约为 $\frac{1}{\sqrt{2}}$，因此相位裕度约为 60°。这时式（6.78）将有最小的尖峰时间，得到 “最大平坦” 的巴特沃兹响应[3]。

最快建立响应指的是建立时间达到最小值，这取决于允许的建立误差。对于大于 4.3% 的建立误差，最大平坦响应产生最快的建立时间，这对应于约 60° 的相位裕度和 $\frac{1}{\sqrt{2}}$ 的阻尼比。但是对于较小的建立误差，最大平坦峰值是不可接受的，我们需要调整峰值幅度来满足这时的建立误差要求。使用式（6.79），得出的误差为

$$\varepsilon=\mathrm{e}^{-\pi\xi/\sqrt{1-\xi^2}} \tag{6.90}$$

这导致的非主极点位置为[3]

$$\frac{\omega_{p2}}{\omega_{p1}} \approx \frac{4(1+\beta A_{DC})}{1+(\pi/\ln\varepsilon)^2} \tag{6.91}$$

最快建立的相位裕度为

$$\mathrm{PM}_{fastest} \approx 90 - \arctan\left[\frac{1+(\pi/\ln\varepsilon)^2}{4}\right] \tag{6.92}$$

有趣的是，当建立误差减小并接近零时，最快建立的相位裕度将接近 76°，这是一个严重过阻尼的条件。也就是说，临界阻尼代表了任意小的建立误差的最快建立模式。然而，实际上，对于稍微欠阻尼的行为，往往产生最快的建立时间。

我们还应注意到，图 6.21 中电路的闭环增益将与图 6.20 中的通用放大器具有相同的分母（特征方程），如式（6.70）和式（6.71）所示。然而，分子表达式中将式（6.70）和式（6.71）中的 $A_{cl\text{-}gen_{DC}}$ 替换为 $A_{cl_{DC}}$，其中 $A_{cl_{DC}}$ 由式（6.63）给出。

3. 三极点系统

在存在两个以上的极点时，相位裕度可以达到并超过 0°，导致正反馈和不稳定性。如果高阶极点的频率明显大于前两个极点，就可以用一个双极点系统来近似；否则，可以通过找到相位等于-135° 的频率，在仿真中估计出等效的第二个极点。如果极点是实的，等效的第二个极点可以近似为[6]

$$\frac{1}{\omega_{p2_{eq}}} \approx \sum_{i=2}^{N_p}\frac{1}{\omega_{pi}} - \sum_{i=1}^{N_z}\frac{1}{\omega_{zi}} \tag{6.93}$$

式中，$\omega_{p2_{eq}}$ 是等效的第二个极点；ω_{pi} 是第 i 个极点；ω_{zi} 是第 i 个零点；N_p 是极点数量；N_z 是零点的数量。

在超过两个极点的情况下，通常需要补偿，以防止不稳定，改善相位裕度，并优化频率响应。这通常是通过减少带宽、降低第一个极点的频率、增加非主极点的频率[2,5,7]等方式达到的。密勒补偿是一种常用的补偿技术，将在本章后面讨论。

6.2.4 共模抑制比和电源抑制比

共模抑制比（CMRR）描述了放大器抑制共模变化的能力，它是差分增益（A_{diff}）与其共模增益（ACM）之比，即

$$\mathrm{CMRR} = \frac{A_{diff}}{A_{CM}} \tag{6.94}$$

电源抑制比（PSRR）定义为差分增益（A_{diff}）与从电源（或地）到输出的增益（A_{dd}）之比，即

$$\mathrm{PSRR} = \frac{A_{diff}}{A_{dd}} \tag{6.95}$$

6.2.5 噪声

放大器噪声是一个设计中需要考虑的非常重要的因素。对于一个 MOS 器件，等效输入热噪声电压 v_n [2]为

$$v_n^2 = \frac{2}{3} \times \frac{4kT}{g_m} \Delta f \tag{6.96}$$

式中，g_m 是跨导；k 是玻耳兹曼常数；T 是绝对温度；Δf 是带宽。此外，闪烁（$1/f$）噪声电压为

$$v_n^2 = \frac{KF}{WLC^2_{ox}} \frac{\Delta f}{f} \tag{6.97}$$

式中，C_{ox} 是每单位面积的氧化物电容；W 是晶体管的沟道宽度；L 是沟道长度；KF 是闪烁噪声常数；f 是频率。

对于双极型晶体管，等效输入噪声电压 v_n 为

$$v_n^2 = 4KT(r_B + \frac{1}{2g_m})\Delta f \tag{6.98}$$

式中，r_B 是基极电阻。第一项是热噪声的影响，而第二项是集电极电流的散粒噪声折算到输入端。

双极型晶体管的等效输入噪声电流 i_n 为

$$i_n^2 = 2q(I_B + \frac{I_C}{\beta^2} + \frac{KF_B I_B}{A_{EB} f})\Delta f \tag{6.99}$$

式中，β 是双极型晶体管的短路电流增益 I_C/I_B；A_{EB} 是发射极面积；f 是频率；KF_B 是闪烁噪声系数；I_B 是基极电流；I_C 是集电极电流；q 是电子电荷；r_B 是基极电阻。前两项是由于散粒噪声引起的，而最后一项是闪烁噪声导致的。

当双极型晶体管由源电阻 R_s 驱动时，总噪声电压 v_{nT} 由噪声电压和噪声电流的组合给出，即

$$v_{nT}^2 = v_n^2 + R_s^2 i_n^2 \tag{6.100}$$

双极型晶体管的噪声系数（NF）为

$$\mathrm{NF} = 1 + \frac{v_{nT}^2}{4KTR_s\Delta f} \tag{6.101}$$

例 6.3：时钟速率为 1 GS/s，放大器的建立要求 14 位精度。放大器配置成类似图 6.16 所示的开关电容电路，增益为 4。假设在求和节点处的寄生电容等于反馈电容，放大器所需的直流增益和单位增益频率是多少？

答：为简单起见，假设放大器是单极点系统。运用式（6.37）～式（6.45）或式（6.63）～式（6.65），传递函数为

$$\frac{V_{out}}{V_{in}} = \frac{C_1/C_2}{(1+\frac{1}{\beta A_{DC}})} \frac{1}{(1+s/\beta\omega_u)} \tag{6.102}$$

闭环带宽 BW_{cl} 为

$$\mathrm{BW}_{cl} \cong \beta f_u \tag{6.103}$$

随着时间 t_s 的变化，建立误差 ε 近似为

$$\varepsilon = \mathrm{e}^{-t_s \beta\omega_u} \tag{6.104}$$

闭环直流增益为

$$A_{cl_{DC}} = \frac{C_{1/}C_2}{1+1/\beta A_{DC}} \tag{6.105}$$

以及

$$\beta = \frac{C_2}{C_1 + C_2 + C_{ps}}$$

由于增益为 4，因此 $C_{1/}C_2$=4，并且因为 $C_{ps} = C_2$，所以

$$\beta = \frac{1}{4+1+1} = \frac{1}{6}$$

由于放大器需要 14 位精度，因此总误差为

$$\varepsilon_{Total} = 2^{-14}$$

在直流误差和稳定误差之间平均分配此误差得出

$$\varepsilon_{DC} = 2^{-15}$$

$$\varepsilon_{settling} = 2^{-15}$$

从式（6.101）开始，直流误差为

$$\varepsilon_{DC} \approx \frac{1}{\beta A_{DC}} = 2^{-15}$$

因此，直流增益将为

$$A_{DC} \approx \frac{2^{15}}{\frac{1}{6}} \approx 6 \times 2^{15}$$

即

$$A_{DC} \approx 20\log(6 \times 2^{15}) \approx 106\text{dB}$$

依据式（6.103），可以得到建立误差为

$$\varepsilon_{settling} \approx \mathrm{e}^{-\beta\omega_u t_s} \approx 2^{-15}$$

因此

$$\omega_u \approx \frac{\ln 2^{15}}{\beta t_s} \approx \frac{15\ln 2}{t_s / 6}$$

因而建立时间等于

$$t_s = \frac{1}{2f_s} = \frac{1}{2\times 10^9} = 0.5\,\text{ns}$$

因此

$$\omega_u \approx \frac{6\times 15\ln 2}{0.5\times 10^{-9}} \approx 125\text{Grad/s}$$

并且需要的单位增益频率为

$$f_u \approx 20\text{GHz}$$

闭环带宽为

$$\text{BW}_{cl} = f_u \times \beta \approx 3.2\text{GHz}$$

也就是说，要达到所需的精度，放大器的增益带宽积需要大约等于 20 GHz，其闭环带宽约为 3.2 GHz，其直流增益需要约为 106 dB。这是相当难实现的。

6.3　运算放大器

6.3.1　差分对

运算跨导放大器使用的最简单结构之一是差分对。差分对的 CMOS 实现电路如图 6.24 所示。直流增益为

$$A_{DC}=\frac{v_{outp}-v_{outn}}{v_{inp}-v_{inn}}=g_{mN1}R_o \tag{6.106}$$

式中，g_{mN1}是输入器件 M_{N1}/M_{N2}的跨导；R_o是输出节点的输出电阻。它可以表示为

$$R_o=R_{dsN1}\|R_{dsP1} \tag{6.107}$$

式中，R_{dsN1}和 R_{dsP1}分别是器件 M_{N1}和 M_{P1}的输出电阻（源极-漏极电阻）。MOS 器件的小信号等效电路如图 6.25 所示。差分对的开环-3dB 带宽由输出节点处的极点确定，即

$$\omega_p=\frac{1}{R_oC_L} \tag{6.108}$$

式中，C_L是输出节点的总电容。

当用电压源驱动时，差分对是单极点系统。单位增益频率近似等于增益带宽积，即

$$\omega_u\approx\omega_pA_{DC}\approx\frac{g_{mN1}}{C_L} \tag{6.109}$$

式中，ω_u是以弧度/秒为单位的单位增益角频率；f_u是单位增益频率（Hz），即

$$f_u\approx f_pA_{DC}\approx\frac{g_{mN1}}{2\pi C_L} \tag{6.110}$$

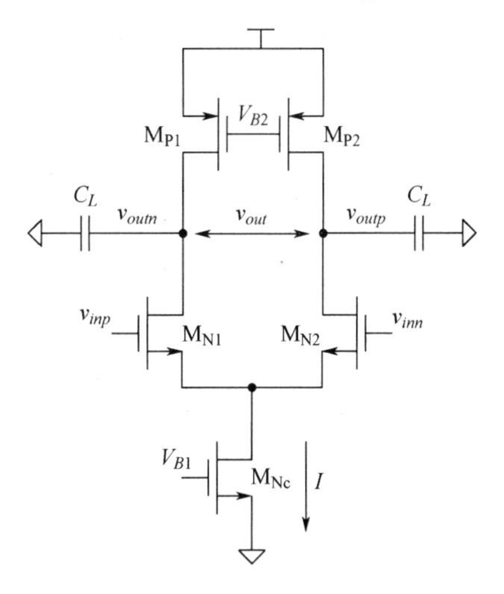

注：差分对的简化示意图。晶体管 M_{N1}和 M_{N2}是输入器件（或输入对）。
晶体管 M_{P1}和 M_{P2}是负载电流源。共模反馈（CMFB）没有标出。

图 6.24

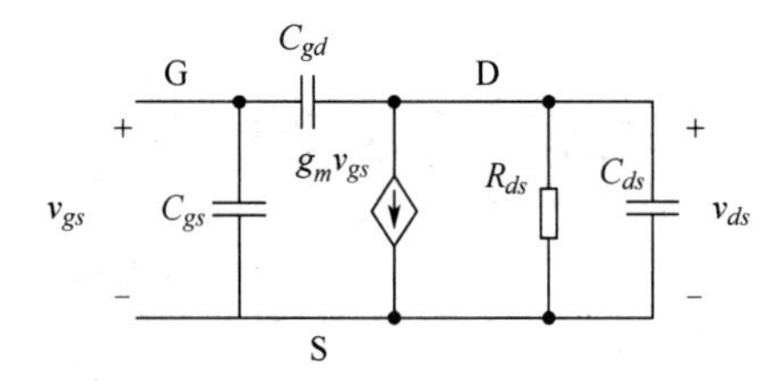

（a）三端 MOS 晶体管体（背栅）与源极连接时的简化模型

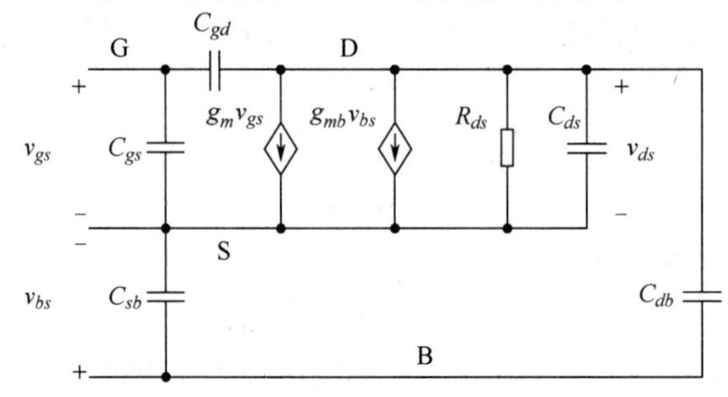

（b）一个四端 MOS 晶体管的简化模型

图 6.25

当被用于图 6.16 所示的闭环开关电容电路时，为了方便起见，可以用增益 A_{DC} 和单位增益频率f_u 来估计闭环放大器的增益与带宽，在这里同样方便地使用前面介绍的方法进行计算。闭环增益 A_{cl} 为

$$A_{cl}=\frac{A_{cl_{DC}}}{1+\dfrac{s}{2\pi\beta f_u}}=\frac{A_{cl_{DC}}}{1+\dfrac{s}{2\pi \mathrm{BW}_{cl}}} \tag{6.111}$$

闭环带宽 BW_{cl} 为

$$\mathrm{BW}_{cl}=f_u\times\beta\approx\frac{g_{mN1}\times\beta}{2\pi C_L} \tag{6.112}$$

从图 6.16 中得到的反馈系数 β 为

$$\beta=\frac{C_2}{C_1+C_2+C_{ps}} \tag{6.113}$$

闭环直流增益为

$$A_{cl_{DC}}=\frac{C_1/C_2}{1+1/\beta A_{DC}}\approx\frac{C_1/C_2}{1+1/\beta g_{mN1}R_o} \tag{6.114}$$

差分对的增益相对较低。在精细光刻工艺中（如 65nm 或 28nm），NMOS 器件的本征增益为 5～10（14～20dB），这仅仅是 2～3 比特的精度。为了达到合理的精度，通常需要更高的增益。

差分对的摆率为

$$\mathrm{SR}=\frac{I}{C_L} \tag{6.115}$$

式中，I 是尾电流值。

输入共模范围由可接受的输入范围决定，该范围将使器件保持饱和状态。随着输入共模电平的降低，尾流源的 V_{ds} 减小，直至其 V_{ds} 小于 V_{ds_sat}，最终脱离饱和。因此

$$V_{in\_min}=V_{gsN1}+V_{dsNc\_sat} \tag{6.116}$$

式中，V_{gsN1} 是器件 M_{N1} 的 V_{gs}；V_{dsNc_sat} 是尾电流器件 M_{Nc} 的 V_{ds_sat}。另外，最大输入电压由离开饱和状态的器件 M_{N1} 决定：

$$V_{in\_max} = V_{gsN1} + V_{out\_min} - V_{dsN1\_sat} \tag{6.117}$$

输出范围由器件 M_{N1} 和 M_{P1} 确定。最小输出电压由

$$V_{out\_min} = V_{dsNc\_sat} + V_{dsN1\_sat} \tag{6.118}$$

或

$$V_{out\_min} = V_{in\_max} - V_{gsN1} + V_{dsN1\_sat} \tag{6.119}$$

中的较大者决定。最大输出电压由下式确定

$$V_{out\_max} = V_{DD} - V_{sdP1\_sat} \tag{6.120}$$

低频单端共模抑制比（CMRR）定义为差分输入 A_{diff} 的单端增益与共模输入 A_{CM} 的单端增益之比，由尾流源的输出阻抗 R_{dsNc} 决定，由下式给出

$$\text{CMRR} = \frac{A_{diff}}{A_{CM}} \approx g_{mN1} R_{dsNc} \tag{6.121}$$

增加尾电流源的输出阻抗可提高 CMRR。当完全平衡时，共模信号在差分输出处抵消，从而产生无穷大差分共模抑制比。但在不平衡情况下，这种共模信号的一部分可以“泄漏”到差分输出，降低差分精度和差分输出的共模抑制。

单端等效输入噪声功率为

$$v_n^2 = v_{nN1}^2 + v_{nP1}^2 \left(\frac{g_{mP1}^2}{g_{mN1}^2}\right) \tag{6.122}$$

式中，v_{nN1} 和 v_{nP1} 分别是器件 M_{N1} 和 M_{P1} 的栅极等效噪声电压。

差分等效输入噪声为

$$v_{n\_diff}^2 = v_{nN1}^2 + v_{nN2}^2 + v_{nP1}^2 \frac{g_{mP1}^2}{g_{mN1}^2} + v_{nP2}^2 \frac{g_{mP2}^2}{g_{mN2}^2} \tag{6.123}$$

当两边匹配时，可以得到

$$v_{n\_diff}^2 \approx 2 v_n^2 \approx 2\left(v_{nN1}^2 + v_{nP1}^2 \frac{g_{mP1}^2}{g_{mN1}^2}\right) \tag{6.124}$$

6.3.2　密勒效应

如果差分对由高阻抗源驱动（见图 6.26），输入端将出现另一个极点。这个极点将由源电阻和密勒电容组成，在输入端表现为

$$C_m = (1 - A) C_{gd} \tag{6.125}$$

因此

$$C_m \approx g_{mN1} R_o C_{gdN1} \tag{6.126}$$

当源级阻抗 R_s 很大时，密勒极点将成为主极点，且为

$$\omega_{p1} \approx \frac{1}{g_{mN1} R_o C_{gdN1} R_s} \tag{6.127}$$

密勒效应导致极点分裂，从而产生式（6.127）所示的低频极点，同时在输出节点处推出非主极点。

$$\omega_{p2} \approx \frac{g_{mN1}C_{gdN1}}{C_{\text{in}}C_{gdN1}+C_{\text{in}}C_L+C_{gdN1}C_L} \tag{6.128}$$

随着 C_{gd} 的增加，非主极点的频率 ω_{p2} 的幅值增加，从而导致极点分裂。此外，右半平面的零点出现在

$$\omega_z \approx \frac{g_{mN1}}{C_{gdN1}} \tag{6.129}$$

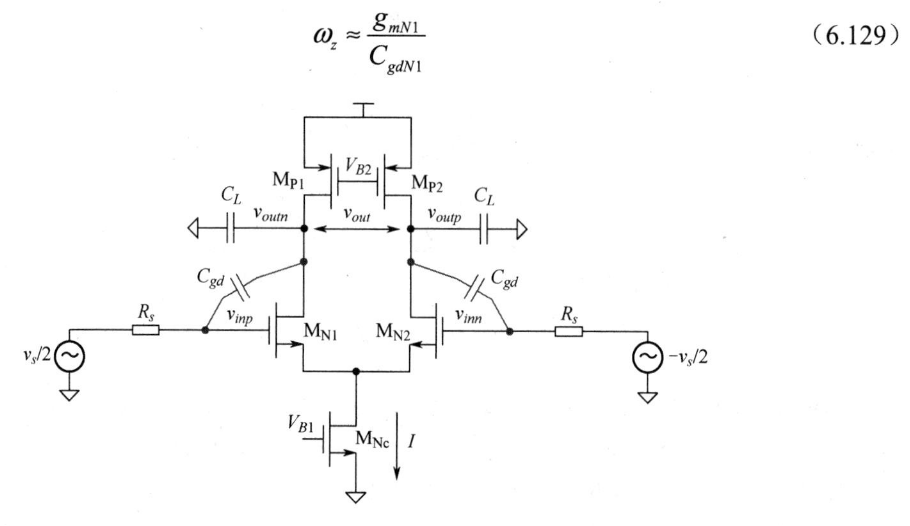

注：一个由阻抗 R_s 的源驱动的差分对的简化示意图，给出了输入器件的寄生 C_{gd} 电容。

图 6.26

因此，密勒电容增加了输入电容，创造了一个新的主极点，并在频率响应中引起极点分裂。它同时会产生右半平面零点。这些效应会显著改变频率响应，因此必须正确理解。

6.3.3 共源共栅放大器

从差分对开始，通过使用共源共栅可以实现更高的增益，如图 6.27 所示。共源共栅器件 M_{N3} 和 M_{P3} 使放大器的输出阻抗与增益增加。

直流增益为

$$A_{DC} = \frac{v_{outp}-v_{outn}}{v_{inp}-v_{inn}} = g_{mN1}R_o \tag{6.130}$$

输出电阻 R_o 为

$$R_o = R_{oN} \| R_{oP} \tag{6.131}$$

其中，NMOS 侧的输出电阻 R_{oN} 为

$$R_{oN} \approx R_{dsN1}g_{mN3}R_{dsN3} \tag{6.132}$$

PMOS 侧的输出电阻 R_{oP} 为

$$R_{oP} \approx R_{dsP1}g_{mP3}R_{dsP3} \tag{6.133}$$

因此，增益和输出电阻增加了大约 $g_m R_{ds}$ 倍。因此，若本征增益为 5～10，则共源共栅放大器增益从 5～10 增加到 25～100，也即从 14～20 dB 增加到 28～40 dB。这会将精度提高到 4～6 位。

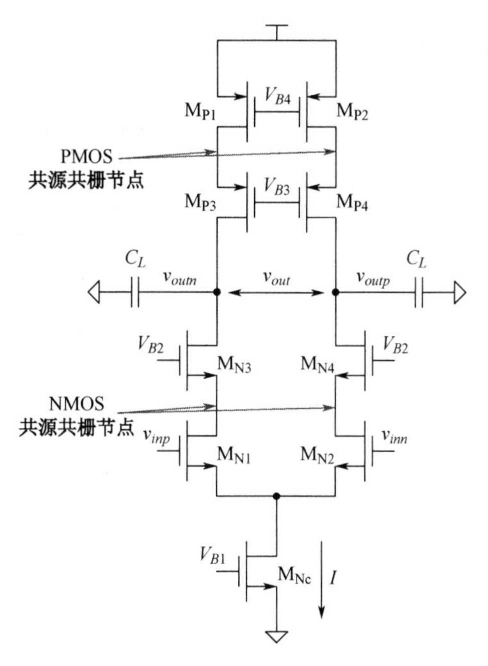

注：共源共栅差分放大器的简化示意图，NMOS 和 PMOS 都是共源共栅的。

图 6.27

摆率仍由 I/C_L 给出，主极点为

$$\omega_{p1} = \frac{1}{R_o C_L} \tag{6.134}$$

单位增益频率仍为

$$\omega_u \approx \omega_p A_{DC} \approx \frac{g_{mN1}}{C_L} \tag{6.135}$$

因此，在不降低单位增益频率的情况下，共源共栅放大器的增益显著增加。然而，第二个极点被添加到器件 M_{N3} 的源节点中，使得共源共栅放大器成为两个极点电路，非主极点为

$$\omega_{p2} = \frac{g_{mN3}}{C_{cascode}} \tag{6.136}$$

其中

$$C_{cascode} \approx C_{dbN1} + C_{gdN1} + C_{sbN3} + C_{gsN3} \tag{6.137}$$

在这种情况下，NMOS 侧位于信号路径中，非主极点由 NMOS 侧的共源共栅节点确定。另外，PMOS 侧的共源共栅节点因为不在信号路径中，对频率响应的影响要小得多。相反，如果输入应用在图 6.28 所示的 PMOS 器件中，PMOS 端的共源共栅节点将成为非主极点的节点，而 NMOS 侧节点影响力则较小。

共源共栅增益的改善是以牺牲输出动态范围为代价的。它需要在 NMOS 端容纳 3 个器件，而不是差分对的两个器件，以及在 PMOS 端容纳两个器件，而不是一个。因此

$$V_{out\_min} = V_{dsNc\_sat} + V_{dsN1\_sat} + V_{dsN3\_sat} \tag{6.138}$$

以及

$$V_{out\_max} = V_{DD} - V_{sdP3\_sat} - V_{sdP4\_sat} \tag{6.139}$$

但是，为了达到式（6.138）和式（6.139）表达的动态范围，最重要的是严格控制共源

共栅器件的偏置。在图 6.27 中，需要设置偏置电压 V_{B2} 和 V_{B3}，以便减小器件 M_{N1} 和 M_{P1} 消耗的 V_{ds} 电压。这些 V_{ds} 必须是保持这些器件饱和所需的最小值。可以使用更大的 V_{ds} 值，但是它们将牺牲动态范围。此外，偏置电压必须通过很小的开销情况下，通过良好的控制来跟踪温度和工艺的变化，以使器件 M_{N1} 和 M_{P1} 保持在饱和状态下。参考文献[4]讨论了这种严格控制的偏压的一个例子。

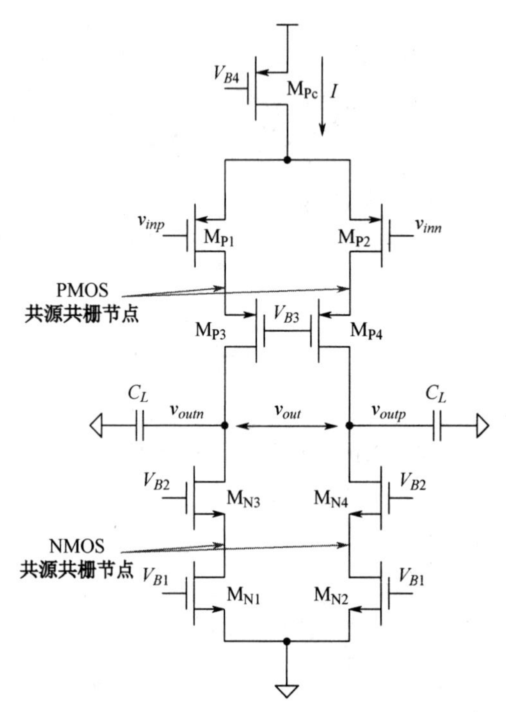

注：带有一个 PMOS 输入对的共源共栅差分放大器的简化电路图，

NMOS 和 PMOS 两侧都是共源共栅的。

图 6.28

共源共栅放大器的单端等效输入噪声为

$$v_n^2 = v_{nN1}^2 + v_{nP1}^2(\frac{g_{mP1}^2}{g_{mN1}^2}) + v_{nN3}^2(\frac{1}{g_{mN1}^2 R_{dsN1}^2}) + v_{nP3}^2(\frac{1}{g_{mN1}^2 R_{dsP1}^2}) \tag{6.140}$$

差分等效输入噪声为

$$v_{n\_diff}^2 = 2[v_{nN1}^2 + v_{nP1}^2(\frac{g_{mP1}^2}{g_{mN1}^2}) + v_{nN3}^2(\frac{1}{g_{mN1}^2 R_{dsN1}^2}) + v_{nP3}^2(\frac{1}{g_{mN1}^2 R_{dsP1}^2})] \tag{6.141}$$

因此，共源共栅器件的噪声贡献显著小于输入和电流源器件的贡献，这是由于电阻 R_{dsN1} 和 R_{dsP1} 的退化效应降低了共源共栅器件对放大器噪声的影响。因此，共源共栅放大器单端噪声几乎与差分对相同，即

$$v_n^2 \approx v_{nN1}^2 + v_{nP1}^2(\frac{g_{mP1}^2}{g_{mN1}^2}) \tag{6.142}$$

差分输入噪声为

$$v_{n\_diff}^2 \approx 2[v_{nN1}^2 + v_{nP1}^2(\frac{g_{mP1}^2}{g_{mN1}^2})] \tag{6.143}$$

有趣的是，在共源共栅放大器的输入端，当由高阻抗驱动器驱动时，密勒电容的影响明显优于差分对。从输入到共源共栅节点的相对较低增益降低了密勒效应和放大器的输入电容。

6.3.4　有源共源共栅放大器①

为了进一步增加增益，通常可以采用有源共源共栅，如图 6.29 所示。有源共源共栅器件的一个简单实现的示例如图 6.30 所示。输出阻抗和增益被有源共源共栅器件进一步增强，即

$$A_{DC}=\frac{v_{outp}-v_{outn}}{v_{inp}-v_{inn}}=g_{mN1}R_o \tag{6.144}$$

输出电阻 R_o 为

$$R_o=R_{oN}\|R_{oP} \tag{6.145}$$

NMOS 侧的输出电阻为

$$R_{oN}\approx R_{dsN1}g_{mN3}R_{dsN3}g_{mNa}R_{dsNa} \tag{6.146}$$

PMOS 侧的输出电阻为

$$R_{oP}\approx R_{dsP1}g_{mP3}R_{dsP3}g_{mPa}R_{dsPa} \tag{6.147}$$

因此，与差分对相比，增益和输出电阻增加了大约$(g_mR_{ds})^2$ 倍，与共源共栅放大器相比增加了 g_mR_{ds} 倍。

因此，如果本征增益为 5～10，有源共源共栅放大器增益可以从 5～10 增加到 125～1000，即从 14～20 dB 上升至 42～60 dB。这几乎是 7～10 位的精度。

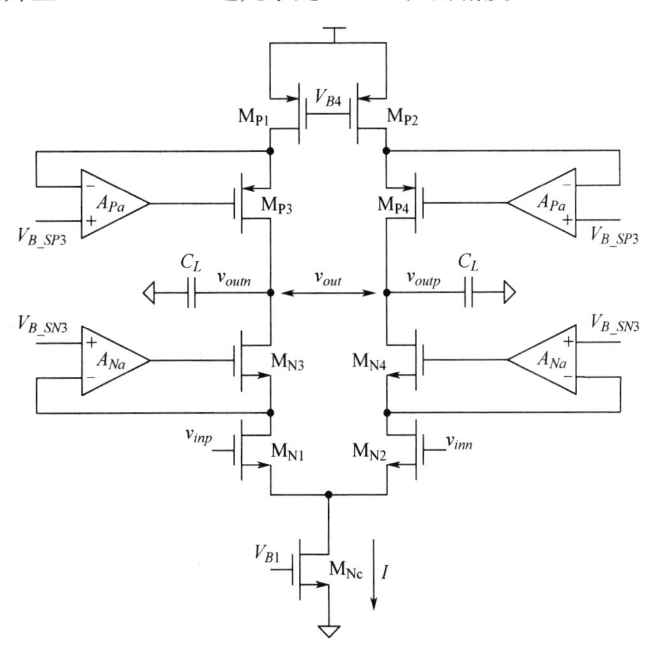

注：有源共源共栅放大器的简化原理图。NMOS 和 PMOS 都是共源共栅的。

图 6.29

① 译者注：有些书上称为增益增强型共源共栅放大器，它通过负反馈提高输出阻抗，从而提高增益。

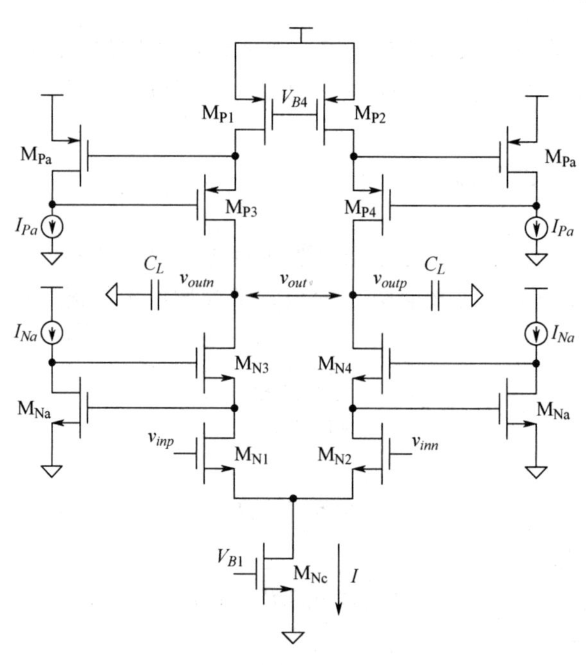

注：有源共源共栅放大器的简化原理图。NMOS 和 PMOS 都是共源共栅的。
有源共源共栅辅助放大器是简单的共源放大器。

图 6.30

值得注意的是，为了使有源共源共栅放大器的整体频率响应保持相对不受有源共源共栅极点的影响，辅助运算放大器的单位增益频率不需要大于整个放大器的单位增益频率，如图 6.31 所示。

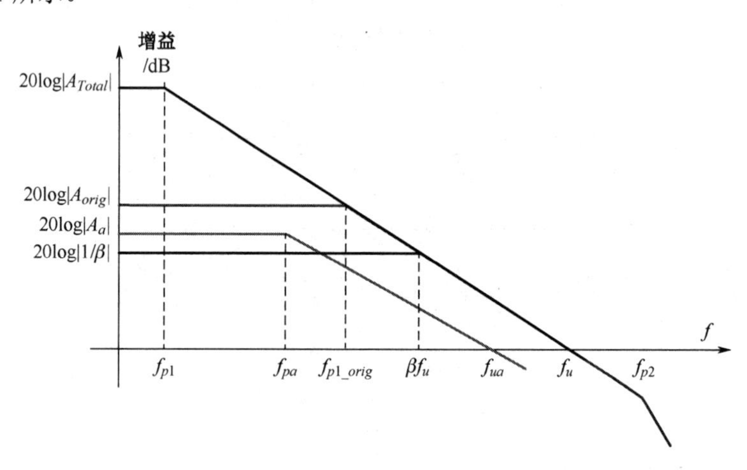

注：一个有源共源共栅放大器的波特图。©1990 IEEE（经许可，转载自参考文献[9]）。

图 6.31

只要有源共源共栅辅助放大器f_{ua}的单位增益频率大于主放大器f_{p1_orig}的-3dB 带宽，有源共源共栅对小信号频率响应滚降影响不大[9]。

$$f_{ua} > f_{p1\_orig} \tag{6.148}$$

为了稳定起见，有源共源共栅的单位增益频率必须低于其非主极点，这也是整个放大器在共源共栅节点处的非主极点f_{p2}。

$$f_{ua} < f_{p2} \tag{6.149}$$

因此，结合式（6.148）和式（6.149），可以得到

$$f_{p1\_orig} < f_{ua} < f_{p2} \tag{6.150}$$

值得注意的是，由于有源共源共栅器件增益的密勒效应以及共源共栅节点处附加器件的影响，非主极点频率已经降低。

有源共源共栅对频率响应的影响是复杂的，因为它在辅助放大器的单位增益频率处引入了一个零极点对[8]，如果其频率 f_{pz} 不够高，它会恶化频率响应。

$$f_{pz} \approx f_{ua} \approx \frac{g_{ma}}{2\pi C_{gN3}} \tag{6.151}$$

该零极点对频率需要大于电路的闭环带宽 BW_{cl}，即

$$\mathrm{BW}_{cl} < f_{ua} < f_{p2} \tag{6.152}$$

因此

$$\beta f_u < f_{ua} < f_{p2} \tag{6.153}$$

式中，β 是反馈系数。

因此，有源共源共栅辅助放大器的速度要求不是很高，但设计师需要注意极点和零点的位置以确保稳定性与快速建立。

从噪声的角度来看，有源共源共栅器件会降低整体性能，单端噪声为

$$\begin{aligned} v_n^2 = {} & v_{nN1}^2 + v_{nP1}^2\left(\frac{g_{mP1}^2}{g_{mN1}^2}\right) + v_{nN3}^2\left(\frac{1}{g_{mN1}^2 R_{dsN1}^2}\right) + v_{nP3}^2\left(\frac{1}{g_{mN1}^2 g_{dsP1}^2}\right) + \\ & v_{nNa}^2\left(\frac{g_{mNa}^2 R_{dsNa}^2}{g_{mN1}^2 R_{dsN1}^2}\right) + v_{nPa}^2\left(\frac{g_{mPa}^2 R_{dsPa}^2}{g_{mN1}^2 R_{dsP1}^2}\right) \end{aligned} \tag{6.154}$$

差分噪声为

$$\begin{aligned} v_{n\_diff}^2 = {} & 2\left[v_{nN1}^2 + v_{nP1}^2\left(\frac{g_{mP1}^2}{g_{mN1}^2}\right) + v_{nN3}^2\left(\frac{1}{g_{mN1}^2 R_{dsN1}^2}\right) + v_{nP3}^2\left(\frac{1}{g_{mN1}^2 g_{dsP1}^2}\right) + \right. \\ & \left. v_{nNa}^2\left(\frac{g_{mNa}^2 R_{dsNa}^2}{g_{mN1}^2 R_{dsN1}^2}\right) + v_{nPa}^2\left(\frac{g_{mPa}^2 R_{dsPa}^2}{g_{mN1}^2 R_{dsP1}^2}\right)\right] \end{aligned} \tag{6.155}$$

忽略共源共栅器件的噪声贡献，式（6.154）可以近似为

$$v_n^2 \approx v_{nN1}^2 + v_{nP1}^2\left(\frac{g_{mP1}^2}{g_{mN1}^2}\right) + v_{nNa}^2\left(\frac{g_{mNa}^2 R_{dsNa}^2}{g_{mN1}^2 R_{dsN1}^2}\right) + v_{nPa}^2\left(\frac{g_{mPa}^2 R_{dsPa}^2}{g_{mN1}^2 R_{dsP1}^2}\right) \tag{6.156}$$

式（6.155）也可以近似为

$$v_{n\_diff}^2 = 2\left[v_{nN1}^2 + v_{nP1}^2\left(\frac{g_{mP1}^2}{g_{mN1}^2}\right) + v_{nNa}^2\left(\frac{g_{mNa}^2 R_{dsNa}^2}{g_{mN1}^2 R_{dsN1}^2}\right) + v_{nPa}^2\left(\frac{g_{mPa}^2 R_{dsPa}^2}{g_{mN1}^2 R_{dsP1}^2}\right)\right] \tag{6.157}$$

因此，有源共源共栅器件的噪声贡献很大，并且会恶化放大器的整体噪声。从式（6.157）中可以看到，它们的贡献可以与输入器件的贡献相类似。

6.3.5 两级放大器

两级放大器通常用于改善输出摆幅，并将输入与输出解耦。此外，它们能够比单级放大器提供更高的收益。图 6.32 给出了一个例子，即密勒补偿放大器。另一个例子如图 6.33 所示，其中第一级是共源共栅放大器。另一种可能的改变（未显示）是在第一级采用有源共源

共栅。

两级放大器的增益为

$$A_{DC} = A_{DC1}A_{DC2} \tag{6.158}$$

这使得

$$A_{DC} = g_{mN1}R_{o1}g_{mN5}R_{o2} \tag{6.159}$$

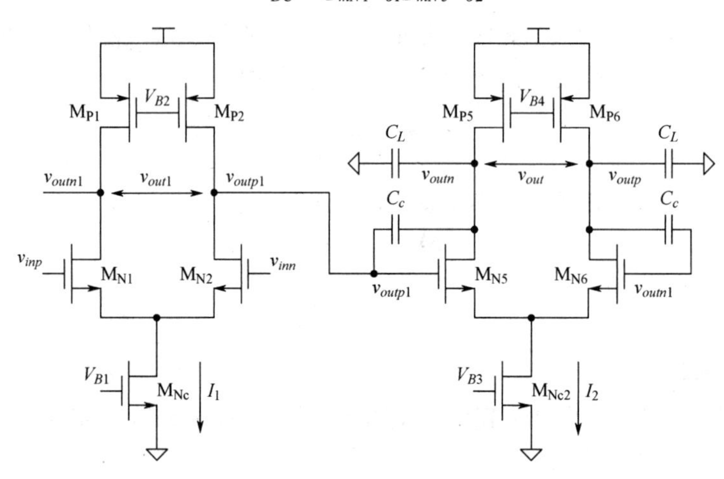

注：一个用电容（C_c）进行密勒补偿的两级放大器，两级都是差分对。

图 6.32

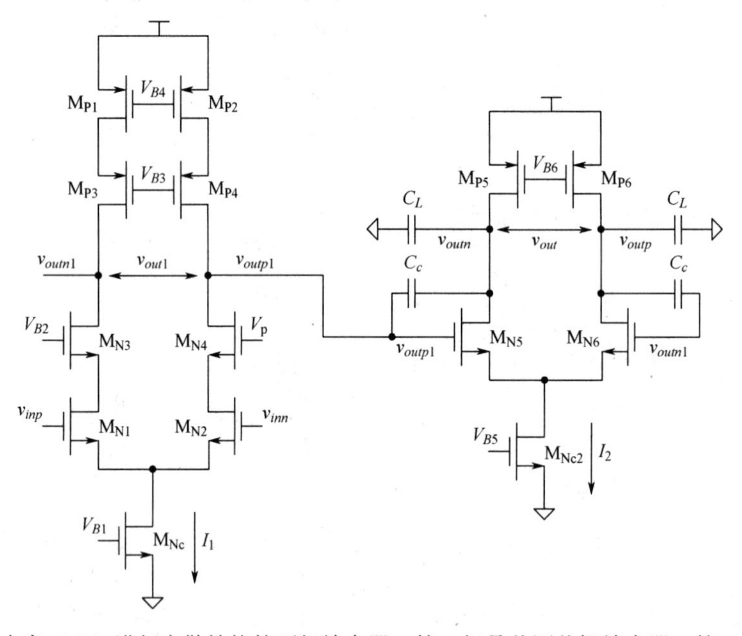

注：一个使用电容（C_c）进行密勒补偿的两级放大器。第一级是共源共栅放大器，第二级是差分对。

图 6.33

如果第一级是有源共源共栅级[13,14]，由于第二级的增益的存在，使得放大器的整体增益相对于单级有源共源共栅放大器又增加了 $g_m R_{ds}$ 倍。

由此，如果器件的本征增益为 5～10，第一级为有源共源共栅的两级放大器的增益可以增加到 625～10000，即 56～80 dB 的范围内。这将精度提高到 9～13 位。

两级放大器的主极点由密勒补偿电容和第一级的输出电阻形成，为

$$\omega_{p1} \approx \frac{1}{A_{DC2}C_c R_{o1}} \approx \frac{1}{g_{mN5}R_{o2}R_{o1}} \tag{6.160}$$

因此，使用式（6.159）和式（6.160），单位增益频率为

$$\omega_u = \frac{g_{mN1}}{C_c} \tag{6.161}$$

对于具有密勒电容的放大器，用式（6.128）可以得到输出节点处的非主极点，同时注意到 C_c 通常足够大，因此在非主极点的高频处实际上是短路的。因此，非主极点可近似为

$$\omega_{p2} \approx \frac{g_{mN5}C_c}{C_{in2}C_c + C_{in2}C_L + C_c C_L} \approx \frac{g_{mN5}}{C_{in2} + C_L} \tag{6.162}$$

式中，C_{in2} 是第二级输入和地之间的电容。由于密勒补偿电容的存在，系统也存在右半平面零点，表示为

$$\omega_z = \frac{g_{mN5}}{C_c} \tag{6.163}$$

这个零点会恶化建立行为，这使得必须将其推入非常高的频率。通常，零点设置为

$$\omega_z \geqslant 10\omega_u \tag{6.164}$$

意味着

$$g_{mN5} \geqslant 10 g_{mN1} \tag{6.165}$$

或者，可以通过插入一个如图 6.34 所示的带有补偿电容的串联电阻 R_z，从而将零点移动到左半平面（LHP）。这将使零点移动到

$$\omega_z = \frac{1}{\left(\dfrac{1}{g_{mN5}} - R_z\right)C_c} \tag{6.166}$$

若 $R_z > 1/g_{mN5}$，则零点移动到左半平面并有助于建立；或者，如果将零点置于非主极点之上，它们就会抵消，即

$$\omega_z = \frac{1}{\left(\dfrac{1}{g_{mN5}} - R_z\right)C_c} = -\omega_{p2} \approx -\frac{g_{mN5}}{C_L} \tag{6.167}$$

此抵消所需的 R_z 值为

$$R_z \approx \frac{C_c + C_L}{g_{mN5}C_c} \tag{6.168}$$

若第一级是共源共栅，则共源共栅节点处存在另一个非主极点，即

$$\omega_{p3} = \frac{g_{mN3}}{C_{cascode}} \tag{6.169}$$

两级放大器的摆率受两级尾流源的限制。第一级的摆率为

$$\text{SR} = \frac{I_1}{C_c} \tag{6.170}$$

第二级的摆率为

$$\text{SR} = \frac{I_2 - I_1}{C_L} \tag{6.171}$$

在式（6.171）中，由于电流被 C_c 所抽取，因此从 I_2 中减去 I_1。放大器的总摆率将取决于式（6.170）和式（6.171）中两个摆率中较差的一个。

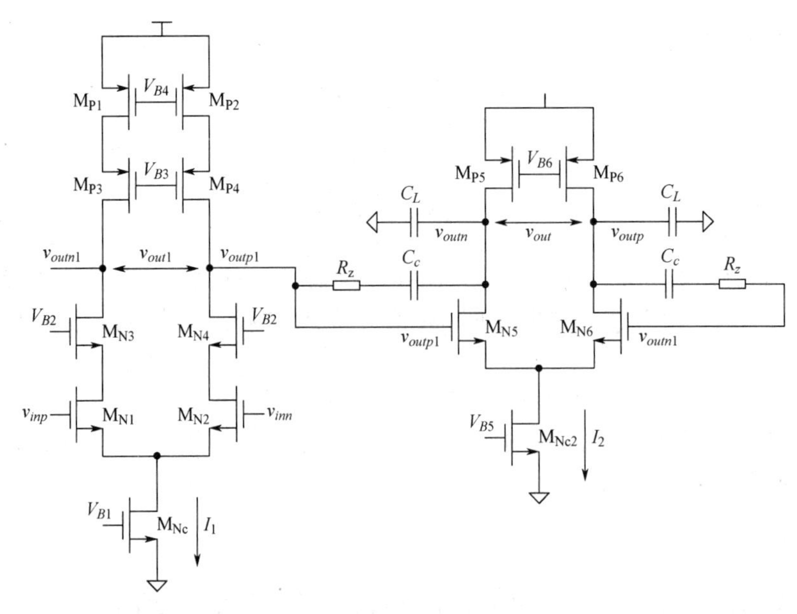

注：使用电容（C_c）进行密勒补偿的两级放大器，添加电阻 R_z 以进行零点补偿。

图 6.34

两级放大器的噪声通常由第一级的噪声决定，因为第二级的噪声按第一级的增益缩小。另一个两级放大器的例子如图 6.35 所示，其中第二级是推挽级。推挽式放大器同时利用 PMOS 和 NMOS 放大器的跨导。第二级的增益为

$$A_{DC2} = (g_{mN5} + g_{mP5})R_{o2} \tag{6.172}$$

整体增益为

$$A_{DC} = g_{mN1}R_{o1}(g_{mN5} + g_{mP5})R_{o2} \tag{6.173}$$

主极点为

$$\omega_{p1} = \frac{1}{(g_{mN5} + g_{mP5})R_{o2}C_cR_{o1}} \tag{6.174}$$

单位增益频率为

$$\omega_u = \frac{g_{mN1}}{C_c} \tag{6.175}$$

输出节点处的非主极点为

$$\omega_{p2} \approx \frac{(g_{mN5} + g_{mP5})}{C_{in2} + C_L} \tag{6.176}$$

在第二级中具有相同电流的情况下，推挽式结构降低了第一级的极点频率并增加增益。如果 PMOS 晶体管与 NMOS 晶体管的跨导相当，通过增加第二级的频率，推挽式结构可以改善整体建立、性能和速度。但是，如果 PMOS 晶体管的跨导比 NMOS 的差得多，第一级的负载电容的增加有时会降低第二级的频率响应，因此会降低速度。

BiCMOS 两级放大器如图 6.36 所示。在这个设计中，设计人员充分利用双极型晶体管作为共源共栅器件，因为与 NMOS 晶体管相比，它的跨导更高。根据式（6.169），这增加了共源共栅节点的非主极点频率，从而改善了建立行为。而且，双极型晶体管更高的本征增益改善了 NMOS 侧的输出电阻。PMOS 侧为获得类似大的输出电阻，采用双共源共栅①，电阻

① 译者注：比普通共源共栅多堆叠一层。

又增加了 $g_m R_{ds}$ 倍。

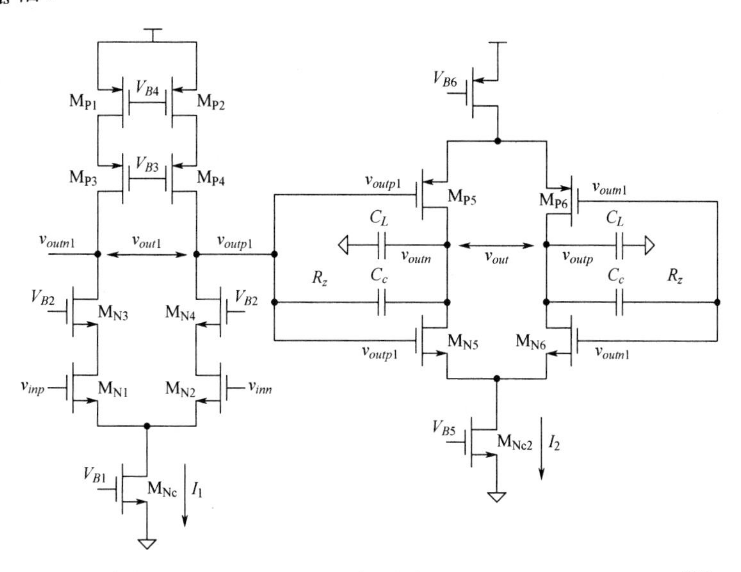

注：两级放大器。第一级是共源共栅放大器，第二级是推挽放大器[15]。

图 6.35

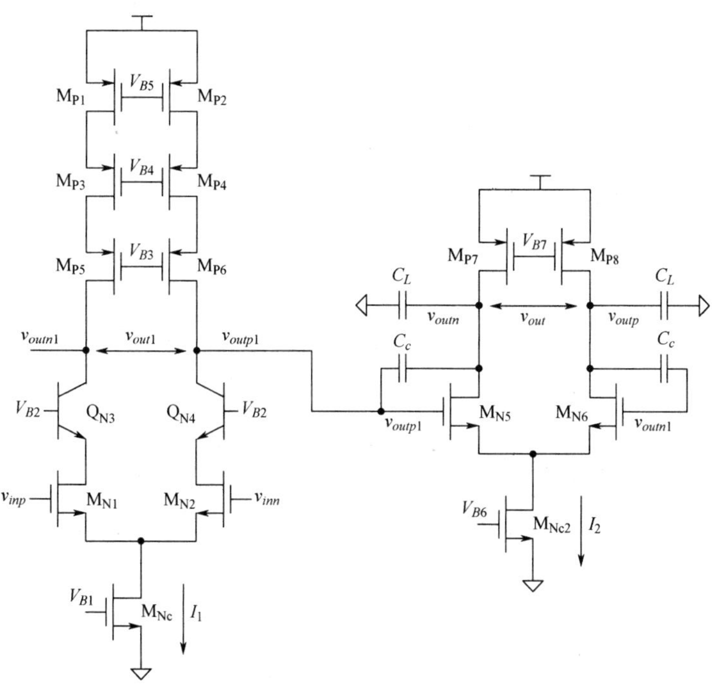

注：使用电容（C_c）的具有密勒补偿的两级 BiCMOS 放大器。第一级是共源共栅放大器。使用 BJT 作为 NMOS 侧的共源共栅器件，在 PMOS 侧进行双共源共栅。©2010 IEEE（经许可，转载自参考文献[12]）。

图 6.36

图 6.37 展示了 BiCMOS 放大器的另一个例子，其中补偿电容连接到 NPN 共源共栅节点。这有助于改善第二级的右半平面零点。NPN 器件的高跨导有助于减少补偿路径的延迟，并推高非主极点频率。此外，补偿电容使用源极跟随器进行缓冲，这大大增加了右半平面零点

的频率[11,12]。

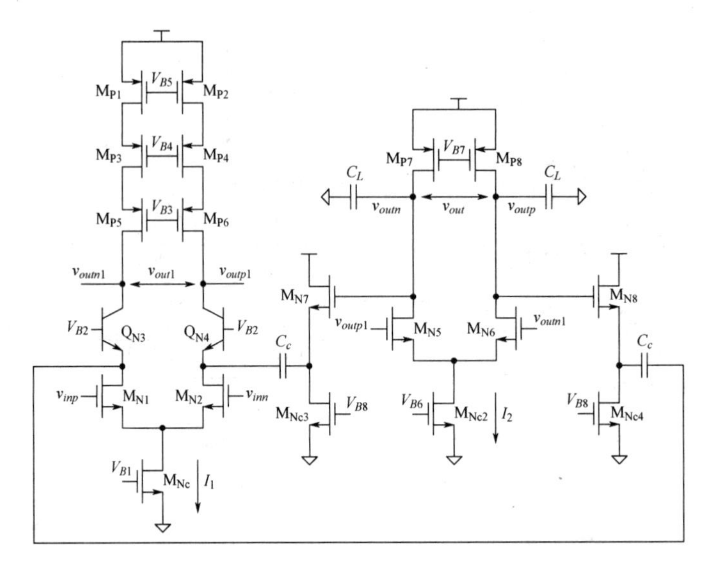

注：利用电容（C_c）和跟随器 MN7 和 MN8 构成的两级 BiCMOS 放大器。补偿是在第一级的共源共栅节点处完成，而不是其输出。其中第一级是共源共栅放大器。BJT 被用作 NMOS 一侧的共源共栅器件，在 PMOS 一侧应用双共源共栅[12]。©2010 IEEE（经许可，转载自参考文献[12]）。

图 6.37

图 6.38 展示了一个 BiCMOS 两级放大器的示例，其中 NPN 晶体管用作第二级的输入器件。第二级的 NPN 管的高跨导增加了非主极点的频率，并降低其功耗。但是，相对而言 NPN 晶体管的基极电流值高，输入电阻低，使得必须在两级间使用射极跟随器来缓冲第二级。

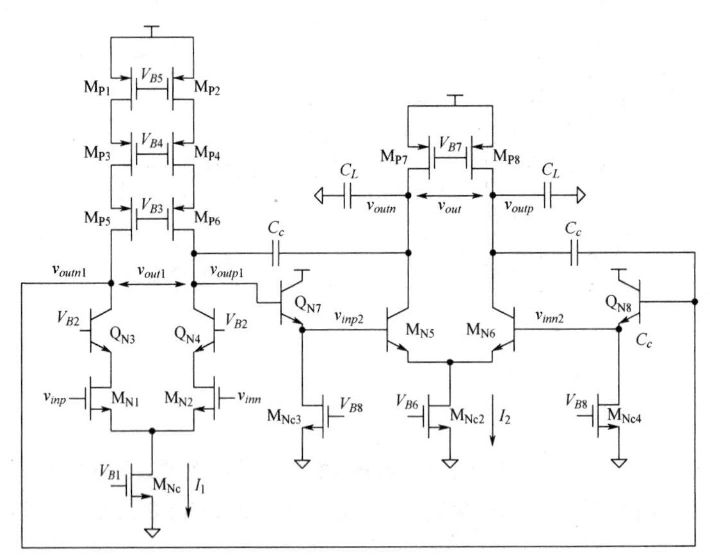

注：一个使用电容（C_c）的具有密勒补偿的两级 BiCMOS 放大器。BJT 用作第二级的输入对。射极跟随器用作两级之间的缓冲器。第一级是共射极共基极放大器。BJT 用作 NMOS 侧的共源共栅器件，在 PMOS 侧应用双共源共栅[1,16]。©2006 IEEE（经许可，转载自参考文献[1]）。

图 6.38

6.3.6　共模反馈

为了优化放大器的性能，最大限度地提高放大器的动态范围和线性度，需要对上述所有放大器中高阻抗节点的共模电平进行良好的控制。这通常是通过共模控制电路实现的，这种电路被称为共模反馈（common-mode feedback，CMFB）。

CMFB 的一个例子如图 6.39 所示。输出共模通过对输出节点进行缓冲和平均来测量。测量的共模值与期望值进行比较，输出用于控制 PMOS 或 NMOS 侧的电流源。例如，若测量共模值大于期望值，则减小 PMOS 电流。PMOS 电流相对于 NMOS 电流的减小导致了共模电压逐渐下降。这个环路通常比差分速度慢，可能会引起共模稳定性和建立问题。

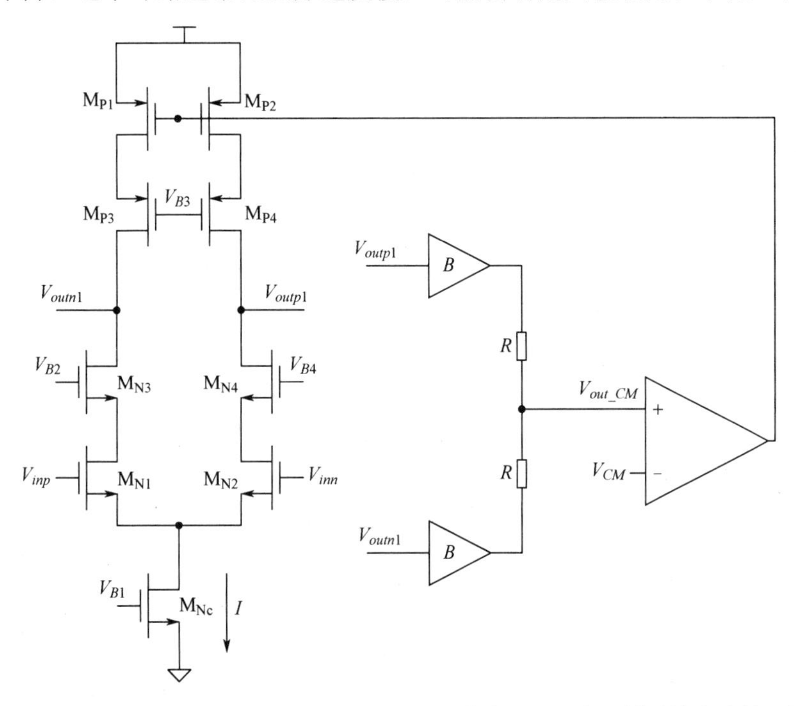

注：用于测量输出共模电压并相应地控制 PMOS 电流源的一个共模反馈电路的示例。

图 6.39

另一个采用开关电容电路的共模反馈示例如图 6.40 所示。共模电容 C_{CM} 充电到期望值，并由开关电容器 C_B 刷新。施加在开关电容上的偏压设置为所需的共模电压（V_{CM}）和 PMOS 电流源的栅极偏置电压（V_{B4}）。如果共模电压增加，PMOS 电流源的栅极电压将随着增加，从而降低 PMOS 电流，因此降低共模电压。

与图 6.39 所示的电路相比，这个 CMFB 环路更快更容易控制。但是，它控制输出共模电压和 PMOS 栅极电压之差，而不是共模电压的绝对值。由于电荷注入和器件失配，它往往容易影响准确性。

可以使用缓冲来减少共模电容 C_{CM} 对差分建立的影响。图 6.41 给出了一个示例，其中采用源跟随缓冲器来降低共模电容 C_{CM} 的负载效应。这有助于改善差分的建立行为，同时对共模反馈回路的建立略有影响。这是以增加源极跟随器的额外功耗为代价的。另外，使用的偏置电压需要通过将其设置为 $V_{CM}-V_{gsN5}$ 而不是 V_{CM} 来调节源极跟随器中的 V_{gs} 压降[17]。

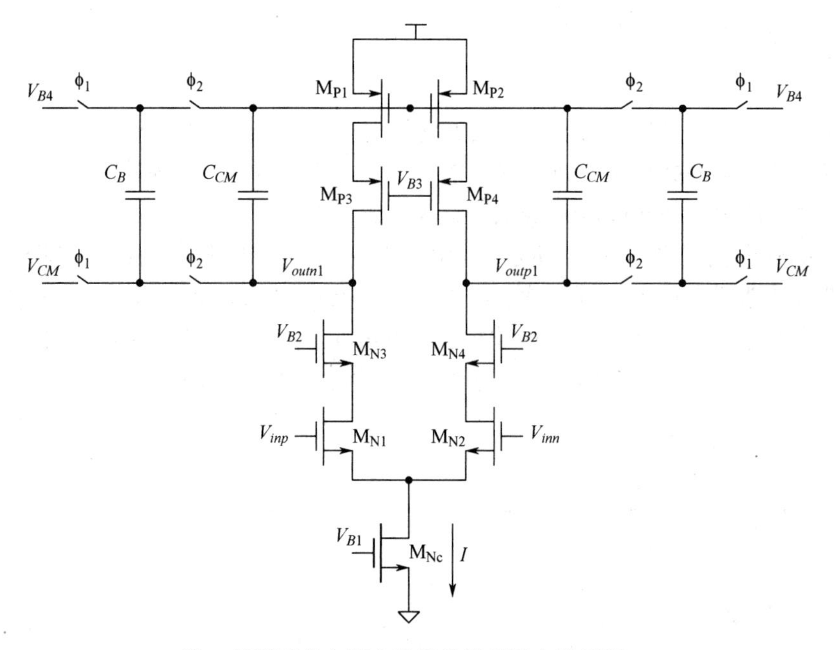

注：使用开关电容电路的共模反馈电路示例。

图 6.40

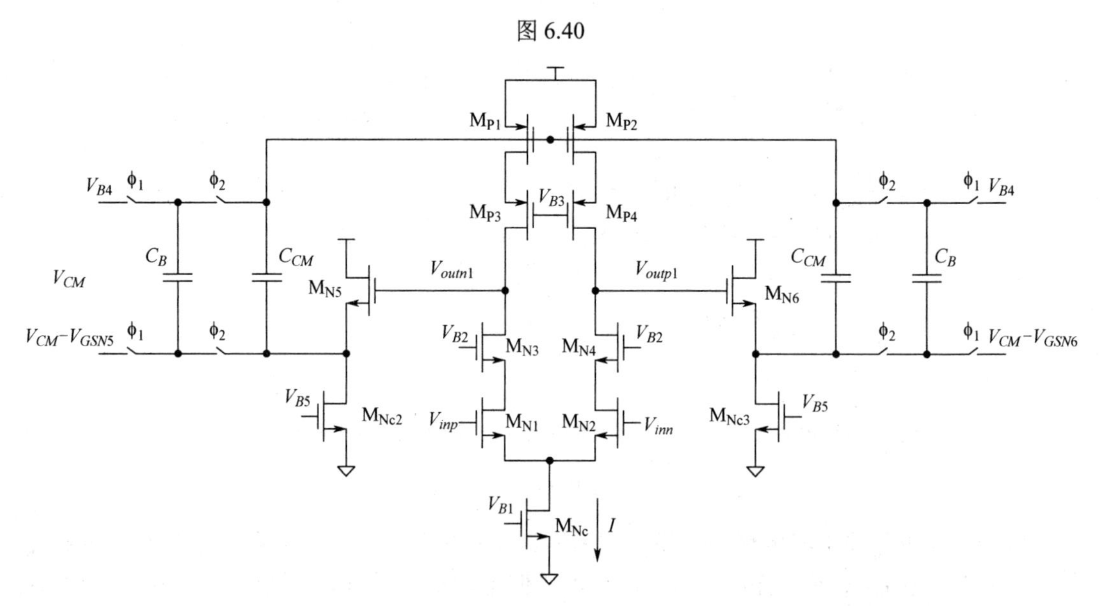

注：使用开关电容电路的共模反馈电路的一个例子，使用源极跟随器进行缓冲[17]。

图 6.41

严格控制下的共模电平有助于最大限度地扩大放大器的动态范围，防止出现线性问题，并改进差分建立。在不降低差分性能的情况下，设计稳定且快速的共模反馈环路对于非常高速和高性能的放大器来说，是具有挑战性的设计问题。然而，这是放大器设计中不可忽视的一个重要方面。

6.4　结论

本章讨论了高速 ADC 中最常用的放大器结构。首先简要介绍了开关电容滤波器和放大器，对开环和闭环电路中放大器的增益和建立行为进行了分析，然后介绍了各种设计参数，并给出了一些最新的实例。

思　考　题

1．如果运算放大器有一个有限的开环增益 A，分析图 6.9 和图 6.10 的积分器

2．重复问题 1，如果运算放大器具有有限的开环增益 A，以及单位增益频率 f_u。

3．使用类似 SPICE 的仿真器，仿真如图 6.7、图 6.9 和图 6.10 所示开关电容积分器。使用 100 MHz 的时钟频率，$C_1=C_2$=1pF。您可以使用晶体管级电路或宏模型。假设是一个理想运算放大器。

4．重复问题 3，如果放大器具有 60 dB 的有限直流增益和 10 GHz 的单位增益频率。讨论其中的误差。

5．重复问题 3，如果放大器具有 60 dB 的有限直流增益和 100 MHz 的单位增益频率。讨论其中的误差。

6．绘制一个增益为 4 的开关电容反相放大器，如果时钟频率为 50 MHz，并且在 10 位电平上需要 0.25LSB 的稳定精度，那么运算放大器的单位增益频率应该是多少？直流增益又是多少？

7．重复问题 6，若运算放大器有两个极点，则两个极点的位置是什么？

8．具有两个极点和 60 dB 直流增益的运算放大器用于类似于图 6.16 的增益为 8 的开关电容放大器电路。忽略寄生电容。放大器欠阻尼，过冲 1%。如果放大器在 200 MHz 的时钟速率建立到 14 位精度，那么两个极点的位置是什么？相位裕度是多少？

9．对于问题 8，我们可以改变什么来改善建立时间？可用于同样的精度的新时钟频率是多少？

10．使用类似 SPICE 的仿真器，仿真如图 6.14、图 6.15 和图 6.17 所示的开关电容放大器。使用 100 MHz 的时钟频率，$C_1=2C_2$=1pF。你可以使用晶体管级电路或宏模型。假设是一个理想的运算放大器。

11．重复问题 10，使用直流增益为 60 dB 的运算放大器。讨论其中的误差。

12．重复问题 10，使用直流增益为 60 dB 和单位增益频率为 1 GHz 的运算放大器。讨论其中的误差。

13．重复问题 10，使用直流增益为 60 dB 和单位增益频率为 500 MHz 的运算放大器。讨论其中误差。

14．对于图 6.14 所示的增益为 4 的开关电容放大器。如果运算放大器的等效输入噪声是 500 μV，那么在增益阶段，闭环放大器等效输入噪声是多少？增益阶段的输出参考噪声是多少？

15．对于图 6.14 所示的开关电容放大器，增益为 4。运算放大器的等效输入噪声为 500 μV。在输入采样阶段的等效输入噪声是多少？在增益阶段的等效输入噪声是多少？

16．对于图 6.40 所示的放大器，由电容 C_{CM}、C_B，开关和偏置电压形成的 CMFB 低频等效值是多少？你能提出一个不使用开关电容的替代结构吗？每个结构的优缺点是什么？

17．讨论图 6.39 所示的 CMFB 结构的优缺点。

18．对于图 6.27 所示的共源共栅放大器，推导出放大器输入电容的表达式。如果共源共栅放大器由大的源级阻抗驱动，它与图 6.26 中的差分对相比如何？并讨论。

19．使用类似 SPICE 的仿真器和任意 CMOS 工艺，仿真图 6.27 所示的共源共栅放大器。合理调整器件的尺寸以获得增益 30 dB，并达到临界阻尼。放大器的电流和单位增益频率是多少？输入噪声电压是多少？

20．对于问题 19 的放大器，采用图 6.30 所示的有源共源共栅，对总的电流、相位裕度、单位增益频率和输入噪声的影响是什么？

21．讨论图 6.30 所示的有源共源共栅实现的利弊。你会如何改进该放大器？

22．如果我们假设所有器件的本征增益相同，图 6.30 所示的有源共源共栅与图 6.33 所示的两级放大器相比如何？从增益、功耗、动态范围、噪声和速度等方面进行比较。

23．使用分析或仿真，比较图 6.36 和图 6.37 所示的两个 BiCMOS 放大器。

24．使用分析或仿真，比较图 6.37 和图 6.38 所示的两个 BiCMOS 放大器。

参 考 文 献

[1] A.M.A. Ali, C. Dillon, R. Sneed, *et al.*, “A 14-bit 125 MS/s IF/RF Sampling Pipelined ADC With 100 dB SFDR and 50 fs Jitter,” *IEEE Journal of Solid-State Circuits*, 41(8), pp. 1846–1855, Aug 2006.

[2] K.R. Laker and W.M.C. Sansen, “Design of analog integrated circuits and systems,” McGraw Hill, New York, NY, 1994.

[3] H.C. Yang and D.J. Allstot, “Considerations for Fast Settling Operational Amplifiers,” *IEEE Transactions on Circuits and Systems*, 37(3), pp. 326–334, Mar 1990.

[4] A.M.A. Ali, “Stably-biased cascode networks,” US Patent 7,023,281, Apr 2006.

[5] P.R. Gray, P.J. Hurst, S.H. Lewis, and R.G. Meyer, “Analysis and Design of Analog Integrated Circuits,” Fourth Edition, John Wiley & Sons, New York, NY, 2001.

[6] D.A. Johns and K. Martin, “Analog Integrated Circuit Design,” John Wiley & Sons, New York, NY, 1997.

[7] P.R. Gray and R.G. Meyer, “MOS Operational Amplifier Design – A Tutorial Overview,” *IEEE Journal of Solid-State Circuits*, SC-17(6), pp. 969–982, Dec 1982.

[8] B.Y. Kamath, R.G. Meyer, and P.R. Gray, “Relationship between Frequency Response and Settling Time of Operational Amplifiers,” *IEEE Journal of Solid-State Circuits*, SC-9(6), pp. 347–352, Dec 1974.

[9] K. Bult and G.J.G.M. Geelen, “A Fast-Settling CMOS Op Amp for SC Circuits with 90-dB DC Gain,” *IEEE Journal of Solid-State Circuits*, 25(6), pp. 1379–1384, Dec 1990.

[10] K. Nagaraj, “CMOS Amplifiers Incorporating a Novel Slew Rate Enhancement Technique,” *IEEE Custom Integrated Circuits Conference (CICC)*, pp. 11.6.1–11.6.5, 1990.

[11] P.J. Hurst, S.H. Lewis, J.P. Keane, *et al.*, "Miller Compensation Using Current Buffers in Fully Differential CMOS Two-Stage Operational Amplifiers," *IEEE Transactions on Circuits and Systems-I: Regular Papers*, 51(2), pp. 275–285, Feb 2004.
[12] A.M.A. Ali, A. Morgan, C. Dillon, *et al.*, "A 16-bit 250-MS/s IF Sampling Pipelined ADC with Background Calibration," *IEEE Journal of Solid-State Circuits*, 45(12), pp. 2602–2612, Dec 2010.
[13] A.M.A. Ali, H. Dinc, P. Bhoraskar, *et al.*, "A 14b 1GS/s RF Sampling Pipelined ADC with Background Calibration," *IEEE ISSCC Digest of Technical Papers*, pp. 482–483, Feb 2014.
[14] A.M.A. Ali, H. Dinc, P. Bhoraskar, *et al.*, "A 14b 1GS/s RF Sampling Pipelined ADC with Background Calibration," *IEEE Journal of Solid-State Circuits*, 49(12), pp. 2857–2867, Dec 2014.
[15] A.M.A. Ali, H. Dinc, P. Bhoraskar, *et al.*, "A 14-bit 2.5GS/s and 5GS/s RF Sampling ADC with Background Calibration and Dither," *IEEE VLSI Circuits Symposium*, pp. 206–207, 2016.
[16] A.M.A. Ali, "Differential amplifiers with enhanced gain and dynamic range," US Patent 7,253,686, Aug 2007.
[17] A.M.A. Ali, "Amplifier networks with controlled common-mode level and converter systems for use therewith," US Patent 7,746,171, Jun 2008.

第 7 章　流水线 ADC

在流水线 ADC 中，转换过程被划分为发生在流水化多级中的多个步骤。这些级同时对输入信号的不同采样进行操作，从而以延迟为代价实现了高吞吐量。每个级将其输入量化为多个比特位，并将剩余量化误差经放大后传递到后续级以进行更精细的量化。随着输入采样沿流水线的传递，等效到输入端的量化步长和噪声逐渐变小。只要量化误差在每一级中都能被准确生成并放大，然后将其传递到下一级，流水线 ADC 就可以实现高分辨率和高线性度。

流水线 ADC 中使用的类似于组装线的方法可实现高吞吐量和相对较高的分辨率，从而使流水线 ADC 成为高速和高性能领域中最重要的架构之一。已有关于采样率高达 2.5 GS/s，分辨率高达 16 位，线性度优于 100 dB（SFDR）的相关报道[1-7]。

此外，流水线架构的原理和前馈性质使它能够使用数字信号处理技术进行线性度校正以提升性能与速度。通过基于精细光刻 CMOS 工艺①的数字辅助（校准）技术，可以利用相对高效的数字电路来改善模拟性能并降低功耗。

7.1　架构

典型的流水线 ADC 架构如图 7.1 所示。该 ADC 由采样保持电路和一组级联的流水线级组成，每级由一个子 ADC、一个 DAC、一个减法器和一个余量放大器（residue amplifier, RA）组成。子 ADC 传统上是快闪 ADC②，它使用等于该级分辨率的位数将输入信号数字化，DAC 生成这些位对应的模拟量，然后从输入中减去以产生余量。余量会被 RA 放大，以降低后级对精度的要求。

在图 7.1 中，第一级的分辨率为 k_1，第二级的分辨率为 k_2，以此类推。如果第一级 RA 的增益为 $G_1 = 2^{k_1}$，那么其余量将理想地覆盖下一级的满量程范围。但是这是不切实际的，因为子 ADC 中的任何误差都将导致其余量超出后续阶段的满量程范围，所以导致丢码和严重误差。对于 k_1=3 位的情况，如图 7.2 和图 7.3 所示。当增益为 2^{k_1} 时的理想余量传输曲线如图 7.2 所示，存在比较器误差时的余量传输曲线如图 7.3 所示。

---

① 译者注：这里的“精细光刻 CMOS 工艺”，就是指相对传统模拟工艺，特征尺寸更小的先进数字 CMOS 工艺。

② 译者注：flash ADC（快闪 ADC）用于并行量化当级的输入信号，第 7 章和第 9 章中会将原文的“flash”根据不同语境需求，有时会译作“并行量化”。

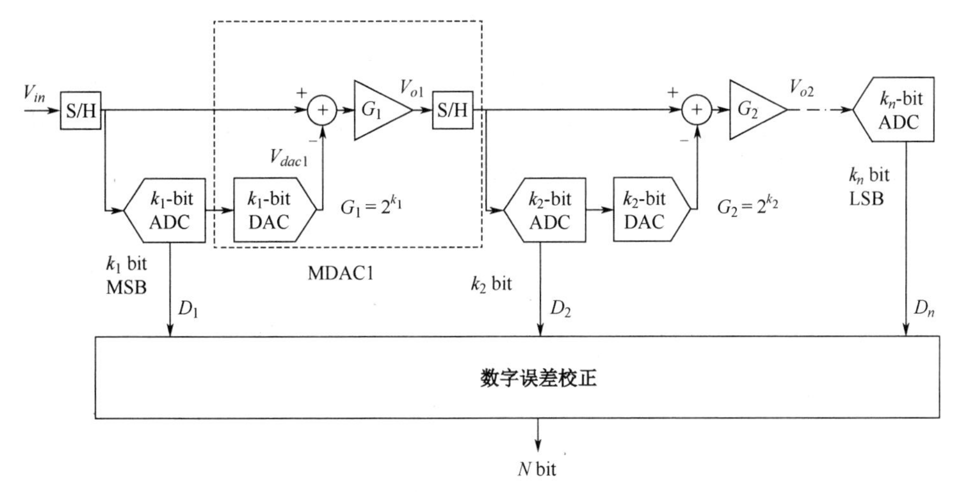

注：不含冗余位的基本流水线 ADC 架构。

图 7.1

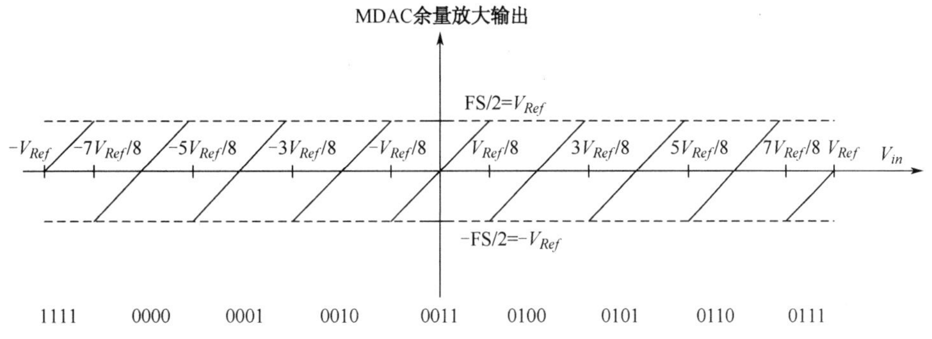

注：如图 7.1 所示流水线 ADC 的理想余量曲线，此时 k_1=3 且级间增益为 8。额外的一位编码用于对称的折叠输入范围两端的子范围。

图 7.2

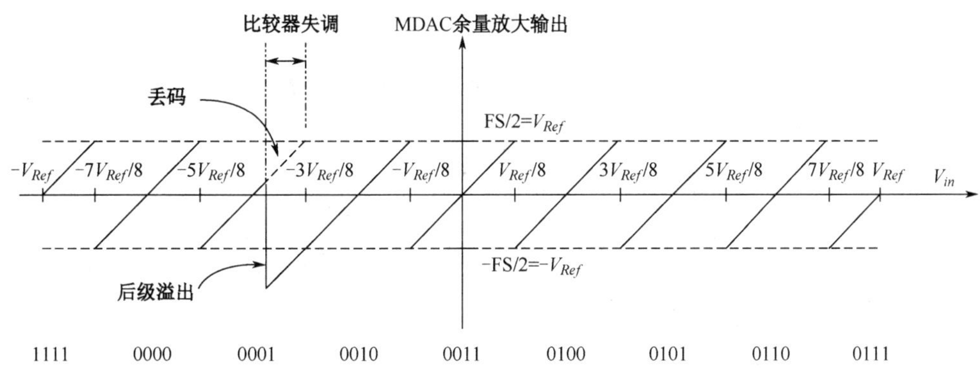

注：如图 7.1 所示流水线 ADC 的余量曲线，此时 k_1=3 且级间增益为 8，存在比较器失调的情况下，超范围会导致丢码。

图 7.3

为了降低系统对子 ADC（比较器）失调的敏感性，可以通过使用小于 2^{k_1} 的级间增益来实现冗余。如图 7.4 所示，若增益为 2^{k_1-1}，则余量将仅跨越满量程范围的一半，另一半可用作校正范围，以容纳子 ADC 误差，这被称为数字误差校正，这是流水线 ADC 具有吸引力的方面之一，即 ADC 性能对于子 ADC 中的误差相对不敏感，只要它们在校正范围内即可。图 7.5 描述了采用一位冗余时的理想余量曲线，图 7.6 给出了存在比较器失调误差的余量曲线。并行量化误差校正范围是满量程的一半，只要余量仍被限制在后级的满量程范围内，任何比较器误差都可以通过后级进行校正。

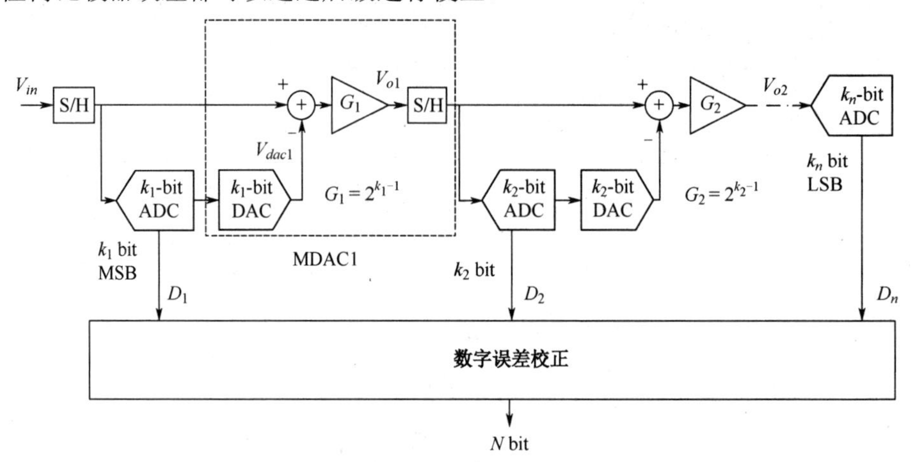

注：有冗余位的基本流水线 ADC 架构。

图 7.4

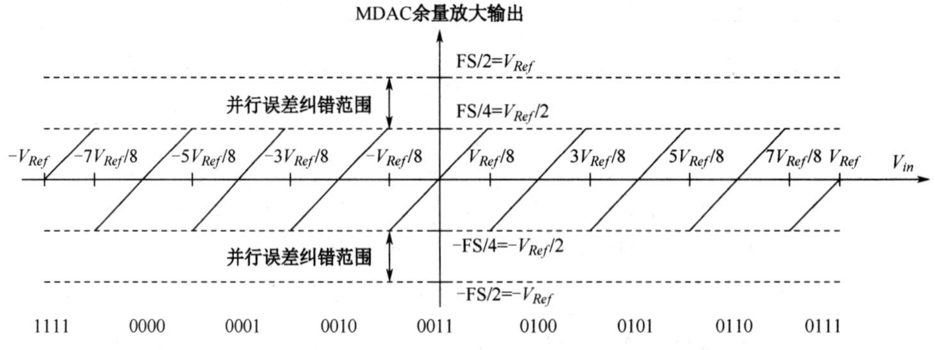

注：如图 7.4 所示流水线 ADC 的理想余量曲线，k_1=3 放大倍数为 4。额外的一位编码用于对称的折叠输入范围两端的子范围。

图 7.5

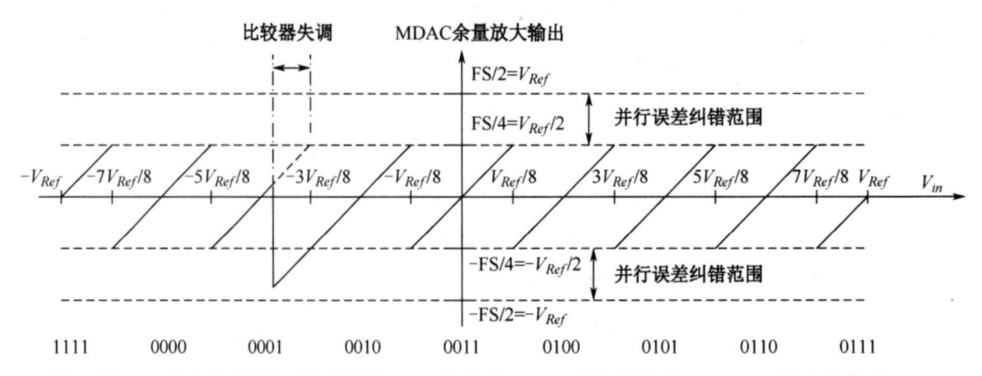

注：图 7.3 存在比较器失调的情况下，流水线 ADC 的余量曲线，k_1=3，放大倍数为 4。由于误差在校正范围之内，后端不会出现超范围现象，并且可通过后级进行校正。

图 7.6

从图 7.5 中可以看到，子 ADC 是一个中间转换 ADC，具有奇数个量化台阶（子区间）。如第 1 章所述，这可以防止作为主要转换的零输入周围的抖动。此外，最后两个子范围被限制为其他子范围的一半。这种中间转换实现方式具有奇数个编码和最后一个子范围的“折叠”，其实现了零附近的对称性，简化了数字处理，并将各级的输出始终限制在半个子范围内。额外的编码需要该级增加一个额外的比较器，并在输出中需要一个额外的位。一个编码示例如图 7.5 和图 7.6 所示。

数字误差校正模块合并所有级生成的位①，在时序上对齐后按适当的权重进行相加。图 7.7（a）给出了数字误差校正的框图，并给出了一个具有一位冗余、处理一个 14 位 ADC 的“原始”（或子 ADC）位的示例，如图 7.7（b）所示。各级编码由于采用一位冗余而相互交叠，对于所有的 i，级间增益全用 $2^{(k_i-1)}$ 代替 2^{k_i} 。

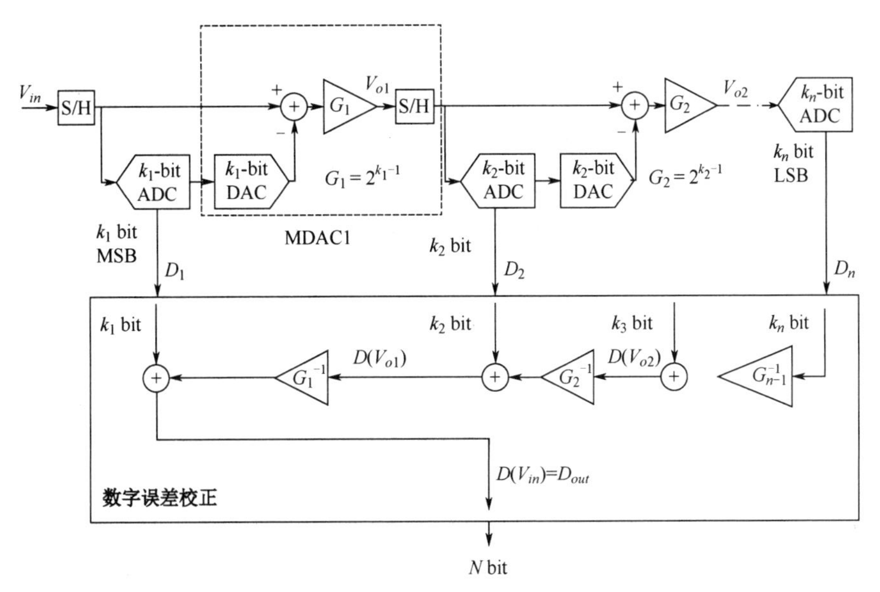

（a）将流水线各级的位数与冗余和数字误差校正相结合。数字端的增益必须与模拟端的增益匹配

第1级: $k_1 = 3$:　$d_{13}\ d_{12}\ d_{11a}$

第2级: $k_2 = 3$:　$d_{11b}\ d_{10}\ d_{9a}$

第3级: $k_3 = 3$:　$d_{9b}\ d_8\ d_{7a}$

第4级: $k_4 = 3$:　$d_{7b}\ d_6\ d_{5a}$

第5级: $k_5 = 3$:　$d_{5b}\ d_4\ d_{3a}$

第6级: $k_6 = 4$:　$d_{3b}\ d_2\ d_1\ d_0$

输出: 14 bit:　$d_{13}\ d_{12}\ d_{11}\ d_{10}\ d_9\ d_8\ d_7\ d_6\ d_5\ d_4\ d_3\ d_2\ d_1\ d_0$

（b）将流水线各级的位数与冗余和数字误差校正相结合，以实现一个 14 位转换器。当增益为 2 的幂时，可以通过移位在数字域中实现乘法和除法

图 7.7

在不失一般性的前提下，如果我们专注于第一级，就会看到其余量为

$$V_{o1} = G_1\left(V_{in} - V_{dac1}\right) = G_1\left(V_{in} - \frac{D_1 \times V_{Ref}}{2^{k_1-1}}\right) \tag{7.1}$$

---

① 译者注：这里的“位”是指各级量化结果的数字编码。

式中，G_1是第一级的增益，通常等于2^{k_1-1}；D_1是第一级的数字编码，由下式给出

$$D_1 = 0, \pm 1, \pm 2, \cdots, \pm 2^{k_1-1}$$

V_{ref}是参考电压；k_1是第一级量化位数。

在数字域，数字信号的重建从末端全并行量化的输出D_n开始，末端D_n是第（n−1）级余量$V_{o(n-1)}$的数字表示。因此，令$D(V_{o(n-1)})=D_n$，并进行到第i级的数字余量$D(V_{oi})$，即

$$D\left(V_{o(i-1)}\right) = D\left(V_{oi}\right) \times G_i^{-1} + D_i \tag{7.2}$$

从后向前逐步应用式（7.2），最终得到ADC数字输出D_{out}，即

$$D_{\text{out}} = D\left(V_{\text{in}}\right) = D\left(V_{o1}\right) \times G_1^{-1} + D_1 \tag{7.3}$$

这种通过“原始”位进行ADC数字输出重构的方式如图7.7（a）和（b）所示。

DAC、减法器和放大器通常组合在一起，成为一个模块，称为乘法DAC（multiplying DAC，MDAC）。此外，有时会不使用专用的采样保持放大器（sample-and-hold amplifier，SHA），而是分别由MDAC和全并行采样网络执行采样保持操作，这被称为无采保（SHA-less）架构，它降低了大量的功耗和噪声，正如文献[2]中首次提出的那样。这种结构如图7.8所示，其中S/H操作包含在MDAC和并行量化（子ADC）中。在这种情况下，第一级输入端没有保持信号，会导致并行量化和MDAC采样输入端之间可能出现失配，且随着输入频率的增加，会导致失配误差加剧。如果输入信号是如下正弦波

$$x(t) = A\cos 2\pi f_{in} t \tag{7.4}$$

式中，f_{in}是输入频率；A是输入幅度。由并行量化和MDAC采样时刻之间的时序失配Δt引起的误差Δx为

$$\Delta x \propto 2\pi f_{in} A \Delta t \tag{7.5}$$

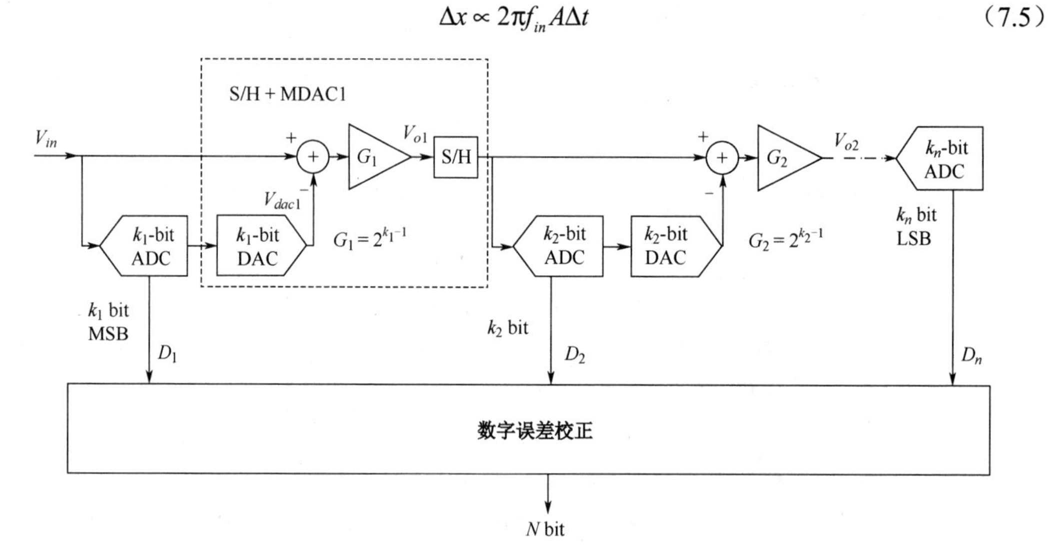

注：将S/H集成至MDAC和子ADC的无采保流水线ADC架构。

图7.8

因此当采用无采保架构时，必须注意匹配并行量化和MDAC路径之间的带宽与时序。两条路径之间的不匹配会导致并行量化误差，该误差会消耗一部分校正范围，并且随着输入频率的增加而变得更糟。但是无采保架构的功耗和性能优势非常明显，文献[3]证明它具有IF和RF采样能力，随后在文献[5,6]中进行了改进。在文献[7]中已经报道了支持高达3～5GHz输入频率的匹配。

与子 ADC 的精度会因冗余而有所放宽不同，MDAC 的精度对于 ADC 的整体性能至关重要，级间增益或 DAC 中的误差会导致整个 ADC 的非线性。具有级间增益误差（inter-stage gain error，IGE）的余量曲线示例如图 7.9 所示。若放大器增益小于数字后端中使用的理想值[式（7.1）中的 G_1]，则余量曲线斜率将小于理想值，从而导致传输曲线中断导致丢码，如图 7.10 所示。若级间增益太大，则可能导致非单调性。IGE 的 INL 显著特征是如图 7.11 所示的锯齿形，正的 INL 斜率表示级间增益太小，负的 INL 斜率表示级间增益太大。

DAC 误差会导致余量分段（子范围）相对于彼此发生垂直位移，如图 7.12 所示。这代表式（7.1）的 V_{dac} 项中与编码有关的误差，可能导致图 7.13 所示的传输曲线中断，以及图 7.14 所示的 INL 误差。重要的是要注意，尽管级间放大器的精度必须与下一级的分辨率相同，但第一级 DAC 的精度还是需要与整个 ADC 的精度相同。至于随后各级，其精度要求因前级的增益而放宽。

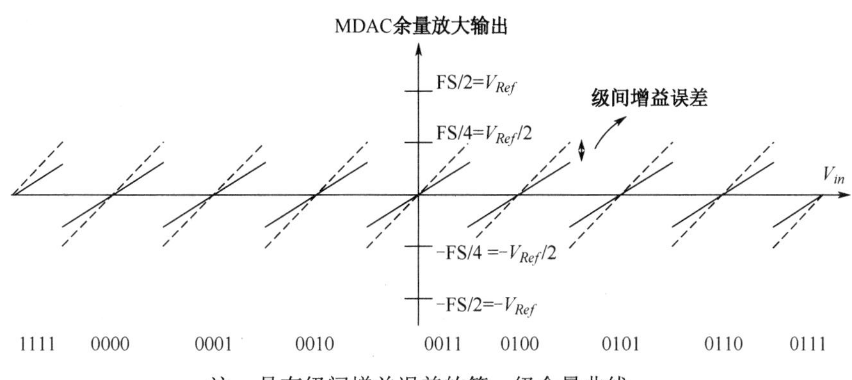

注：具有级间增益误差的第一级余量曲线。

图 7.9

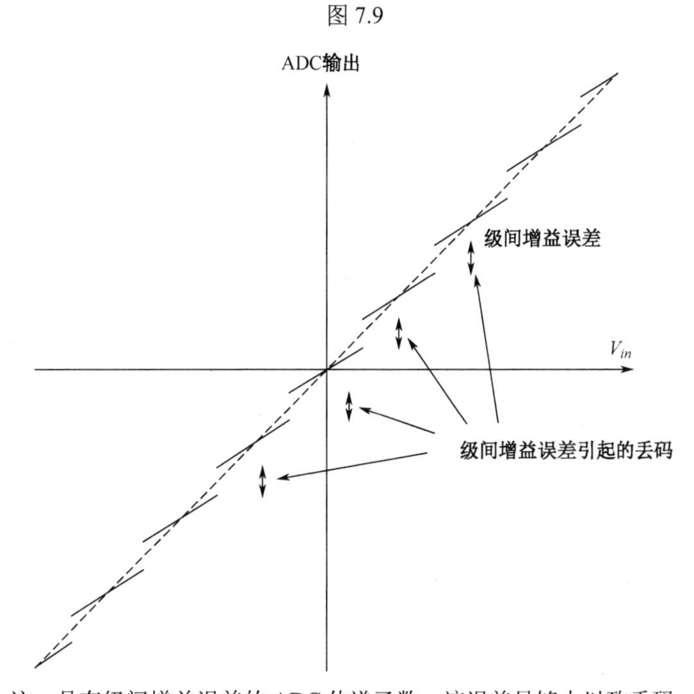

注：具有级间增益误差的 ADC 传递函数，该误差足够大以致丢码。

图 7.10

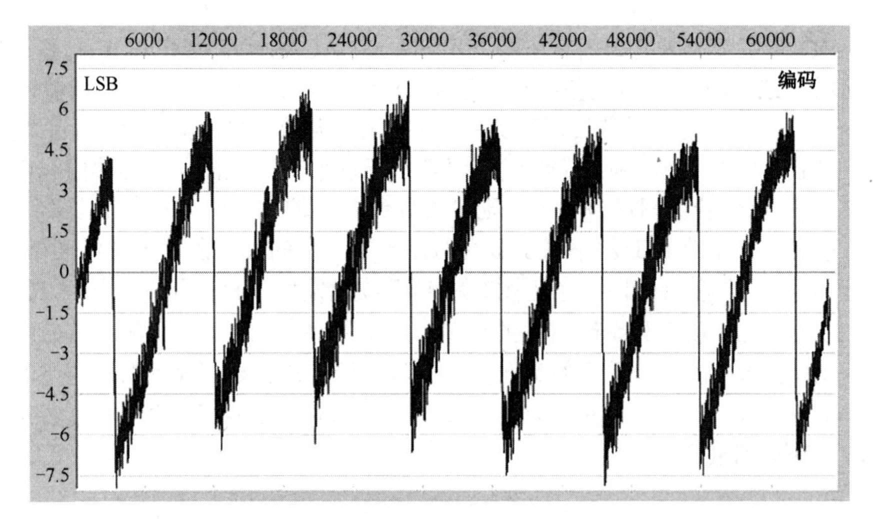

注：第一级级间误差小于理想值的一个流水线 ADC 的 INL 曲线。

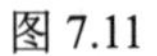

图 7.11

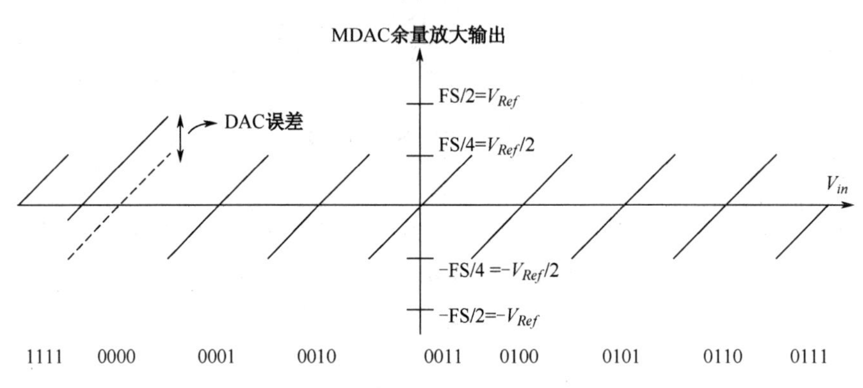

注：显示 DAC 误差的第一级余量曲线。

图 7.12

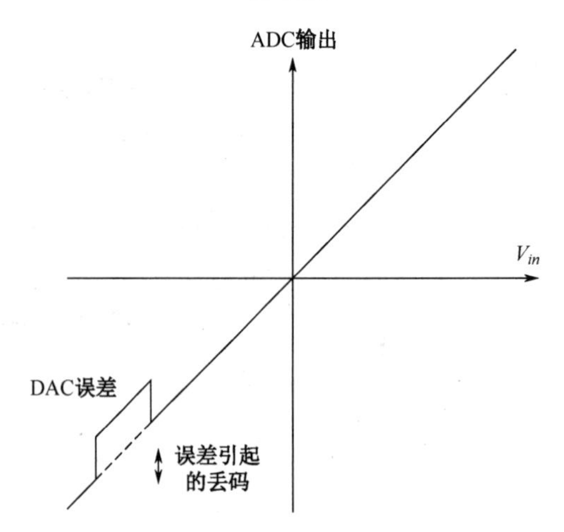

注：由于 DAC 误差导致丢码的 ADC 传递函数。

图 7.13

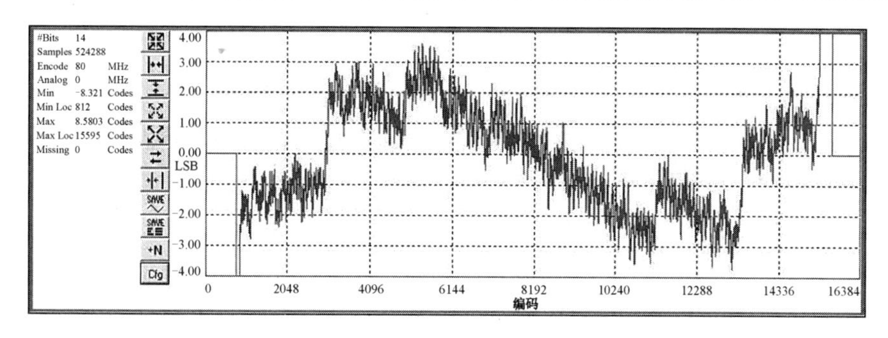

注：含有 DAC 误差的流水线 ADC 的 INL 曲线。

图 7.14

除了对 INL 的影响，IGE 还会降低 ADC 的 SINAD 和 SFDR。当将它们相对于输入幅度作图时，这一点尤其明显。SINAD 和 SFDR 会随输入幅度而发生很大变化，特别是当输入超过量化子范围边界时，第 2 章已对此进行了讨论。最差性能出现在其幅度稍大于单个子范围的幅度，因为它代表最大的误差信号比。

图 7.15 给出了一个前两级存在级间增益误差的流水线 ADC 的 SFDR 与输入幅度的关系图。对于该特定 ADC，第一级为 3 位，第二级为 4 位。第一级的单个转换子范围幅度等于−18 dBFS（$-6k_1$=−18 dBFS）。从图 7.15 中可以看到，最差的 SFDR 点出现在约−18 dBFS 的输入幅度附近。由于第二级是 4 位，因此它的单个子范围幅度比第一级幅度降低−24 dB，即−18−24=−42 dBFS，从而可以清楚地看到在−42 dBFS 附近 SFDR 再次下降。由于第二级误差对整体的影响较小，因此性能第二次下降处具有更高的 SFDR。该现象在第 2 章分析 INL 与 SFDR 之间的关系时有所讨论，在第 9 章中还将作为扰动讨论的一部分再次进行讨论。

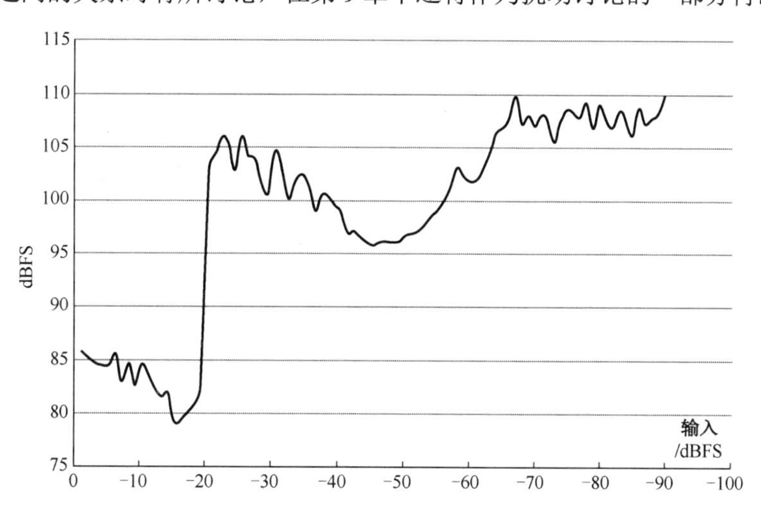

注：SFDR 相对于输入幅度的扫描曲线显示了级间增益误差的影响，第一级在−18 dBFS 左右，第二级在−42 dBFS 左右。

图 7.15

流水线 ADC 有一个有趣的特性，即在信号逐级向后传递时，流水线各级的余量接近均匀的概率分布[8,9]，因此量化噪声偏向独立于输入后面各级的信号。这有助于白化数字输出频谱的噪底，这是一个借助于扰动可以实现的很好的特性。然而，需要注意的是，特别是对于前几级，由于前文所述会引起 INL 跳变的级间非线性而产生的噪声，却不是白色的[①]。

这种余量均匀分布的趋势有助于任何注入的扰动信号均匀分布，尽管非线性可能改变扰动的确切级别。除非扰动具有完全的二进制级别，否则当扰动沿流水线传播时，它趋向于接近均匀分布。扰动将在第 9 章予以讨论。

例 7.1：一个 14 位 ADC，3 位/级，级间增益为 4。ADC 需达到 1 LSB 的精度，前两级的并行量化、DAC 和放大器的精度和噪声有何要求？这些估计有多准确？

解：对于第一级的快速估算：并行量化需要 4 位精度，因为校正范围是满刻度的一半。DAC 需要精确到 14 位水平下的 1 LSB，放大器的精度因其 4 倍增益而降低，所以它需要精确到 4 LSB，也就是 12 位。

对于第二级的快速估算：并行量化仍然需要 4 位精度，因为校正范围是满刻度的一半。MDAC 的精度由前面的 4 倍增益而放宽，所以 DAC 需要精确到 14 位级别的 4 LSB，即 12 位。放大器的精度因其和前一级的总计 16 倍的增益而降低，所以它需要精确到 16 LSB，也就是 10 位，如图 7.16 所示。

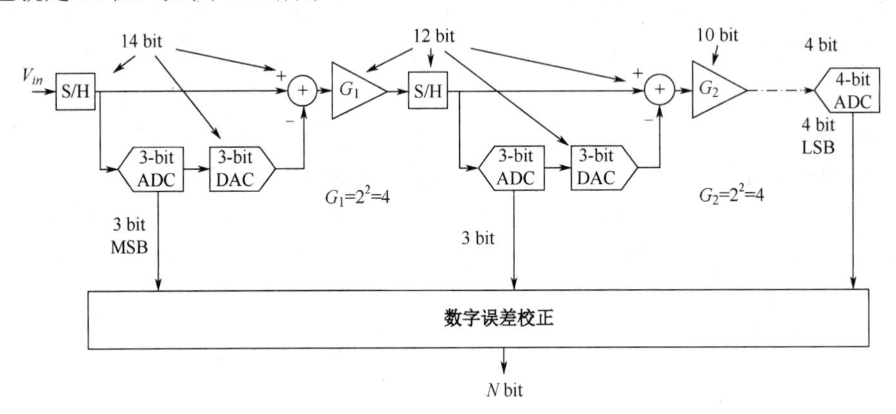

注：具有各模块的精度/噪声要求放宽的流水线 ADC，这些是粗略的估计，并不能准确地表示线性度的放宽。

图 7.16

这个例子重点是说明对精度和噪声的要求在子 ADC 与后续各级中是逐步降低的。但重要的是要注意，以上给出的答案过于简单。在实际中，只有当我们假设多级误差不会在同一位置累加时，第二级及后续的线性度要求才可以放宽。如果确有累加发生，就必须考虑到这一点，以使总误差在目标指标要求之内。此外，在小信号误差（相邻编码）与大信号线性度（累积误差）之间，DAC 所需的精度可能有所不同。另外，放大器的精度可以通过位数而不是前面的增益来放宽（例如，对于第一级放大器，采用 3 位而不是 2 位）。这将在 7.3.2 节中详细讨论。

与线性度相似，流水线各级噪声贡献随流水级的推进而逐步降低。级间增益 G 使等效输入噪声功率有 G^2 降低。通常级间放大器的增益大大放宽了对后续级的精度和噪声要求，这允许按比例缩小后续各级，从而节省大量功耗。

① 译者注：此处“白色”，是指白噪声分布特性。

7.2　开关电容 MDAC

在第 6 章中讨论了开关电容电路，包括积分器和放大器。图 7.17 给出一个了通过相应结构构建的减法放大器。其输出为

$$V_{out}=\frac{C_1/C_2}{1+\left(C_1+C_2+C_p\right)/C_2A}\left(V_{in1}-V_{in2}\right) \tag{7.6}$$

式中，A 是开环直流增益；C_p 是求和节点的寄生电容，这可以表示为

$$V_{out}=\frac{C_1/C_2}{1+K/A}\left(V_{in1}-V_{in2}\right) \tag{7.7}$$

其中，$K=1/\beta$，反馈系数 $\beta=C_2/(C_1+C_2+C_p)$；C_1 是采样电容；C_2 是反馈电容。

在第 3 章中讨论了开关电容 DAC。图 7.18 给出了一个由温度计码 D 控制的开关电容 3 位 DAC 的示例，DAC 输出为

$$V_{out}=\sum_{i=1}^{8}\frac{D_iV_{Ref}C_i/C_f}{1+\left(C_i+C_f+C_p\right)/\left(C_fA\right)}=\sum_{i=1}^{8}\frac{D_iV_{Ref}C_i/C_f}{1+1/\beta A} \tag{7.8}$$

式中，D_i 是 9 级 DAC 温度计码（D_i：±1）的第 i 位；V_{Ref} 是参考电压；C_i 是独立的 DAC 电容；C_f 是反馈电容；C_p 是求和节点处的寄生电容；C_t 是 DAC 的总电容；β 是反馈系数。

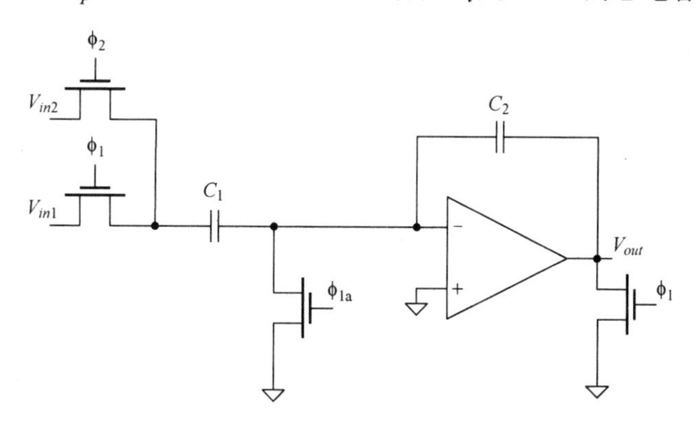

注：一个开关电容减法放大器。

图 7.17

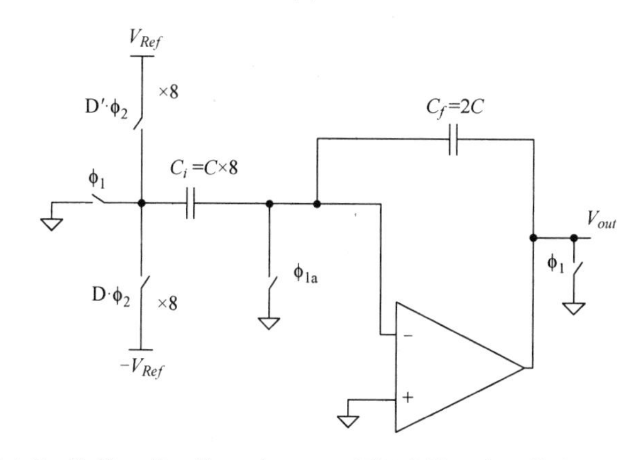

注：开关电容 DAC，这是一个 3 位一元 DAC，用温度计码表示数字 D，放大器增益为 4。

图 7.18

结合图 7.17 和图 7.18 的减法与 DAC 操作，可以构建图 7.19 所示的 MDAC。注意，DAC 和 MDAC 电路之间的 V_{Ref} 极性反转，是用以调整两种情况之间的相反符号。MDAC 的输出由下式给出：

$$V_{out}=\frac{V_{in}C_t/C_f-\sum_{i=1}^{8}D_iV_{Refi}C_i/C_f}{1+\left(C_t+C_f+C_p\right)/\left(C_fA\right)} \tag{7.9}$$

式中，D_i 是 9 级 DAC 温度计码（D_i：±1）的第 i 位；V_{Refi} 是第 i 个编码的参考电压；C_i 是独立的 DAC 电容；C_p 是求和节点处的寄生电容；C_t 是 DAC 总电容。采用与编码相关的参考电压，可以获取 DAC 中可能存在的参考误差。

通过式（7.9）中的求和可得到 DAC 的功能。假设 DAC 是理想的且电容完美匹配，并且如果在第 6 章讨论的单极点系统的放大器中引入一个微小的信号建立误差，那么式（7.9）就变为

$$V_{out}=\frac{V_{out}|_{\text{ideal}}}{1+\left(C_t+C_f+C_p\right)/\left(C_fA\right)}\left(1-\mathrm{e}^{-\beta\omega_u t_s}\right) \tag{7.10}$$

其中，t_s 是小信号建立时间；β 是反馈系数，即

$$\beta=\frac{C_f}{C_t+C_f+C_p}=\frac{1}{K}$$

式中，ω_u 是开环运算放大器的单位增益频率，则有

$$V_{out}=\frac{V_{out}|_{\text{ideal}}}{1+K/A}\left(1-\mathrm{e}^{-\beta\omega_u t_s}\right)=V_{out}|_{\text{ideal}}-V_{out}K/A-V_{out}|_{\text{ideal}}\,\mathrm{e}^{-\beta\omega_u t_s} \tag{7.11}$$

其指出了由于放大器的有限开环增益 A 而产生的静态增益误差项（$V_{out}K/A$），以及由于小信号建立误差引起放大器的动态增益误差项（$V_{out}|_{\text{ideal}}\,\mathrm{e}^{-\beta\omega_u t_s}$）。重要的是要注意，若建立误差是由于超过一个极点引起的，则它可能是欠阻尼、过阻尼或临界阻尼的，但只要在小信号建立范围之内，它仍将是线性的并会引起增益误差。

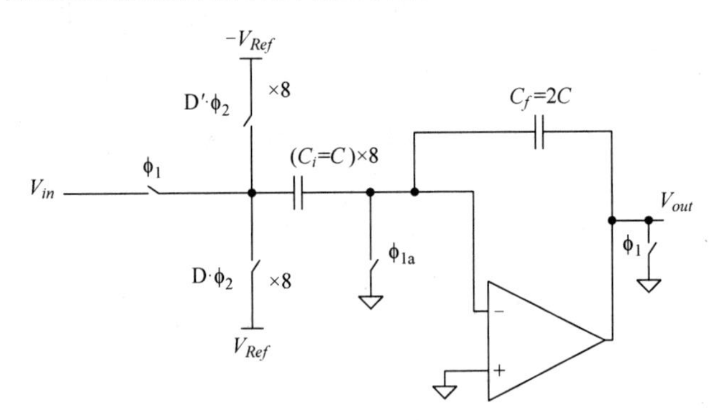

注：一个 3 位开关电容 MDAC，放大器增益为 4。

图 7.19

3 位 MDAC 的全差分形式如图 7.20 所示。当用作第一级采样时，输入开关会采用自举以提高其线性度。此外，输入缓冲器通常与 ADC 集成在一起，以减少输入端的回踢噪声并提升整体线性度，如第 4 章所述，这在图 7.21（a）中有所显示。图 7.21（b）描绘了图 7.21（a）中 MDAC 的时序图，在相位 1（ϕ_1）中，输入信号被采样电容和并行量化采样，采样时刻由采样开关上提前时钟 ϕ_{1a} 的下降沿确定。此后不久，全并行比较器开始锁存并将其输出温

度计编码传递给 MDAC。根据全并行量化编码，DAC 电容被切换连接到 $V_{Ref}/2$ 或 $-V_{Ref}/2$。并行量化和 MDAC 都进入保持阶段（ϕ_2），全并行比较器的传播延迟越长，则 MDAC 和参考电压建立时间就越短。合理地分配这些时间段对优化整体性能和功耗十分重要。

由 ϕ_rst 控制的复位开关用于在保持阶段之后、连接到输入之前，短暂地复位电容。这意味着要释放掉电容上在增益/保持阶段获得的电荷。该总电荷代表了 DAC 编码，并且由于 DAC 的量化噪声而高度非线性。若不进行复位，则会在采样阶段没有足够时间稳定下来的情况下，由于非线性电荷注入而大大降低采样线性度。在高采样率下，采样时间通常不足以使非线性电荷注入稳定下来，因此需要在采样之前进行短暂的复位。但是，此复位脉冲会消耗一部分采样或保持时间，这会降低采样或保持线性度。一种替代方法是使用第 9 章中讨论的回踢校准。

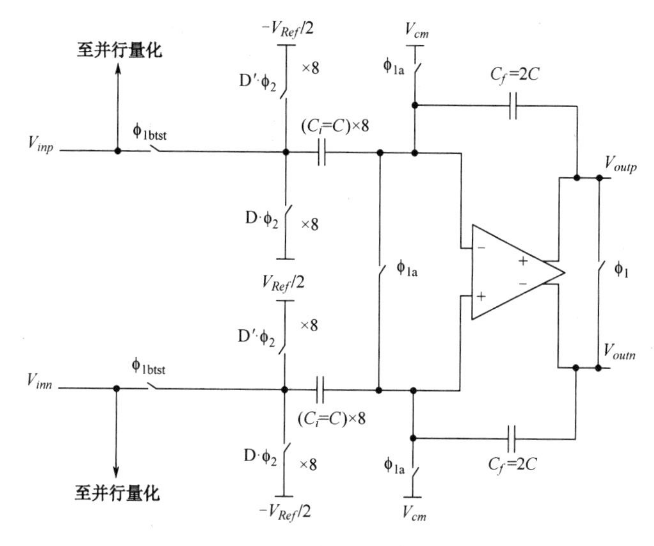

注：全差分开关电容 3 位 MDAC，放大器增益为 4，输入开关自举。

图 7.20

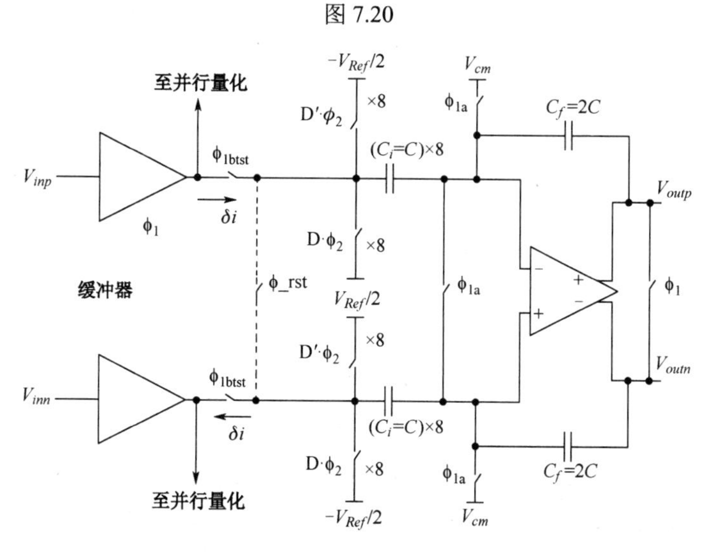

（a）由输入缓冲器驱动的全差分开关电容器 MDAC，MDAC 在采样期间产生的非线性电流用 δi 表示

图 7.21

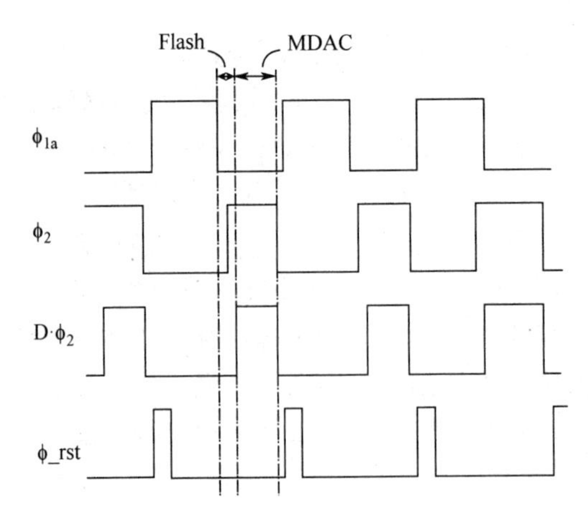

（b）MDAC的简化时序图。©2014IEEE（转载自参考文献[6]）

图 7.21（续）

在图 7.19～图 7.21 的实现中，同一组电容用于采样输入信号和 DAC，这称为共享电容 MDAC。另外，每种功能可以使用一组不同的电容，这称为裂式电容 MDAC，如图 7.22 所示。裂式电容方式消除了输入和参考电压上与信号有关的回踢，但是它将反馈系数由 $\beta=C_f/(C_t+C_f+C_p)$大幅降低至 $\beta=C_f/(2C_t+C_f+C_p)$，这导致速度和功耗的大大恶化，参见 7.3.3 节内容，它还会降低噪声性能。在这两种实现方式之间如何选择就显得非常重要，它会影响整个 ADC 的性能和能效。

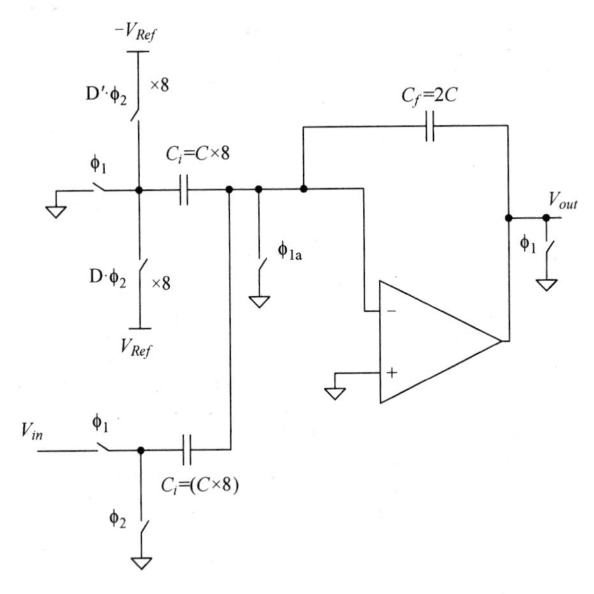

注：一个 3 位裂式电容 MDAC，放大器增益为 4。

图 7.22

MDAC 的一个关键组成是参考缓冲器，参考缓冲器的精度和建立方式对于实现所需的 DAC 与放大器精度至关重要。第 4 章中详细分析过的源极跟随器或射极跟随器通常会被用作参考缓冲器。在差分实现中，类似于图 7.20，可以使用两个跟随器：一个用于 $V_{Ref}/2$；另一个为$-V_{Ref}/2$ [19]。通常两个参考均相对适合 MDAC 的共模电压 V_{cm}进行设置，即两个参考值是 $V_{cm}+V_{Ref}/2$ 和 $V_{cm}-V_{Ref}/2$。

一种更高效的实现方式是将两个跟随器堆叠在一起（图 7.23），以降低功耗[20,21]。NMOS 跟随器件（M1）驱动正参考电压 $V_{Ref}/2$，而 PMOS 跟随器件（M2）驱动负参考电压-$V_{Ref}/2$。二极管连接的器件（M3）通过提供一个与跟随器件输出阻抗相并联的低阻抗，来显著改善差分建立水平。跟随器件的栅极由经过电平转换和滤波的直流参考（V_{Refp_DC} 和 V_{Refn_DC}）驱动。

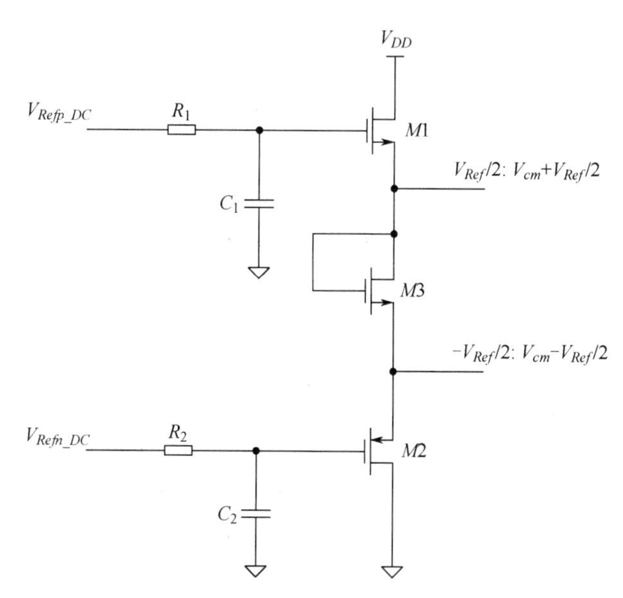

注：一个使用堆叠源极跟随器的参考缓冲器。

图 7.23

7.3　性能限制

性能限制有采样非线性、量化非线性、噪声、抖动。

7.3.1　采样非线性

采样非线性是指在采样过程中引入信号的失真，包括 ADC 的外部输入驱动器、内部输入缓冲器和输入采样网络中的失真，这些已在第 4 章中详细讨论。

影响采样线性度的因素包括驱动器阻抗、采样网络的线性度以及采样期间的电荷注入（回踢）。通过减小驱动器的阻抗、改善缓冲器的线性度、改善采样网络的线性度、减小采样电容、减少非线性电荷注入以及增加采集时间，可以改善线性度。

7.3.2　量化非线性

在流水线 ADC 中，量化器的非线性有多种可能的原因。量化器的精度在很大程度上取决于 MDAC 的精度。使用第 6 章以及式（7.9）和式（7.10）的分析，并假设单极点小信号建立，MDAC 的输出为

$$V_{out} \approx \left(\frac{V_{in}C_t / C_f - \sum_{i=1}^{8} D_i V_{Refi} C_i / C_f}{1+K/A} \right) \left(1 - e^{-t_s \beta \omega_u}\right) \tag{7.12}$$

其中，$\beta = 1/K$ 是反馈系数；D_i 是基于并行量化结果的 9 级 DAC 编码第 i 位（D_i：±1）；ω_u 是放大器的单位增益角频率；C_i 是各采样电容；C_t 是总采样/DAC 电容；C_f 是反馈电容；V_{Refi} 是第 i 个电容/编码的基准电压；t_s 是可用的小信号建立时间。

从式（7.12）中可以看出，如果各个 DAC 电容之间有失配，或者诸如由于与编码相关的参考建立而导致采样参考值随 DAC 编码而变化，就会出现 DAC 误差。DAC 误差也可能由与编码相关的电荷注入引起。

关于 DAC 的建立，在各个电容上采样的参考值必须通过 DAC 的开关电阻进行传输，由参考缓冲器的输出电阻或 DAC 开关的电阻引起的建立误差会导致 DAC 误差，该误差取决于采样率。如图 7.24 所示，其中参考缓冲器的建立在 MDAC 输出的大信号建立中占主导地位，并使其在恢复为正确值前短暂地走向错误的方向。然而，这是不希望出现的，其会使放大器的压摆和建立变得困难。这些较大的基准和 DAC 误差是高度非线性的，并减少了放大器小信号建立所需的时间。最好将放大器的操作延迟到参考稳定在合理地接近其最终值之前，以避免输出端的信号摆幅过大。此外，还可以看到，如图 7.24 的第二个底部曲线所示，由 DAC 开关而导致的额外延迟相对较小。

如果总 DAC 电容与反馈电容之间的比例不准确，就会发生级间增益误差。较小的运算放大器开环增益（A）也会影响闭环增益的精度，如式（7.11）和式（7.12）所示。此外，如果放大器的建立误差在式（7.12）所示的小信号建立区域内，就可能导致增益误差。若一级参考与后一级或前一级的参考不同，则参考误差也会导致级间增益误差，这是由于参考中的建立误差在两个时钟相位间的不同。最后，级间增益误差也可能由电路中各种开关和电容的电荷注入引起，若时钟时序中出现意外的重叠或误差，通常会加剧这种电荷注入引起的误差。

综上所述，DAC 误差可由以下原因引起。

（1）DAC 电容之间的失配：如果 $C_i \neq C_j$。

（2）与编码相关的参考误差，可能引起建立误差：如果对于不同的 DAC 编码 i 和 j，$V_{Refi} \neq V_{Refj}$。

（3）与编码相关的电荷注入。

级间增益误差可由以下原因引起。

（1）电容失配：如果 $\sum C_i/C_f \neq G$。

（2）参考误差，可导致建立误差：如果第 k 级的 $V_{Ref} \neq$ 第 $k-1$ 或 $k+1$ 级的 V_{Ref}。

（3）小开环增益（A）：如果 K/A 项不够小，无法实现所需的精度。

（4）放大器建立误差：这可能是高度非线性的大信号建立误差，也可能是线性的，且表现为增益误差的小信号建立误差。小信号建立误差表示为式（7.12）单极点系统的误差项 $e^{-t_s \beta \omega_u}$。

（5）电荷注入。

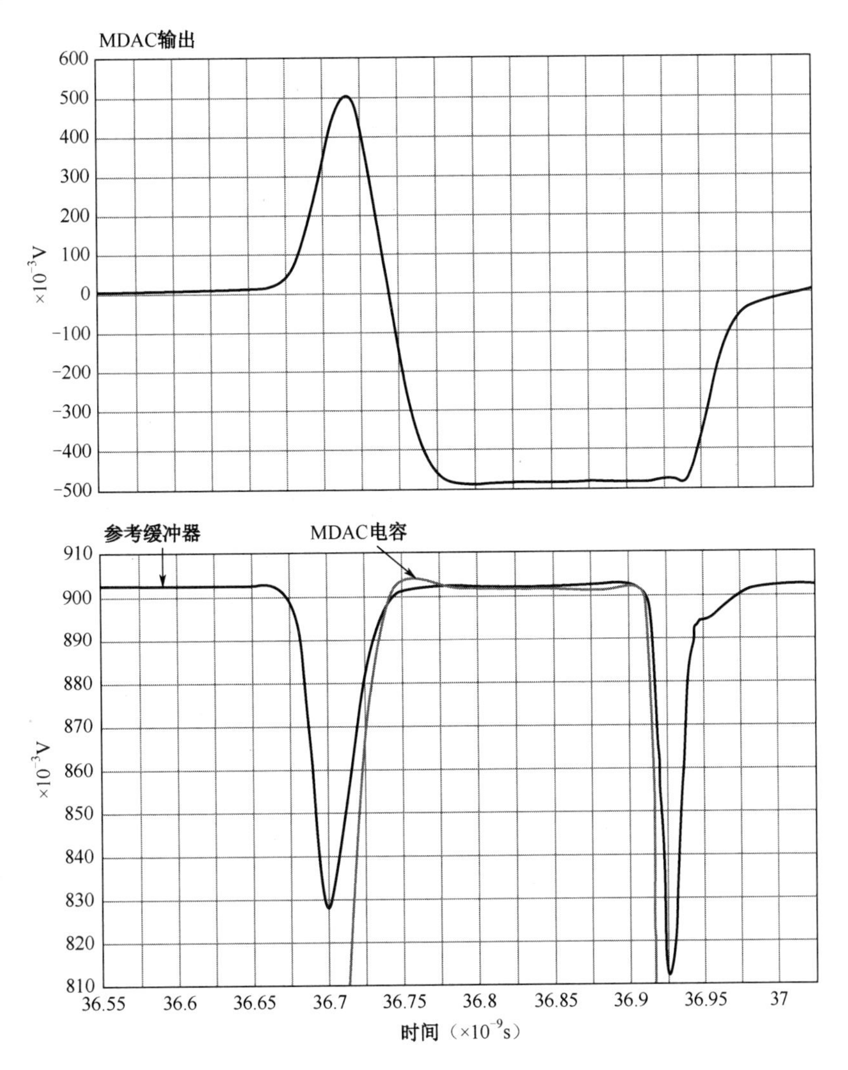

注：一个 MDAC 的建立示例给出了 MDAC 的输出（顶部曲线）、参考缓冲器的输出（底部曲线）和 MDAC 电容处的信号（第二底部曲线）。

图 7.24

1．DAC 的精度

通常 MDAC 的 DAC 功能类似于图 7.20 所示，由式（7.9）表示的开关电容网络实现。DAC 开关由子 ADC 的输出位控制，开关电容 DAC 的精度取决于两个因素：电容失配和建立误差。

DAC 电容通常使用多晶硅电容、MIM 电容或 MOM 电容实现，如第 3 章所述。这些电容的恒定特性使得可以通过工厂校准，在数字后端中采用固定系数校准失配误差。为了达到所需的 DAC 精度，电容失配误差需要满足以下要求。

$$\varDelta_{DAC_i} < 2^{k_i} \times 2^{-(N+j_{SS})} \times \prod_{n=0}^{i-1} G_n \tag{7.13}$$

式中，$\varDelta_{DAC_i}$ 是第 i 级的 DAC 电容失配（$\Delta C/C$）；k_i 是第 i 级的位数；N 是 ADC 的分辨率；G_n 是第 n 级的增益；G_0 是第一级之前的增益，其通常等于 1，j_{ss} 是相邻编码之间所需精度的附加位或所需的小信号精度。例如，对于在相邻编码之间精度为 0.25 LSB 的 14 位 ADC，N为 14，且j_{ss}等于 2；如果所需精度为 2 LSB，则j_{ss}等于−1。

如果 DAC 开关电阻或参考缓冲器的建立引起的建立误差与编码相关，就会导致 DAC 建立误差。与由于电容失配引起的误差不同，这些误差取决于采样率，甚至是温度和供电。这使得有必要使模拟域中的这些建立误差最小化，或者采用后台校准来跟踪变化的条件。每个电容上的 DAC 建立误差需要满足以下要求

$$\varepsilon_{DAC_i} < 2^{k_i} \times 2^{-\left(N+j_{SS}\right)} \times \prod_{n=0}^{i-1} G_n \tag{7.14}$$

式中，ε_{DAC_i}是第 i 级的 DAC 建立误差；k_i是第 i 级的位数；N是 ADC 的分辨率；G_n是第 n 级的增益；G_0 是第一级之前的增益，通常等于 1；j_{ss} 是相邻编码之间所需的小信号精度的附加位。

需要注意的是，式（7.13）和式（7.14）中给出的 DAC 精度要求，被当前级中的位数所放宽，这对会影响小信号线性度的相邻编码之间误差是真实的。但是若累积了误差，则总误差可能会大大增加，这些累积误差可以在 INL 中显示为大信号非线性。因此，希望设计的 DAC 的精度要比式（7.13）和式（7.14）给出的精度更高，而没有“2^{k_i}”的放宽。在这种情况下，第 i 级 Δ_{DAC_i} 所允许的 DAC 电容失配将由下式给出

$$\Delta_{DAC_i} < 2^{-\left(N+j_{LS}\right)} \times \prod_{n=0}^{i-1} G_n \tag{7.15}$$

第 i 级所允许的 DAC 建立误差ε_{DAC_i}为

$$\varepsilon_{DAC_i} < 2^{-\left(N+j_{LS}\right)} \times \prod_{n=0}^{i-1} G_n \tag{7.16}$$

式中，j_{LS}是整个 INL 峰峰值所需的大信号精度；G_n是第 n 级的增益；G_0是第一级之前的增益，通常等于 1。式（7.15）和式（7.16）表示对实现特定大信号线性度 j_{LS}的 DAC 电容失配和建立误差的要求。

2. 级间放大器精度

放大器的精度取决于多个因素，其中包括开环直流增益、电容匹配、建立误差。

放大器的开环直流增益会导致如式（7.11）和式（7.12）所示的误差，直流增益越高，误差越小。第 i 级要求的开环增益 A_i 由下式给出：

$$A_i > \frac{2^{-k_i} \times 2^{N+j}}{\beta_i \times \prod_{n=0}^{i-1} G_n} \tag{7.17}$$

式中，β_i是第 i 级的反馈系数；k_i是第 i 级的位数；N 是 ADC 的分辨率；G_n是第 n 级的增益；G_0是第一级之前的增益；j 是附加的 DNL/INL 峰峰值要求精度。在这种情况下，误差为锯齿形，不会像 DAC 误差那样累积。例如，对于要求 INL 峰峰值精度 0.25 LSB 的 14 位 ADC，N等于 14，j等于 2，如果要求的精度是 4 LSB，那么j等于−2。同样，放大器的第 i 级的允许建立误差ε_{AMP_i}为

$$\varepsilon_{AMP_i} < 2^{k_i} \times 2^{-(N+j)} \times \prod_{n=0}^{i-1} G_n \tag{7.18}$$

式中，k_i是第 i 级的位数；N 是 ADC 的分辨率；G_n是第 n 级的增益；G_0是第一级之前的增益，通常等于 1；j 是附加的 DNL/INL 峰峰值精度。如第 6 章中讨论的以及式（7.12）所示，一旦确定了建立误差，就可以使用以下公式得到放大器的单位增益带宽。

$$\varepsilon_{AMP_i} < \mathrm{e}^{-\beta_i \omega_{u_i} t_{s_i}} \tag{7.19}$$

式中，t_{s_i} 是第 i 级可用的小信号建立时间；ω_{u_i} 是第 i 级的单位增益角频率，K=1/β；β_i是第 i 级的反馈系数。建立误差也可以表示为

$$\varepsilon_{AMP_i} < \mathrm{e}^{-2\pi BW_{cl_i} t_{s_i}} \tag{7.20}$$

式中，BW_{cl_i} 是第 i 级的闭环带宽。因此，对于特定建立误差和给定的小信号建立时间，可以获得单位增益频率 ω_{u_i} 和闭环带宽 BW_{cl_i} 分别为

$$\omega_{u_i} = \frac{1}{\beta_i t_{s_i}} \ln\left(\frac{1}{\varepsilon_{AMP_i}}\right) \tag{7.21}$$

$$BW_{cl_i} = \frac{1}{2\pi t_{s_i}} \ln\left(\frac{1}{\varepsilon_{AMP_i}}\right) \tag{7.22}$$

一旦有了式（7.17）的开环增益和式（7.21）与式（7.22）的单位增益频率以及闭环带宽，就有了设计 MDAC 放大器所需的指标要求，6.2 节已讨论过该过程的一个示例。

按照放大器的要求，第 i 级反馈电容和 DAC 电容之间允许的电容失配 Δ_{AMP_i} 由下式给出

$$\Delta_{AMP_i} < 2^{k_i} \times 2^{-(N+j)} \times \prod_{n=0}^{i-1} G_n \tag{7.23}$$

式中，k_i是第 i 级[①]的位数；N 是 ADC 的分辨率；G_n是第 n 级的增益；G_0是第一级之前的增益，通常等于 1；j 是需要附加的 DNL/INL 峰峰值精度。同样，第 i 级能接受的参考建立误差 $\varepsilon_{Ref_{GAIN_i}}$ 由下式给出

$$\varepsilon_{Ref_{GAIN_i}} < 2^{k_i} \times 2^{-(N+j)} \times \prod_{n=0}^{i-1} G_n \tag{7.24}$$

从式（7.13）～式（7.24）中可以明显看出，对于某个 DNL 误差或小信号线性度，所需的级间增益和 DAC 精度是相当的。当在流水线的第一级中使用更多的位时，分段（子范围）数量和级间增益就有所增加，这放宽了 MDAC 的精度要求。如本章稍后所述，这是确定流水线各级最佳分辨率的重要因素。同样重要的是要记住，放宽的 DAC 精度仅对相邻编码有效，而当误差在大量编码上产生累积时则无效，如式（7.15）和式（7.16）所示。

3. 参考精度

参考精度取决于两个因素：直流误差和建立误差。

参考的直流误差会导致整个 ADC 的整体增益误差，可以在数字后端对其进行校正。如果参考中的动态误差与编码有关，那么可能引起 DAC 误差；如果与某级有关，那么可能导致级间增益误差。对于与编码相关的参考建立，为了在相邻编码之间实现 j_{SS} 精度，则要求第 i 级的参考建立误差 $\varepsilon_{Ref_{GAIN_i}}$ 为

① 译者注：原文为“第一级”，译者认为此为笔误，应是第 i 级。

$$\varepsilon_{Ref_{GAIN_i}} < 2^{k_i} \times 2^{-(N+j_{ss})} \times \prod_{n=0}^{i-1} G_n \tag{7.25}$$

式中，k_i 是该级的位数；N 是 ADC 的分辨率；G_n 是第 n 级的增益；G_0 是第一级之前的增益，通常等于 1；j_{ss} 是小信号（DNL）精度的位数。但是，若参考建立误差在大量编码上产生累积，则第 i 级参考建立误差 $\varepsilon_{Ref_{DAC_i}}$ 可能需要进一步满足

$$\varepsilon_{Ref_{DAC_i}} < 2^{-(N+j_{LS})} \times \prod_{n=0}^{i-1} G_n \tag{7.26}$$

式中，N 是 ADC 的分辨率；G_n 是第 n 级的增益；G_0 是第一级之前的增益，通常等于 1；j_{LS} 是大信号（INL）精度的位数。对于级间增益误差，参考建立误差 $\varepsilon_{Ref_{GAIN_i}}$ 由下式给出

$$\varepsilon_{Ref_{GAIN_i}} < 2^{k_i} \times 2^{-(N+j)} \times \prod_{n=0}^{i-1} G_n \tag{7.27}$$

式中，k_i 是第 i 级的位数；N 是 ADC 的分辨率；G_n 是第 n 级的增益；G_0 是第一级之前的增益，通常等于 1；j 是需要附加的 DNL/INL 峰峰值精度。

式（7.25）～式（7.27）表明，DAC 的建立要求可能比级间增益建立要求更为严格。但是，对于 DAC 误差而言，只有当编码相关的建立误差累积时才会被严格要求。级间增益误差与 DAC 编码无关，因此很有可能且会常看到一个与编码无关的参考建立误差，这会引起 IGE 而不是 DAC 误差。若建立误差与编码无关，则可以满足式（7.26）中的 DAC 建立标准，而可能无法满足式（7.27）看起来较为宽松的增益建立要求。

7.3.3 噪声与抖动

噪声是最重要的基本设计参数之一。如第 2 章所述，要降低噪声，通常需要以 3 dB/倍频的曲线增加功耗。也就是说，要使噪声性能提升 3 dB，就需要使功耗增加一倍。主要的噪声因素有以下几个。

（1）信号路径中的器件噪声（热噪声、散粒噪声和闪烁噪声）。

①包括两个阶段（采样和保持）的噪声。

②对于流水线后面各级，由于前级增益，等效输入噪声贡献较低。

③通常采用后级缩放来降低其功耗。

（2）时钟路径中的噪声（抖动），该噪声的影响随着输入频率的增加而增加。

（3）量化噪声。

（4）非线性（DNL/INL）噪声。

具有采样电容 C_s 的采样网络的热噪声贡献由 kT/C_s 给出。但是，当多个电容连接到 MDAC 放大器的求和节点时，如图 7.20 的 MDAC 电路所示，由于额外的 RC 网络，求和节点处的电荷守恒会导致等效输入噪声总功率的增加，即

$$v_{ns}^2 \approx 2\frac{kT}{C_s}\frac{\sum_{sum-node} C}{C_s} \tag{7.28}$$

式中，v_{ns} 是采样阶段的输入等效噪声电压；k 是玻耳兹曼常数；T 是绝对温度；C_s 是总采样电容，在图 7.20 中等于 $8C$，并且要考虑电路差分特性带来的系数 2。例如，如果第一级的采样电容为 C_{s1}，反馈电容为 C_{f1}，求和节点处的寄生电容为 C_{p1}，则采样阶段的等效输入噪

声功率将为

$$v_{ns}^2 \approx 2\frac{kT}{C_s}\left(\frac{C_{s1}+C_{p1}+C_{f1}}{C_{s1}}\right) \tag{7.29}$$

如果使用输入缓冲器来驱动 ADC 采样网络（见图 7.21），就需要将缓冲器的噪声功率添加到式（7.29）中。

$$v_{ns}^2 \approx v_{n\_buffer}^2 + 2\frac{kT}{C_{s1}}\frac{\sum\limits_{sum-node} C_1}{C_{s1}} \tag{7.30}$$

在放大/保持阶段，等效输入噪声功率为

$$v_{nh}^2 \approx v_{nsh}^2 + v_{na}^2 + 2\frac{kT}{C_{s2}}\frac{\sum\limits_{sum-node} C_2}{C_{s2}}\left(\frac{C_{f1}}{C_{s1}}\right)^2$$

即

$$v_{nh}^2 \approx v_{nsh}^2 + S_{na}\times\alpha\times BW_{cl1}\left(\frac{\sum\limits_{sum-node} C_1}{C_{f1}}\right)^2\left(\frac{C_{f1}}{C_{s1}}\right)^2 + 2\frac{kT}{C_{s2}}\frac{\sum\limits_{sum-node} C_2}{C_{s2}}\left(\frac{C_{f2}}{C_{s2}}\right)^2 \tag{7.31}$$

式中，v_{nh} 是保持阶段的输入等效噪声电压；v_{nsh} 是保持阶段的第一级开关电容网络的输入等效噪声电压；v_{na} 是放大器的输入等效噪声；S_{na} 是放大器噪声谱密度；BW_{cl1} 是放大器的闭环带宽；α 是一个用于区分噪声带宽与 3dB 带宽之间差异的参数，对于单极点系统，α 等于 $\pi/2$；C_{s2} 是第二级的总采样电容；C_{f2} 是第二级的反馈电容。

式（7.31）右边的第一项表示第一级所有开关电容网络的噪声功率。MDAC 中各个电容支路的 RC 时间常数通常比放大器的建立时间常数小得多。由于闭环带宽 BW_{cl1} 受放大器的限制，而不是受电容支路的 RC 时间常数的限制，因此该噪声功率 v_{nsh}^2 通常明显小于采样阶段的 kT/C 和放大器的噪声功率。

式（7.31）右边的第三项代表第二级采样网络的 kT/C 噪声，该噪声按第一级增益的平方减小。与第一级相比，允许在第二级中减小电容。这也表明第一级保持噪声主要由第一级放大器的噪声决定。

式（7.31）右边的第二项是放大器的等效输入噪声功率。第 6 章详细讨论了不同放大器结构的噪声分析。例如，对于第一级是差分对或共源共栅放大器的两级放大器，并且使用 NMOS 输入，噪声谱密度可以用式（6.124）和式（6.143）表示为

$$S_{na} \cong 2S_{nN} + 2S_{nP}\left(\frac{g_{mP}}{g_{mN}}\right)^2 \tag{7.32}$$

式中，S_{nN} 和 S_{nP} 分别是 NMOS 和 PMOS 器件的噪声功率谱密度；g_{mN} 和 g_{mP} 分别是它们的跨导。如果我们忽略闪烁噪声，可以得到

$$S_{na} \cong 2\frac{2}{3}\frac{4kT}{g_{mN}} + 2\frac{2}{3}\frac{4kT}{g_{mP}}\left(\frac{g_{mP}}{g_{mN}}\right)^2 \tag{7.33}$$

式中，g_m 是跨导；k 是玻耳兹曼常数；T 是绝对温度。放大器的闭环带宽通常由单位增益频率乘以反馈系数得出。因此，对密勒补偿的两级放大器的单位增益频率使用式（6.161），则闭环带宽由下式给出

$$BW_{cl} \approx f_u\beta \approx \frac{g_{mN}}{2\pi C_c}\frac{C_f}{\sum\limits_{sum-node} C} \tag{7.34}$$

将式（7.33）和式（7.34）代入式（7.31），对于放大器的噪声，可以得到

$$v_{na}^2 \approx \frac{4}{3}\frac{\alpha 4kT}{g_{mN}}\left(1+\frac{g_{mP}}{g_{mN}}\right)\frac{g_{mN}}{2\pi C_c}\frac{C_{f1}}{\sum\limits_{sum-node} C_1}\left(\frac{\sum\limits_{sum-node} C_1}{C_{s1}}\right)^2 \tag{7.35}$$

假设其为单极放大器，则可以简化为

$$v_{na}^2 \approx \frac{4}{3}\frac{kT}{C_c}\left(1+\frac{g_{mP}}{g_{mN}}\right)\frac{C_{f1}}{C_{s1}}\left(\frac{\sum\limits_{sum-node} C_1}{C_{s1}}\right) \tag{7.36}$$

也可以用反馈系数 β 表示为

$$v_{na}^2 \approx \frac{4}{3}\frac{kT}{C_c}\left(1+\frac{g_{mP}}{g_{mN}}\right)\frac{1}{\beta}\left(\frac{C_{f1}}{C_{s1}}\right)^2 \tag{7.37}$$

这表明放大器的噪声功率并不直接取决于放大器的 g_{mN}。随着 g_{mN} 的变化，噪声发生变化，带宽也会变化，因此积分噪声保持大致相同。但是，噪声确实取决于比率 g_{mP}/g_{mN}。因此，与采样噪声一样，放大器的噪声也遵循着 kT/C 公式，对于两级放大器，其 C 等于密勒补偿电容 C_c。

从式（7.37）中还可以看到，减小反馈系数 β 会增加噪声。此外，对于相同的闭环带宽，减小反馈系数需要减小密勒补偿电容以保持功耗稳定。根据式（7.37），这会更大程度地增加放大器的噪声。另外，也可以增加放大器的电流，但这会增加功耗，两种方法都不理想，因此重要的是尽可能增加反馈系数。式（7.37）也表明第一级的增益对噪声有一定影响，较高的增益可改善第一级的噪声。

例 7.2：比较以下 3 种情况下对噪声的影响。

情况 1：使用图 7.20 的 MDAC，增益为 4。

情况 2：使用图 7.20 的 MDAC，增益为 8，而 MDAC 中的电容为 16 个，而不是 8 个。

情况 3：增益为 4，但使用一组单独的电容对输入和 MDAC 进行采样，如图 7.22 所示。

假设其他所有条件都相同，而忽略求和节点的寄生电容。

解：

情况 1：增益为 4 表示 C_s 等于 $4C_f$。因此采样噪声为

$$v_{ns\_case1}^2 = 2\frac{kT}{C_{s1}}\frac{5}{4}$$

在保持阶段，放大器的噪声为

$$v_{ns\_case1}^2 = \frac{4}{3}\frac{kT}{C_c}\left(1+\frac{g_{mP}}{g_{mN}}\right)\frac{1}{4}\frac{5}{4} = \frac{4}{3}\frac{kT}{C_c}\left(1+\frac{g_{mP}}{g_{mN}}\right)\frac{5}{16}$$

情况 2：增益为 8 表示 C_s 等于 $8C_f$。因此采样噪声为

$$v_{ns\_case2}^2 = 2\frac{kT}{C_{s1}}\frac{9}{8}$$

在保持阶段，放大器的噪声为

$$v_{ns\_case2}^2 = \frac{4}{3}\frac{kT}{C_c}\left(1+\frac{g_{mP}}{g_{mN}}\right)\frac{1}{8}\frac{9}{8} = \frac{4}{3}\frac{kT}{C_c}\left(1+\frac{g_{mP}}{g_{mN}}\right)\frac{9}{64}$$

从这些结果可以看出，与增益为 4 相比，增益为 8 可以同时改善采样和保持噪声。采样噪声可以改善 10%，而放大器的噪声似乎可以改善 55%，但是这并不完全准确。由于情况 1 和情况 2 的反馈系数不同，因此应注意，若带宽和功耗保持恒定，则增益为 8 的 C_c 必须与增益为 4 的 C_c 不同。如果假设情况下 2 的 C_c 比情况 1 下的 C_c 降低了等于反馈系数之比的因子，那么可以得到

$$v_{ns\_case2}^2 = \frac{4}{3}\frac{kT}{C_{c2}}\left(1+\frac{g_{mP}}{g_{mN}}\right)\frac{1}{8}\frac{9}{8} = \frac{4}{3}\frac{kT}{C_c}\left(1+\frac{g_{mP}}{g_{mN}}\right)\frac{9}{64}\frac{9}{5}$$

因此，情况 2 的放大器噪声仍然比情况 1 要好些，但改善程度要小得多。采样噪声改善了 10%，放大器的噪声改善了 19%。

情况 3：增益为 4，使用等于 C_s 的另一组 DAC 电容 C_D，意味着 C_s 等于 $4C_f$，C_D 也等于 $4C_f$。因此采样噪声为

$$v_{ns\_case3}^2 = 2\frac{kT}{C_{s1}}\frac{9}{4}$$

在保持阶段，放大器的噪声为

$$v_{ns\_case3}^2 = \frac{4}{3}\frac{kT}{C_c}\left(1+\frac{g_{mP}}{g_{mN}}\right)\frac{1}{4}\frac{9}{4} = \frac{4}{3}\frac{kT}{C_c}\left(1+\frac{g_{mP}}{g_{mN}}\right)\frac{9}{16}$$

如果我们考虑到针对不同反馈系数下 C_c 的不同，同时保持功耗恒定，则放大器的噪声将为

$$v_{ns\_case3}^2 = \frac{4}{3}\frac{kT}{C_{c2}}\left(1+\frac{g_{mP}}{g_{mN}}\right)\frac{1}{4}\frac{9}{4} = \frac{4}{3}\frac{kT}{C_c}\left(1+\frac{g_{mP}}{g_{mN}}\right)\frac{9}{16}\frac{9}{5}$$

因此，采样噪声比情况 1 恶化 80%，放大器的噪声比情况 1 恶化 220%，即在分电容情况下的噪声比情况 1 还恶化 3.2 倍，那就是放大器的噪声水平降低了 5 dB。

如果将 C_c 保持不变并允许增加功耗，那么情况 3 的噪声将恶化 80%，而不是 220%。噪声仍有约 2.6 dB 的恶化，功耗的增加大约等于反馈系数的比率，即 9/5，即功耗增加了 80%。

这些结果表明，使用两组独立的电容进行输入采样和 DAC 操作（分电容 MDAC）会产生巨大的成本，附加电容对反馈系数的影响会导致噪声和功耗水平显著降低。

例 7.2 中的情况说明了反馈系数的重要性，它对噪声、建立和功耗具有直接而显著的影响。MDAC 设计人员需要尽可能通过减少求和节点的寄生效应，避免将连接到求和节点的额外电容用于 DAC 操作或任何其他目的，来最大化反馈系数。

式（7.30）、式（7.36）和式（7.37）证明，第一级噪声很大程度上取决于采样电容 C_{s1} 的选择，这同样适用于采样和保持两个阶段，因此选择电容值是设计 ADC 时最重要的决定之一。由于采样噪声，以及一定程度上的保持噪声，均与 kT/C_s 成正比，并且如果每级的增益由 G 给出，那么第 k 级的噪声功率将按 $G^{2(k-1)}$ 缩小。如果与前一级相比，每一级的采样电容按比例缩小 S，那么第 k 级的噪声功率将按等于 $S^{(k-1)}$ 的比例放大，因此第 k 级的输入等效噪声为

$$v_{nk_{in}}^2 = v_{nk}^2\frac{S^{k-1}}{G^{2(k-1)}} \tag{7.38}$$

式中，$v_{nk_{in}}^2$ 是第 k 级的等效输入噪声功率；v_{nk}^2 是第 k 级的噪声功率；S 是级之间的比例因

子；G 是每级的增益。

知道采样和保持噪声后，包括第二级采样噪声的第一级总噪声，由下式给出。

$$v_{n1}^2 = v_{ns}^2 + v_{nh}^2 \tag{7.39}$$

流水线的总噪声可以表示为

$$v_{nt}^2 = v_{ns}^2 + v_{nh}^2 + v_{nh2}^2 + v_{nh3}^2 + \cdots \tag{7.40}$$

式中，v_{ns} 是采样阶段的输入等效噪声电压；v_{nh} 是第一级保持阶段的输入等效噪声电压；v_{nh2} 是第二级保持阶段的输入等效噪声电压；v_{nh3} 是第三级保持阶段的输入等效噪声电压，以此类推。

为了仿真流水线 ADC 的噪声，可以使用 AC 噪声分析分别仿真每一级的每个阶段，并按式（7.40）所示求出总噪声功率。在开关电容电路中仿真噪声的另一种方法是使用第 4 章中提到的用于仿真抖动的频闪周期性噪声分析。该分析考虑了时钟对噪声的调制，因此可以合理地表示采样和保持操作后开关电容电路的总噪声。

除了输入信号路径中的器件噪声，时钟抖动是另一个影响采样过程的非理想因素，这种对噪声的贡献几乎完全发生在进行输入采样的第一级。该噪声已在第 4 章中详细讨论，并且需要在 ADC 的总噪声中加以考虑。

噪声的另一个来源是量化非线性，它降低了 DNL 和 INL，从而降低了 SNDR 和 SFDR。在流水线 ADC 下，这受 MDAC 误差支配，并与量化噪声类似。

因此，ADC 中的总噪声可以表示为

$$v_n^2 = v_n^2\,|_{\text{input}} + v_n^2\,|_{\text{jitter}} + v_n^2\,|_{\text{INL/DNL}} + v_n^2\,|_{\text{quant}} \tag{7.41}$$

式中，$v_n|_{input}$ 是由输入信号路径中的器件引起的噪声电压；$v_n|_{jitter}$ 是由时钟抖动引起的噪声电压；$v_n|_{INL/INL}$ 是由量化非线性引起的噪声电压；$v_n|_{quant}$ 是由理想量化而产生的噪声电压。随着沿着流水线的推进，所有噪声贡献的影响都大大降低了。如果每级的增益为 G，那么第 k 级的噪声将会按照 $G^{2(k-1)}$减少。当沿流水线推进时，这会显著放宽对精度和噪声的要求。

7.4 流水线 ADC 设计注意事项

在设计流水线 ADC 时，我们面临着多个至关重要的选择，这些选择可能会对设计的性能、功耗甚至可行性产生重大影响。一些重要的设计注意事项如下。

（1）采样电容值。

（2）ADC 满量程。

（3）每级位数。

（4）级间缩放系数。

（5）是否需要输入缓冲器。

7.4.1 采样电容值和输入满幅

采样电容取值是最重要的设计选择之一，它直接影响 ADC 的热噪声，并且是功耗的重要决定因素。沿着 3 dB/倍频（10 dB/十倍频）曲线，噪声功率与电容值成反比。功耗随电容值沿 6 dB/倍频（20 dB/十倍频）曲线线性增加。由于 SNDR 是根据信号功率与噪声功率之比计算的，因此另一个密切相关的参数是 ADC 满量程范围。满量程范围的增加可将 SNDR 提高 20 dB/十倍频。SNDR 可以表示为

$$\mathrm{SNDR}=\frac{0.5V_{FS}^2/4}{v_n^2|_{\text{input}}+v_n^2|_{\text{jitter}}+v_n^2|_{\text{INL/DNL}}+v_n^2|_{\text{quant}}} \tag{7.42}$$

因此，希望 ADC 的满量程最大化。但是，大的满量程可能会降低线性度，并且难以驱动，因为它在 ADC 之前需要一个高增益放大器，这也可能会恶化整个信号链的噪声水平。此外，从可靠性的角度来看，在精细的光刻工艺中可能难以支持较大的满量程。

分析电容值对功耗的影响非常复杂，必须考虑 MDAC、参考缓冲器、输入缓冲器（如果有）和时钟的功耗。若采样电容太小，则设计人员可能无法达到 SNDR 要求，或者可能不得不增加放大器或后续阶段的功耗，以弥补由小电容所引起的高 kT/C 噪声。这可能会增加整体功耗。另外，太大的电容尽管噪声较低，但会增加有源电路的功耗。图 7.25 是具有 75 dB SNDR 的 14 位 125 MS/s ADC 的折中示例，电容的最佳值约为 6 pF [3]。

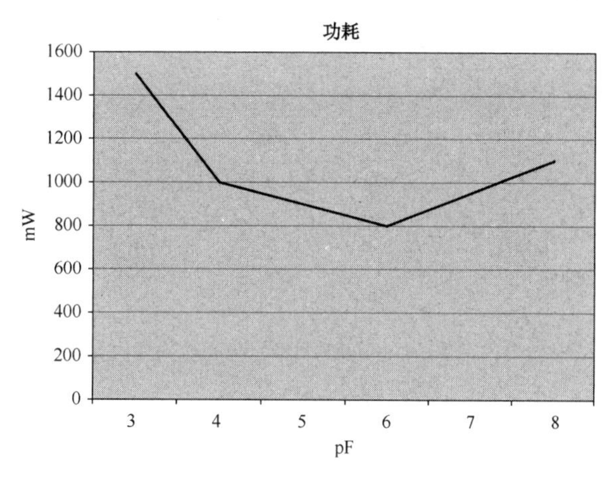

注：一个 14 位 125MS/s ADC 总功耗随第一级采样电容变化的仿真图，最佳点为 6 pF [3]。

图 7.25

7.4.2 每级的位数

每级的位数是功耗优化的另一个重要设计参数。随着每级位数的增加，后续级的噪声和线性要求也得到了放宽。另外，也放宽了第一级的增益精度要求。尽管反馈系数略有下降，但级噪声则有所改善，如式（7.37）和例 7.2 所示。通常随着位数的增加，放大器往往在某一点上具有更高的功耗效率，超过该水平时功耗显著增加。一旦达到该点，减少位数，从而增加反馈系数，将能够加快建立速度并降低功耗。

但是随着位数的增加，子 ADC（并行转换）中的功耗会增加，寄生会增加，时钟功耗会增加，反馈系数也会降低。在任何特定情况下，都会有一个功耗位数比的最佳值。使用所有影响因素的实际功耗来估算至关重要，图 7.26 给出了一个 14 位 125 MS/s ADC [3]的示例。

在一般情况下，对于噪声受限的流水线 ADC [3,4]，4 位/级通常是每级的最佳分辨率。但是，其他考虑因素可能会使设计人员偏离每级的最佳分辨率。例如，在某些情况下，需要较大的校正范围，这在需要支持高 IF 甚至 RF 采样的无 SHA 架构中是必需的。MDAC 与并行转换时序和带宽之间的不匹配导致误差，该误差消耗了一部分校正范围，并且随着输入频率的增加而变得更糟。为了适应采样高输入频率，需要将第一级的分辨率从 4 位的最

佳值降低到 3 位[3,5,6]。这是一些情况的一个示例，其中 ADC 设计的实际考虑，可能会是以一种并非由品质因数（figure of merit，FOM）决定的其他功耗效率方式来决定的。

另一个注意事项是 1.5 位/级固有的简单性和效率。1.5 位/级的余量曲线如图 7.27 所示。该级具有两个比较器，而 DAC 具有 3 个编码，中间编码为零①。由于这仅需要单个 DAC 电容，因此 DAC 本质上是线性的。此外，较低的增益值可提供更好的反馈系数，并在由工艺所限制的固定增益带宽积条件下具有更高的速度。但是 1.5 位/级也存在一些缺陷，图 7.27 显示了即使没有比较器失调，该级的余量仍达到满量程的情况，拖累了 RA 性能并要求其具有宽广的动态范围。通过添加两个额外的比较器来折叠最边上两个子范围，得到一个 2 位/级，其余量如图 7.28 所示。这将放大器的理想范围限制为满量程的一半，但是 DAC 将不再具有固有的线性度。此外，每级量化的位数较少会导致级数增多，这将 1.5 位/级的吸引力限制在相对分辨率较低的 8～10 位以内。

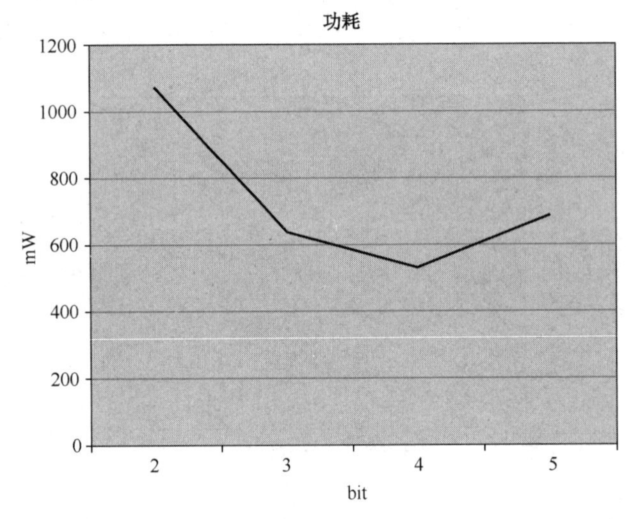

注：一个 14 位 125MS/s ADC 总功耗随第一级采样电容变化的仿真。最佳点存在于 4 位/级[3,4]。

图 7.26

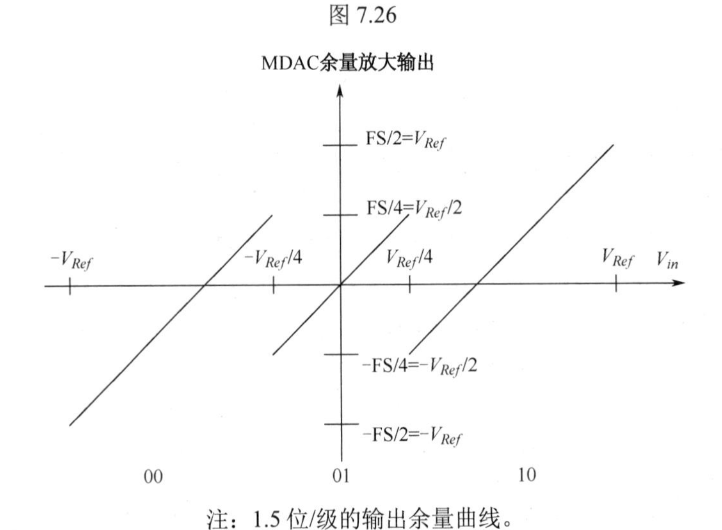

注：1.5 位/级的输出余量曲线。

图 7.27

① 译者注：此处中间编码为零，指的是相对两边的±1 而言。

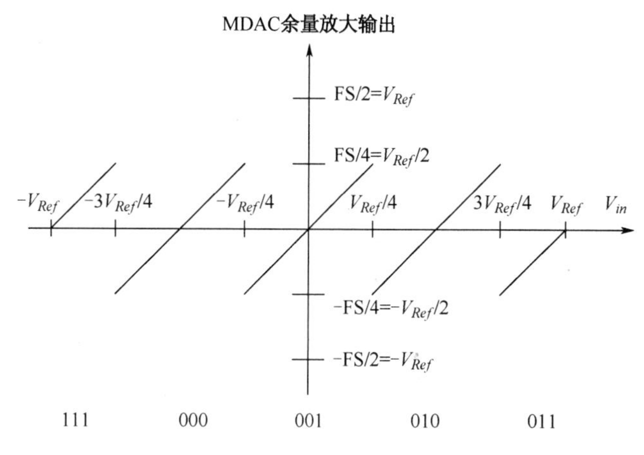

注：子范围折叠的 2 位/级输出余量曲线。

图 7.28

7.4.3　缩放系数

缩放系数是一个通常用于降低功耗和芯片尺寸的设计参数。随着电容缩放系数的增加，后续各级的功耗降低，同时它们的噪声和失配会增加。从式（7.38）开始，如果级 i 的缩放系数由 S_i 给出，那么总输入等效噪声可近似为

$$v_n^2(in) \approx v_{ns}^2 + v_{na}^2\left(1 + S_1 / G_1^2 + S_1S_2 / G_1^2G_2^2 + \cdots\right) \tag{7.43}$$

式中，$v_n(in)$是输入等效噪声电压。对于 3 位/级流水线 ADC，每级增益为 4，若缩放系数也为 4，则图 7.29 显示了等效输入总噪声，由下式给出。

$$v_n^2(in) \approx v_{ns}^2 + v_{na}^2\left(1 + 1/4 + 1/16 + \cdots\right) \tag{7.44}$$

$$S \approx G \tag{7.45}$$

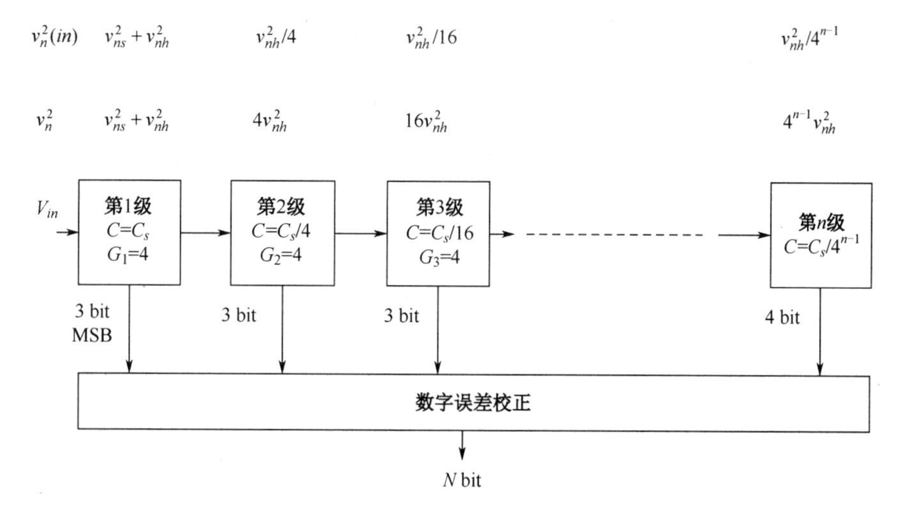

注：每级增益为 4，且与前一级相比各级均按比例缩小 4 倍的流水线 ADC 框图。同时显示了每一级的噪声功率 v_n^2 和等效输入噪声功率 $v_n^2(in)$。

图 7.29

重要的是要注意，即使缩放系数 S 等于增益 G，当将噪声等效到输入端时，也会显著降低。这是因为当等效到输入时，噪声将按 G^2 比例缩小，而级噪声仅按 S 倍增加（而不是 S^2）。由于噪声按增益的平方减小，并且功耗按缩放系数减小，因此可以证明，最优点的缩放系数应近似等于增益值。

对于一个 14 位 125 MS/s ADC[3]，如图 7.30 所示，其中缩放系数等于每级增益，在该示例中为 4。但是，如果电容值太小而无法进一步缩放，或者是将会导致不可接受的失配误差，那么缩放可能会停止或减小。图 7.31 给出了一个具有缩放的流水线的示例，其中前 3 级已缩放，但进一步缩放电容并不可行[6]。

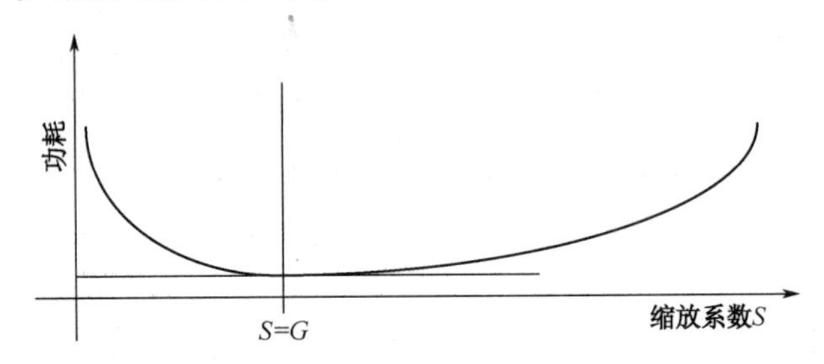

注：一个 14 位 125MS/s ADC 总功耗随缩放系数变化的仿真。最佳点在 $S=G=4$ [3,4]。

图 7.30

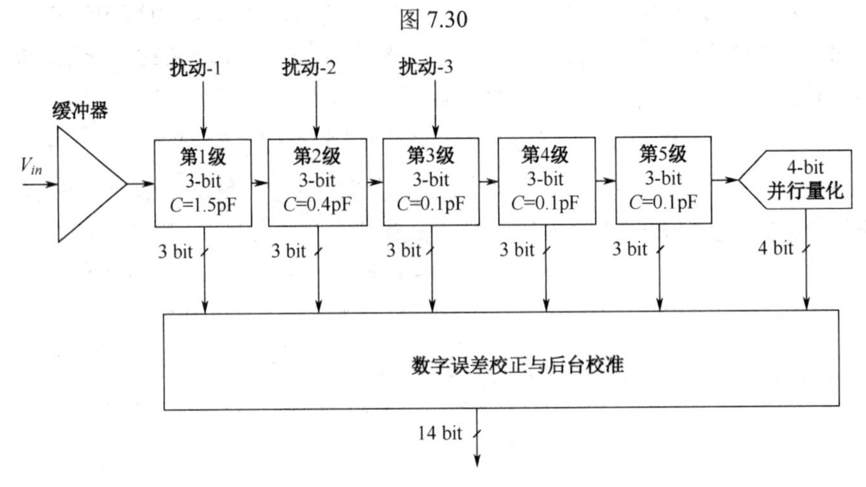

注：一个 14 位 1GS/s 流水线 ADC 框图，与前一级相比，每级均按比例缩小 4 倍，并且增益为 4。在前 3 级中注入了扰动以进行校准，如第 9 章所述。在第三级之后，缩放将因电容太小无法进一步缩小而停止[6]。©2014 IEEE（转载自参考文献[6]）。

图 7.31

7.4.4 输入缓冲器

采用集成输入缓冲器可减少由于电荷注入而产生的回踢，并使驱动 ADC 更加容易。它提供了较大的输入阻抗和较低的输出阻抗来驱动采样电容。但是缓冲器会增加功耗、增加噪声并限制采样过程的线性度。在许多情况下，缓冲器的优点远远超过缺点，对于获得所需的性能，尤其是高采样率，其几乎是必要的[6,7]。

7.5　精度和速度的挑战

流水线 ADC 依靠 MDAC 及其级间放大器，将各级量化误差经适当放大后，准确地传递到后续级，它体现了一个关于精度和速度的主要瓶颈。实际上，当进行一个具有一定分辨率和采样率的流水线 ADC 的可行性研究时，需要回答的主要问题之一就是实现目标性能所需的 MDAC 放大器的可行性和功耗效率。随着分辨率和采样率的提高，设计放大器的挑战也大大增加。另外，随着我们转向精细光刻 CMOS 工艺，晶体管的速度提高了，但其固有增益（g_mR_{ds}）和动态范围却大大降低了，这使得实现所需放大器的性能更加困难。

为了克服这个问题，流水线 ADC 设计人员采取了以下几个方法。

（1）使用数字辅助（校准），可以大大放宽放大器的设计，同时纠正数字域产生的误差。这是流水线 ADC 中最流行，最活跃的研究领域。

（2）使用模拟方法来增强增益。例如，采用相关双采样、求和节点感测以及相关的电平移动[10-14]。尽管这些方法优雅而有效，但它们通常受到模拟开销的影响，从而影响速度、噪声以及功耗。

（3）使用不同种类的放大器。例如，包括依靠过零检测的 MDAC 和基于积分器的 MDAC [15-18]。这些方法很有希望，但是它们将问题从增益速度问题转移到了定时精度问题。尽管它们具有前景和效率，但它们仍未能取代传统放大器成为流水线 ADC 的主要架构。

7.6　结论

尽管有局限性，但流水线 ADC 架构仍然是高速和高分辨率 ADC 的主要架构。通过不同的转化与修改，如将 SAR ADC 集成到流水线 ADC 架构中，使用不同的放大方法和采用数字辅助技术，其得以继续存在并蓬勃发展。而且利用交织，它非常适合继续在高速和高性能转换器领域中占据重要位置。

思　考　题

1．导致图 7.11 中的 INL 的级间增益是多少？最可能的原因是什么？

2．图 7.14 的 INL 中 DAC 误差的可能原因是什么？模拟端的误差幅度是多少？注意两侧之间的对称性以及当我们离开中心时误差幅度的增加。

3．使用行为级建模语言，构建具有 4 位/级和一位冗余的 10 位流水线 ADC 模型。需要多少流水线级以及末端的并行量化有多少位？（1）画出单位幅度、频率为 100 MHz 的输入正弦波的输出 FFT，并为该 ADC 选择合适的采样率。（2）画出该 ADC 的 INL 和 DNL。

4．使用行为级建模语言，构建具有 1.5 位/级的 10 位流水线 ADC 模型，假设使用 2 位末端并行转换，则共需要多少级？如果我们沿流水线一直使用 1.5 位/级来达到 10 位分辨率而不使用末端并行转换，会发生什么？比较两种情况下的输出编码。

（1）画出单位幅度、频率为 100 MHz 输入正弦波的输出 FFT，并为该 ADC 选择合适的采样率。

（2）画出该 ADC 的 INL 和 DNL。

5．在问题 3 和问题 4 的流水线模型中，引入 IGE 和 DAC 误差，并观察对输出 FFT 和 INL 的影响。

6．在 SPICE 中模拟一个 3 位 MDAC，引入电容失配并观察余量中产生的误差，将结果与 3.2 节中的讨论进行比较。

7．在问题 3 的流水线 ADC 中，画出第一级的余量与输入的关系。在并行转换、级间增益和 DAC 中引入误差，画出含有每个误差的余量曲线。对问题 4 的流水线 ADC 重复上述步骤。

8．对于在第一级具有 4 位且具有一位冗余的两级 8 位流水线 ADC，画出以下两种情况下，第一级放大后的余量与输入电压的关系曲线：中间平坦子 ADC 和中间上升子 ADC。两种情况有什么区别？在这两种情况下都使用这两级的编码来重构最终输出字。

9．对于具有 4 位/级和一位冗余的 12 位流水线 ADC，如果要求的精度为 0.25 LSB，对于以下各项的精度/噪声有何要求。

（1）第 1 级的并行量化 ADC？

（2）第 1 级的级间放大器？

（3）第 1 级 DAC？

（4）第 2 级的并行量化 ADC？

（5）第 2 级的级间放大器？

（6）第 2 级 DAC？

10．综合考虑第 1 级和第 2 级的影响，重复问题 9。

11．对于问题 9 的前两级，以下哪些是可以允许的。

（1）DAC 电容失配？

（2）放大器电容失配？

（3）运算放大器的开环增益不足？

（4）DAC 参考误差？

（5）级间增益误差？

（6）放大器参考误差？

（7）DAC 建立误差？

（8）参考建立误差？假设每次只有一个误差。

12．重复问题 11，假设所有误差同时存在，综合考虑所有错误的裕量，以达到 0.25 LSB 的准确度。

13．如果对于增益为 8 的 4 位 MDAC，采样阶段的噪声为 500 μV，如果将增益更改为 4 和 16，预期的噪声是多少？忽略寄生电容。

14．如果对于增益为 8 的 4 位 MDAC，采样阶段的噪声为 500 μV，若按以下两种情况在求和节点上增加了一个附加电容，则预期噪声是多少？

（1）附加电容等于采样电容？

（2）附加电容等于采样电容的一半？忽略寄生电容。

15．若增益为 8 的 4 位 MDAC 放大阶段中的放大器输入等效噪声为 250 μV，则将增益更改为 4 和 16 时，预期噪声是多少？假设运算放大器没有变化，并忽略寄生电容。

16．如果增益为 8 的 4 位 MDAC 放大阶段中的放大器输入等效噪声为 250 μV，若按以下两种情况在求和节点上增加了一个附加电容，则预期噪声是多少？

（1）附加电容等于采样电容？

（2）附加电容等于采样电容的一半？忽略寄生电容，并假设放大器没有改变。

17．如果更改放大器的密勒电容，使其带宽保持不变，重复问题 15。

18．如果更改放大器的密勒电容，使其带宽保持不变，重复问题 16。

19．讨论导致图 7.25 所示模式的因素。举例说明若电容太大或太小会发生什么。

20．讨论导致图 7.26 所示模式的因素。举例说明若每级位数太大或太小会发生什么。

21．讨论图 7.30。举例说明若缩放系数太大或太小会发生什么。

参考文献

[1] S.H. Lewis and P.R. Gray, "A Pipelined 5-Msample/s 9-bit Analog-to-Digital Converter," *IEEE Journal of Solid State Circuits*, SC-22(6), pp. 954–961, Dec 1987.

[2] I. Mehr and L. Singer, "A 55-mW, 10-bit, 40-Msample/s Nyquist-Rate CMOS ADC," *IEEE Journal of Solid State Circuits*, 35(3), pp. 318–325, Mar 2000.

[3] A.M.A. Ali, C. Dillon, R. Sneed, *et al.*, "A 14-bit 125 MS/s IF/RF Sampling Pipelined ADC with 100 dB SFDR and 50 fs Jitter," *IEEE Journal of Solid-State Circuits*, 41(8), pp. 1846–1855, Aug 2006.

[4] S. Devarajan, L. Singer, D. Kelly, *et al.*, "A 16-bit, 125 MS/s, 385 mW, 78.7 dB SNR CMOS Pipeline ADC," *IEEE Journal of Solid-State Circuits*, 44(12), pp. 3305–3313, Dec 2009.

[5] A.M.A. Ali, A. Morgan, C. Dillon, *et al.*, "A 16-bit 250-MS/s IF Sampling Pipelined ADC with Background Calibration," *IEEE J. Solid-State Circuits*, 45(12), pp. 2602–2612, Dec 2010.

[6] A.M.A. Ali, H. Dinc, P. Bhoraskar, *et al.*, "A 14-bit 1GS/s RF Sampling Pipelined ADC with Background Calibration," *IEEE Journal of Solid State Circuits*, 49(12), pp. 2857–2867, Dec 2014.

[7] A.M.A. Ali, H. Dinc, P. Bhoraskar, *et al.*, "A 14-bit 2.5GS/s and 5GS/s RF Sampling ADC with Background Calibration and Dither," *IEEE VLSI Circuits Symposium*, pp. 206–207, 2016.

[8] B. Levy, "A Propagation Analysis of Residual Distributions in Pipeline ADCs, *IEEE Transactions on Circuits and Systems-I: Regular Papers*, pp. 2366–2376, 2011.

[9] J. Guerber, M. Gande, and U.-K. Moon, "The analysis and application of redundant multistage ADC resolution improvements through PDF residue shaping," *IEEE Transactions on Circuits and Systems-I: Regular Papers*, 58(10), pp. 733–742, 2012.

[10] K. Nagaraj, "Switched-Capacitor Circuits with Reduced Sensitivity to Amplifier Gain," *IEEE Transactions on Circuits and Systems*, CAS-34, pp. 571–574, May 1987.

[11] A.M.A. Ali and K. Nagaraj, "Background Calibration of Operational Amplifier Gain Error in Pipelined A/D Converters," *IEEE Transactions on Circuits and Systems II*, 50(9), pp. 631–634, 2003.

[12] C. Enz and G. Temes, "Circuit Techniques for Reducing the Effects of Opamp Imperfections: Autozeroing, Correlated Double Sampling and Chopper Stabilization," *Proceedings of IEEE*, 84(11), pp. 1584–1614, Nov 1996.

[13] J. Li and Un-Ku Moon, "A 1.8-V 67-mW 10-bit 100-MS/s Pipelined ADC Using Time-Shifted CDS Technique," *IEEE Journal of Solid-State Circuits*, 39(9), pp. 1468–1476, Sept 2004.

[14] B.R. Gregoire and U.-K. Moon, "An Over-60 dB True Rail-to-Rail Performance Using Correlated Level Shifting and an Opamp with Only 30 dB Loop Gain," *IEEE Journal of Solid-State Circuits*, 43(12), pp. 2620–2630, Dec 2008.

[15] T. Oh, H. Venkatram and U.-K. Moon, "A Time-Based Pipelined ADC Using Both Voltage and Time Domain Information," *IEEE Journal of Solid-State Circuits*, 49(4), pp. 961–971, Apr 2014.

[16] D. Gubbins, B. Lee, and U.-K. Moon, "Continuous-Time Input Pipeline ADCs," *IEEE Journal of Solid-State Circuits*, 45(8), Aug 2010.

[17] J.K. Fiorenza, T. Sepke, P. Holloway, *et al.*, "Comparator-Based Switched-Capacitor Circuits for Scaled CMOS Technologies," *IEEE Journal of Solid-State Circuits*, 41(12), pp. 2658–2668, Dec 2006.

[18] L. Brooks and H.-S. Lee, "A Zero-Crossing-Based 8-bit 200MS/s Pipelined ADC," *IEEE Journal of Solid-State Circuits*, 42(12), pp. 2677–2687, Dec 2007.

[19] A.M.A. Ali, "High-performance, low-noise reference generators," US Patent No 7,215,182, May 2007.

[20] G.W. Patterson and A.M.A. Ali, "Fast, efficient reference networks for providing low-impedance reference signals to signal converter systems," US Patent No 7,636,057, Dec 2009.

[21] G.W. Patterson and A.M.A. Ali, "Fast, efficient reference networks for providing low-impedance reference signals to signal processing systems," US Patent No 7,652,601, Jan 2010.

第 8 章　时间交织转换器

当使用单个 ADC 不可能或无法实现所需的采样率时，时间交织（time-interleaved，TI）架构是一个极具吸引力的选择。时间交织 ADC 由 Black 和 Hodges[1]于 1980 年首次提出，原理上它们通过并行使用多个 ADC 通道来实现高采样率，但通道间失配会将此类转换器的性能通常限制在低分辨率。最近人们又兴起对时间交织 ADC 的兴趣，以推动性能、速度和功耗方面的最新技术发展。这是由于在同时面临工艺技术的实际限制和高昂成本的条件下，对更高采样率的需求。

在本章中，我们会对时间交织 ADC 的分析、性能限制以及一些实现方法进行讨论。我们以直观和实用的视角扩充了理论分析。尽管如此，还是需要理论分析，才可以更好地理解此类转换器的机制，并有助于理解开发方法与算法以提高其性能。

8.1　时间交织

在时间交织 ADC 中，并行使用每个采样率为 f_s/M 的多个 ADC（M）来实现采样率为 f_s 的等效 ADC。该结构在概念上如图 8.1 所示，其中输入由 M 个转换器之一以循环方式采样，输出位被组合，并按时序对齐，以获得速率为 f_s 的输出数据。一种 2 路交织的特定情况（M=2），有时称为“乒乓”，如图 8.2 所示，时序图如图 8.3 所示。另一个例子是 4 路交织（M=4），如图 8.4 所示，时序图如图 8.5 所示。

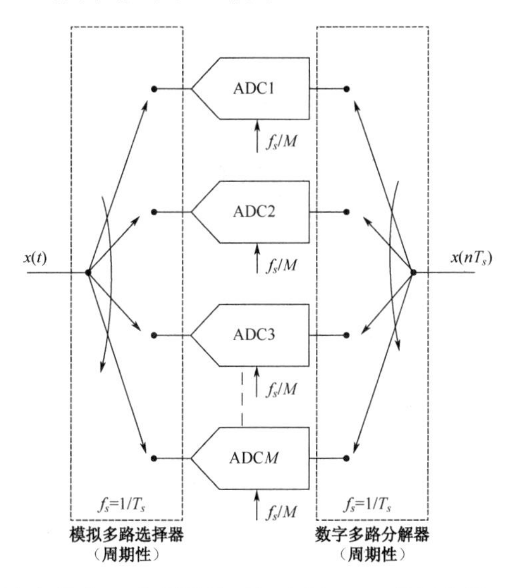

注：具有 M 个通道的时间交织 ADC 的概念图。

图 8.1

图 8.3 和图 8.5 的时序图描述了独立 ADC 内核的时间交织，其中采样和保持阶段的持续时间相等。在某些情况下，ADC 设计人员可能会利用交织技术来更细致地优化 ADC 内核的时序，这包括更改采样和保持阶段的相对持续时间，或者将时序划分为更多阶段。例如，在 4 路交织 ADC 中，每个内核的时序可以分为 4 个阶段而不是两个阶段。这 4 个阶段与 4 路交织非常吻合，可以适应流水线 ADC 核的中间任务所需的不同持续时间，如一个阶段用于采样，一个阶段用于并行转换操作，两个阶段用于 MDAC 操作。这样可以优化时间分配，同时确保交织 ADC 的总吞吐量为 f_s。

在双路交织情况下，一个有趣的现象是输入采样时间等于 T_s（不是 $T_s/2$），因此不受交织过程的影响。实际上，采样时间等于非交织转换器在半速采样率（$f_s/2$）下的采样时间，是非交织转换器在全速采样率（f_s）下采样时间的两倍。与以相同的采样率直接使用非交织 ADC 相比，这是乒乓采样的一个优势。

另外，对于 4 路交织，尽管每个内核的采样时间为 $2T_s$，但输入却被毛刺干扰在该速率的 2 倍。例如，在图 8.5 中，ADC2 在 ADC1 采样相的中间开始采样。同样，ADC1 在 ADC4 采样阶段的中间连接到输入。这意味着，在 4 路交织的情况下，无干扰采样时间仅为 T_s，实际上是工作于 $f_s/4$ 的各个内核的采样时间的一半。因此，在需要时，我们可能必须采取措施以最小化一个通道对另一通道的回踢影响。

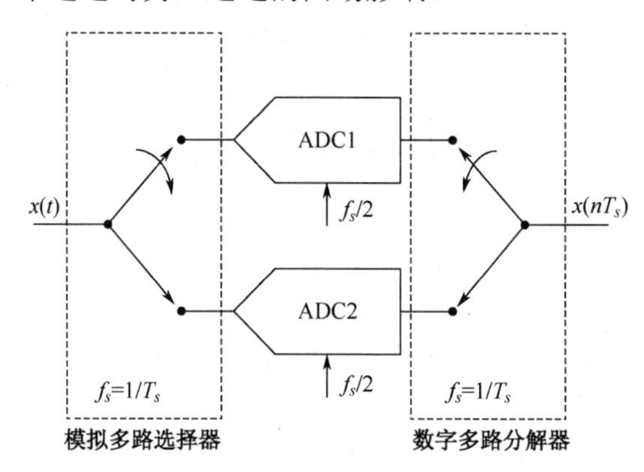

注：2 路交织 ADC（乒乓 ADC）概念图。

图 8.2

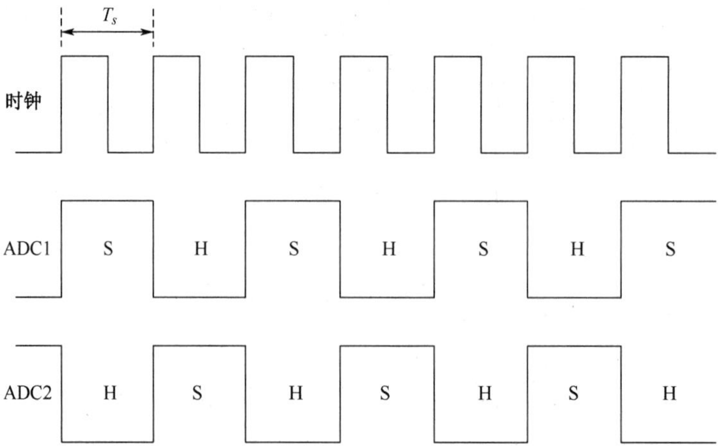

注：2 路交织 ADC 的简化时序图。无干扰的采样时间不会减少，且等于 T_s。

图 8.3

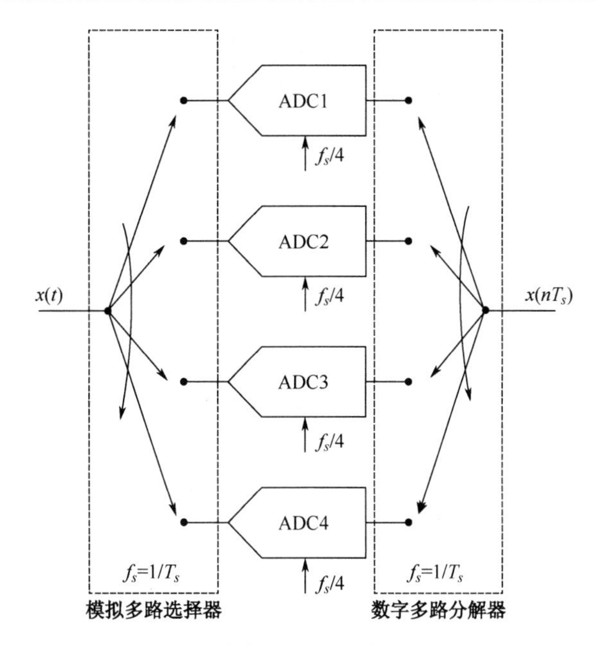

注：4 路交织 ADC 的概念图。

图 8.4

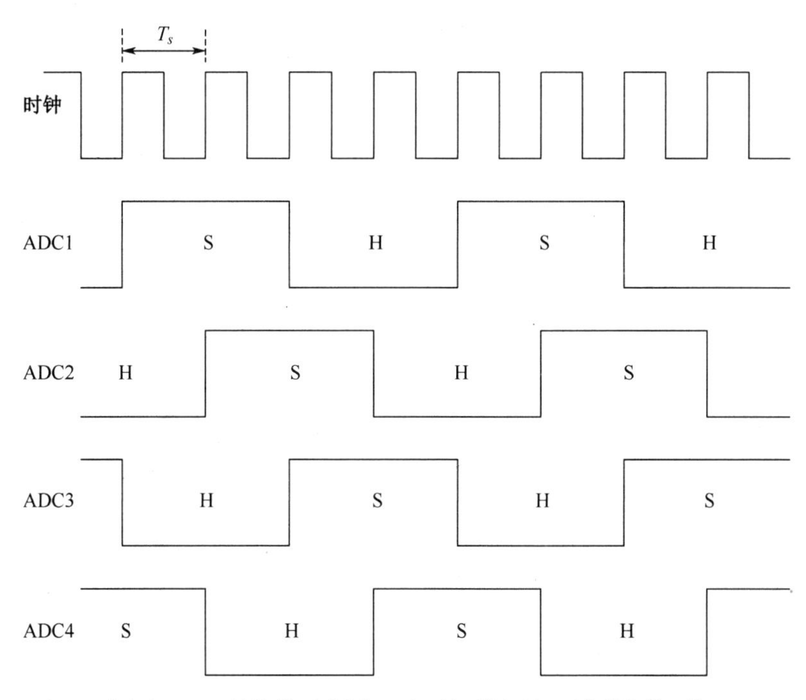

注：4 路交织 ADC 的简化时序图。无干扰采样时间不会增加①，等于 T_s。

图 8.5

若输入信号为 $x(t)$，则第 i 个通道在由下式给出的时刻对输入进行理想地采样[2-4]。

① 译者注：原文为“减小”。译者认为此处写作“增加”更容易理解。

$$t + t_i + kMT_s = t + iT_s + kMT_s \tag{8.1}$$

其中，t 是为方便起见可以设置为零的任意开始时间；T_s 是交织 ADC 的采样周期；i 是通道标识符（顺序）；M 是通道数；k 是代表采样数的整数。所以

$$i = 0,1,\cdots,M-1 \qquad k = 0,1,2,\cdots$$

因此，第 i 个通道处理的信号 $x_i(t)$ 为

$$x_i(t) = x(t + t_i) \tag{8.2}$$

若 $x(t)$ 的傅里叶变换由 $X(f)$ 给出，则第 i 个通道所“看到的”输入信号的傅里叶变换由下式给出。

$$X_i(f) = X(f)\mathrm{e}^{\mathrm{j}\omega t_i} \tag{8.3}$$

采样后，使用式（8.2），第 i 个信号表示为

$$x_{si}(t) = \sum_{k=-\infty}^{\infty} x(-t_i + kMT_s)\delta(t + t_i - kMT_s) \tag{8.4}$$

根据第 1 章中有关采样的讨论，第 i 个通道采样信号的傅里叶变换为

$$X_{si}(f) = \frac{1}{MT_s}\sum_{k=-\infty}^{\infty} X_i(f - kf_s / M) \tag{8.5}$$

将式（8.3）代入式（8.5），可以得到

$$X_{si}(f) = \frac{1}{MT_s}\sum_{k=-\infty}^{\infty} X(f - kf_s / M)\mathrm{e}^{\mathrm{j}\left(\omega - \frac{2\pi kf_s}{M}\right)t_i} \tag{8.6}$$

交织的数字输出是通过以全速率 T_s 将所有通道 M 个序列进行适当延时后相加而重构成的，即

$$x_s(t) = \sum_{i=0}^{M-1} x_{si}(t - iT_s) \tag{8.7}$$

在频域中，有

$$X_s(f) = \sum_{i=0}^{M-1} X_{si}(f)\mathrm{e}^{-\mathrm{j}\omega iT_s} \tag{8.8}$$

将式（8.6）代入式（8.8），可以得到

$$X_s(f) = \frac{1}{MT_s}\sum_{i=0}^{M-1}\left(\sum_{k=-\infty}^{\infty} G_i X\left(f - \frac{kf_s}{M}\right)\mathrm{e}^{\mathrm{j}\left(\omega - \frac{2\pi k}{MT_s}\right)t_i}\right)\mathrm{e}^{-\mathrm{j}\omega iT_s} \tag{8.9}$$

整理后可得

$$X_s(f) = \frac{1}{T_s}\sum_{k=-\infty}^{\infty}\left(\frac{1}{M}\sum_{i=0}^{M-1}\mathrm{e}^{\mathrm{j}\left(\omega - \frac{2\pi k}{MT_s}\right)t_i}\,\mathrm{e}^{-\mathrm{j}\omega iT_s}\right)X\left(f - \frac{kf_s}{M}\right) \tag{8.10}$$

若各个通道完全匹配并且在时间上等距，有

$$t_i = iT_s \tag{8.11}$$

则理想的交织输出为

$$X_s(f) = \frac{1}{T_s}\sum_{k=-\infty}^{\infty}\left(\frac{1}{M}\sum_{i=0}^{M-1}\mathrm{e}^{-\mathrm{j}\left(\frac{2\pi k_i}{M}\right)}\right)X\left(f - \frac{kf_s}{M}\right) \tag{8.12}$$

因为

$$\sum_{i=0}^{M-1}\mathrm{e}^{-\mathrm{j}\left(\frac{2\pi k_i}{M}\right)} = \begin{cases} M & k = 0, M, 2M, \cdots \\ 0 & 其他 \end{cases} \tag{8.13}$$

则理想的交织输出为

$$X_s(f)=\frac{1}{T_s}\sum_{k=-\infty}^{\infty}X(f-kf_s) \tag{8.14}$$

如第 1 章所述，它是以采样率为 $f_s=1/T_s$ 进行采样的信号的频谱，并且没有任何交织误差。

通过交织每个转换器的采样时间，并以适当的时序方式对齐后整合输出，每个采样速率为 f_s/M 的 M 个 ADC 内核表现出为采样速率等于 f_s 的单个 ADC。从性能的角度来看，理想的结果是整个 ADC 与单个 ADC 相比具有相同的 SNR、SINAD 和 SFDR。但是，如第 2 章所述，噪声谱密度（NSD）将按 10 log M 提升，这是由于在相同的总 SINAD 条件下，提高采样率，从而降低了 NSD。

也就是说，对于时间交织 ADC，有

$$\text{SINAD}=\text{SINAD}_i \tag{8.15}$$

$$f_s=Mf_{si} \tag{8.16}$$

以及

$$\text{NSD}=\text{NSD}_i-10\log M \tag{8.17}$$

式中，SINAD_i、f_{si} 和 NSD_i 分别为每个通道的 SINAD、采样率和 NSD；NSD 为负数，因此式（8.17）中的负号表示 NSD 有所改善。

时间交织架构应与并行架构区分开[①]，在并行架构中，M 个 ADC 同时并行采样输入，然后将其输出相加。与时间交织 ADC 不同，并行结构将导致 ADC 的采样率等于各个 ADC，但 SINAD 改善了 10log$M$，这在表 8.1 中进行了总结。

表 8.1　相对于单通道 ADC，时间交织 ADC 和并行 ADC 的对比

	单通道 ADC	时间交织 ADC	并行 ADC
SINAD	SINAD_i	SINAD_i	SINAD_i+ 10 log M
采样率	f_{si}	Mf_{si}	f_{si}
NSD	NSD_i	NSD_i−10 log M	NSD_i− 10 log M

也就是说，在并行 ADC 情况下，有

$$\text{SINAD}=\text{SINAD}_i+10\log M \tag{8.18}$$

$$f_s=f_{si} \tag{8.19}$$

以及

$$\text{NSD}=\text{NSD}_i-10\log M \tag{8.20}$$

因此，时间交织 ADC 利用并行来提高采样率，而并行 ADC 利用并行来提高性能（SINAD）并降低 ADC 的噪声，同时保持采样率不变。有趣的是，采样率的 M 倍增加与 SINAD 的 10log M 改善之间的等价关系，与第 2 章在品质因数（FOM）中所讨论的一致。

时间交织架构可实现更快的采样速率，而功耗则随着采样速率线性增加，即功率与转换核数 M 和采样率 f_s 成线性比例。有趣的是，如第 2 章 FOM 讨论中所述，对于特定光刻工艺（x nm），功耗会随着采样率线性增加，这适用于该工艺节点中相对线性化的采样率范围。但是随着速度的进一步提高并开始接近工艺能力的极限时，功耗通常以非线性方式增加，如图 8.6 所示。曲线的此非线性区域效率低下，并可能导致功耗过高。转向更精细的光刻工艺（x/2 nm），可以降低功耗并将线性功耗曲线扩展至更高的采样率。另外，至少在

① 译者注：此处的并行是指并列、同时采样的多个 ADC，不同于前文所说的 flash 并行量化的快闪 ADC。

理论上，交织架构进一步扩展了功耗和采样率之间的线性关系，因此可以以合理的功耗获得更高的采样率。

然而，实际上，交织开销使得其难以实现这种线性功耗和速度关系，尤其是对于大量通道而言。此外，时间交织 ADC 还面临诸多性能挑战和实际困难。若要实现中等或高等性能，则可能需要大量的设计努力和功耗，这可能会影响 ADC 的复杂性和功耗效率。

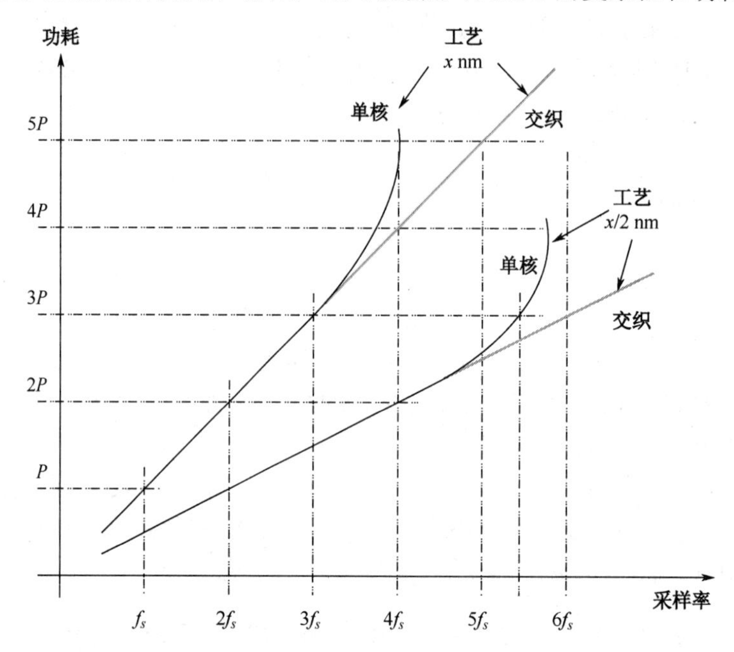

注：工艺和架构下的功耗与采样率的关系图。

图 8.6

时间交织 ADC 的主要性能限制是由于交织通道之间的失配导致的，其会导致交织杂散随输入频率的增加而变得更糟。存在以下几种失配。

（1）失调失配。

（2）增益失配。

（3）时序失配。

（4）带宽失配。

（5）非线性失配。

在存在失调、增益和时序失配的情况下，第 i 个通道信号由下式给出[3, 4]

$$x_i(t) = G_i x(t + t_i) + O_i \tag{8.21}$$

式中，G_i是第 i 个通道的增益；O_i是其失调；t_i是其采样时间，由下式给出

$$t_i = iT_s + \delta t_i = iT_s + r_i T_s \tag{8.22}$$

$x_i(t)$的傅里叶变换为

$$X_i(f) = G_i X(f)\mathrm{e}^{\mathrm{j}\omega t_i} + O_i\delta(f) \tag{8.23}$$

采样后，第 i 个通道信号可以表示为

$$x_{si}(t) = \sum_{k=-\infty}^{\infty}\left[G_i x(-t_i + kMT_s) + O_i\right]\delta(t + t_i - kMT_s) \tag{8.24}$$

与式（8.5）相似，其傅里叶变换为

$$X_{si}(f)=\frac{1}{MT_s}\sum_{k=-\infty}^{\infty}X_i(f-kf_s/M) \tag{8.25}$$

将式（8.23）代入式（8.25）可得

$$X_{si}(f)=\frac{1}{MT_s}\sum_{k=-\infty}^{\infty}G_iX(f-kf_s/M)\mathrm{e}^{\mathrm{j}\left(\omega-\frac{2\pi kf_s}{M}\right)t_i}+\frac{1}{MT_s}\sum_{k=-\infty}^{\infty}O_i\delta(f-kf_s/M) \tag{8.26}$$

交织的数字输出是通过以全速率 T_s 将所有通道 M 个序列进行适当延时后相加而重构成的，即

$$x_s(t)=\sum_{i=0}^{M-1}x_{si}(t-iT_s) \tag{8.27}$$

在频域中，为

$$X_s(f)=\sum_{i=0}^{M-1}X_{si}(f)\mathrm{e}^{-\mathrm{j}\omega iT_s} \tag{8.28}$$

将式（8.26）代入式（8.28），可以得到交织信号表示为

$$\begin{aligned}X_s(f)=&\frac{1}{MT_s}\sum_{i=0}^{M-1}\left(\sum_{k=-\infty}^{\infty}G_iX\left(f-\frac{kf_s}{M}\right)\mathrm{e}^{\mathrm{j}\left(\omega-\frac{2\pi k}{MT_s}\right)t_i}\right)\mathrm{e}^{-\mathrm{j}\omega iT_s}+\\&\frac{1}{MT_s}\sum_{i=0}^{M-1}\sum_{k=-\infty}^{\infty}O_i\delta(f-kf_s/M)\mathrm{e}^{-\mathrm{j}\omega iT_s}\end{aligned} \tag{8.29}$$

利用 delta 函数的筛选特性，可以得到

$$\begin{aligned}X_s(f)=&\frac{1}{MT_s}\sum_{i=0}^{M-1}\left(\sum_{k=-\infty}^{\infty}G_iX\left(f-\frac{kf_s}{M}\right)\mathrm{e}^{\mathrm{j}\left(\omega-\frac{2\pi k}{MT_s}\right)t_i}\right)\mathrm{e}^{-\mathrm{j}\omega iT_s}+\\&\frac{1}{MT_s}\sum_{i=0}^{M-1}\sum_{k=-\infty}^{\infty}O_i\delta(f-kf_s/M)\mathrm{e}^{-\frac{\mathrm{j}2\pi k_i}{M}}\end{aligned} \tag{8.30}$$

将式（8.22）代入式（8.30），可以得到

$$\begin{aligned}X_s(f)=&\frac{1}{MT_s}\sum_{i=0}^{M-1}\left(\sum_{k=-\infty}^{\infty}G_iX\left(f-\frac{kf_s}{M}\right)\mathrm{e}^{\mathrm{j}\left(\omega-\frac{2\pi k}{MT_s}\right)r_iT_s}\right)\mathrm{e}^{-\mathrm{j}2\pi k_i}+\\&\frac{1}{MT_s}\sum_{i=0}^{M-1}\sum_{k=-\infty}^{\infty}O_i\delta(f-kf_s/M)\mathrm{e}^{-\frac{\mathrm{j}2\pi k_i}{M}}\end{aligned} \tag{8.31}$$

式（8.30）和式（8.31）给出了存在通道间失配的时间交织采样信号的频域表示。O_i、G_i 和 r_i 分别代表第 i 个通道的失调、增益和时序。在 8.2 节中将使用它们来分析这些失配对交织频谱的影响。

8.2　失调失配

如第 2 章所述，ADC 中最良性的非理想性之一是失调，它可以很容易地通过从 ADC 输出中增加或减少一个固定的数值而消除。然而，在交织 ADC 中，不同核/通道的失调值的失配，会导致频率等于 f_s/M 及其倍数的杂散。

这可以通过从式（8.31）中移除时序和增益失配推导出来。通过在式（8.31）中设置

r_i=0 和 G_i=G=1，可以得到存在失调失配的时间交织采样信号 $X_s(f)$的表达式为

$$X_s(f) = \frac{1}{MT_s}\sum_{i=0}^{M-1}\left(\sum_{k=-\infty}^{\infty} X\left(f - \frac{kf_s}{M}\right)\right)\mathrm{e}^{-\frac{\mathrm{j}2\pi k_i}{M}} + \frac{1}{MT_s}\sum_{i=0}^{M-1}\sum_{k=-\infty}^{\infty} O_i\delta(f - kf_s / M)\mathrm{e}^{-\frac{\mathrm{j}2\pi k_i}{M}} \tag{8.32}$$

在式（8.32）中，右边的第一项是理想的交织信号，因此

$$X_s(f) = X_{s|ideal}(f) + \frac{1}{MT_s}\sum_{i=0}^{M-1}\sum_{k=-\infty}^{\infty} O_i\delta(f - kf_s / M)\mathrm{e}^{-\frac{\mathrm{j}2\pi k_i}{M}} \tag{8.33}$$

整理后可得

$$X_s(f) = X_{s|ideal}(f) + \frac{1}{T_s}\sum_{k=-\infty}^{\infty}\frac{1}{M}\sum_{i=0}^{M-1} O_i\mathrm{e}^{-\frac{\mathrm{j}2\pi k_i}{M}}\delta\left(f - \frac{kf_s}{M}\right) \tag{8.34}$$

令式（8.34）右边的第二项是由失调失配引起的谱分量为 $O(f)$，

$$X_s(f) = X_{s|ideal}(f) + O(f) \tag{8.35}$$

式（8.34）中的 Delta-Dirac 项表示由于失调失配而产生的交织杂散为

$$O(f) = \frac{1}{T_s}\sum_{k=-\infty}^{\infty}\beta(k)\delta\left(f - \frac{kf_s}{M}\right) \tag{8.36}$$

其中，$\beta(k)$为

$$\beta(k) = \frac{1}{M}\sum_{i=0}^{M-1} O_i\mathrm{e}^{-\frac{\mathrm{j}2\pi k_i}{M}} \tag{8.37}$$

式（8.35）表明，失调失配的影响是一个加性信号 $O(f)$。从式（8.36）中可以看出，该加性信号由杂散组成，其幅度和频率位置与输入信号无关，并且仅取决于采样率、交织通道数和交织核的失配。这些交织的杂散的位置为

$$f_{IL} = kf_s / M \quad (k = 0,1,2,3,\cdots,M-1) \tag{8.38}$$

杂散的功率由下式给出

$$P_N = \sum_{k=0}^{M-1}\left|\beta(k)\right|^2 = \frac{1}{M}\sum_{i=0}^{M-1}\left|O_i\right|^2 \tag{8.39}$$

这符合 Parseval 定理。

重要的是要注意，k=0 的“杂散”表示整个时间交织 ADC 的净失调，它是各个失调量的平均值，因此从技术上讲是一个与失调失配杂散相反的一个失调（或 DC）项，该直流项可以通过从数字输出中减去其值来消除。由失调失配引起的交织杂散的示例，M=2 如图 8.7 所示，M=4 如图 8.8 所示。

对于幅度为 A 的正弦输入信号，并且在第 i 个通道存在 O_i 失调失配时，可以从式（8.36）～式（8.39）找到 SINAD 和 SFDR。SINAD 为

$$\mathrm{SINAD} = 10\log(P_s / P_N) = 10\log\left(\frac{A^2/2}{\frac{1}{M}\sum_{i=0}^{M-1}\left|O_i\right|^2}\right) \tag{8.40}$$

SFDR 为

$$\mathrm{SFDR} = 10\log\left(\frac{A^2/2}{\max\limits_{k=0:\,M-1}\left|\beta(k)\right|^2}\right) \tag{8.41}$$

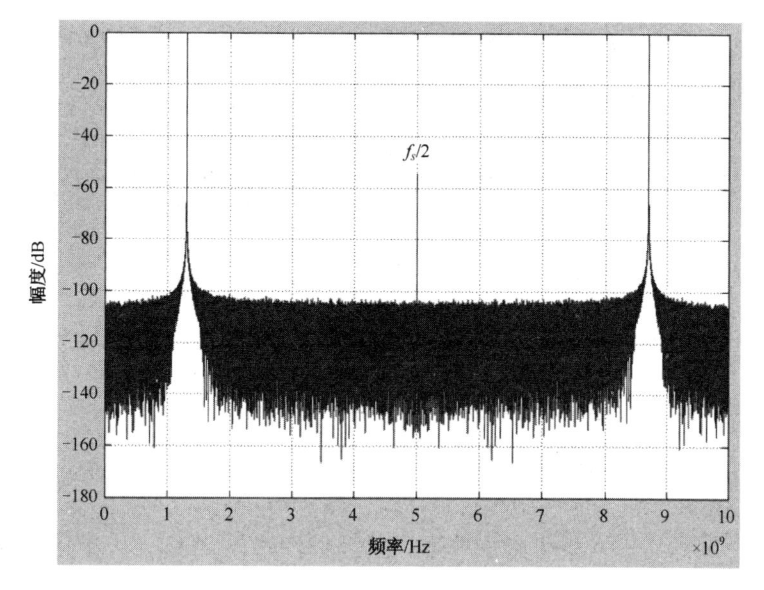

注：具有失调失配的 2 路交织 ADC 频谱示例。ADC 的总失调为零。

图 8.7

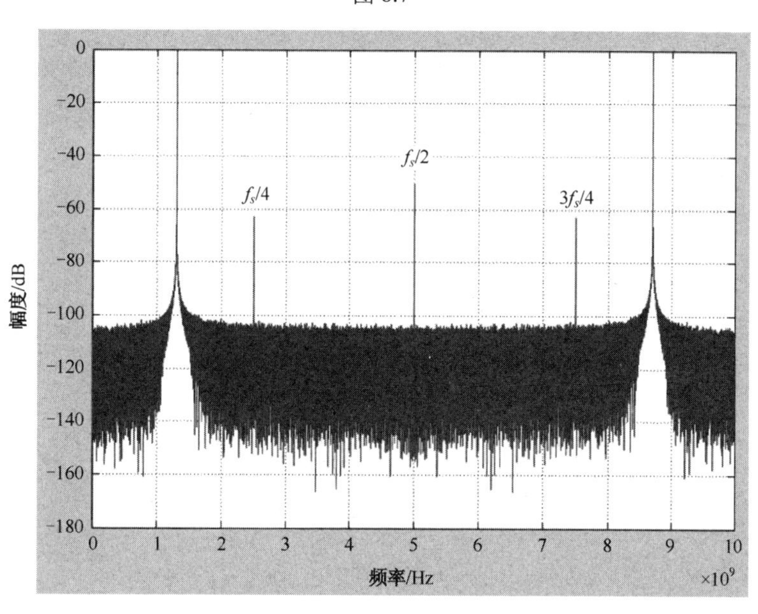

注：具有失调失配的 4 路交织 ADC 频谱示例。ADC 的总失调为零。

图 8.8

8.2.1　特殊情况

若第 i 个通道的失调用 O_i 表示，其最大失调为 O_{max} 和最小失调为 O_{min}，则最糟糕的情况是将所有失调量均等地分布在 O_{max} 和 O_{min} 之间。ΔO 定义为

$$\Delta O = \left(O_{max} - O_{min}\right) / 2 \tag{8.42}$$

而平均失调为

$$O_{ave} = \left(O_{max} + O_{min}\right) / 2 \tag{8.43}$$

在这种情况下，对于幅度为 A 的正弦输入信号，SINAD 由下式给出[4]

$$\mathrm{SINAD}=10\log\left(P_s/P_N\right)=10\log\left(\frac{A^2/2}{\Delta O^2}\right) \tag{8.44}$$

若将失调失配信息表示为均值为零且方差为 σ_o^2 的随机变量，则由于失调失配而产生的加性信号的功率由下式给出[2, 4]

$$P_N=\frac{1}{M}\sum_{i=0}^{M-1}\left|O_i\right|^2=\sigma_o^2 \tag{8.45}$$

SINAD 将为

$$\mathrm{SINAD}=10\log\left(P_s/P_N\right)=10\log\left(\frac{A^2/2}{\sigma_o^2}\right) \tag{8.46}$$

假设杂散幅度相等，则 SFDR 可以近似为

$$\mathrm{SFDR}=10\log\left(\frac{A^2/2}{\sigma_o^2}\right)+10\log\left(M-1\right) \tag{8.47}$$

8.2.2 直观的观点

若将失调视为一个附加的直流项，则交织的效果将由于每个通道有一个，而具有多个“直流”项。因此，相加项将取决于对输入进行采样的通道数，而与输入信号无关，如图 8.9 所示。

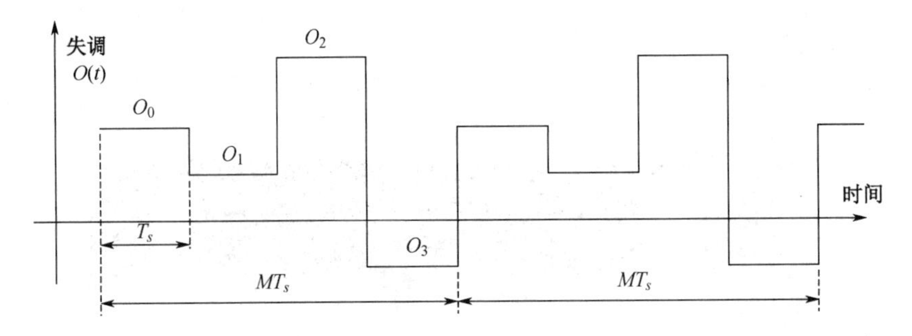

注：失调信号与时间的关系图。

图 8.9

因此交织信号为

$$x_s\left(t\right)=x\left(t\right)+O\left(t\right) \tag{8.48}$$

加性失调信号 $O(t)$是周期为 MT_s 的周期信号，因此根据傅里叶级数分析，我们期望它具有 $1/MT_s$ 倍数的谐波。也就是说，它会在以下位置引起交织的杂散

$$f_{IL}=kf_s/M \tag{8.49}$$

结果与式（8.38）相同。图 8.9 中所示的失调信号 $O(t)$的功率可以很容易地表示为

$$P_N=\frac{1}{M}\sum_{i=0}^{M-1}\left|O_i\right|^2 \tag{8.50}$$

与式（8.39）一致。因此，我们通过不同的角度都可得到，失调失配对交织信号具有相同的影响结果。

8.3　增益失配

在不同通道之间仅存在增益失配的情况下，我们从式（8.31）中移除失调和时序失配项，可得[2, 5]

$$X_s(f)=\frac{1}{T_s}\sum_{k=-\infty}^{\infty}\frac{1}{M}\left(\sum_{i=0}^{M-1}G_iX\left(f-\frac{kf_s}{M}\right)\right)\mathrm{e}^{-\mathrm{j}2\pi k_i/M} \tag{8.51}$$

式中，G_i是第 i 个通道的增益，整理可得

$$X_s(f)=\frac{1}{T_s}\sum_{k=-\infty}^{\infty}X\left(f-\frac{kf_s}{M}\right)\frac{1}{M}\left(\sum_{i=0}^{M-1}G_i\mathrm{e}^{-\mathrm{j}2\pi k_i/M}\right) \tag{8.52}$$

如果将第 i 个通道的增益表示为

$$G_i=G+\delta G_i \tag{8.53}$$

那么交织的采样信号 $X_s(f)$可以表示为

$$X_s(f)=X_{s|ideal}(f)+\frac{1}{MT_s}\sum_{t=0}^{M-1}\sum_{k=-\infty}^{\infty}\delta G_i\times X\left(f-\frac{kf_s}{M}\right)\mathrm{e}^{-\mathrm{j}2\pi k_i/M} \tag{8.54}$$

式（8.54）右侧的第一项代表理想的交织信号，第二项代表由于增益失配而引起的杂散。对于具有单位幅度和频率 f_{in} 的正弦信号，交织信号由下式给出

$$X_s(f)=\frac{1}{T_s}\sum_{k=-\infty}^{\infty}\alpha(k)\mathrm{j}\left[\delta\left(f+f_{\mathrm{in}}-\frac{kf_s}{M}\right)-\delta\left(f-f_{\mathrm{in}}-\frac{kf_s}{M}\right)\right]/2 \tag{8.55}$$

交织杂散的系数 $\alpha(k)$由下式给出

$$\alpha(k)=\frac{1}{M}\sum_{i=0}^{M-1}G_i\mathrm{e}^{-\mathrm{j}2\pi k_i/M} \tag{8.56}$$

如果没有增益失配，那么

$$\alpha(k)=\begin{cases}G & 当k=0,M,2M,\cdots\\0 & 其他\end{cases} \tag{8.57}$$

但在存在增益失配的情况下，有

$$\alpha(k)\neq 0,\quad 当k\neq 0,M,2M,\cdots \tag{8.58}$$

由式（8.55）可得，交织杂散出现的幅度为 $\alpha(k)$，其频率为

$$f_{IL}=\pm f_{in}+\frac{k}{M}f_s\qquad k=1,2,\cdots,M-1 \tag{8.59}$$

交织杂散的幅度由下式给出

$$\alpha(k)=\frac{1}{M}\sum_{i=0}^{M-1}G_i\mathrm{e}^{-\mathrm{j}2\pi k_i/M} \tag{8.60}$$

其中，k=1,2,⋯,M−1。

交织采样信号的总功率由下式给出

$$P_{Total}=\sum_{k=0}^{M-1}\frac{\left|\alpha(k)\right|^2}{2}=\frac{1}{2M}\sum_{i=0}^{M-1}\left|G_i\right|^2 \tag{8.61}$$

基本功耗为

$$P_s = \frac{\left|\alpha(0)\right|^2}{2} = \frac{1}{2}\left|\frac{\sum_{i=0}^{M-1} G_i}{M}\right|^2 = \frac{G^2}{2} \tag{8.62}$$

因此，SINAD 为

$$\text{SINAD} = \frac{P_s}{P_{Total} - P_s} \approx 10\log\left(\frac{G^2/2}{\left[\left(\sum_{i=0}^{M-1} G_i^2\right)/M - G^2\right]/2}\right) \tag{8.63}$$

即

$$\text{SINAD} \approx 10\log\left(\frac{G^2}{\left(\sum_{i=0}^{M-1} G_i^2\right)/M - G^2}\right) \approx 10\log\left(\frac{G^2}{\sigma_G^2}\right) \tag{8.64}$$

其中，σ_G^2是增益的方差。SFDR 为

$$\text{SFDR} \approx 10\log\left(\frac{G^2}{\max\limits_{k=1:\ M-1}\left|\alpha(k)\right|^2}\right) \tag{8.65}$$

8.3.1 特殊情况

最坏情况发生在当所有增益值 G_i 在 G_{min} 和 G_{max} 之间平均分布，且平均增益 G 为[5]

$$G = \frac{G_{min} + G_{max}}{2} \tag{8.66}$$

其中，ΔG 为

$$\Delta G = \frac{G_{max} - G_{min}}{2} \tag{8.67}$$

这样最差的 SINAD 为

$$\text{SINAD} = \frac{P_s}{P_{Total} - P_s} = 20\log\left(\frac{G}{\Delta G}\right) \tag{8.68}$$

对于如 M=2 的正弦输入的特殊情况，有

$$\text{SINAD} = \text{SFDR} = 20\log\left(\frac{G}{\Delta G}\right) \tag{8.69}$$

若增益误差是具有标准差 σ_G 和均值 G 的随机变量，则 SINAD 由下式给出[2-4, 10]

$$\text{SINAD} \approx 10\log\left(\frac{\sigma_G^2 + MG^2}{(M-1)\sigma_G^2}\right) \tag{8.70}$$

可得

$$\text{SINAD} \approx 10\log\left(\frac{G^2}{\sigma_G^2}\right) - 10\log\left(1 - \frac{1}{M}\right) \tag{8.71}$$

SFDR 为

$$\mathrm{SFDR} \approx 10\log\left(\frac{G^2}{\sigma_G^2}\right) + 10\log(M-1) \tag{8.72}$$

当 M=2 时由增益失配而引起的交织杂散如图 8.10 所示，当 M=4 时如图 8.11 和图 8.12 所示。有趣的是，杂散的频率取决于基频。从图 8.11 和图 8.12 中可以看出，基频的微小变化会导致完全不同的图样。建议读者可以通过式（8.59）得出图 8.10～图 8.12 情况下交织杂散的预期位置，基频频率可以从图中近似得出。

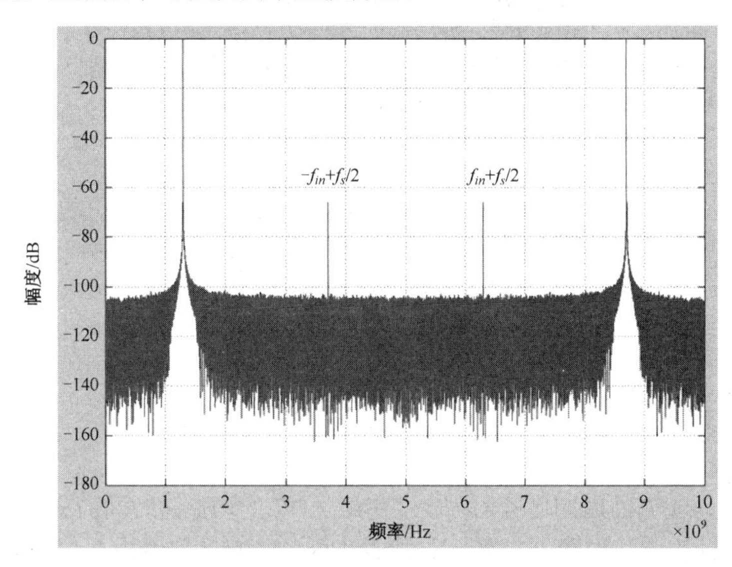

注：具有增益失配的 2 路交织 ADC 的频谱示例。

图 8.10

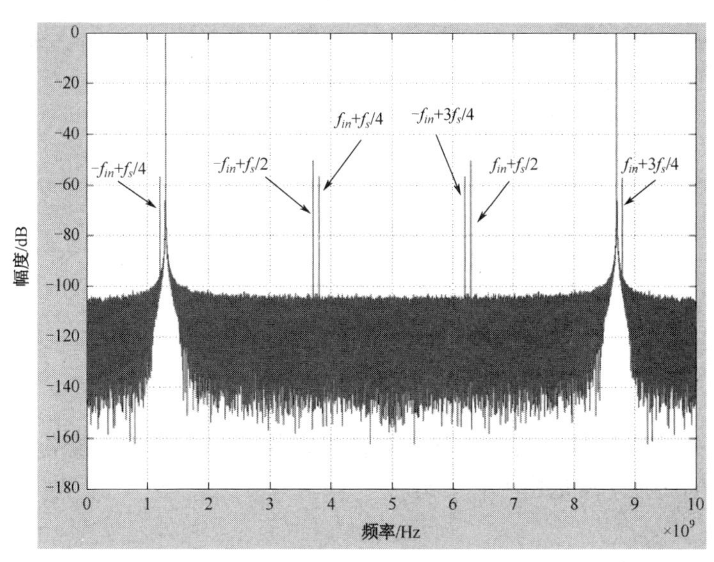

注：具有增益失配的 4 路交织 ADC 的频谱示例。

图 8.11

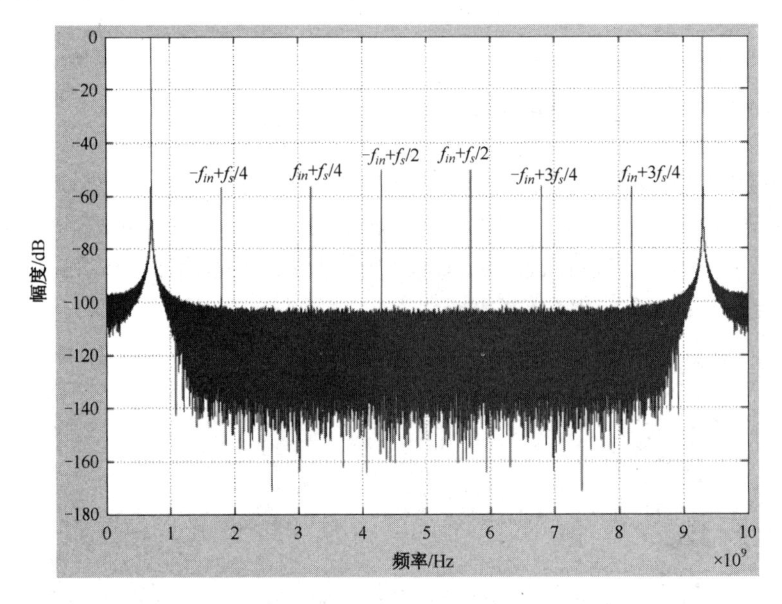

注：具有增益失配的 4 路交织 ADC 的频谱示例。

图 8.12

8.3.2 直观的观点

通过用周期为 MT_s 的周期信号 $G(t)$表示交织 ADC 的增益随时间的变化，我们可以理解增益失配对性能的影响，如图 8.13 所示。增益失配的影响是使用图 8.13 所示的波形调制输入信号的，即

$$x_s(t)=x(t)\times G(t) \tag{8.73}$$

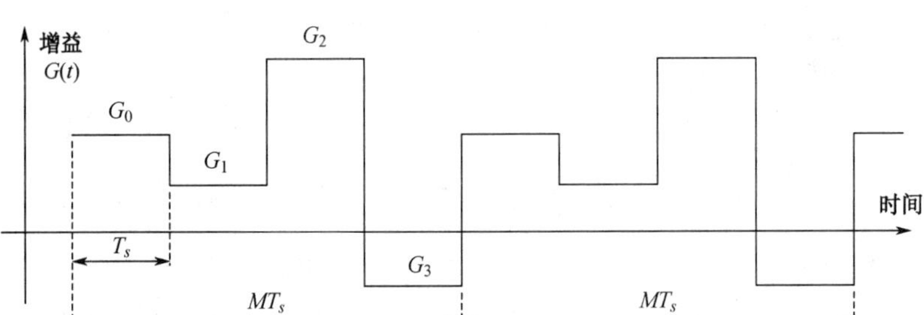

注：增益随时间变化的信号示意图。

图 8.13

这种相乘导致输入信号会被增益波形的频率成分进行调制。根据傅里叶级数分析，周期的增益信号 $G(t)$的频率分量由下式给出

$$f_{Gain}=kf_s/M \tag{8.74}$$

因此，在式（8.73）中描述的调制的效果是生成类似于式（8.59）的频率和与频率差，即

$$f_{IL}=f_{Gain}\pm f_{in}=\pm f_{in}+\frac{k}{M}f_s \tag{8.75}$$

其调制信号的功率与幅度调制信号功率相似，类似于式（8.61）由下式给出

$$P_{Total}=\frac{1}{2M}\sum_{i=0}^{M-1}\left|G_i\right|^2 \tag{8.76}$$

因此与式（8.64）类似，SINAD 为

$$\text{SINAD}\approx 10\log\left(\frac{G^2}{\frac{\sum_{i=0}^{M-1}G_i^2}{M}-G^2}\right)\approx 10\log\left(\frac{G^2}{\sigma_G^2}\right) \tag{8.77}$$

因此，我们使用调制观点，对于增益失配对交织信号的影响，得到了相同的结果。

8.4　时序失配

针对时序失配来分析式（8.31），我们将失调和增益项设置为零，以获得具有时序失配的采样信号的表达式，即

$$X_s(f)=\frac{1}{MT_s}\sum_{i=0}^{M-1}\left(\sum_{k=-\infty}^{\infty}X\left(f-\frac{kf_s}{M}\right)e^{j\left(\omega-\frac{2\pi k}{MT_s}\right)t_i}\right)e^{-j\omega iT_s} \tag{8.78}$$

其中，t_i是第 i 个通道的采样时刻，可以表示为

$$t_i=iT_s+r_iT_s \tag{8.79}$$

第 i 个通道的失配为

$$\delta t_i=t_i-iT_s=r_iT_s \tag{8.80}$$

代入式（8.78）可得

$$X_s(f)=\frac{1}{MT_s}\sum_{i=0}^{M-1}\left(\sum_{k=-\infty}^{\infty}X\left(f-\frac{kf_s}{M}\right)e^{j\left(\omega-\frac{2\pi k}{MT_s}\right)r_iT_s}\right)e^{-\frac{j2\pi ki}{M}} \tag{8.81}$$

对于具有单位幅度和频率 f_{in} 的正弦信号，采样信号变为

$$X_s(f)=\frac{1}{2MT_s}\sum_{i=0}^{M-1}\sum_{k=-\infty}^{\infty}je^{-\frac{j2\pi ki}{M}}\left[e^{-\frac{j2\pi ki}{M}}\delta\left(f+f_{\text{in}}-\frac{kf_s}{M}\right)-e^{j2\pi f_{in}r_iT_s}\delta\left(f-f_{\text{in}}-\frac{kf_s}{M}\right)\right] \tag{8.82}$$

因此交织信号可以表示为

$$X_s(f)=\frac{1}{2T_s}\sum_{k=-\infty}^{\infty}j\left[\alpha^*(M-k)\delta\left(f+f_{\text{in}}-\frac{kf_s}{M}\right)-\alpha(k)\delta\left(f-f_{\text{in}}-\frac{kf_s}{M}\right)\right] \tag{8.83}$$

交织杂散系数为

$$\alpha(k)=\frac{1}{M}\sum_{i=0}^{M-1}\left[e^{j2\pi f_{in}r_iT_s}\right]e^{-j2\pi ki/M} \tag{8.84}$$

其中，α^*是α的共轭复数。因此，由式（8.83）可得交织的杂散将位于

$$f_{IL}=\pm f_{in}+\frac{k}{M}f_s \tag{8.85}$$

其中，k=1,2,⋯,M−1。

有趣的是，注意到式（8.84）中$e^{j2\pi f_{in} r_i T_s}$项的影响，在增益失配的情况下并不存在。该项表示交织杂散与主信号之间的相移。对于较小的失配，此偏移就会接近 90°，这是增益与时序失配之间的一个重要不同，这会影响如何校准它们，会在第 9 章进行讨论。

由式（8.83）可得，由于时序失配导致的 SINAD 为

$$\mathrm{SINAD}=\frac{P_s}{P_{Total}-P_s}\approx 10\log\left(\frac{|\alpha(0)|^2}{\sum_{k=1}^{M-1}|\alpha(k)|^2}\right) \tag{8.86}$$

SFDR 为

$$\mathrm{SFDR}\approx 10\log\left(\frac{|\alpha(0)|^2}{\max\limits_{k=1:M-1}|\alpha(k)|^2}\right) \tag{8.87}$$

由于时序失配导致的交织杂散与增益失配的杂散位于相同的频率位置，因此它们在输出幅度频谱上看起来与图 8.10～图 8.12 所示示例中的杂散非常相似。

8.4.1 特殊情况

如果最大时序失配为 t_{max}，最小时序失配为 t_{min}，t_{max} 的通道数等于 t_{min} 的通道数，平均失配为

$$t_{ave}=\frac{t_{min}+t_{max}}{2} \tag{8.88}$$

以及

$$\Delta t=\frac{t_{max}-t_{min}}{2} \tag{8.89}$$

这样，最坏情况下的 SINAD 近似为

$$\mathrm{SINAD}\approx 20\log\left(\frac{1}{2\pi f_{in}\Delta t}\right) \tag{8.90}$$

例如，对于乒乓情况（M=2），若两个通道之间的时序失配为 $\Delta\tau$，则 $t_{max}=\Delta\tau$，$t_{min}=0$，并且 Δt 为

$$\Delta t=\frac{\Delta\tau}{2} \tag{8.91}$$

代入式（8.90），可得 SINAD 为

$$\mathrm{SINAD}\approx 20\log\left(\frac{1}{\pi f_{in}\Delta\tau}\right)\approx 20\log\left(\frac{1}{2\pi f_{in}\Delta t}\right) \tag{8.92}$$

以及 SFDR 近似为

$$\mathrm{SFDR}\approx 20\log\left(\frac{1}{\pi f_{in}\Delta\tau}\right)\approx 20\log\left(\frac{1}{2\pi f_{in}\Delta t}\right) \tag{8.93}$$

对于正弦波输入且 M=2，一个更精确的表达式如下，其将在后面的式（8.144）中给出进一步推导。

$$\mathrm{SINAD}=\mathrm{SFDR}=20\log\left[\cot(\pi f_{in}\Delta\tau)\right]=20\log\left[\cot(2\pi f_{in}\Delta t)\right] \tag{8.94}$$

若 $\pi f_{in}\Delta\tau \ll 1$，则

$$\cos\left(\pi f_{in}\Delta\tau\right)\approx 1,\sin\left(\pi f_{in}\Delta\tau\right)\approx \pi f_{in}\Delta\tau \tag{8.95}$$

以及

$$\cot\left(\pi f_{in}\Delta\tau\right)\approx\frac{1}{\pi f_{in}\Delta\tau} \tag{8.96}$$

因此

$$\text{SINAD}=\text{SFDR}=20\log\left[\cot\left(\pi f_{in}\Delta\tau\right)\right]\approx 20\log\left[\frac{1}{\pi f_{in}\Delta\tau}\right] \tag{8.97}$$

这与式（8.92）中给出的近似表达式一致。

若时序误差是标准差为 σ_t 且均值为零的随机变量，则 SINAD 为[2~4, 10]

$$\text{SINAD}\approx 20\log\left(\frac{1}{2\pi f_{in}\sigma_t}\right)-10\log\left(1-\frac{1}{M}\right) \tag{8.98}$$

以及 SFDR 近似为

$$\text{SFDR}\approx 20\log\left(\frac{1}{2\pi f_{in}\sigma_t}\right)+10\log\left(M-1\right) \tag{8.99}$$

这表明 SINAD 如预期一样随输入频率的提升而下降。

8.4.2　直观的观点

考虑时序失配的一种方法是将输入信号与周期为 MT_s 的周期性时序信号 $\delta t(t)$ 进行相位调制，如图 8.14 所示，可以表示为

$$x_s\left(t\right)=x\left(t-\delta t\right) \tag{8.100}$$

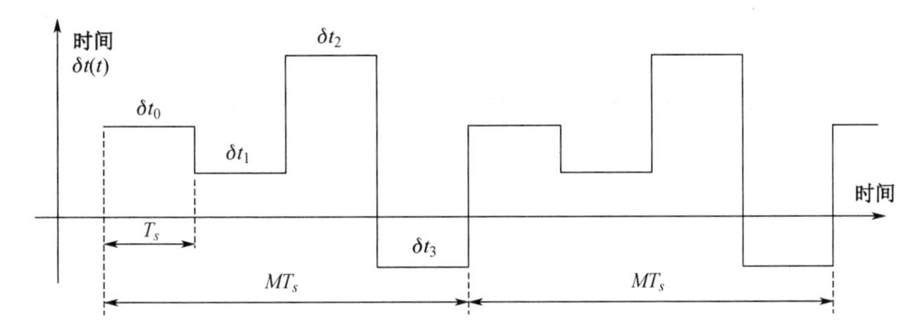

注：时序随时间变化的信号示意图。

图 8.14

若输入信号是一个如下的正弦波形

$$x\left(t\right)=\sin\left(2\pi f_{in}t\right) \tag{8.101}$$

则交织的采样信号为

$$x_s\left(t\right)=\sin\left(2\pi f_{in}t-2\pi f_{in}\delta t\right) \tag{8.102}$$

其可以表示为

$$x_s\left(t\right)=\sin\left(2\pi f_{in}t\right)\cos\left(2\pi f_{in}\delta t\right)-\cos\left(2\pi f_{in}t\right)\sin\left(2\pi f_{in}\delta t\right) \tag{8.103}$$

对于较小的失配，式（8.103）可以近似为

$$x_s\left(t\right)\approx\sin\left(2\pi f_{in}t\right)-\left(2\pi f_{in}\delta t\right)\cos\left(2\pi f_{in}t\right) \tag{8.104}$$

因此，交织过程以类似于增益调制的方式用 $\delta t(t)$信号对输入信号进行调制。但是与增益失配不同，由于时序失配而导致的交织杂散与主信号正交，如式（8.104）所示，因此，由时序失配而引起的交织杂散的频率位置将与由增益失配而引起的频率位置相似，类似于式（8.85），由下式给出

$$f_{IL} = \pm f_{in} + f_{\delta t} = \pm f_{in} + \frac{k}{M} f_s \tag{8.105}$$

由式（8.104）可得交织杂散功率由下式给出

$$P_N = \frac{(2\pi f_{in})^2}{2M} \sum_{i=0}^{M-1} |\delta t_i|^2 \tag{8.106}$$

对于由式（8.88）和式（8.89）定义的特殊情况，交织噪声功率由下式给出

$$P_N \approx 2(\pi f_{in} \Delta t)^2 \tag{8.107}$$

其中，Δt 由式（8.89）定义。因此，SINAD 为

$$\text{SINAD} \approx 20\log\left(\frac{1}{2\pi f_{in} \Delta t}\right) \tag{8.108}$$

当 M=2 时，SINAD 为

$$\text{SINAD} \approx 20\log\left(\frac{1}{\pi f_{in} \Delta \tau}\right) = 20\log\left(\frac{1}{2\pi f_{in} \Delta t}\right) \tag{8.109}$$

式（8.108）和式（8.109）分别与式（8.90）和式（8.92）一致。因此，使用相位调制的观点，我们对于时序失配对交织信号的影响得到了相同的结果。

8.5　带宽失配

带宽失配会导致增益和相位失配，其增益失配分量取决于输入频率，因此比常规增益失配更难处理，而其相位失配往往类似于时序失配。

交织的杂散将位于

$$f_{IL} = \pm f_{in} + \frac{k}{M} f_s \tag{8.110}$$

其中，k=1,2,$\cdots$,M−1。

通常，带宽对输入信号的影响高度取决于输入信号的频率、波形以及采样电路的极点数等特性。为简化起见，我们可以对第 4 章讨论过的一个简单 RC 采样网络电路进行研究，如图 8.15 所示。

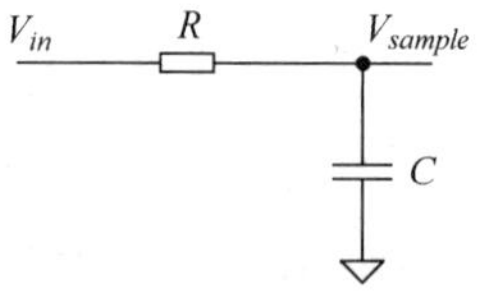

注：采样网络的简化表示。

图 8.15

尽管简单，但该模型涵盖了最新 ADC 中的各种 CMOS 采样器。跟踪阶段采样器的传递函数由下式给出[5]

$$H(f)=\frac{1}{1+\mathrm{j}\omega RC}=\frac{1}{1+\mathrm{j}f/B_{\mathrm{in}}} \tag{8.111}$$

电路的 3dB 带宽（或其截止频率）B_{in} 为

$$B_{in}=\frac{1}{2\pi RC} \tag{8.112}$$

若输入是一个如下的正弦信号

$$x(t)=A\sin(2\pi f_{in}t)$$

则在输出端采样或跟踪的电压为

$$x_{out}(t)=G\times A\sin(2\pi f_{in}t+\theta) \tag{8.113}$$

其中增益项为

$$G=\frac{1}{\sqrt{1+\left(\frac{f_{in}}{B_{in}}\right)^2}} \tag{8.114}$$

其相位为

$$\theta=-\arctan\left(\frac{f_{in}}{B_{in}}\right) \tag{8.115}$$

若有 M 个交织的通道对输入进行采样，则第 k 个通道的输出将为

$$x_k(t)=G_k\times A\sin(2\pi f_{in}t+\theta_k) \tag{8.116}$$

其中，第 k 个通道的增益为

$$G_k=\frac{1}{\sqrt{1+\left(\frac{f_{in}}{B_{in_k}}\right)^2}} \tag{8.117}$$

且第 k 个通道的相位为

$$\theta_k=-\arctan\left(\frac{f_{in}}{B_{in_k}}\right) \tag{8.118}$$

从式（8.117）和式（8.118）中可以看出，即使通道的 DC 增益完美匹配，带宽失配也会导致频率相关的增益失配。另外，带宽失配也以类似于时序失配的方式产生相位偏移。若带宽远大于输入频率，则可以大大降低失配的影响。

对于两通道交织（乒乓）的特殊情况，当 M=2 时，可以得到

$$x_1(t)=G_1\cdot A\sin(2\pi f_{in}nT_s+\theta_1)\quad n\text{ 为奇数} \tag{8.119}$$

以及

$$x_2(t)=G_2\cdot A\sin(2\pi f_{in}nT_s+\theta_2)\quad n\text{ 为偶数} \tag{8.120}$$

因此采样信号为

$$x_{out}(nT_s)=A_f\sin(2\pi f_{in}nT_s+\theta_f)+A_{IL}\sin(2\pi(-f_{in}+f_s/2)nT_s+\theta_{IL}) \tag{8.121}$$

其中，A_f 是基波的幅度；A_{IL} 是交织杂散的幅度。

$$A_f=\sqrt{G_c^2\cos^2(\theta_d)+G_d^2\sin^2(\theta_d)} \tag{8.122}$$

以及

$$A_{IL}=\sqrt{G_c^2\sin^2(\theta_d)+G_d^2\cos^2(\theta_d)} \tag{8.123}$$

其中式（8.122）和式（8.123）中增益项为

$$G_d = (G_1 - G_2)/2，\quad G_c = (G_1 + G_2)/2 \tag{8.124}$$

式（8.122）和式（8.123）中相位项为

$$\theta_d = (\theta_1 - \theta_2)/2，\quad \theta_c = (\theta_1 + \theta_2)/2 \tag{8.125}$$

式（8.121）中的基波相位 θ_f 和交织杂散相位 θ_{IL} 由下式给出

$$\theta_f = \arctan\left[\frac{G_c \sin(\theta_c)\cos(\theta_d) + G_d \cos(\theta_c)\sin(\theta_d)}{G_c \cos(\theta_c)\cos(\theta_d) - G_d \sin(\theta_c)\sin(\theta_d)}\right] \tag{8.126}$$

与

$$\theta_{IL} = -\arctan\left[\frac{G_c \cos(\theta_c)\sin(\theta_d) + G_d \sin(\theta_c)\cos(\theta_d)}{G_c \sin(\theta_c)\sin(\theta_d) - G_d \cos(\theta_c)\cos(\theta_d)}\right] \tag{8.127}$$

由带宽失配带来的 SINAD 为

$$\mathrm{SINAD} = 10\log\left(\frac{A_f^2}{A_{IL}^2}\right) = 10\log\left(\frac{G_c^2 \cos^2(\theta_d) + G_d^2 \sin^2(\theta_d)}{G_c^2 \sin^2(\theta_d) + G_d^2 \cos^2(\theta_d)}\right) \tag{8.128}$$

SFDR 为

$$\mathrm{SFDR} = 10\log\left(\frac{A_f^2}{A_{IL}^2}\right) = 10\log\left(\frac{G_c^2 \cos^2(\theta_d) + G_d^2 \sin^2(\theta_d)}{G_c^2 \sin^2(\theta_d) + G_d^2 \cos^2(\theta_d)}\right) \tag{8.129}$$

因此，带宽失配会同时引起幅度和相位调制。幅度调制取决于频率，因此无法通过简单的增益校正来修订。带宽失配效应的复杂性使它最难修复，但是通过确保带宽远大于输入频率，可以减少带宽失配的影响。

8.6 失配总结

在表 8.2 中，我们总结了到目前为止已经讨论过的不同种类的通道间失配的影响。重要的是要注意，如果不校正，交织杂散将把交织 ADC 的无杂散带宽限制为单个通道的奈奎斯特带宽（$f_s/2M$）。如果交织杂散太大而无法接受，就必须对其进行校正，才能利用整个 ADC 的奈奎斯特带宽（$f_s/2$）。图 8.16 给出了一个双路交织的例子。在这种情况下，无杂散带宽等于 $f_s/4$，即单个 ADC 核的奈奎斯特带宽。

表 8.2 采样率为 f_s 时，不同类型的通道间失配对 M 路交织 ADC 性能的影响。输入频率为 f_{in}，f_{IL} 为交织杂散的频率，因数 k 为 1,2,…,M−1

失配类型	对输入的影响	杂散位置
失调失配	加性影响	$f_{IL} = \frac{k}{M} f_s$
增益失配	幅度调制	$f_{IL} = \pm f_{in} + \frac{k}{M} f_s$
时序失配	相位调制	$f_{IL} = \pm f_{in} + \frac{k}{M} f_s$
带宽失配	与频率相关的幅度和相位调制	$f_{IL} = \pm f_{in} + \frac{k}{M} f_s$

尽管存在此限制，但即使未校正交织杂散，交织 ADC 也可能在过采样情况下非常有

用。若信号频带正确地位于频谱中，并且其带宽远小于奈奎斯特带宽，则交织杂散会落在频带外并被数字滤波。交织仍然可以实现更高的采样率，从而简化了抗混叠滤波并有助于提高性能，如第 1 章和第 2 章中所述。

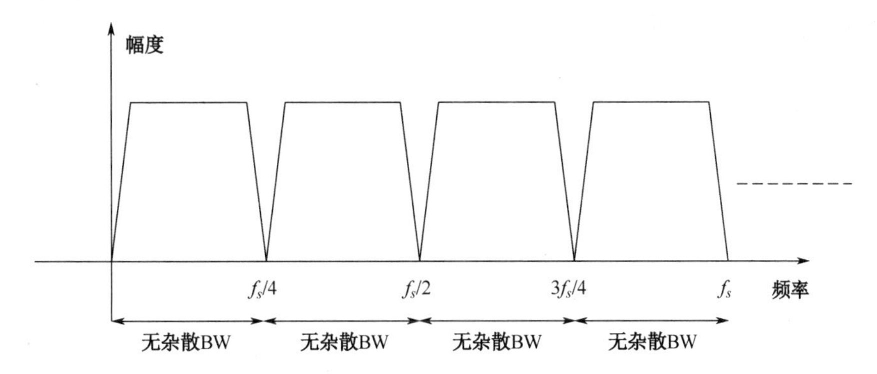

注：一个关于乒乓交织 ADC（M=2）中的无杂散区域的示例。只要交织杂散位于信号频带之外，就可以对其进行数字滤波。

图 8.16

8.7　乒乓特殊情况

8.7.1　M=2，仅增益失配

若仅存在增益失配，则式（8.125）中的相位误差将为

$$\theta_d = 0 \tag{8.130}$$

由式（8.122）有

$$A_f = \frac{1}{2}\sqrt{G_c^2} = \frac{G_c}{2}$$

由式（8.123）有

$$A_{IL} = \frac{1}{2}\sqrt{G_d^2} = \frac{G_d}{2}$$

由式（8.126）有

$$\theta_f = \arctan\left[\frac{\sin(\theta_c)}{\cos(\theta_c)}\right] = \theta_c \tag{8.131}$$

由式（8.127）有

$$\theta_{IL} = -\arctan\left[\frac{G_d\sin(\theta_c)}{-G_d\cos(\theta_c)}\right] = \theta_c \tag{8.132}$$

因此基波和交织杂散是同相的。由于增益失配导致的 SINAD 和 SFDR 由下式给出

$$\text{SINAD} = \text{SFDR} = 10\log\left(\frac{G_c^2}{G_d^2}\right) \tag{8.133}$$

与之前给出的式（8.69）相吻合，即

$$\mathrm{SINAD} = \mathrm{SFDR} = 20\log\left(\frac{G}{\Delta G}\right) \tag{8.134}$$

8.7.2 *M*=2，仅相位失配

如果只有时序失配，式（8.124）给出

$$G_d = 0 \tag{8.135}$$

式（8.122）给出

$$A_f = \frac{1}{2}\sqrt{G_c^2\cos^2(\theta_d)} = \frac{G_c\cos(\theta_d)}{2} \tag{8.136}$$

式（8.123）给出

$$A_{IL} = \frac{1}{2}\sqrt{G_c^2\sin^2(\theta_d)} = \frac{G_c\sin(\theta_d)}{2} \tag{8.137}$$

式（8.126）中基波相位为

$$\theta_f = \arctan\left[\frac{\sin(\theta_c)}{\cos(\theta_c)}\right] = \theta_c \tag{8.138}$$

由式（8.127）交织杂散相位为

$$\theta_{IL} = -\arctan\left[\frac{\cos(\theta_c)}{\sin(\theta_c)}\right] = \theta_c - \frac{\pi}{2} \tag{8.139}$$

也就是说，由于时序不匹配而导致的交织杂散与基波正交。由于增益失配，它也与交织杂散正交。由于相位失配而导致的 SINAD 和 SFDR 由下式给出

$$\mathrm{SINAD} = \mathrm{SFDR} = 10\log\left(\frac{A_f^2}{A_{IL}^2}\right) = 20\log(\cot\theta_d) \tag{8.140}$$

其中

$$\theta_d = (\theta_1 - \theta_2)/2 \tag{8.141}$$

若相位失配是由于时序失配引起的，则相位差为

$$\theta_d = 2\pi f_{in}(t_1 - t_2)/2 = \pi f_{in}\Delta\tau \tag{8.142}$$

其中

$$\Delta\tau = (t_1 - t_2),\quad \Delta t = (t_1 - t_2)/2 \tag{8.143}$$

因此

$$\mathrm{SINAD} = \mathrm{SFDR} = 20\log(\cot\pi f_{in}\Delta\tau) = 20\log(\cot 2\pi f_{in}\Delta t) \tag{8.144}$$

这表明了式（8.94）中给出的精确公式的推导。

8.8 非线性失配

前面章节讨论了时间交织 ADC 中的失调失配、增益失配、时序失配和带宽失配。本节讨论一种经常被忽视的失配，即非线性失配，这是由于各个通道的微分非线性（DNL）和积分非线性（INL）不匹配造成的，也可以将其视为各个通道的非线性失真（谐波）不匹配。如果非线性和所产生的谐波非常小，这些失配的影响往往可以忽略不计。但是随着各

个通道的线性度降低，这些非线性的失配就可能会变得很明显，并且也需要进行校正。

若将第 i 个通道的信号表示为其非线性项的函数，则可以得到[12]

$$x_i^{\sim}(t)=\sum_q a_{i,q}x^q(t) \tag{8.145}$$

式中，q 是非线性失真的阶数；$a_{i,q}$ 是取决于通道和非线性项阶数的系数。在频域中，采样信号表示为[12]

$$X_{si}^{\sim}(f)=\frac{1}{MT_s}\sum_{k=-\infty}^{\infty}X_i^{\sim}\left(f-\frac{k}{MT_s}\right)\mathrm{e}^{-\mathrm{j}2\pi ik/M} \tag{8.146}$$

其中

$$X_i^{\sim}(f)=\sum_q a_{i,q}X^{(*q)}(f) \tag{8.147}$$

式中，$X^{(*q)}(f)$ 是 $X(f)$ 与其自身的（$q-1$）倍卷积，由下式给出

$$X^{(*q)}(f)=\begin{cases}\delta(f) & q=0\\ X(f) & q=1\\ \left(\dfrac{1}{2\pi}\right)^{q-1}\left[X(f)*X(f)*\cdots*X(f)\right] & q\geq 2\end{cases} \tag{8.148}$$

其中，$X(f)*\ X(f)*\cdots*X(f)$ 是 $X(f)$ 与自身的（$q-1$）倍卷积。交织输出由下式给出

$$X^{\sim}(f)=\frac{1}{MT_s}\sum_{k=-\infty}^{\infty}\sum_{i=0}^{M-1}X_i^{\sim}\left(f-\frac{k}{MT_s}\right)\mathrm{e}^{-\mathrm{j}2\pi ik/M} \tag{8.149}$$

这表明交织的杂散出现在 $1/MT$ 的整数倍处。若我们考虑单个 ADC 的 q 阶非线性（或谐波），则将 M 个通道与那些失配非线性交织起来，会在以下位置产生额外的谐波。

$$f_{IL}=\pm qf_{in}+\frac{k}{M}f_s \tag{8.150}$$

其中，$k=1,2,\cdots,M-1$。

重要的是要注意，高阶非线性会导致低阶非线性位置处的交织杂散，这是由于将高阶非线性项折叠到了低阶谐波上。因此，q 阶非线性在以下位置会引起杂散。

$$f_{IL}=\pm lf_{in}+\frac{k}{M}f_s \tag{8.151}$$

其中

$$l=\begin{cases}0,2,4,\cdots,q-2 & \text{偶数}q\\ 1,3,5,\cdots,q-2 & \text{奇数}q\end{cases}$$

因此，非线性的失配确实会恶化交织的杂散，特别是在谐波电平很高的情况下。

8.9　性能提升

时间交织 ADC 一直是一个研究课题，目前已经提出了多种方法并将其用于改善性能，这些包括模拟、数字和混合信号技术。与很难解决的时序/相位失配相比，失调失配和增益失配往往相对容易处理。带宽失配由于其多种表现而很难校正，最好通过带宽最大化来避免其影响。本节讨论一些用于改善交织 ADC 性能的方法。

8.9.1 提升匹配

减少交织杂散的最明显方法是提升交织通道之间的匹配，通常使用最优的电路设计和版图技术来实现。版图上物理位置的靠近、若可以时采用共享电路，以及走线匹配都是已被采用过的方法示例。然而，仅靠良好的操作就期望实现中等或高等性能是不现实的。随着通道数量的增加，超出4～6位精度的模拟匹配变得非常困难。

减少时序失配的一种常用技术是在所有通道中使用共同的时钟进行采样，如图 8.17 和图 8.18 所示。其中每个通道的采样时刻由以全采样速率工作的共同时钟 f_s 确定。尽管这种方法有助于减少时序失配误差，但是ϕ_s信号到各个通道的走线仍然可能略有失配。例如，星形走线之类的版图技术有助于减少这些失配，但是走线寄生失配通常会将匹配限制为6～8位精度。

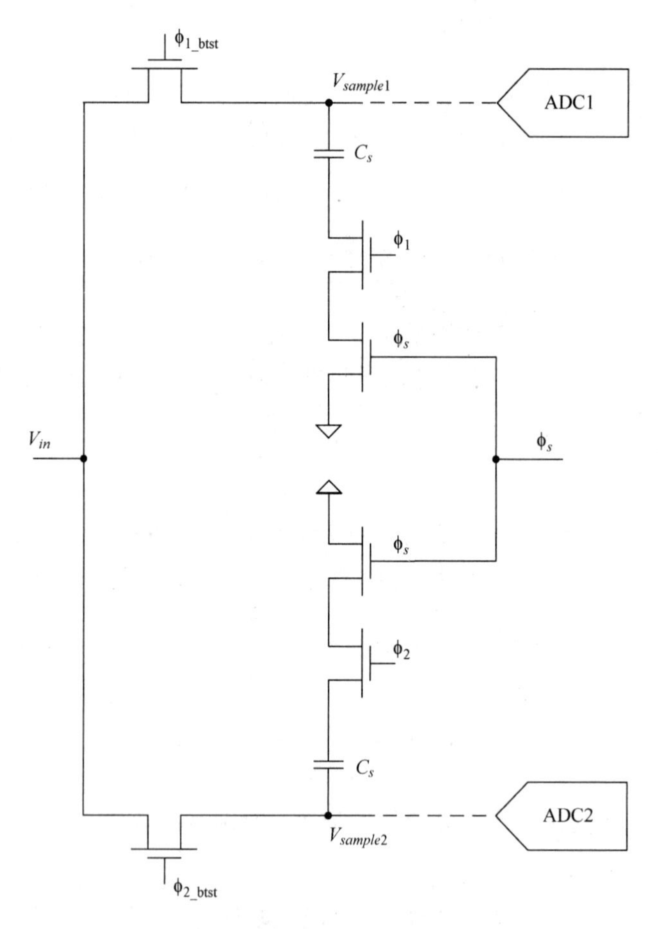

注：采用共同时钟采样以减少两个交织 ADC 之间时序失配的示意图。

图 8.17

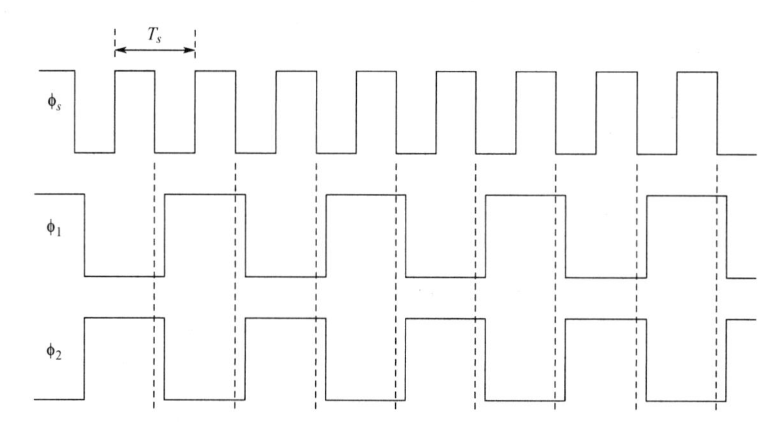

注：采用共同时钟采样以减少两个交织 ADC 之间时序失配的简化时序图。

图 8.18

当交织流水线 ADC 时，另一种常用的方法是在相邻通道之间共享级间放大器。通常这样做是为了降低功耗，但是它还具有减少共享放大器的两通道间失配的额外好处[11]。

8.9.2　使用一个全速采样保持

由于时序和带宽失配是最难解决的，因此 ADC 设计人员通常会采用一个前端 S/H 电路，该电路以全交织的采样率（f_s）运行。这个共同的 S/H 电路为每个通道提供一个保持的信号，实际上消除了相位失配，如图 8.19 所示。不幸的是，这是以显著的功耗和噪声恶化为代价的，因为这样的 S/H 电路通常是 ADC 功耗和噪声的主要来源。

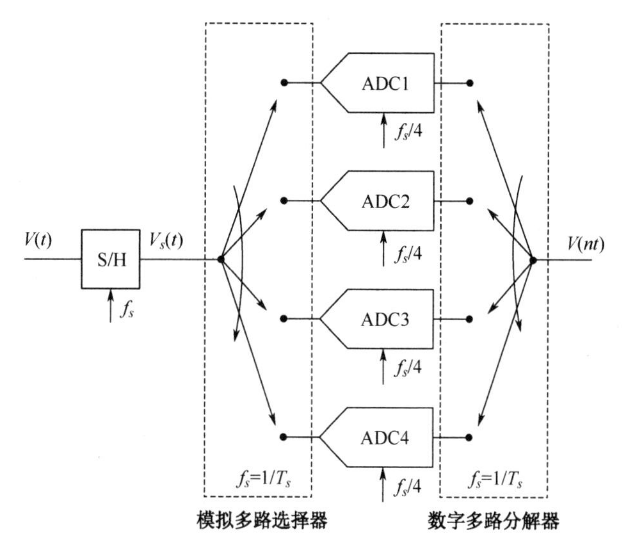

注：共同的 S/H 电路为每个通道提供一个保持的信号，实际上消除了相位失配。

图 8.19

8.9.3　校准

提升时间交织 ADC 性能的一种常用方法是失配校准。这可以在数字域、模拟域或两者一起完成[9]，可以在工厂、前台或后台完成。

1. 模拟

在模拟校准中，调整模拟域中的电路参数以最大程度地减少失配，这些失调或增益参数可以通过更改电阻、电容或其他电路元件来调整，这些调整可以通过切入和切出不同的元件或修整它们的值来进行。此外，可以通过使用时钟路径中的可切换电容或延迟元件调整时钟延迟来校准时序，也可以通过调整用以控制时钟或阈值电平的电压来调整它们。

2. 数字

在数字校准中，失配会在数字域中进行校正。通过分别对失调和增益参数进行加法与乘法运算，可以轻松地实现失调和增益失配校准。它也可以用来解决时序失配的问题，尽管这通常更具挑战性。

由于时序调整远小于采样周期，因此需要数字插值和滤波来估算较小时间步长上的信号变化，从而针对较小的时序失配进行校正。由于内插精度的限制，这可能非常复杂，相比于奈奎斯特带宽，这会限制校正带宽。因此，如果需要高精度和较宽的校正带宽，通常更希望在模拟域中校正时序和带宽失配[6-8]。

3. 混合信号

在混合信号校准中，某些失配（如失调和增益）在数字域中得到校正，而其他失配（如时序）在模拟域中得到校正。此外，时序校准可以通过数字方式估算，再以模拟方式进行校正实现。第 9 章将更详细地讨论数字和混合信号校准方法，作为高速 ADC 中采用的数字辅助模拟技术的示例。

4. 随机化

尽管尽了最大的努力来校准和修复通道失配，但是可能仍然存在无法有效修复的限制和余量误差。随机化被提出作为一种通过将通道失配引起的杂散散布在底噪中，来改善杂散水平的技术。图 8.20 给出了一个 3 路交织 ADC 的示例，其中添加了一个附加通道，以便可以随时随机选择正在使用的通道。从概念上讲，这应该通过将杂散的能量散布在底噪中来消除交织的杂散，然而，重要的是要注意，随机化可以改善 SFDR，但不能改善 SINAD。由于余量失配不是固定的，因此它们的误差仍然存在。

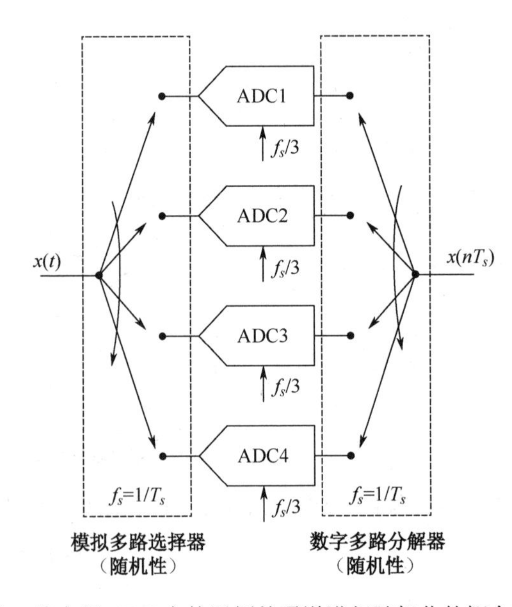

注：在 3 路交织 ADC 中使用额外通道进行随机化的概念框图。

图 8.20

随机化只是减少了通道选择的周期性，因此在底噪中打散了交织杂散。

为了启用随机选择模式，至少需要一个附加通道。例如，如果我们交织两个通道，若没有附加的第三通道则无法实现随机模式，因为没有一个通道足够快地来处理两个连续样本。这就会导致功耗、面积和复杂性的巨大开销，图 8.21 给出了一个 4 路交织的示例，其应用随机化后如图 8.22 所示，随机化会提高本底噪声，若不是完全随机的，则可能导致噪声峰如图 8.23 所示，这将在第 9 章中进一步讨论。

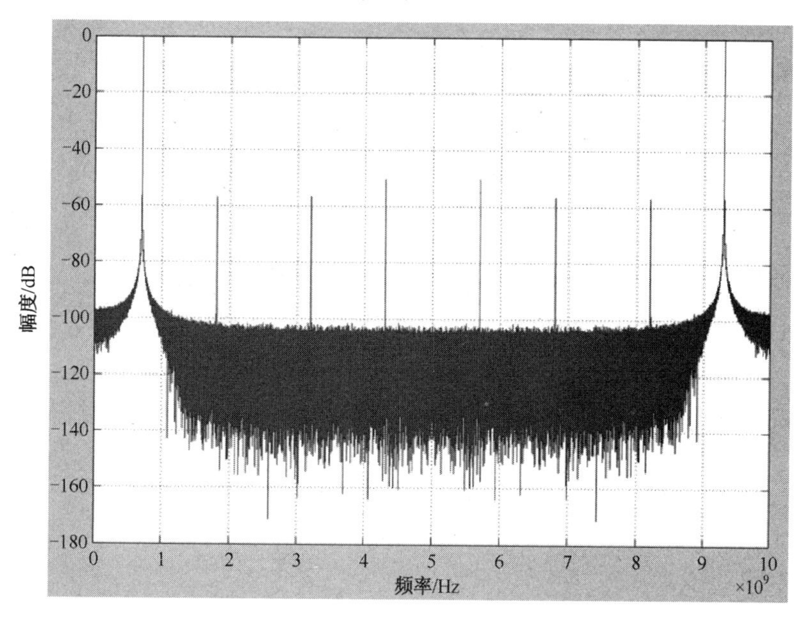

注：4 路交织 ADC 中的交织杂散。

图 8.21

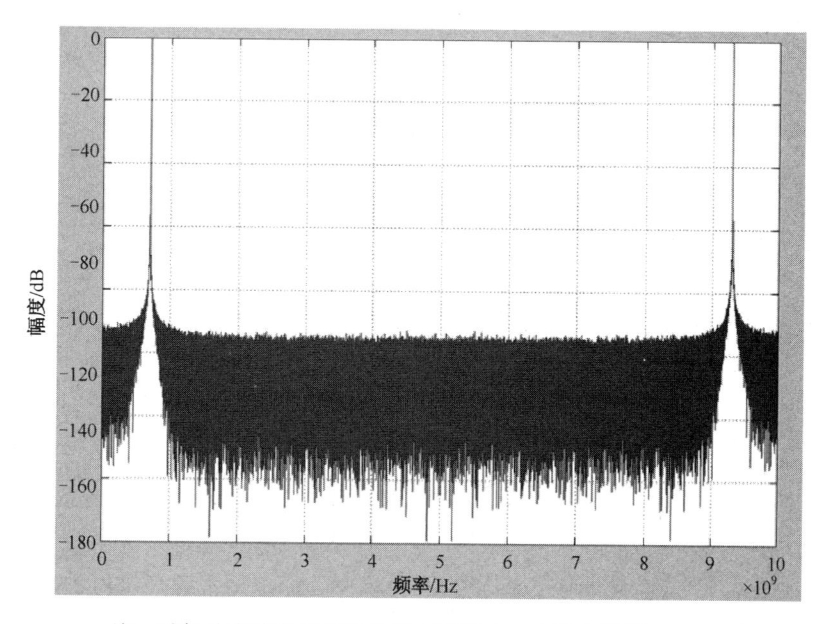

注：随机分布将杂散信号分散在底噪中，底噪高于图 8.21。

图 8.22

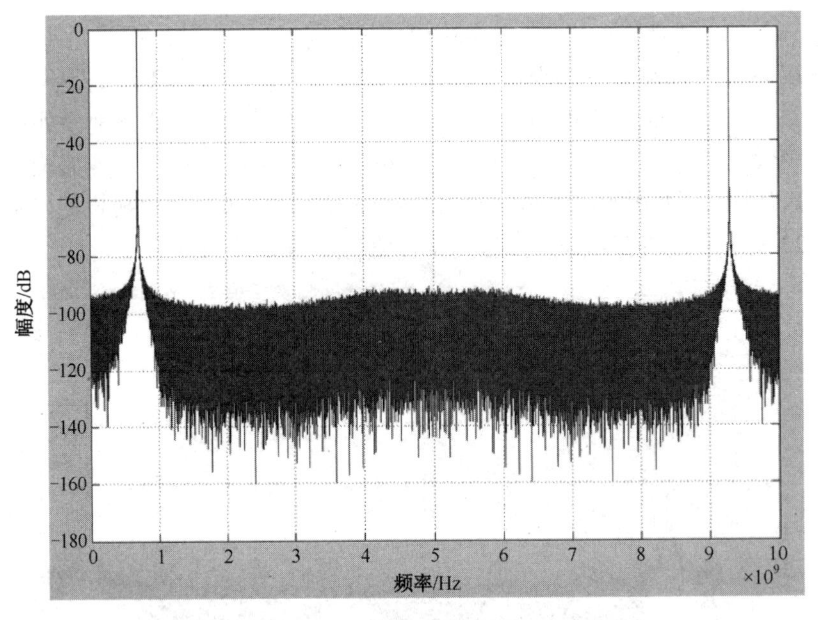

注：噪声峰。

图 8.23

8.10　结论

本章讨论了时间交织 ADC 架构，介绍了详细的分析和直观的观点，解释了各种失配及其对性能的影响，还讨论了一些实现方法和权衡取舍。第 9 章还将介绍一些用于修正交织杂散的校准技术。

思　考　题

1．使用任何编程语言，对双路交织中失调失配的影响进行建模。画出具有 1 mV 失调失配的输出结果的 FFT。

2．对于 4 路和 8 路交织，重复问题 1，假设各交织通道之间的失调介于 0.5 mV 和−0.5 mV 之间。注意交织杂散的位置，交织杂散的电平或频率位置取决于输入幅度或频率吗？讨论一下。

3．使用任何编程语言，为具有单位幅度的 100 MHz 输入正弦波上 0.1%增益失配的影响进行建模，用于：

（1）双路交织。

（2）4 路交织（假设通道间增益变化介于 0.5%和−0.5%之间）。

（3）8 路交织（假设通道间增益变化介于 0.5%和−0.5%之间）。

（4）在每种情况下绘制 FFT。

（5）在每种情况下绘制主信号的相位和图像。

（6）在每种情况下，SINAD 和 SFDR 是多少？

4．对于以下情况，请重复问题3。

（1）输入幅度=0.5 V，输入频率=100 MHz。

（2）输入幅度=0.5 V，输入频率=200 MHz。

（3）输入幅度=2 V，输入频率=200 MHz。

（4）在每种情况下，SINAD和SFDR是多少？

5．使用任何编程语言，对具有单位幅度的100 MHz输入正弦波上1 ps时序失配的影响进行建模，用于：

（1）双路交织。

（2）4路交织（假设通道间时序变化介于0.5ps和−0.5ps之间）。

（3）8路交织（假设通道间时序变化介于0.5ps和−0.5ps之间）。

（4）在每种情况下绘制FFT。

（5）在每种情况下绘制主信号的相位和图像。

（6）在每种情况下，SINAD和SFDR是多少？

6．添加一个额外的通道，并对问题5中的每种情况应用随机化。

7．绘制两路交织的10位流水线ADC的框图和时序图。每个内核具有4位/级和一个4位后端并行转换。

8．如果两个通道之间共享级间放大器，重复问题7。

9．对于4路交织，重复问题7。

10．绘制双路交织的8位SAR ADC的框图和时序图。

11．对于4路和8路交织，重复问题10。

12．讨论您对问题9和问题11的看法。

参考文献

[1] W.C. Black and D.A. Hodges, "Time Interleaved Converter Arrays," *IEEE Journal of Solid-State Circuits*, SC-15(6), pp. 1022–1029, Dec 1980.

[2] M. Gustavsson, J.J. Wikner, and N.N. Tan, "CMOS Data Converters for Communications," Kluwer Academic Publishers, Norwell, MA, 2000.

[3] C. Vogel and G. Kubin, "Analysis and Compensation of Nonlinearity Mismatches in Time-Interleaved ADC Arrays," *IEEE ISCAS*, pp. I-593–I-596, 2004.

[4] C. Vogel, "The Impact of Combined Channel Mismatch Effects in Time-Interleaved ADCs," *IEEE* Transactions on *Instrumentation and Measurement*, 54(1), pp. 415–427, Feb 2005.

[5] N. Kurosawa, H. Kobayashi, K. Maruyama, *et al*., "Explicit Analysis of Channel Mismatch Effects in Time-Interleaved ADC Systems," *IEEE Transactions on Circuits and Systems-I: Fundamental Theory and Applications*, 48(3), pp. 261–271, Mar 2001.

[6] S.M. Jamal, D. Fu, N.C.-J. Chang, *et al*., "A 10-b 120-Msample/s Time-Interleaved Analog-to-Digital Converter with Digital Background Calibration," *IEEE Journal of Solid-State Circuits*, 37(12), pp. 1618–1627, Dec 2002.

[7] T. Laakso, V. Valimaki, M. Karjalainen, *et al.*, "Splitting the Unit Delay – Tools for Fractional Delay Filter Design," *IEEE Signal Processing Magazine*, 13(1), pp. 30–60, Jan 1996.

[8] M. El-Chammas and B. Murmann, "A 12-GS/s 81-mW 5-bit Time-Interleaved Flash ADC with Background Timing Skew Calibration," *IEEE Journal of Solid-State Circuits*, 46(4), pp. 838–847, Apr 2011.

[9] M. El-Chammas, X. Li, S. Kimura, *et al.*, "A 12 Bit 1.6 GS/s BiCMOS 2×2 Hierarchical Time-Interleaved Pipeline ADC," *IEEE Journal of Solid-State Circuits*, 49(9), pp. 1876–1885, Sep 2014.

[10] Y.-C. JenQ, "Digital Spectra of Nonuniformly Sampled Signals: Fundamentals and High-speed Waveform Digitizers," *IEEE Transactions on Instrumentation and Measurement*, 37(2), pp. 245–251, Jun 1988.

[11] W. Bright, "8b 75MSample/s Parallel Pipelined ADC Incorporating Double Sampling," *IEEE ISSCC Digest of Technical Papers*, pp. 146–147, 1998.

[12] C. Vogel and G. Kubin, "Analysis and compensation of nonlinearity mismatches in time-interleaved ADC arrays," *IEEE ISCAS*, pp. I-593–I-596, 2004.

第 9 章 数字辅助转换器

对具有更高采样率、更宽带宽、更低成本和更高集成度的转换器的不断追求，将高速 ADC 的工艺技术逐步推向了更精细的光刻工艺。更小长度的 MOS 器件具有较高的跨导、较小的电阻和较低的寄生效应，然而它们具有较小的动态范围、较低的本征增益和较低的输出阻抗。这些限制使得其难以在提高采样率的同时，以合理的功耗实现良好的线性度和信噪比。数字辅助（校准）已成为提高性能和降低功耗的主要工具之一，尤其是在数字处理效率更高的精细光刻工艺中。其目的是放宽对模拟方面的要求，并以数字方式校正由此产生的误差。

数字辅助转换器领域的创新有着悠久而丰富的历史[1]。在行业内，它已经从在生产测试期间使用的工厂校准演变为复杂的信号处理算法，这些算法在后台连续运行以修复模拟缺陷，同时适应不断变化的环境。尽管如此，模拟设计师们还不应该为之高兴（或恐慌，取决于他们的观点）。使用数字辅助功能需要具备信号处理和混合信号设计的知识，才能充分利用工艺的模拟优势，同时避免其弱点。数字辅助 ADC 的成功实现，需要理解模拟缺陷和优化模拟电路以使其与数字辅助兼容。事实证明，它至少与传统 ADC 设计一样具有挑战性。因此，尽管有数字帮助，但仍然存在很多问题，还需要优秀模拟设计师们的创造力和智慧。

流水线和时间交织 ADC 是在数字辅助方面进行了大量研究的两种架构。在流水线 ADC 中，MDAC 是 ADC 性能的基石，它还决定了 ADC 的功耗，因为 MDAC 通常是其主要功耗来源。放宽放大器的设计要求一直是数字辅助 ADC 研究的重要领域，以实现更高的采样率、更高的性能和更低的功耗。

在时间交织转换器中，采用数字辅助来校正由通道间的失调、增益和时序不匹配引起的交织杂散。在后台估算和纠正这些失配误差是一个具有挑战性的设计难题。

通常，ADC 后台校准的难点往往不是校正误差，而是准确且无缝地估算误差而又不影响正常工作。校正可以在模拟域或数字域中进行，数字校正更容易、更有效。一个例外是对交织 ADC 中时序失配的校正，其中数字校正可能会受到模拟校正中不存在的时序精度和带宽限制的困扰。

本章将介绍流水线和时间交织 ADC 中使用的一些校准技术。重要的是要注意，基于流水线 ADC 讨论的许多校准技术同样适用于其他多步 ADC 架构。此外，它们也可以应用于与第 3 章中所述流水线架构相似的多级 Σ-Δ ADC 中。

9.1 流水线 ADC 非线性校准

流水线 ADC 架构已在第 7 章中进行了讨论，如图 9.1 所示。为简单起见，图 9.2 以单端形式描绘了典型的开关电容 MDAC 的实现。流水线 ADC 的量化性能在很大程度上取决于 MDAC 的精度，其余量放大器（RA）是主要的设计瓶颈。

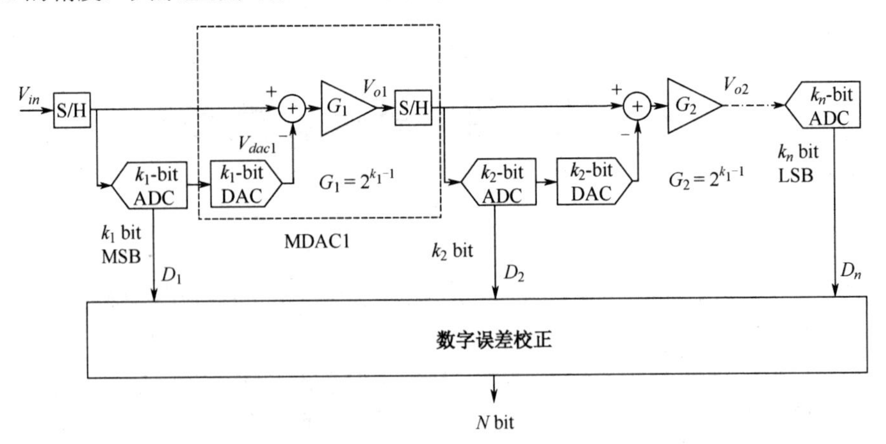

注：具有冗余的基本流水线 ADC。

图 9.1

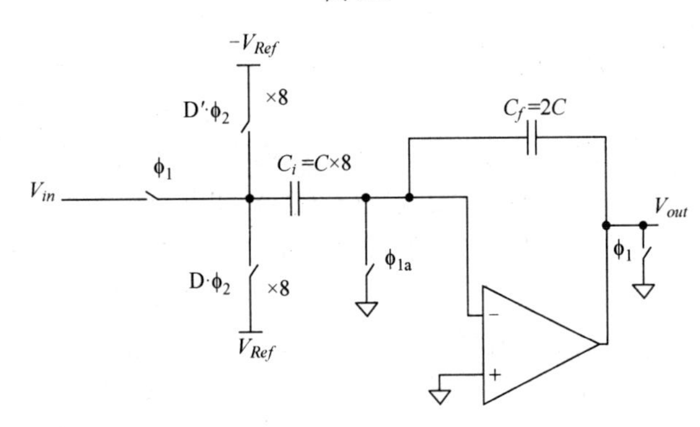

注：一个典型开关电容 MDAC 的单端形式简化示意图。

图 9.2

如第 7 章所述，某级（如第 i 级）的理想余量可以表示为

$$V_{oi}=G_i\left(V_{in_i}-V_{dac_i}\right)=G_i\left(V_{in_i}-\frac{D_i\times V_{Ref}}{2^{k_i-1}}\right) \tag{9.1}$$

式中，V_{in_i} 是第 i 级的输入；G_i 是第 i 级的增益；D_i 是第 i 级的数字编码，由下式给出

$$D_i=0,\pm1,\pm2,\cdots,\pm2^{k_i-1} \tag{9.2}$$

V_{Ref} 是参考电压；k_i 是第 i 级的位数。当存在级间增益误差（IGE）时，输出可以表示为

$$V_{oi}=G_i'\left(V_{in_i}-V_{dac_i}\right)=\frac{G_i'}{G_i}V_{oi}\big|_{ideal} \tag{9.3}$$

式中，G_i' 是第 i 级的实际增益。因此，我们可以通过将增益的倒数应用于输出值来找回理想的输出值，从而

$$V_{oi}\big|_{ideal}=\frac{G_i}{G_i'}V_{oi} \tag{9.4}$$

因此，在数字域中，其以数字余量 $D(V_{oi})$ 表示为

$$D\left(V_{oi}\right)|_{ideal}=\frac{G_i}{G_i^{'}}D\left(V_{oi}\right) \tag{9.5}$$

式中，$D\left(V_{oi}\right)|_{ideal}$ 是数字域中第 i 级的校准后余量。

由于存在 DAC 误差，因此式（9.1）变为

$$V_{oi}=G_i\left(V_{in_i}-V_{dac_i}^{'}\right)=G_i\left(V_{in_i}-\alpha_{dac_i}\left(D_i\right)\frac{D_i\times V_{Ref}}{2^{k_i}-1}\right) \tag{9.6}$$

式中，$\alpha_{dac_i}\left(D_i\right)$ 是与编码相关的 DAC 误差项。可以使用编码相关的校正项相加来完成数字域中的校正，即

$$D\left(V_{oi}\right)|_{Cal}=D\left(V_{oi}\right)+G_i\left(\alpha_{dac_i}\left(D_i\right)\frac{D_i\times V_{Ref}}{2^{k_i}-1}-\frac{D_i\times V_{Ref}}{2^{k_i}-1}\right) \tag{9.7}$$

因此，使用式（9.5）和式（9.7）中描述的概念，可以在流水线的每一级中校正量化误差。有许多应用这些概念来检测和校正量化误差的技术，在本章的其余部分，将讨论 MDAC 及 RA 的几种校准技术。

9.1.1　工厂与前台校准

最早的且最常用的校准形式是工厂校准。在具有算法性质的 ADC（例如，流水线、SAR 和循环 ADC）中，一些量化器的非线性可以在数字后端轻松校正。例如，在第 7 章中讨论的流水线 ADC 中，来自各级的位与适当的权重相结合，如图 9.3 所示。在数字域中应用的级间增益必须与具有所需精度的模拟域的级间增益相匹配。若模拟增益为 2 的幂，则对于具有每级 3 位的 14 位转换器，可以通过简单的位移来实现相应的数字增益，如图 9.4 所示。

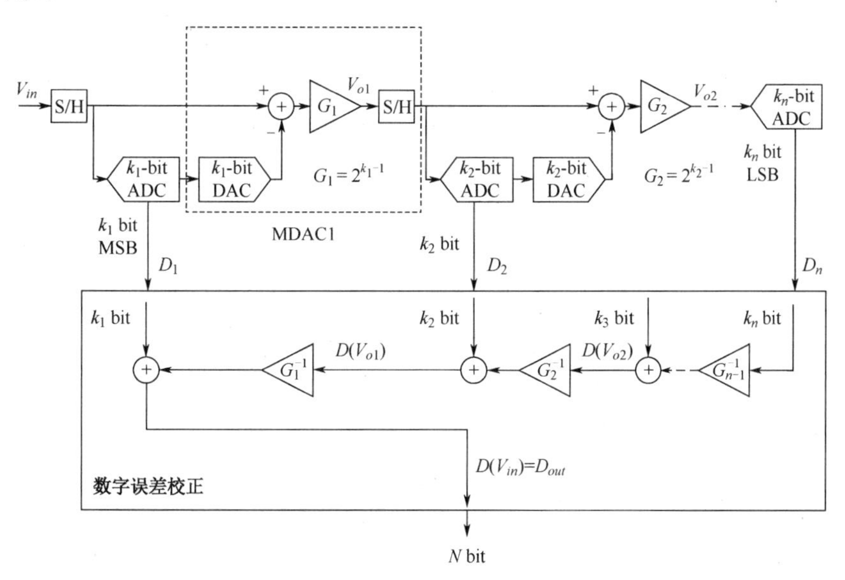

注：流水线各级含冗余的位与和数字误差校正相结合。数字增益必须与模拟增益相匹配。

图 9.3

第1级: $k_1 = 3$:　$d_{13}d_{12}d_{11a}$

第2级: $k_2 = 3$:　$d_{11b}d_{10}d_{9a}$

第3级: $k_3 = 3$:　$d_{9b}d_8d_{7a}$

第4级: $k_4 = 3$:　$d_{7b}d_6d_{5a}$

第5级: $k_5 = 3$:　$d_{5b}d_4d_{3a}$

第6级: $k_6 = 4$:　$d_{3b}d_2d_1d_0$

输出: 14-bit:　$d_{13}d_{12}d_{11}\ d_{10}d_9\ d_8d_7\ d_6d_5\ d_4d_3\ d_2d_1d_0$

注：流水线各级含冗余的位和数字误差校正相结合。当增益为 2 的幂时，通过移位实现数字域的乘法和除法。

图 9.4

如图 9.5 和图 9.6 所示，模拟域中的 IGE 导致积分非线性（INL）呈锯齿形。图 9.5 中的 INL 模式显示了一个大于理想值的级间增益，而图 9.6 显示了一个小于理想值的级间增益的 INL。无论哪种方式，都可以通过将与模拟级间增益倒数相匹配的增益值应用于数字后端表示的当级余量来校正 IGE。如图 9.5 所示，并在图 9.7 和图 9.8 中进行了概念性描述。在图 9.7 中显示了带有 IGE 的余量，并通过与增益校正系数相乘来完成修复，该系数旋转子范围以匹配正确的斜率，产生的输出特性如图 9.8 所示。

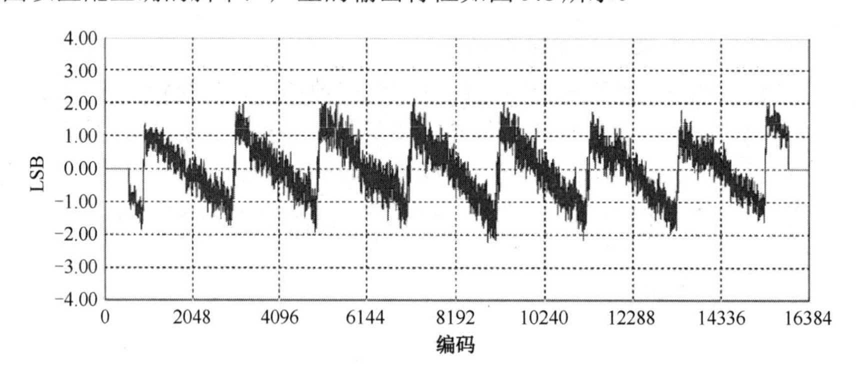

注：第 1 级存在级间增益误差的 INL，其中增益大于理想值。

图 9.5

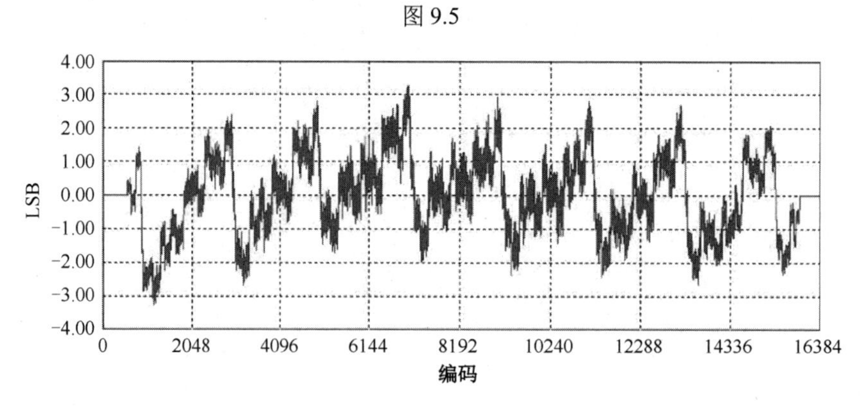

注：第 1 级存在级间增益误差的 INL，其中增益小于理想值。我们还可以看到第 2 级的级间增益误差，其在第 1 级子区间内显示为锯齿形。

图 9.6

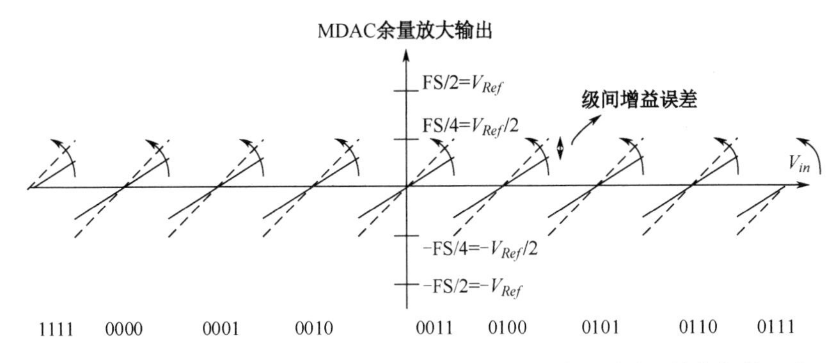

注：具有增益误差的第1级余量。箭头显示了在数字域中增益误差修复的影响。

图9.7

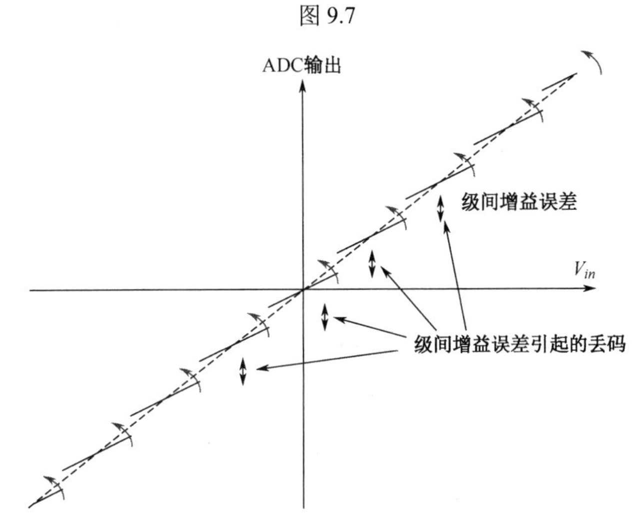

注：具有级间增益误差的ADC输出。弯曲箭头显示了在数字域中修复增益误差的影响。

图9.8

由于数字乘法器昂贵①，因此还可以使用基于子范围的相加来实现校正，其中子范围通过移位以实现对齐。这种方法如图9.9所示，它修正了IGE，但会导致ADC出现整体增益误差，这可以采用单个乘法器对最终数字码进行校正，或者可以通过在模拟端调整ADC的参考来校正由此产生的ADC增益误差。

在图9.5～图9.7中，应注意，INL和余量图中的子范围数是9个（7个子范围加两个半子范围），而不是用第1级中的3位来实现的8个。这是由于子ADC处于中间转换状态，并且增加了额外的比较器来“折叠”两端的子范围，并使MDAC的输出如第7章所述，限制在校正范围的一半以内，剩余未使用的半个子范围可用于注入扰动，如本章稍后所述。

除了IGE，MDAC还会受到如第7章中所述的，因电容失配及与编码有关的建立误差而产生的DAC误差的影响，这些误差会导致各个子范围的余量发生如图9.10所示的偏移。并且如图9.11中的示例所示，它们在INL的某些段中表现为移位。可以通过将数字域中的相应段移动适当的值来进行校正，如式（9.7）所示。

① 译者注：此处的“昂贵”是指数字实现乘法时所耗费资源相比加减法而言较大。

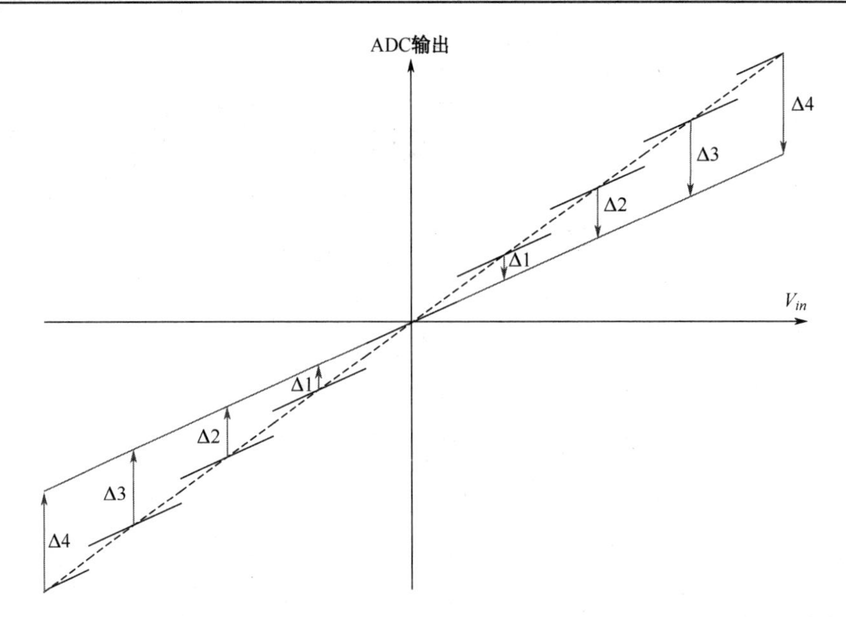

注：具有级间增益误差的 ADC 输出。箭头表示在数字域中使用与编码相关的加法而不是乘法来修正增益误差的影响。结果是 ADC 出现如实线和虚线之间的斜率差异所示的整体增益误差。

图 9.9

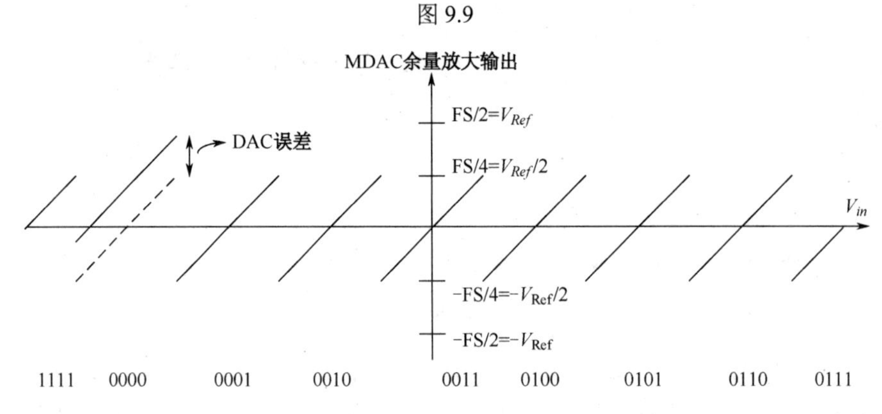

注：显示第 1 级中 DAC 误差的余量曲线，其可使用数字域中与编码相关的加法来修正。

图 9.10

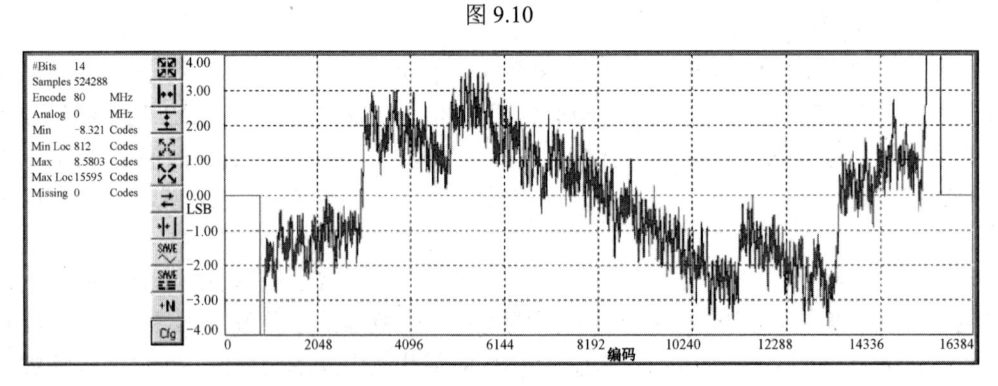

注：由 INL 显示的第 1 级中 DAC 误差。

图 9.11

前台校准通常是在工厂进行生产测试时，通过观察 INL 或强制每个比较器在两个不同判决之间切换，以测量输出余量中的相应“跳跃”来实现。只要误差恒定且不依赖于温度、供电、老化等因素，工厂校准就可行。电容失配通常会落入这一类别，因此适合采用基于数字系数并通过非易失性存储器（non-volatile memory，NVM）永久熔断存储的工厂校准方法。

ADC 的用户也可以以“自校准”的形式启动前台校准。文献[1]中描述了一个示例，其中施加了一个内部校准信号，测量了 DAC 和 IGE 误差，并且无须外部干预即可应用校正系数。这些方法需要中断 ADC 的正常工作，这在某些应用中是可以接受的。它们可以有效地解决恒定误差，但不能解决随温度、供电、老化或采样率而变化的误差。这些局限性导致需要在后台连续运行的自适应校准技术来校正误差，同时适应相应变化而无须用户干预或中断 ADC 的运行。以下各节介绍这些后台校准算法的示例。

9.1.2　基于相关性的校准

基于相关性的校准是对流水线 ADC 中由于放大器的开环增益不足、线性建立误差和电容失配引起的 IGE 进行后台校正的有效技术[2-5]。它也可以扩展至纠正记忆性误差、回踢误差和放大器的非线性误差。此外，它还可以应用于其他多步架构，如 SAR ADC，以纠正其 DAC 误差。

该方法不会中断 ADC 的工作，而是注入与输入信号不相关的伪随机（pseudo-random，PN，或称为伪噪声）校准信号。该 PN 信号（有时称为扰动信号）通常会添加到 MDAC 或待校准级的并行量化的输入信号中，但非同时添加到两者中。由于它通过与 DAC 信号相同的路径，因此会遇到相同的非理想情况，所以可以检测到 IGE。使用统计相关器或最小均方（least mean square，LMS）算法，PN 信号在数字后端被“相关输出”，并在此过程中估算 IGE。估算增益误差的 LMS 算法为

$$G_e[n+1]=G_e[n]+\mu\times V_d[n]\times\left(V_R[n]-V_d[n]\times G_e[n]\right) \tag{9.8}$$

式中，$G_e[n]$是级间增益的第 n 次采样估值；μ 是算法的步长；V_d 是理想的 PN（扰动）数字信号；V_R 是待校准级的数字余量（输出）。步长（μ）控制算法的精度和收敛时间，较小的 μ 会导致更高的精度和更长的收敛时间。

图 9.12 描绘了一个在前两级 MDAC 中注入 PN 信号（扰动信号）以对 IGE 进行基于相关性校准的流水线 ADC。这两个扰动信号必须与输入信号彼此不相关。若需要校准更多级，则需要在每个需要校准的级中注入其他不相关的 PN 信号。尽管收敛可以在所有级同时进行，但必须从后向前逐级完成各级校准。

图 9.13 显示了使用式（9.8）中所述的 LMS 算法进行增益估算和扰动消减。从后端流水级获得数字余量信号 V_R，其已应用了所有必需的校正以尽可能准确地表示余量。扰动乘以增益估值，然后从余量信号中减去。将结果乘以理想扰动和步长 μ，然后通过累加得出级间增益 G_e 的估值。从已被增益误差估算值校正过的余量中减去扰动估值，以给出校准后的余量 V_{R_cal}。该 LMS 操作构成一个反馈环路，其带宽由步长 μ 控制，μ 越大，带宽越大，收敛速度越快，精度越低；反之亦然。与前馈相关方法不同[2, 3]，LMS 算法使增益估算值朝最终值平滑收敛，而没有与基于窗口的前馈方法相关的更新“跳跃”[4, 5]。

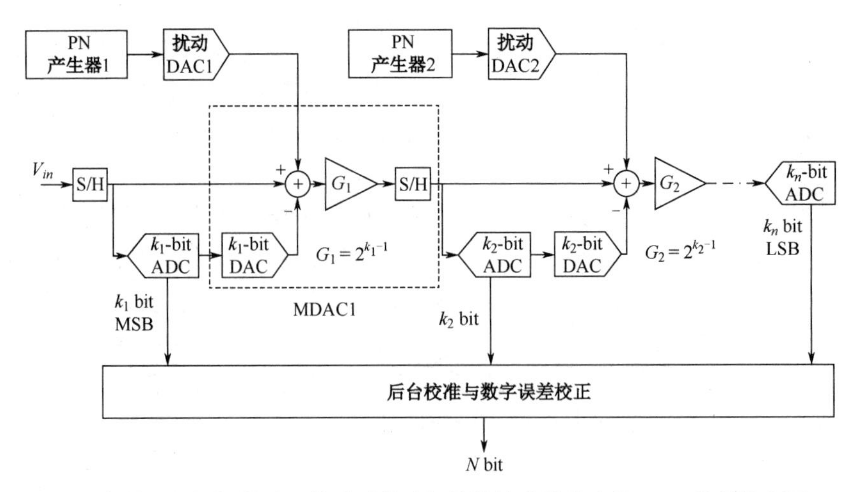

注：一个前两级级间增益误差采用基于相关性校准的流水线 ADC 的结构框图。

图 9.12

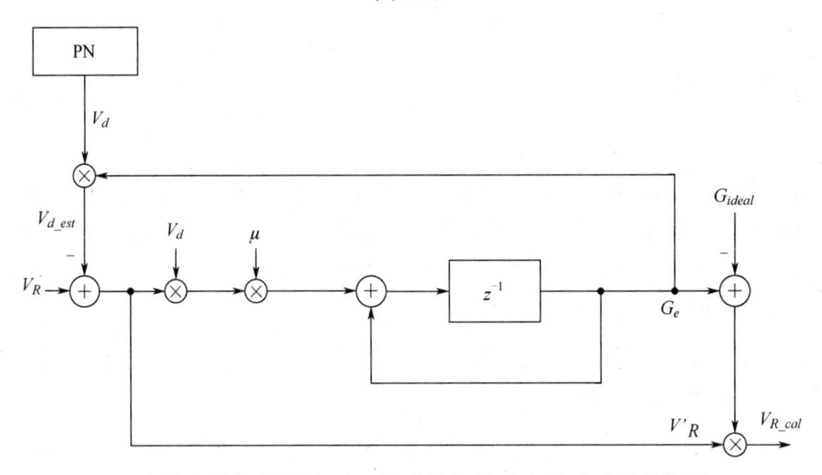

注：在数字模块中使用 LMS 算法执行校准和扰动减法的框图。

图 9.13

如图 9.14 所示，可以使用扰动电容（C_{di}）来将校准扰动信号注入 MDAC，扰动电容的数量（N_d）取决于扰动级数量。在 ϕ_1 期间，扰动电容放电以消除之前的电荷并消除任何记忆效应。在 ϕ_2 期间，根据随机生成的 PN（扰动）码，它们连接到 V_{Ref}或$-V_{Ref}$，这将扰动添加到主信号中。

$$V_{out} = \frac{V_{in}C_t / C_f - \sum_{i=1}^{8} D_i V_{Ref} C_i / C_f + \sum_{i=1}^{N_d} D_{dith} V_{Ref} C_{di} / C_f}{1 + \left(C_t + C_f + C_{dt} + C_p\right) / \left(C_f A\right)} \tag{9.9}$$

式中，D_{dith} 是 PN（扰动）码（±1）；D_i 是 DAC 温度计码（±1）；C_{di} 是单个扰动电容；C_{dt} 是总扰动电容；C_i 是单个采样电容；C_p 是求和节点上的寄生电容；N_d 是扰动电容的数量；C_t是总采样电容。

重要的是要注意，扰动电容与主 DAC 电容之间的不匹配会导致增益估算误差。该算法通过由扰动“看见”的增益来估算，但无法知道其与主 DAC 信号所见增益之间的关系。这种失配需要被测量和校正。由于电容的失配是相对恒定的，因此可以使用工厂校准对其进行一次性校正和熔断。

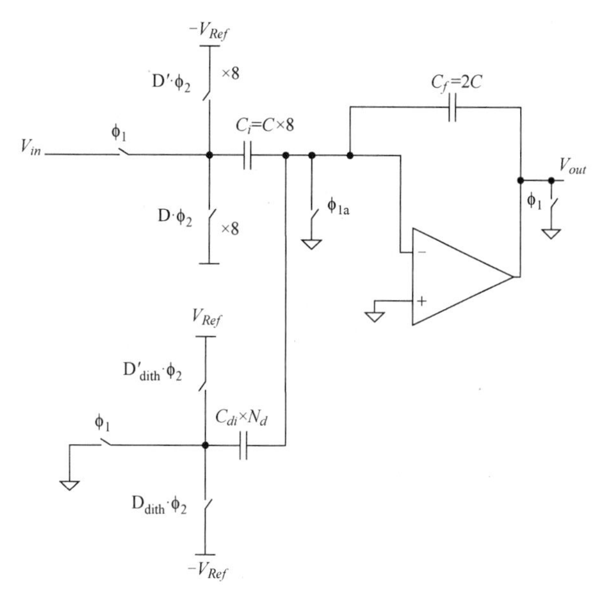

注：一个表明在 MDAC 中扰动注入的简化电路图。

图 9.14

图 9.15 给出了一个基于相关性的校准前后的 INL 示例[5]。校准之前，可以清晰地看到对 IGE 的影响，INL 跳变约 5 LSB，校准后，INL 修正大约为 1 LSB，与供电、温度和采样率无关[5]。为了达到 14 位精度，以 1 GS/s 的速度需要几秒钟的收敛时间，这将转化为数百万次采样。通常收敛所需的采样数与需要相关校准的信号功率成正比，并且与扰动功率和允许的收敛误差的平方成反比，即

$$N \propto \frac{V_{signal}^2}{\varepsilon^2 V_{dither}^2} \tag{9.10}$$

式中，N 是收敛所需的采样数；ε 是收敛误差；V_{dither} 是扰动信号的幅度；V_{signal} 是信号幅度。

通过评估温度、供电、老化、采样率等变化条件下的性能，来衡量校准的准确性和鲁棒性，但有一个经常被忽略的校准精度考量因素，就是其要对输入信号频率和幅度不敏感。在理想情况下，可靠的后台校准算法应独立于输入信号，可以通过扫描输入信号的幅度和频率来进行评估，以确认校准不受影响，并且不需要重新收敛[5, 11]。

尽管基于相关性的校准算法非常有效，但这些技术仍依赖于在某级 MDAC，而不是在其并行量化中注入 PN 校准信号。因此，此 PN 信号消耗了一部分校正范围，从而减小了 MDAC 放大器的动态范围，并间接增加了 ADC 的功耗。它还限制了可用于比较器失调，以及在无 SHA 架构中第一级 MDAC 与并行量化之间的带宽失配的设计裕度。为了最大程度地减少这种损失，重要的是减小校准扰动信号的幅度[5, 15]，这又会降低校准的准确性和鲁棒性，它要求后面诸级具有比输入信号所需精度更高的精度。要将后续级（例如，第 2 级）校准到此附加精度，则需要从第 3 级开始具有更高的精度，以此类推。这导致了限制校准精度的一个恶性循环[5]。

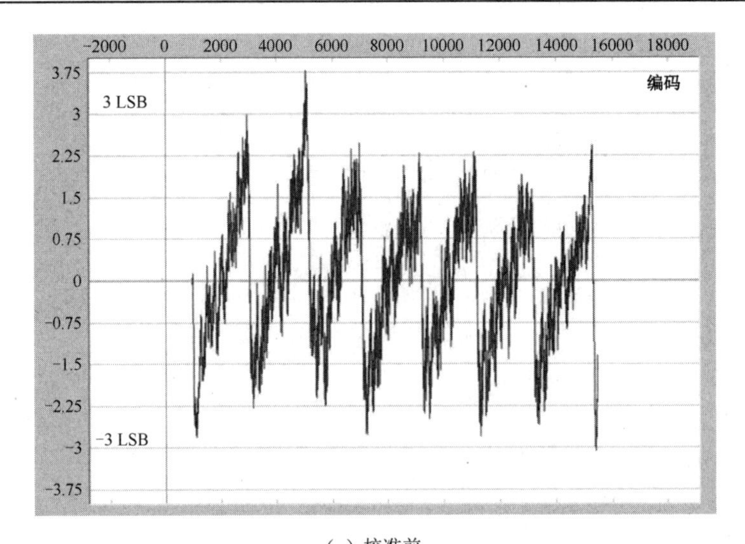

（a）校准前

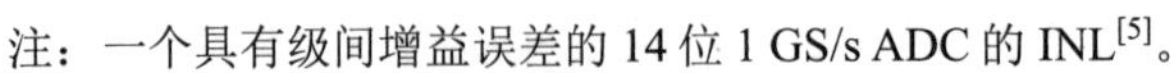
注：一个具有级间增益误差的 14 位 1 GS/s ADC 的 INL[5]。

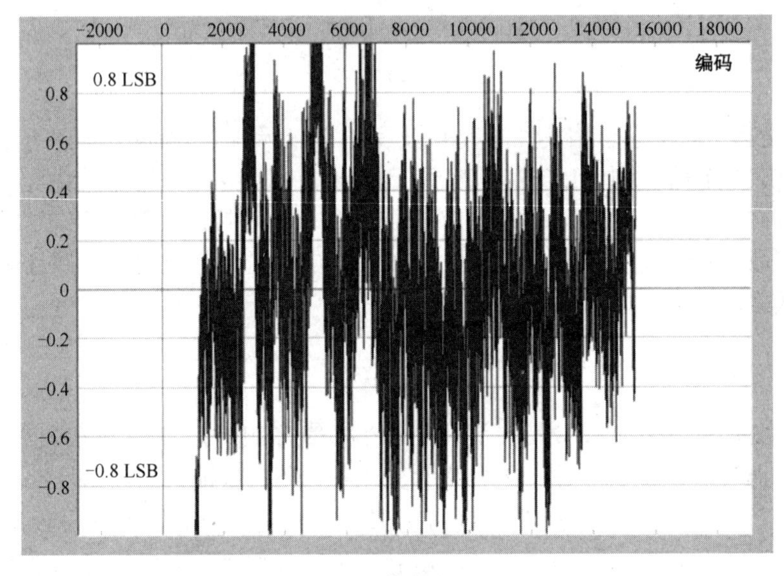

（b）校准后

注：一个具有级间增益误差的 14 位 1 GS/s ADC 的 INL[5]。

图 9.15

图 9.16 从概念上显示了这一难题。若降低扰动幅度，使得 V_dither/V_signal=1/8，则

$$\delta / \Delta = \Delta / \Delta' = V\_dither / V\_signal = 1/8 \tag{9.11}$$

式中，Δ 是满量程信号的可接受误差。若扰动信号幅度尽管很小，但仍以相同的精度进行处理，则会对满量程信号产生更大的误差 Δ'。因此，必须将扰动处理中所需的精度强化至 δ，该精度相对于 Δ，按扰动幅度与信号幅度之比进行缩小。例如，若如式（9.11）所示扰动是信号的 1/8，则扰动处理需要约 3 位的更高精度，如图 9.17 中的流水线各级所示。

从图 9.17 中可以看出，为了使用等于满量程 1/8 的扰动信号将第 1 级余量校准为 12 位精度，我们需要使用第 2 级来以 15 位精度处理该扰动。若第 2 级精度为 15 位，则不需要将第 1 级的精度校准为 12 位。这是一个明显的矛盾，需要解决。若没有达到后级的这

种附加精度，则 IGE 的估算可能会与输入相关。图 9.18 给出了这个问题的一个例子。其中 IGE 随着输入幅度的变化而变化约 9 LSB，而后端具有足够精度时，该变化可减小到少于 3 LSB。

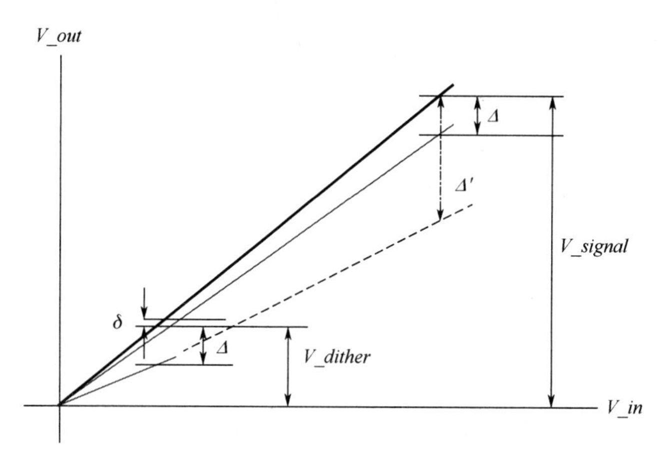

注：当 *V_dither* 小于 *V_signal* 时的附加精度要求概念图。

图 9.16

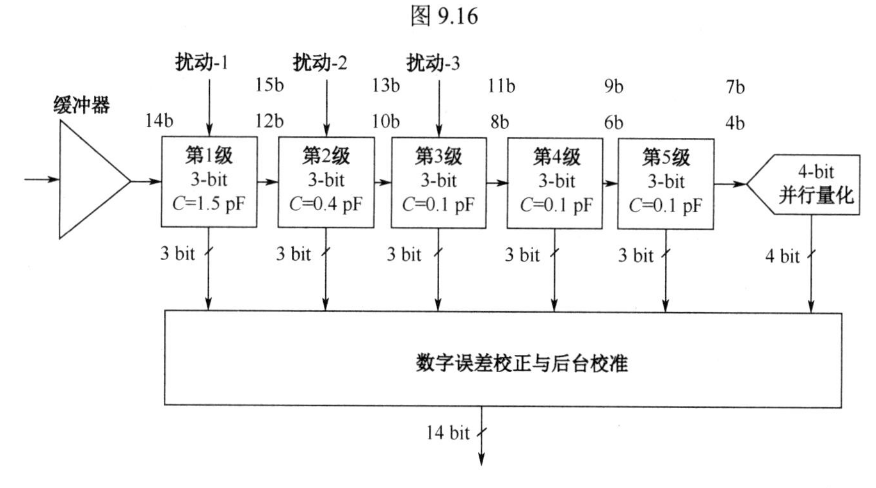

注：当 *V_dither* 为 *V_signal* 的 1/8 倍时，每级精度以及扰动处理所需的精度（顶部）。与处理主信号的精度相比，该精度提高了 8 倍，如图所示的 12～15b。© 2014 IEEE（转载自参考文献[5]）。

图 9.17

尽管该讨论是在基于相关性校准的背景下进行的，但该原理适用于所有校准技术。每当我们在数字域中处理校准信号时，都需要确保精度足以满足我们的目标。在分析校准算法时，假定一个“理想”的后端流水线就是一个常见的陷阱，则最终可能会限制校准算法的精度甚至可行性。

解决此限制的一种方法是，采用多级扰动来增强后续级的线性度。这种多级扰动可以嵌入到校准信号本身中，以同时执行校准和扰动[5]。扰动级的幅度和数量必须足以实现所需的附加精度。例如，如果 PN 校准信号是输入信号的 1/8，那么至少需要 8 级扰动来校准后端。如果它是输入信号幅度的 1/16，那么将需要 16 级扰动，以此类推。

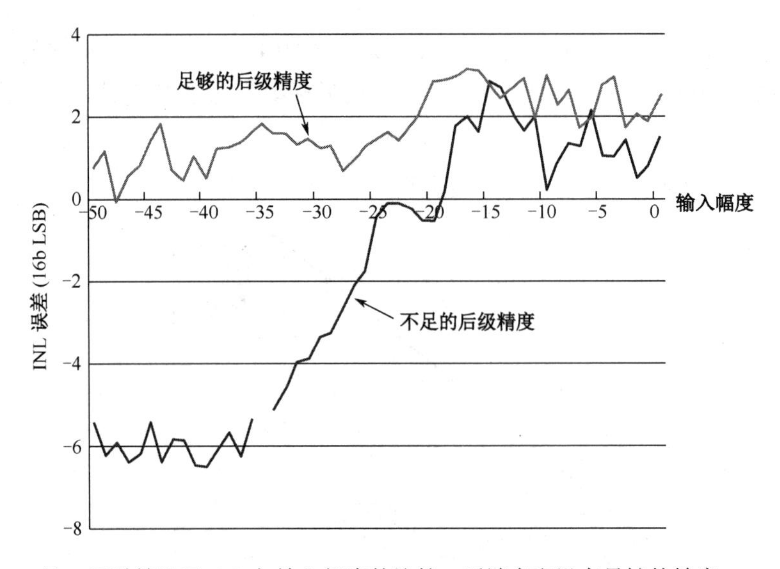

注：两种情况下 INL 与输入幅度的比较：后端有和没有足够的精度。

图 9.18

但是若级间增益为 2 的幂，则二进制的扰动级会导致它们在流水线中传播时彼此重叠，如图 9.19 所示。为了保留扰动级沿流水线传播的数量，更愿意选择奇数个等间距级[5]。如图 9.19 所示，这种安排保留了流水线中每级的级数。也就是说，若我们使用 N 个等距的扰动级别，其中 N 为奇数，则流水线下每一级的扰动级数也将为 N。

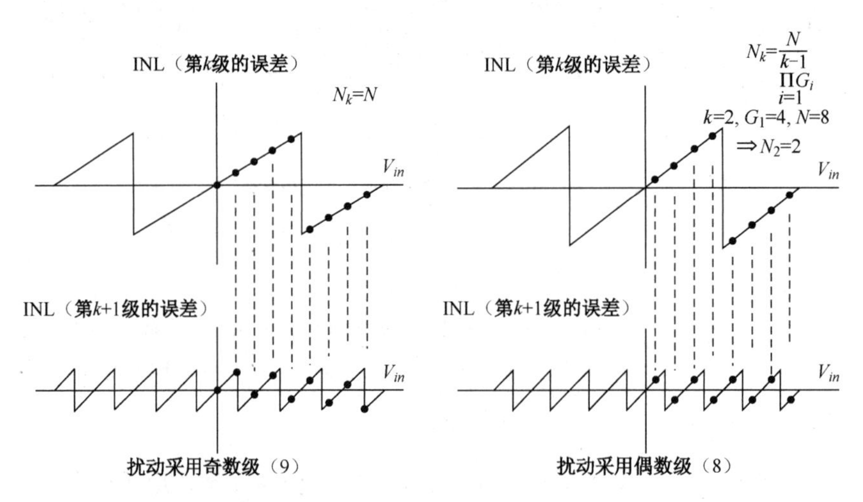

注：扰动级使用二进制个数和奇数的对比。由于扰动级数和级增益都是二进制，扰动级会相互重叠，并且随着它们沿着流水线传播，其数量会迅速减少。当采用适当间隔的奇数个级时，扰动级在沿流水线传播时保持相同且均匀分布。© 2014 IEEE（转载自参考文献[5]）。

图 9.19

文献[5]中讨论了这种实现方式的示例，其中使用了 9 级扰动来提高校准效果。重要的是要注意，扰动校准信号仅添加到 MDAC，这使得它可以有效地扰动后端各级，而不必扰动流水线的前几级。实际上，由于仅将其注入 MDAC，因此它无法扰动本级。此外，若其幅度很小，则当前级的增益将不足以对其进行放大以覆盖下一级的整个子区间，因此，它将无法有效扰动后续各级。

因此，在 MDAC 和并行量化上都添加一个额外的“大”扰动信号[39]，以扰动前几级中的任何残留非线性是值得的，因为其无法有效地用小校准扰动信号扰动来提高校准精度。它被注入到 MDAC 和并行量化中，以有效地扰动第 1 级，并避免占用校正范围的任何部分。为了防止它消耗 ADC 动态范围的任何部分，并行量化中使用了一个额外的比较器，如图 9.20 所示，前面已经讨论过。这个额外的比较器在 ADC 动态范围的两端各释放了一个子范围的一半，该范围可以被大扰动占用而不会影响 ADC 的动态范围或其线性度。由于扰动的幅度大约是一个子范围的一半，因此它将有效地扰动处理由于 IGE 导致的锯齿形①。本章稍后的“扰动”部分将再次对此进行更详细讨论。

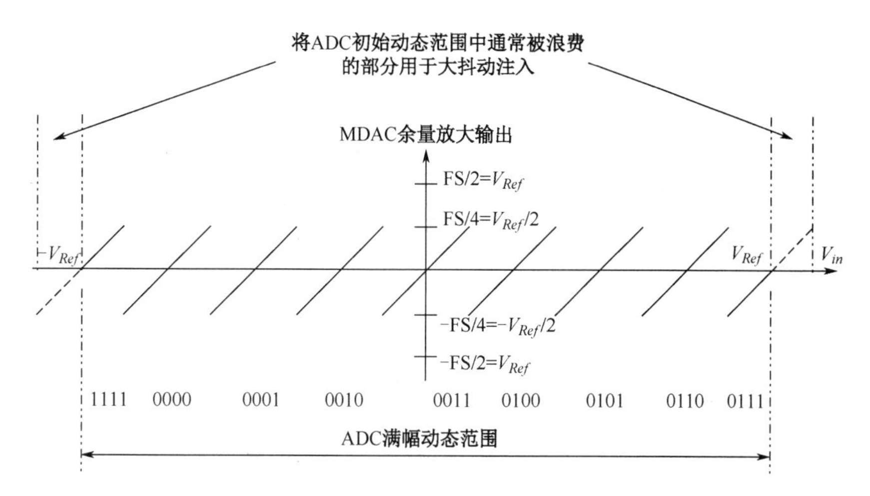

注：第 1 级余量曲线表现了当在并行量化中使用附加比较器时，会在动态范围两端产生两部分通常不使用的部分，其可被用于大扰动信号。

图 9.20

基于相关性的方法代表了一种有效的校准方法。它们具有较低的模拟开销，并且其数字处理非常简单。它们具有合理的准确性和鲁棒性。它们的主要缺点是收敛时间长，需要数百万次采样才能达到 14/16 位精度[3, 5]，这会导致较长的测量时间和较慢的变换响应。此外，对 PN 信号的严重依赖，可能会由于意外的耦合而导致噪声和抖动恶化，这可能会降低 ADC 性能，尤其是在高输入频率下。

9.1.3　求和节点的校准

求和节点法是一种确定性的校准方法，它依赖于直接测量由于放大器的有限开环增益引起的误差。在文献[6，7]中描述了这种方法的示例。在典型的开关电容 MDAC 电路中（见图 9.21），求和节点电压等于$-V_{out}/A$。分析电路可为输出给出以下表达式

$$V_{out}=\frac{V_{in}C_t/C_f-\sum_{i=1}^{8}D_iV_{Ref}C_i/C_f}{1+\left(C_t+C_f+C_p\right)/\left(C_fA\right)} \tag{9.12}$$

① 译者注：此处“锯齿形”指的是由于 IGE 导致 INL 产生的锯齿形。

式中，D_i是 DAC 编码；C_i是单个采样/ DAC 电容；C_p是求和节点上的寄生电容；C_t是总采样电容。假设没有电容失配或 DAC 误差，则输出可以用其理想值表示为

$$V_{out} = \frac{V_{out}\big|_{ideal}}{1+\left(C_t+C_f+C_p\right)/\left(C_f A\right)} \tag{9.13}$$

若将 K=1/β 代入式（9.13），其中 β 是反馈系数，则可得到

$$V_{out} = \frac{V_{out}\big|_{ideal}}{1+K/A} = V_{out}\big|_{ideal} - V_{out}K/A \tag{9.14}$$

整理可得

$$V_{out}\big|_{ideal} = V_{out} + V_{out}K/A \tag{9.15}$$

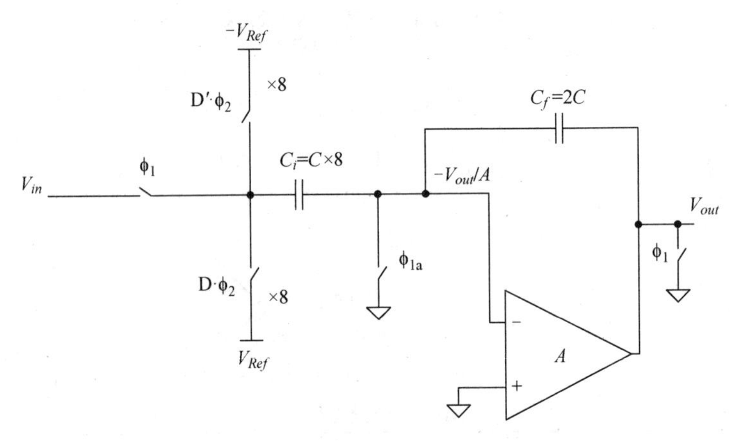

注：开关电容 MDAC 的单端简化电路示意图。

图 9.21

从式（9.15）中可以清楚地看出，由放大器有限开环增益引起的误差等于 $V_{out}K/A$，它正比于求和节点电压 V_{out}/A。误差可以通过对求和节点电压进行采样并乘以常数 K 后，将其直接添回到下一级信号中进行校正，或者通过“影子流水线”按照逐个采样数字化后注入至数字域中的方式来校正[6]。其原理如图 9.22 所示。

采样的求和节点电压也可以通过增益 G_s 进行放大，并使用低速低成本的 ADC 进行量化。LMS 算法可用来估算用于数字校正的增益误差[7]，如图 9.23 所示，由下式给出

$$\alpha_{i+1} = \alpha_i - \mu \times D\left(V_{out1i}\right) \times \left[\alpha_i \times D\left(V_{out1i}\right) - D\left(V_{out1i}\right)/A\right] \tag{9.16}$$

式中，α_{i+1} 是开环增益倒数（1/A）的估算值；α_i 是前次估算；μ 是 LMS 算法的步长；$D(V_{out1})$是当前校准级的余量数字表示，在本例中为第 1 级；$D(V_{out1}/A)$是求和节点电压的数字表示。这样增益校正就以数字方式实施为

$$D\left(V_{out1\_cal}\right) = D\left(V_{out1}\right) + D\left(V_{out1}\right) \times K \times \alpha \tag{9.17}$$

式中，$D(V_{out1_cal})$是校准后的数字余量；K 是一个等于反馈系数倒数的常数。

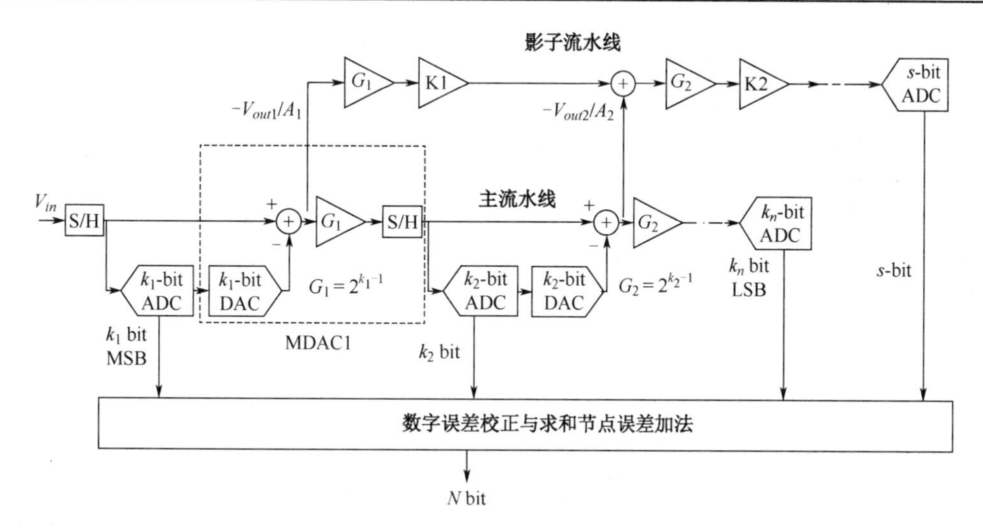

注：说明放大器增益误差校准框图。以逐个采样的方式，对求和节点电压在待校准级上进行采样，由“影子流水线”处理，然后将结果以正确的极性添加到数字输出中[6]。

图 9.22

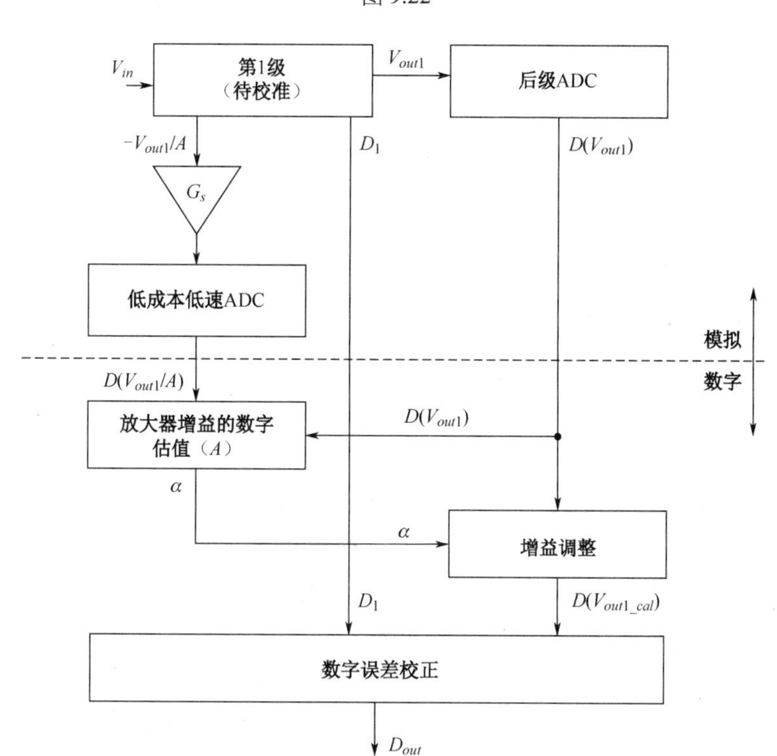

注：级间增益误差数字校正的求和节点算法框图。© 2010 IEEE（转载自参考文献[7]）。

图 9.23

此外，还可以在数字域中计算误差，而在模拟域中实施校正。最陡下降法用于使误差最小化，该误差正比于采样求和节点电压[7]。模拟调整的一个例子是在放大器中使用可编程正反馈来提高增益，如图 9.24 所示，由下式给出

$$v_{i+1} = v_i - \mu \times D\left(V_{out1i}\right) \times D\left(V_{out1i} / A\right) \tag{9.18}$$

式中，v_{i+1} 是模拟控制参数的新估算值；v_i 是其前次估值。当误差（求和节点电压 $D(V_{out1}/A)$）以所需的精度最小化时，会发生收敛。重要的是要注意，与式（9.16）不同，式（9.18）中误差的确切值无关紧要，因为算法试图通过将控制参数 v 反馈到模拟域来使其最小化，而不在乎其绝对值。

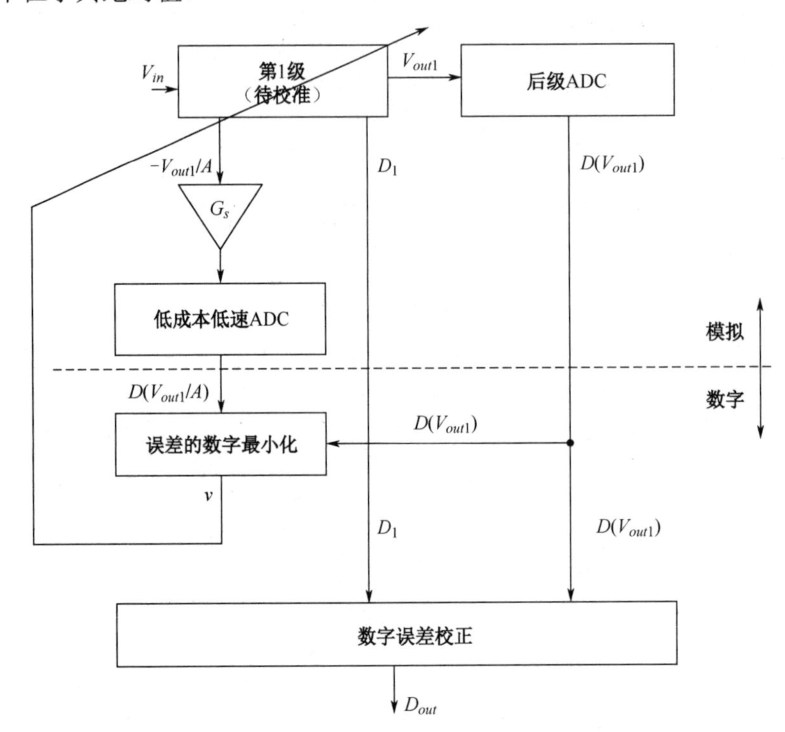

注：级间增益误差模拟校正的求和节点算法框图。© 2010 IEEE（转载自参考文献[7]）。

图 9.24

式（9.18）描述了一个误差最小化问题，而不是系统识别问题。它收敛速度更快，并且要求的精度大大降低。但是只有在采用可编程方式控制放大器增益时，才可以在模拟域中进行校正。增益可能取决于采样率、温度或供电，因此校准的目的是优化模拟增益，使其始终处于“最佳位置”。

图 9.25 和图 9.26 给出了一个具有可编程开环增益的放大器示例[7]。其中正反馈被用作通过提供一个负的跨导，来抵消放大器的输出电导，从而提高了增益。这样会增加输出阻抗和开环增益，但是要完全消除误差，可能需要调整一些偏置电压或可编程的器件尺寸。另外，若在模拟域中无法实现所需的增益，则模拟校正方法将不可行，而必须使用数字校正。

图 9.27（a）给出了一个使用低速低成本 ADC 实现求和节点采样与数字化的示例，时序如图 9.27（b）所示。求和节点电压在小电容 C_{e1} 上被一个采样率慢得多的 ϕ_{2e} 采样。缓冲还可以用于减少慢速采样对 MDAC 求和节点的影响。可以使用时钟 ϕ_{2eb} 在“关闭”阶段将一个虚拟网络连接到求和节点，以减少采样与量化的慢速时钟在求和节点上引起的杂散。一旦采样后，求和节点电压将被放大并以慢得多的速率数字化，以进行数字校准处理。

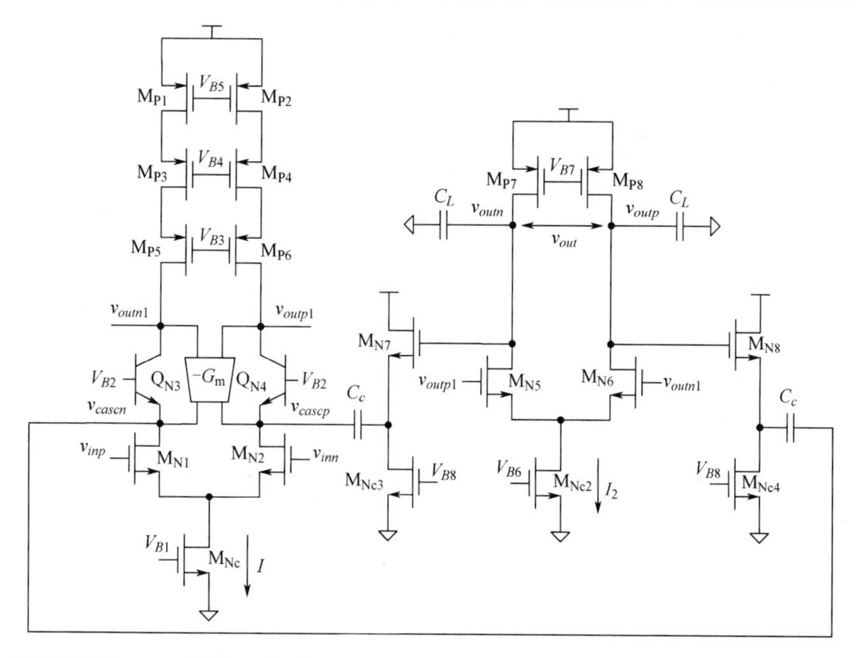

注：一个使用正反馈（$-G_m$ 模块）来增强增益的 MDAC 放大器。© 2014 IEEE（转载自参考文献[7]）。

图 9.25

v_{cascp}　v_{cascn}

v_{outp1}　v_{outn1}　v_{outp1}　v_{outn1}

V_{gain}　V_{DD}　V_{DD}　V_{gain}

（a）图 9.25 中 G_m 模块的一个示例

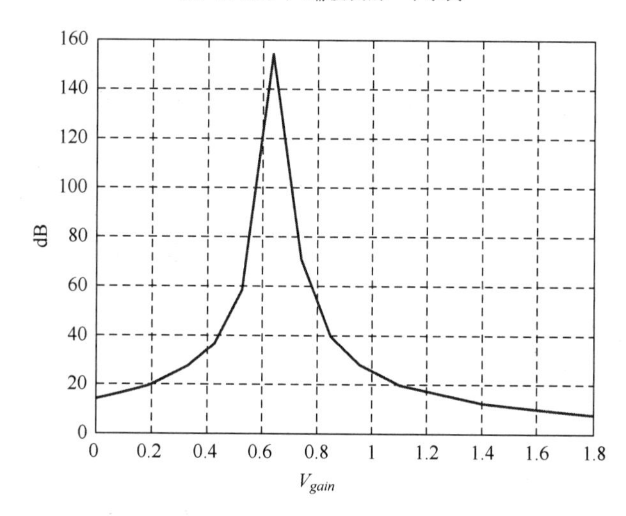

（b）放大器的开环增益与控制电压 V_{gain} 的关系。© 2014 IEEE（转载自参考文献[7]）。

图 9.26

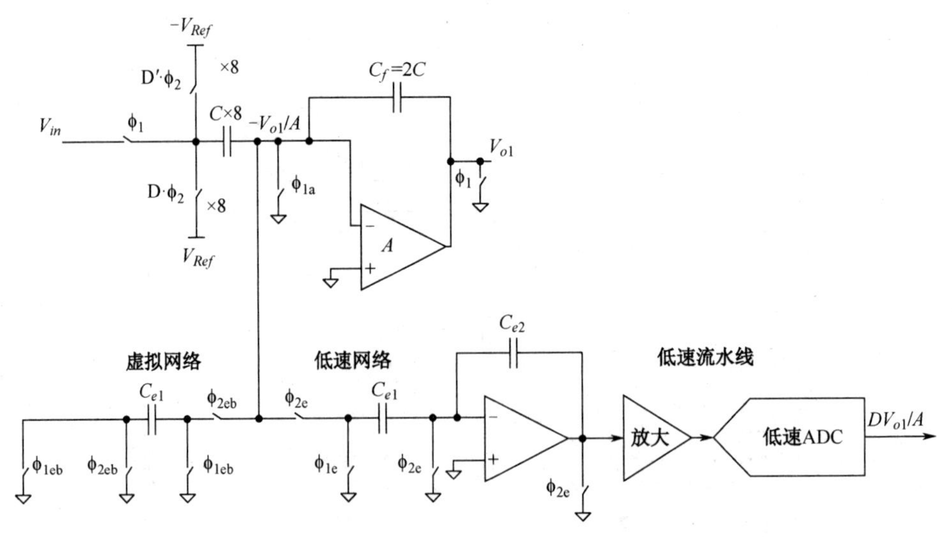

（a）一个使用低速低成本网络对求和节点电压进行采样与处理的简化电路原理图。虚拟网络用于在其他相中匹配慢速采样网络。

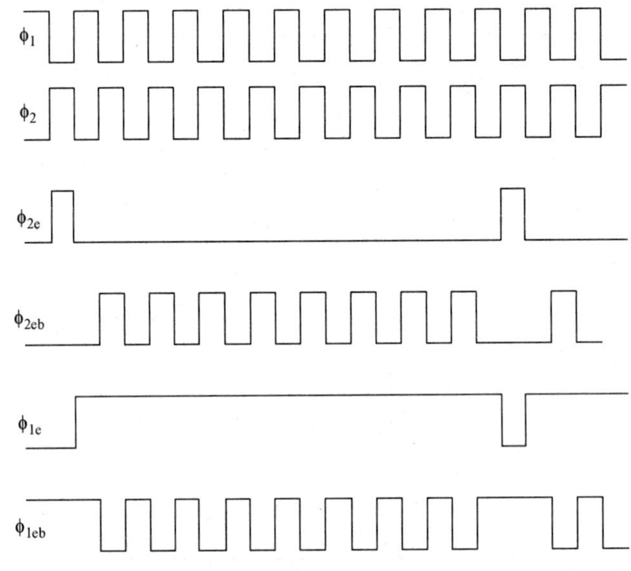

（b）在ϕ_{2e}对求和节点电压采样，并在ϕ_{1e}阶段使用低速流水线进行处理的时序图。

在ϕ_{2eb}阶段，接入一个虚拟网络对求和节点进行采样。© 2010 IEEE（转载自参考文献[7]）。

图 9.27

与基于相关性和统计的技术不同，求和节点技术直接以确定性方式测量误差。该算法的收敛速度更快，通常只需要几千次采样，而基于相关性的技术则需要数百万次采样。求和节点算法的收敛速度取决于以下几个因素。

（1）所需的校准精度。

（2）校准路径中的噪声（如低速 ADC）。

（3）输出余量的幅度。

收敛所需的采样数N通常由下式给出

$$N \approx K\left(\frac{V_{Noise\_calpath}}{V_{o1RMS} / A_{needed}}\right)^2 \approx K \times 10^{\left(A_{needed\_dB} - \mathrm{SNR}_{calpath} - V_{o\_dBFS}\right)/10} \tag{9.19}$$

式中，K 是比例常数；V_{o1RMS} 是余量信号的 RMS 值；V_{o_dBFS} 是相对于满量程的输出余量幅度（dBFS）；A_{needed} 是实现所需精度的放大器开环增益；$V_{Noise\_calpath}$ 是求和节点处理路径的 RMS 噪声电压。图 9.28 给出了一个示例，其中需要约 30000 次采样才能收敛至 16 位精度。在这种情况下，校准路径中的噪声约为 65 dB，所需的增益精度约为 110 dB[7]。这被用于一个 250 MS/s ADC，其中低速路径以 12.5 MS/s 运行，收敛时间约为 2.4 ms，比基于相关性的算法快几个数量级。式（9.19）还表明，无信号时可能会出现问题，并且需要冻结校准。

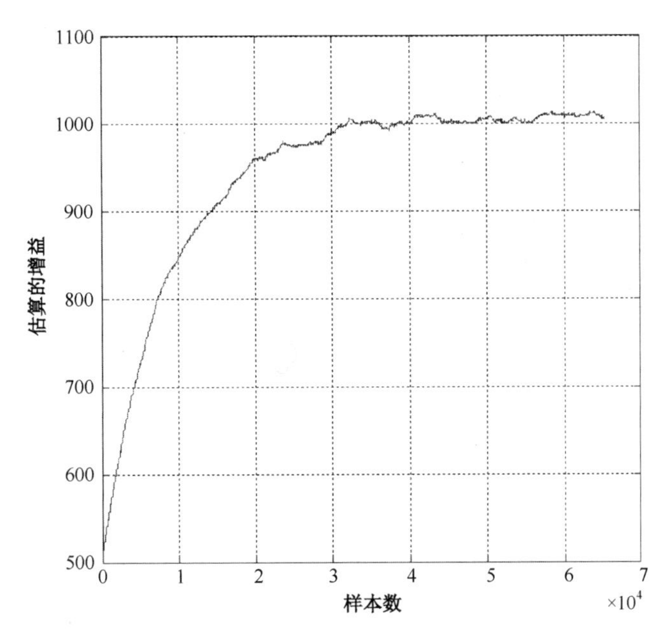

注：一个增益收敛至正确值的示例。

图 9.28

由于该算法直接测量误差，因此任何测量误差都会对估算精度产生有限的二阶影响，这就放宽了对误差处理精度的要求，这与基于相关性和统计的方法形成对比。在统计方法中，校准过程需要与总体所需精度一样准确，有时甚至需要如前文所述的更高精度。这种所需精度的放宽，可使用如下求和节点增益校正公式来证明

$$D\left(V_{out1\_cal}\right)=D\left(V_{out1}\right)+D\left(V_{out1}\right)\times K\times\alpha \tag{9.20}$$

简单起见，可以将式（9.20）表示为

$$V_{out1\_cal}=V_{out1}+V_{out1}K/A$$

因此

$$\left|\frac{\partial V_{out1\_cal}}{V_{out1\_cal}}\right|=\frac{K}{A}\times\left|\frac{\partial A}{A}\right| \tag{9.21}$$

即

$$\text{允许的校准增益误差}=\text{所需的级精度}\times A/K \tag{9.22}$$

式中，A 是未校准的开环增益；$1/K$ 是反馈系数。例如，若所需的级精度为 16 位，模拟开环增益 A 为 80 dB，反馈系数为 1/4，则允许的校准增益误差为 4%，这大大小于所需的 16 位精度。

不利的一面是，求和节点技术比基于相关性的技术需要更多的模拟更改，误差数字化要求一个低速、低成本的 ADC。将误差添加到后续级，需要开发执行误差处理和添加的模拟模块。然而，随着对放大器非理想性的关注日益增加，对校正放大器非线性的需求也越来越大，确定性方法（如求和节点技术）可能会变得更具吸引力。

9.1.4 参考 ADC 校准

在这种方法中，使用一个慢速但准确的参考 ADC 进行校准，如图 9.29 所示。参考 ADC 和实际 ADC 的输出之间的差异当作误差信号，LMS 算法可用于最小化误差[18, 19]，即

$$G_e[n+1]=G_e[n]-\mu\times V_R[n]\times\left(V_R[n]\times G_e[n]-V_{REF}[n]\right) \tag{9.23}$$

式中，V_R 和 V_{REF} 分别是主 ADC 和参考 ADC 的余量电压的数字表示；G_e 是级间增益的估算。因此也可以表示为

$$G_e[n+1]=G_e[n]-\mu\times D_{REF}[n]\times\left(D_{out}[n]-D_{REF}[n]\right) \tag{9.24}$$

式中，D_{out} 和 D_{REF} 分别是主 ADC 与参考 ADC 的输出。

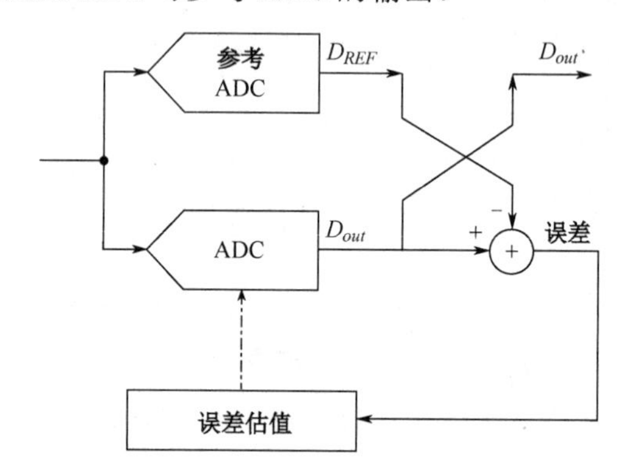

注：一个使用参考 ADC 方法的框图。可以在数字域或模拟域中进行校正。

图 9.29

该技术属于确定性方法的范围。与求和节点校准技术相似，该方法具有快速收敛时间，并在开发参考 ADC 时要花费大量模拟设计。与求和节点方法不同，慢速参考 ADC 需要准确，它的噪声可能很高，但其线性度必须与待校准 ADC 所需精度相匹配。

参考 ADC 方法由于主路径和参考路径之间可能有失配而存在局限性，其中一些失配，如时钟偏移和回踢，会限制校准精度。此外，由于基准 ADC 的慢速时钟和对输入的负载效应影响，其可能会降低主 ADC 的性能。

9.1.5 裂式 ADC 校准

此技术类似于参考 ADC 方法，但是不是使用慢而精确的 ADC，而是将主 ADC 分为两个相同的部分，两个输出的总和（或平均值）为 ADC 的整体输出。两个输出之间的差异表示需要由 LMS 算法最小化的误差信号[20]，其原理如图 9.30 所示。为了确保仅在正确校正两个 ADC 时才消除差值，而不只是在它们错误相同的情况下才消除差值，这两个部分工作在不同的余量模式下，这些模式通过强制子 ADC 比较器来随机选择，以对相同的输入做出不同的判决。两个半部分采取的不同判决路径使得当两个都同样错误时，不可能将误差最

小化。

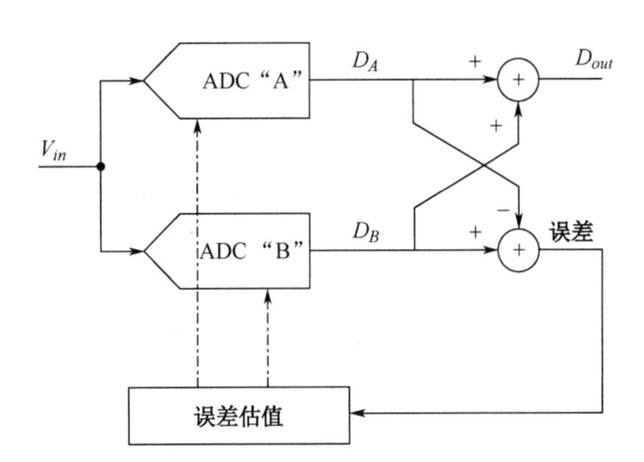

注：两个输出之间的差异表示需要由 LMS 算法最小化的误差信号[20]。

图 9.30

与参考 ADC 方法一样，该技术是确定性的，具有快速收敛时间，并且需要在模拟端进行显著修改。此外，它对两个半部分之间的失调失配、增益失配和时序失配很敏感，这可能导致校准误差。

9.1.6　建立误差校准

与仅使用模拟电路技术相比，高速流水线 ADC 中数字辅助的一个重要目标是校正动态建立误差，从而实现更高采样率、更高精度和更低功耗。MDAC 放大器的建立通常分为大信号建立和小信号建立[21]。大信号建立受到摆率、DAC 参考的大信号建立以及放大器共模建立的限制，它是高度非线性的，除了增益误差，还会导致非线性失真。非线性电荷注入也可以限制建立线性度。另外，小信号建立是线性的，并导致 IGE。因此，可以使用前面几节中介绍的 IGE 校准技术对其进行校准。

在不失一般性的前提下，如果我们假设一个单极点系统，那么小信号建立将由下式给出

$$v_o = v_{initial}\mathrm{e}^{-t_s/\tau} + v_{final}\left(1-\mathrm{e}^{-t_s/\tau}\right) \tag{9.25}$$

式中，t_s是建立时间；τ 是由下式给出的建立时间常数。

$$\tau = \frac{1}{2\pi \times \mathrm{BW}_{cl}} = \frac{1}{\beta\omega_u} \tag{9.26}$$

式中，BW_{cl} 是放大器的闭环带宽；β 是反馈系数；ω_u 是单位增益角频率。若放大器复位并从零开始，则建立时间 t_s之后的输出将为

$$v_o = v_{final}\left(1-\mathrm{e}^{-t_s/\tau}\right) = \left(\frac{V_{\mathrm{in}}C_t / C_f - \sum_{i=1}^{8}\mathrm{D}_i V_{Refi} C_i / C_f}{1 + 1/(\beta A)}\right)\left(1-\mathrm{e}^{-t_s/\tau}\right) \tag{9.27}$$

若 t_s和 τ 恒定，则输出将具有线性建立增益误差 $\delta G/G$，由下式给出

$$\delta G / G = \mathrm{e}^{-t_s/\tau} \tag{9.28}$$

如果存在多于一个的极点，那么小信号的建立行为可能会过阻尼、欠阻尼或临界阻尼，但是只要在小信号建立范围内，小信号建立误差仍将是线性的，并且会引起增益误差。实际

上，由于大信号建立时间是可变的，因此不能忽略式（9.25）中的初始电压项$v_{initial}e^{-t_s/\tau}$，这将降低建立误差的线性度。此外，大信号建立是高度非线性的，这使校准更加复杂。

图 9.31 给出了 A 和 B 两种情况的大信号和小信号建立。很明显，在输出 A 中，大信号建立的时间比 B 输出的长约 50 ps。在前一种情况下，除了摆率，大信号建立还受限于更长的 DAC 和参考建立时间，直到点 5 和点 6 为止，建立都是高度非线性的。到了点 2 和点 4，非线性大大降低，建立才开始在所需精度范围内变得几乎完全线性。IGE 校准对于校正点 1 和点 2 或点 3 和点 4 之间的建立误差非常有效，而当我们进一步移至点 2 和点 4 的左侧时，由于建立误差非线性的增加，其有效性会逐渐降低。

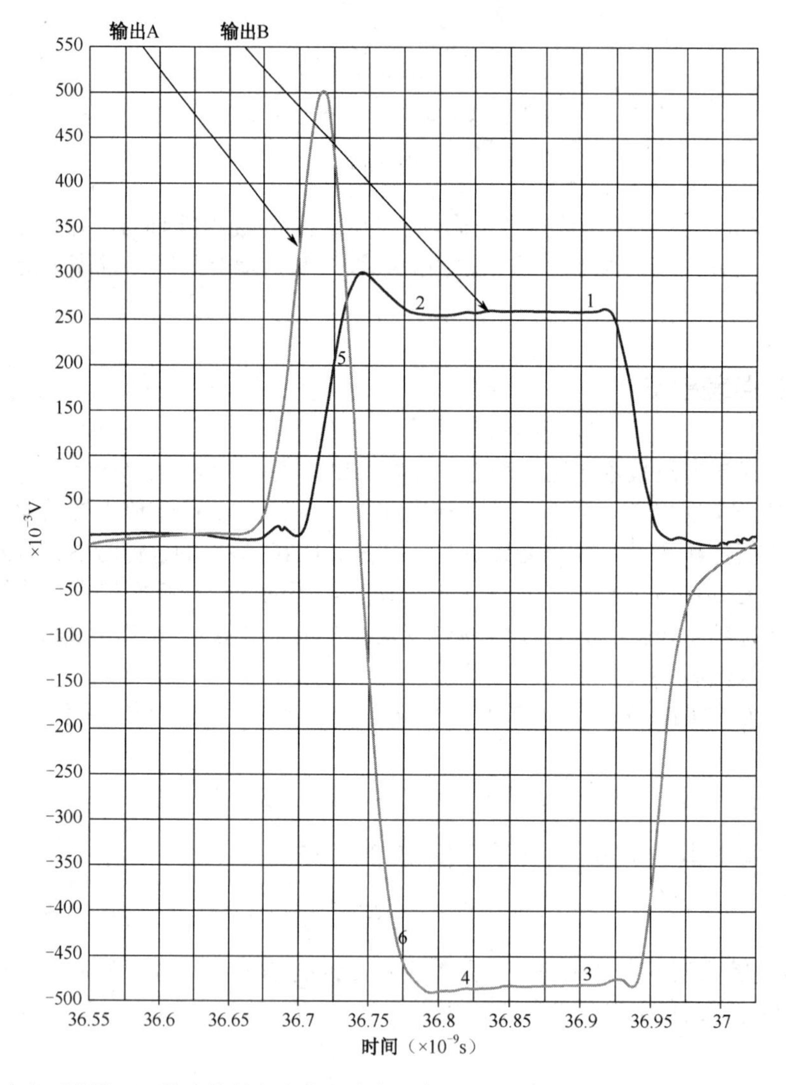

注：MDAC 输出在两种情况下的大信号和小信号建立仿真图。A：曲线显示输出方向错误（由于 DAC 延迟），然后恢复。B：该曲线显示出一种情况，其中输出直接流向正确的方向，因此具有相对短的大信号稳定时间。两种情况之间的大信号建立时间相差约 40 ps。

图 9.31

限制建立线性度的另一个因素是记忆和回踢误差。如图 9.32 所示，当ϕ_2为高电平时，第 2 级 DAC 根据其 DAC 编码连接至参考，当ϕ_1为高电平时，电容连接到第 1 级放大器的输出。如果第 2 级电容在连接到放大器输出之前未复位，则第 1 级放大器将发生非线性电荷注入（回踢），因为它们的初始电荷取决于先前的 DAC 编码。由于该电荷是先前输出的量化形式，因此是高度非线性的，所以电荷注入将是非线性的记忆误差。这表明在式（9.25）中的初始值 $v_{initial}e^{-t_s/\tau}$ 不是零，并且是高度非线性的。通常如果放大器有足够的建立时间，则非线性项将与放大器的输出建立呈指数关系地减小。但是如果建立时间太短，则该误差将无法解决，并且由于其非线性性质以及与先前采样的相关性，因此无法通过 IGE 校准进行校正。这表明有效校正建立误差有时可能还需要校正记忆和回踢误差[5, 39]。

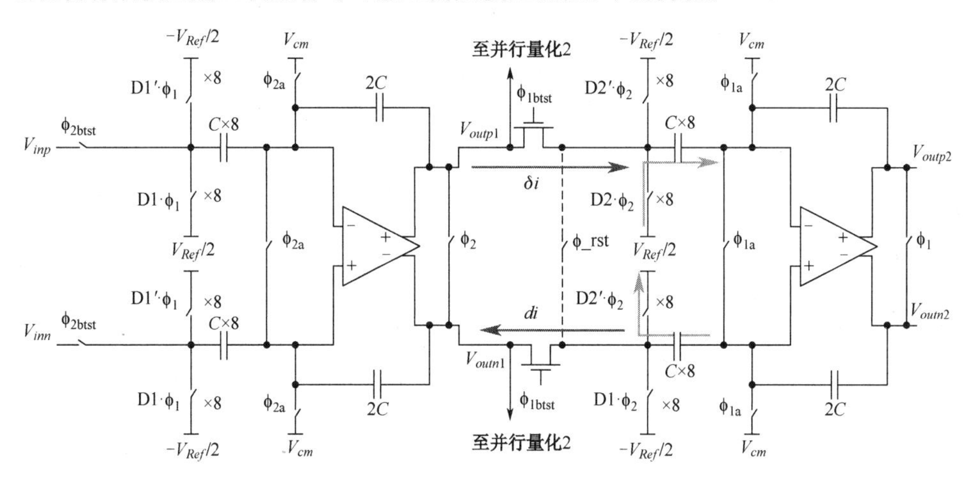

注：显示从第 2 级到第 1 级非线性电荷注入的简化原理图。在ϕ_2阶段，基于 DAC 编码，第 2 级的电容连接到 $V_{Ref}/2$ 或$-V_{Ref}/2$。在ϕ_1阶段，电容连接到第 1 级的输出。来自电容上的 DAC 电荷和输入开关中的电荷会导致非线性电荷注入（δ_i）。

图 9.32

9.1.7 记忆校准

记忆误差可由电容中的介电弛豫/吸收、放大器的复位不完全以及由之前电荷带来的建立不完全引起，也可能是由于后级电容或开关未完全建立而带来的电荷注入引起的。可以使用数字域中的有限脉冲响应（finite impulse response，FIR）滤波器来完成此类误差的校正[12]。FIR 滤波器将采用应用于前次采样的记忆系数来校正当前采样。可以使用基于相关性的方法检测记忆误差的大小，方法是将扰动信号注入 MDAC（如 IGE 校准一样），并利用 LMS 算法[13]检测其记忆内容，从而

$$Ge_{n+1,k}=Ge_{n,k}-\mu\times V_d[n-k]\times\left(V_d[n-k]\times Ge_{n,k}-V_R[n]\right) \tag{9.29}$$

式中，$V_d[n-k]$是过去第 k 个扰动值；$Ge_{n+1,\ k}$是基于过去第 k 个采样来对当前第 n 个采样的增益系数估算值。若 k=0，则 $Ge_{n+1,\ 0}$是级间增益和线性建立误差的系数；若 k>0，则 $Ge_{n+1,\ k}$是第 k 个记忆系数。

校正和均衡使用 FIR 滤波器以数字方式执行，其 M 个记忆抽头为（$Ge_{n+1,\ k}$），即

$$V_{R\_cal}[n]=\sum_{k=0}^{M}V_R[n-k]\times Ge_{n+1,k} \tag{9.30}$$

式中，V_{R_cal}是校准后的输出余量；V_R是未校准的余量。从式（9.29）和式（9.30）中可以看出，通过将前次的采样添加到当前采样中，记忆校准是基于相关性的 IGE 校准的扩展。

9.1.8 回踢校准

回踢校准是最近提出的一种新的校准类别[5]，该校准可校正由 ADC 开关电容采样网络到 ADC 输入驱动的非线性电荷注入（回踢）引起的误差。如果 MDAC 的输入采样网络使用相同的电容进行输入采样和 DAC 操作，尽管这对于更快的建立速度和更低的噪声来说是需要的，可由于在先前增益阶段存储在电容上的 DAC 电荷，而会发生非线性电荷注入。通常会使用一个由短暂复位脉冲控制的复位开关，如图 9.33 和图 9.34 所示。但是复位脉冲会消耗一部分采样（采集）时间，从而减少了可用于其他来源的非线性回踢建立的时间，如第 4 章所述，会减小失真。此外，产生如此短的脉冲会增加功耗。

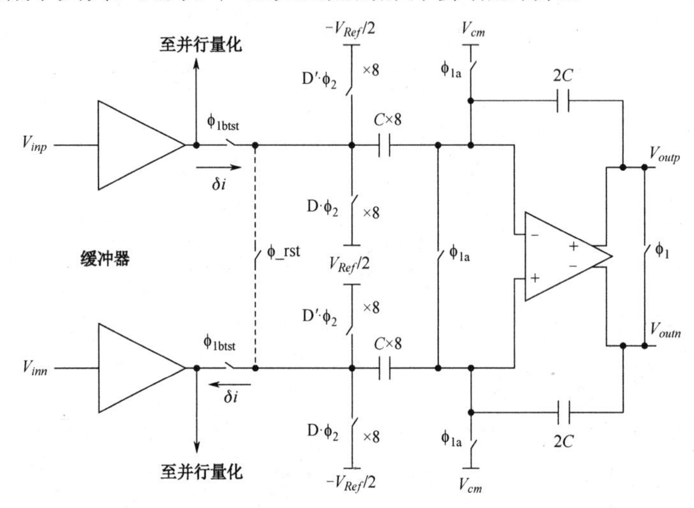

注：由输入缓冲器驱动的第 1 级 MDAC 简化原理图。复位开关用于在增益阶段之后和下一个采样阶段之前对采样电容进行短暂放电。© 2014 IEEE（转载自参考文献[5]）。

图 9.33

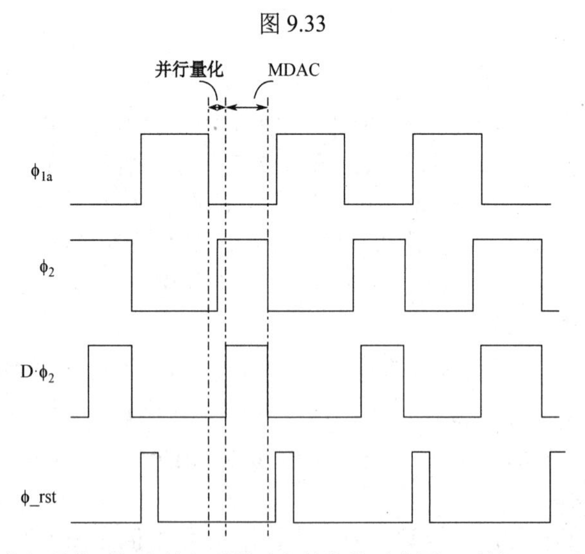

注：MDAC 增益阶段、并行量化时间和输入采样阶段的简化时序图。时钟 ϕ_rst 用于在下一个采样阶段之前对电容进行短暂放电，以释放前次 DAC 电荷。这样做是为了减少输入驱动器上的非线性电荷注入（回踢）。© 2014 IEEE（转载自参考文献[5]）。

图 9.34

在无缓冲器 ADC 中，这种非线性回踢可能非常严重。当使用输入缓冲驱动采样网络时，它提供了低输出阻抗，能够以所需的采样率驱动采样电容。但是缓冲具有有限的隔离度，对于源极跟随器，隔离度达 6～10 dB。某些回踢会传到 ADC 驱动网络，其带宽受驱动阻抗和 ADC 输入电容的限制，这限制了建立精度和 ADC 的性能。

由于这种非线性回踢与前次 DAC 值成正比，因此可以使用第一个并行量化的前次编码来校正产生的失真[5]，即

$$V_{out\_kbcal}[n]=V_o[n]+\sum_{i=1}^{M_{kb}}D_1[n-i]\times Gkb_{n+1,i} \tag{9.31}$$

式中，D_1是第一级并行量化的数字编码；V_o是 ADC 输出编码。使用 LMS 算法，通过注入不相关的 PN 校准信号来获得 M_{kb} 个回踢系数（Gkb_i），该信号在采样阶段会“踢下”输入，如图 9.35 所示。

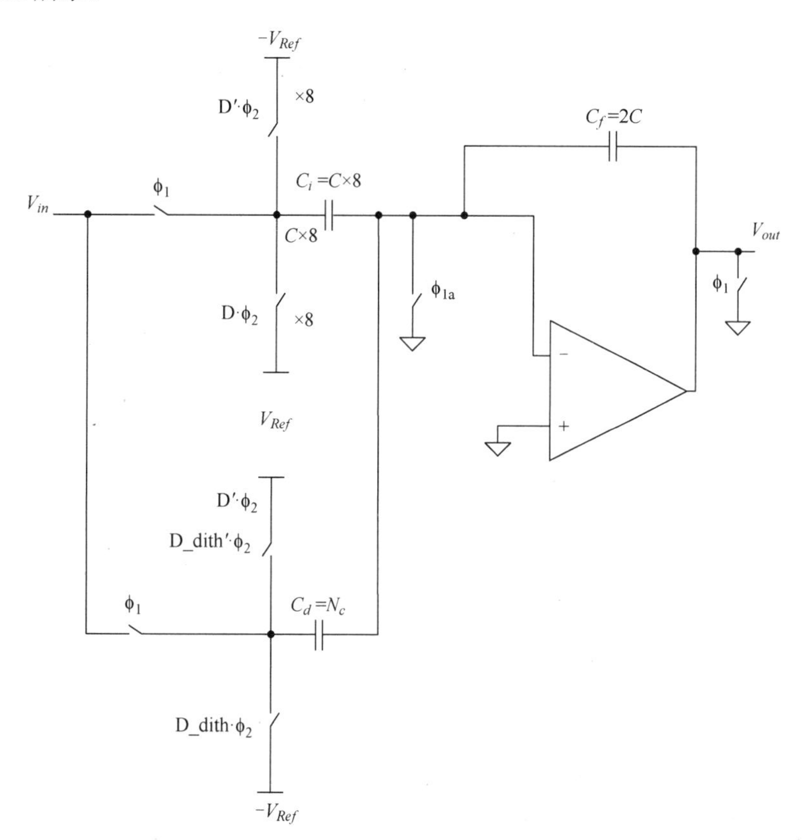

注：用于回踢校准的扰动注入简化原理图。在增益阶段，将扰动应用于扰动电容。在采样阶段，扰动电容连接到输入，以便以类似于采样电容的方式“踢下”输入。© 2014 IEEE（转载自参考文献[5]）。

图 9.35

在增益/保持阶段，PN 信号以类似于用于级间增益和记忆误差校准的 PN 信号注入方式，存储在附加的“回踢”扰动电容上。在采样阶段，回踢电容与 MDAC 采样电容并联连接至输入，这些电容将存储的 PN 信号电荷“踢下”输入，然后在采样阶段结束时对其进行采样，并和输入信号一起被数字化。LMS 算法用于去除回踢 PN 信号，并使用递归公式估算回踢系数[5]。

$$Gkb_{n+1,k} = Gkb_{n,k} - \mu \times Vd[n-k] \times \left(Vd[n-k] \times Gkb_{n,k} - V_{in}[n]\right) \quad (9.32)$$

式中，$Vd\ [n-k]$是过去第 k 个扰动值；$Gkb_{n+1,k}$是基于过去第 k 个采样来对当前第 n 个采样的回踢系数估算值。

此校准类似于 9.1.7 节中描述的记忆校准，并且是基于相关性的校准技术的扩展。与其他校准方法不同，该技术涉及将扰动注入 ADC 输入驱动器。由于驱动 ADC 的网络阻抗和带宽将影响其对注入扰动的反应，因此在实施此技术时必须格外小心，以确保足够数量的记忆抽头能被使用。

回踢系数依赖于工艺、供电、温度、采样率和 ADC 驱动网络。回踢校准算法在后台运行，以适应变化的条件。图 9.36 和图 9.37 给出了一个示例。其中 INL 从 5 LSB 降低到小于 1 LSB。与表现为锯齿形的 IGE 不同，回踢记忆误差通常是不规则的，并且在很大程度上取决于输入信号的频率。

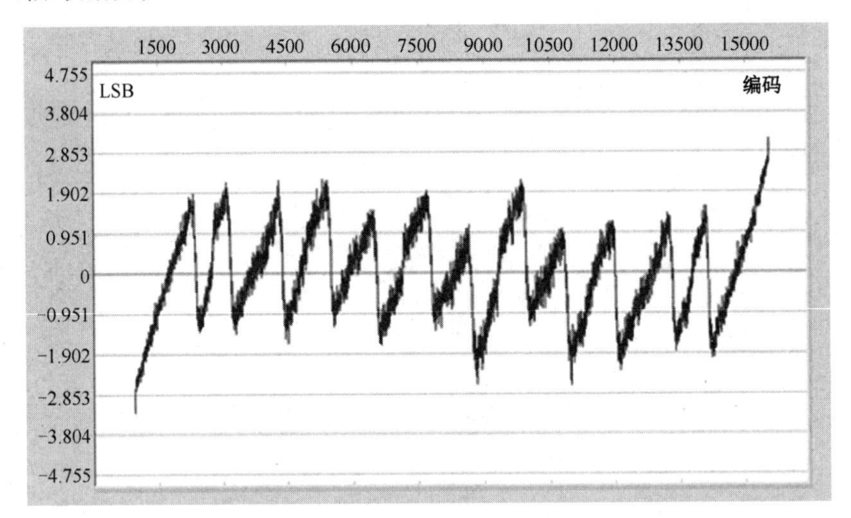

（a）INL 图显示了输入频率为 700MHz 时非线性回踢对 14 位 1GS / s 的影响

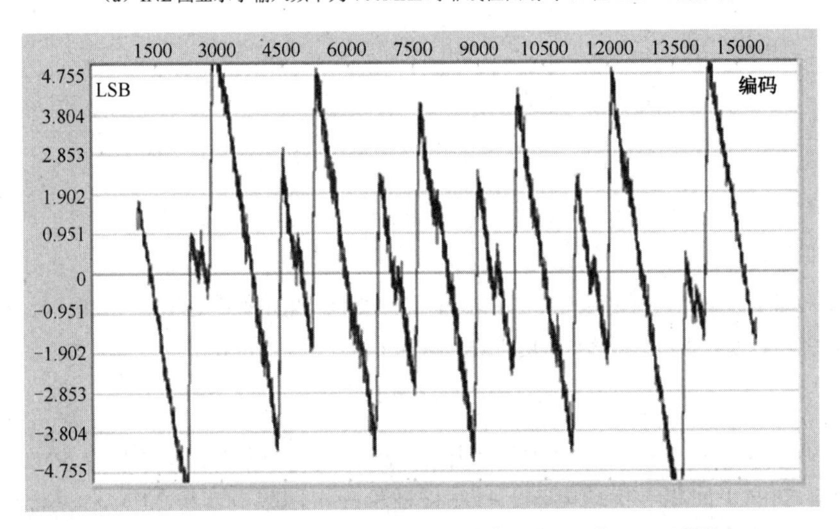

（b）INL 图显示了输入频率为 900MHz 时非线性回踢对 14 位 1GS / s 的影响

注：© 2014 IEEE（转载自参考文献[5]）。

图 9.36

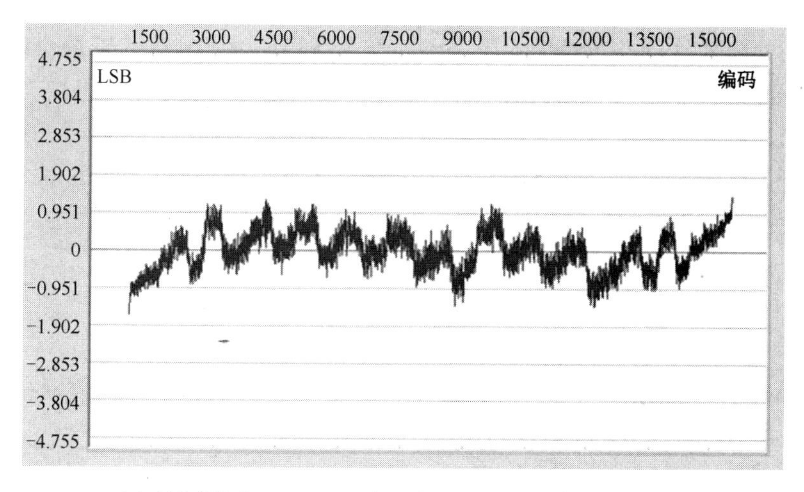

（a）输入频率为 700MHz，一个 14 位 1GS/s 进行回踢校准的 INL 图

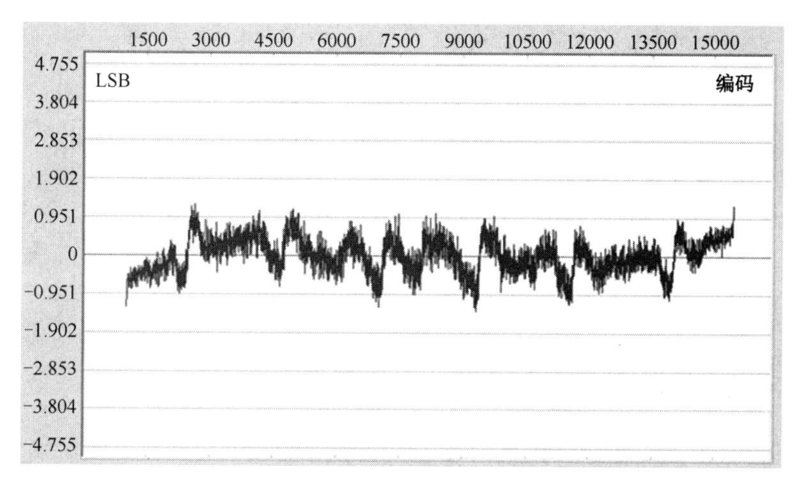

（b）输入频率为 900MHz 时，一个 14 位 1GS/s 进行回踢校准的 INL 图

注：© 2014 IEEE（转载自参考文献[5]）。

图 9.37

可以将此技术扩展到后续流水线级，以校正某级 DAC 电荷对上一级的非线性电荷注入，如前所述，并如图 9.32 所示。在这种情况下，将以类似于图 9.35 的方式注入扰动，并且回踢误差可以按以下方式进行校正

$$V_{R\_cal,i}[n]=V_{R,i}[n]+\sum_{k=0}^{M}D_{i+1}[n-k]\times Gkb_{n+1,k,i} \tag{9.33}$$

式中，$V_{R_cal,\ i}$是第 i 级的校准后输出余量；$V_{R,\ i}$是第 i 级的未校准余量；D_{i+1}是下一级的并行转换编码；$Gkb_{n+1,\ k,\ i}$是应用于第 i 级时，采用式（9.32）所示 LMS 算法获得当前采样前第 k 次采样的回踢校准系数。

9.1.9　余量放大器非线性

除了增益误差，即使使用 IGE 校正，RA 可能还会遭受能够限制流水线 ADC 性能的非线性的困扰。引起非线性的可能原因有多种，包括放大器的摆率、DAC 和基准大信号建

立、放大器的共模建立以及非线性电荷注入。与具有高压缩非线性特征的小幅度下高增益相比，RA 在其动态范围内具有均匀的低增益更可取。均匀的低增益更易被 IGE 校准方法校正，这是易校准模拟设计的一个示例。但是这并不总是可能的，有时我们可能需要将速度或性能推到放大器的线性建立范围之外，因此也必须校准放大器的非线性。本节讨论校准放大器非线性的几种方法，包括基于相关性的技术、统计技术和确定性技术。

级间放大器的非线性可通过修改式（9.2）中第 i 级的余量 V_{oi} 来表示

$$V_{oi} = V_{oi}|_{ideal} + \alpha_1 V_{oi} + \alpha_2 V_{oi}^2 + \alpha_3 V_{oi}^3 + \cdots = V_{oi}|_{ideal} + \sum_{k=1}^{m} \alpha_k V_{oi}^k \tag{9.34}$$

式中，α_k 是第 k 阶误差项；m 是考虑的最高阶非线性。在数字域中，可以通过将相反的非线性应用于数字余数 $D(V_{oi})$来校正这些误差，可以将其近似为

$$\begin{aligned} D(V_{oi})|_{cal} &\approx D(V_{oi}) - \alpha D(V_{oi}) - \alpha_2 D(V_{oi})^2 - \alpha_3 D(V_{oi})^3 - \cdots \\ &\approx D(V_{oi}) - \sum_{k=1}^{m} \alpha_k D(V_{oi})^k \end{aligned} \tag{9.35}$$

式中，$D(V_{oi})$①是第 i 级余量的数字表示；$D(V_{oi})|_{cal}$ 是第 i 级校准的数字余量。

为了说明在某些情况下可能需要校准放大器的非线性，图 9.38 给出了一个具有压缩增益非线性的放大器示例。放大器的增益从小信号的 60 dB 下降到满量程附近的 55 dB。在不进行任何校准的情况下，最终流水线 ADC 的 SFDR 约为 70 dB，而 SNDR 被限制为 64 dB，如图 9.39 所示。校准增益误差项可得出约 57 dB 的增益估计。如图 9.40 所示，SFDR 性能将提高到 80 dB 左右，SNDR 性能将提高到 75 dB 左右。尽管放大器具有余量非线性，但这仍显示出实质性的改进。

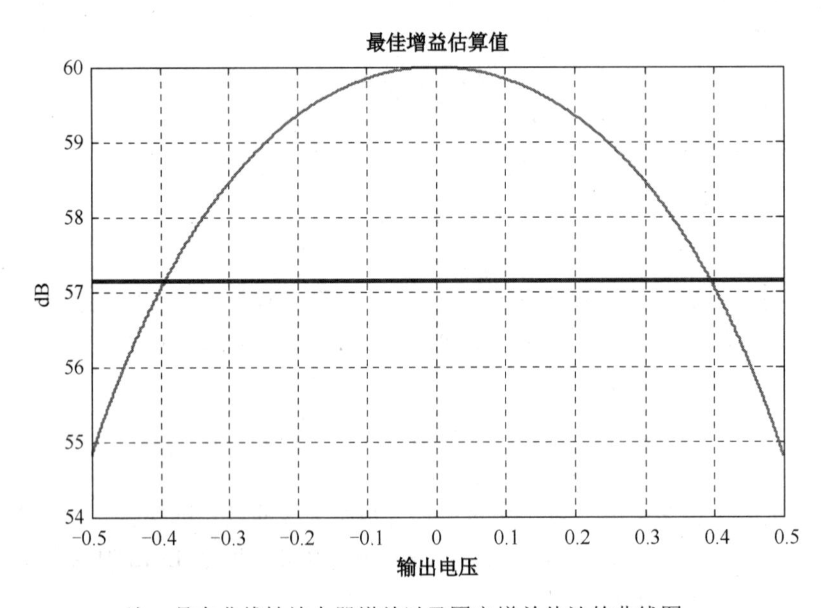

注：具有非线性放大器增益以及固定增益估计的曲线图。

图 9.38

① 译者注：原文此处有下标 cal，译者认为是笔误，此处应没有下标 cal。

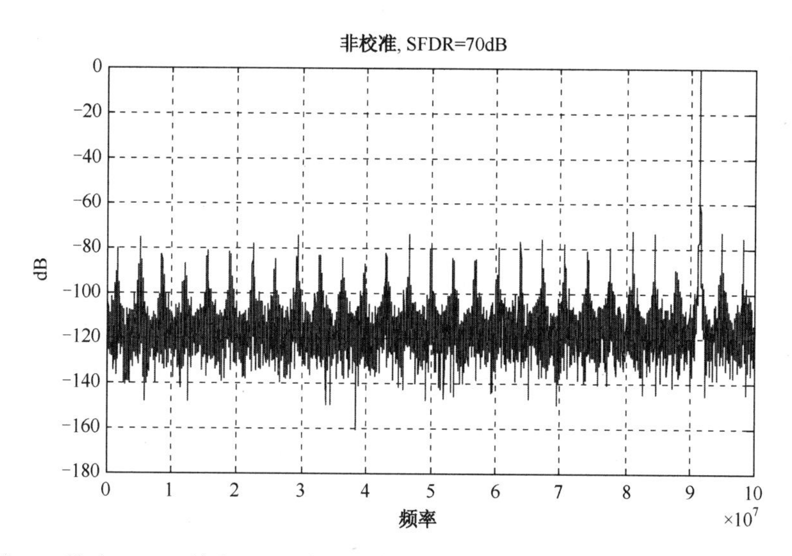

注：使用图 9.38 所示 MDAC 放大器，无任何校正的数字输出 FFT。SFDR=70 dB 和 SNDR=64 dB。

图 9.39

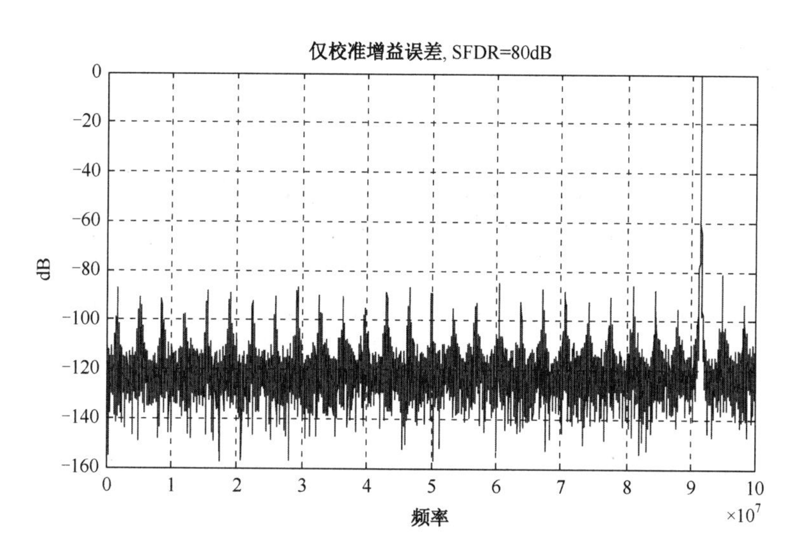

注：使用图 9.38 所示的 MDAC 放大器的数字输出 FFT，使用图 9.38 所示的估计值进行固定增益校正。SFDR=80 dB 和 SNDR=75 dB。

图 9.40

使用图 9.41 所示的两段非线性增益的分段线性逼近，可以得出 SFDR 性能约为 90 dB，SNDR 约为 85 dB，如图 9.42 所示。最后使用图 9.43 所示的三阶多项式可以使 SFDR 和 SNDR 性能优于 110 dB，如图 9.44 所示。也就是说，SNDR 实际上将受到热噪声的限制，在本例中热噪声被建模为非常低。在每种情况下，数字校正都代表模拟误差和非线性的反函数，以校正其影响。该示例说明了在逐步接近放大器实际特性的情况下，校正放大器非线性和逐步改善性能的重要性。它也说明了即便只有几段，分段线性校正依然有效。在以下各节中将讨论一些校正放大器非线性的技术。

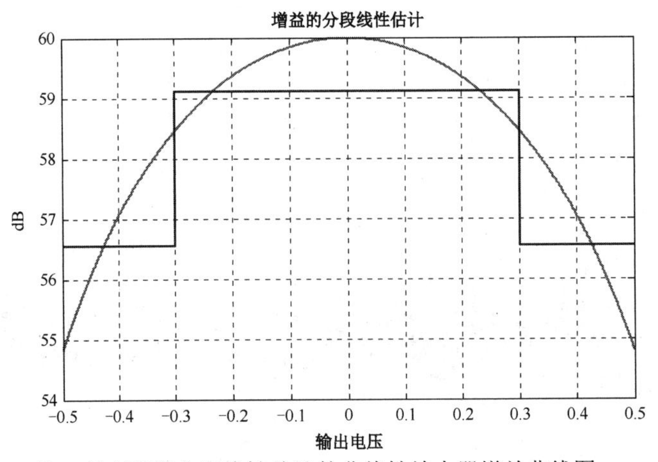

注：具有两段分段线性估计的非线性放大器增益曲线图。

图 9.41

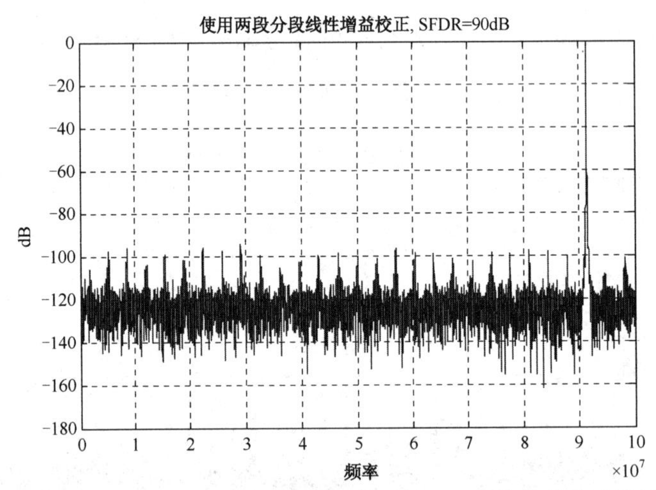

注：使用图 9.41 中的 MDAC 放大器，并使用图 9.41 所示采用 LMS 估算的分段线性增益校正的数字输出 FFT。SFDR=95 dB 和 SNDR=85 dB。

图 9.42

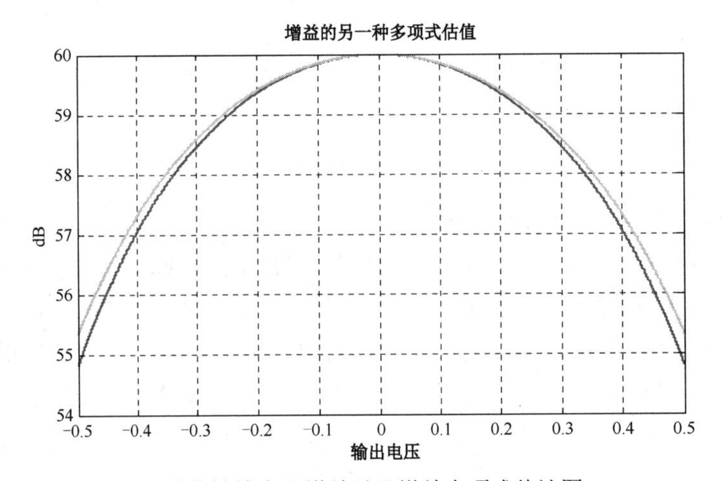

注：非线性放大器增益以及增益多项式估计图。

图 9.43

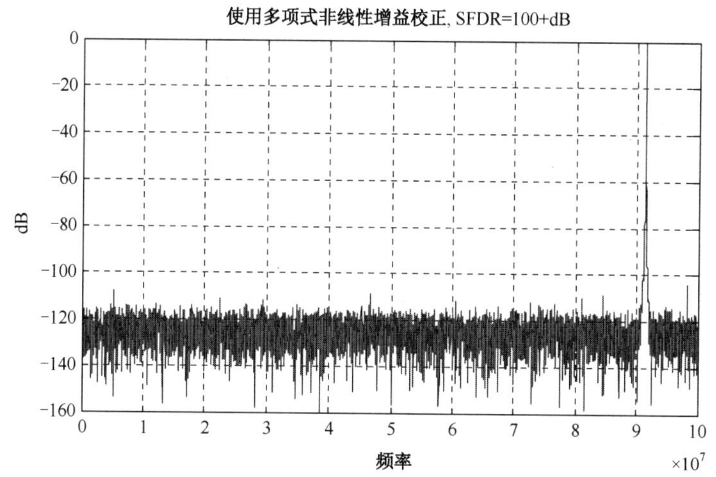

注：使用图 9.43 中的 MDAC 放大器，并使用图 9.43 所示 LMS 估计进行多项式校正的数字输出 FFT。SFDR=110 dB 和 SNDR=110 dB。

图 9.44

1．基于相关性的方法

基于相关性的 IGE 校准可以扩展以校正放大器的非线性，这可以通过在待校准级中使用多个不相关的 PN 信号来实现[9]。在后端数字中，估算 PN 信号之间的互相关性，并将其用作非线性度量。例如，可以使用 3 个不相关扰动信号的互相关性来估计三阶非线性，五阶非线性需要 5 个扰动信号，以此类推。

文献[8-10]中讨论了这种校准方法的实现，其中将 m 个不相关的扰动信号注入 MDAC。余量可以表示为

$$V_R[n]=V_R|_{ideal}[n]+\sum_{k=1}^{m}\alpha_k V_R^k[n] \tag{9.36}$$

式中，α_1 是增益误差项；α_2 是二阶失真项；α_3 是三阶失真项，以此类推。忽略通过使用差分而最小化的偶次阶项，该算法的目标是估计奇次 α 项。这是通过估算奇数 γ 个表示扰动信号之间互相关项完成的，从而使一阶项为

$$\gamma_1=-K_1\times E\left[V_{d1}[n]\left(V_R[n]+\sum_{k=1}^{m}V_{dk}[n]\right)\right] \tag{9.37}$$

式中，$E[z]$是 z 的估计值（或平均值）；V_{dk}是第 k 个扰动信号；V_R是余量信号；K_1是常数。三阶项表示为

$$\gamma_3=-K_3\times E\left[V_{d1}[n]V_{d2}[n]V_{d3}[n]\left(V_R[n]+\sum_{k=1}^{m}V_{dk}[n]\right)\right] \tag{9.38}$$

五阶项表示为

$$\gamma_5=-K_5\times E\left[V_{d1}[n]V_{d2}[n]V_{d3}[n]V_{d4}[n]V_{d5}[n]\left(V_R[n]+\sum_{k=1}^{m}V_{dk}[n]\right)\right] \tag{9.39}$$

其中

$$K_i=\frac{A^{-2i}}{i!} \tag{9.40}$$

A 是每个校准扰动信号的幅度；$E[z]$是 z 的估计（或平均值）；$V_R[n]$是余量信号；$V_{dk}[n]$是第

k 个扰动信号。

由于高阶项的影响，互相关的 γ 值不等于 α 值。可以表示为[9, 10]

$$\gamma_3=\alpha_3+\alpha_5\left[30A^2+10Y[n]\right] \tag{9.41}$$

和

$$\gamma_1=\alpha_1+\alpha_3\left[13A^2+3Y[n]\right]+\alpha_5\left\{241A^4+130A^2\left(Y[n]+5Z[n]\right)\right\} \tag{9.42}$$

其中

$$Y[n]=E\left[\left(V_R[n]+\sum_{k=1}^{m}V_{dk}[n]\right)^2\right] \tag{9.43}$$

和

$$Z[n]=E\left[\left(V_R[n]+\sum_{k=1}^{m}V_{dk}[n]\right)^4\right] \tag{9.44}$$

因此，在估计 γ 值之后，将需要如图 9.45 所示来估计 α 值[9]。

尽管已经证明了该算法的有效性，但是它具有较长的收敛时间，所需的采样数量取决于所需的精度 ε、信号幅度、扰动幅度和扰动信号数量，这些与需要校正的非线性阶数有关，大致如下[9]

$$N\propto\frac{V_{signal}^{2k}}{(k!)^2\varepsilon^2V_{dither}^{2k}} \tag{9.45}$$

式中，ε 是允许的收敛误差；V_{dither} 是每个扰动信号的幅度；V_{signal} 是信号幅度；k 是待校正失真的阶数。三阶非线性校正所需的采样数量可能达到数十亿，对于低于 100 MS/s 的采样率，这将导致几分钟的收敛时间[9, 10]。

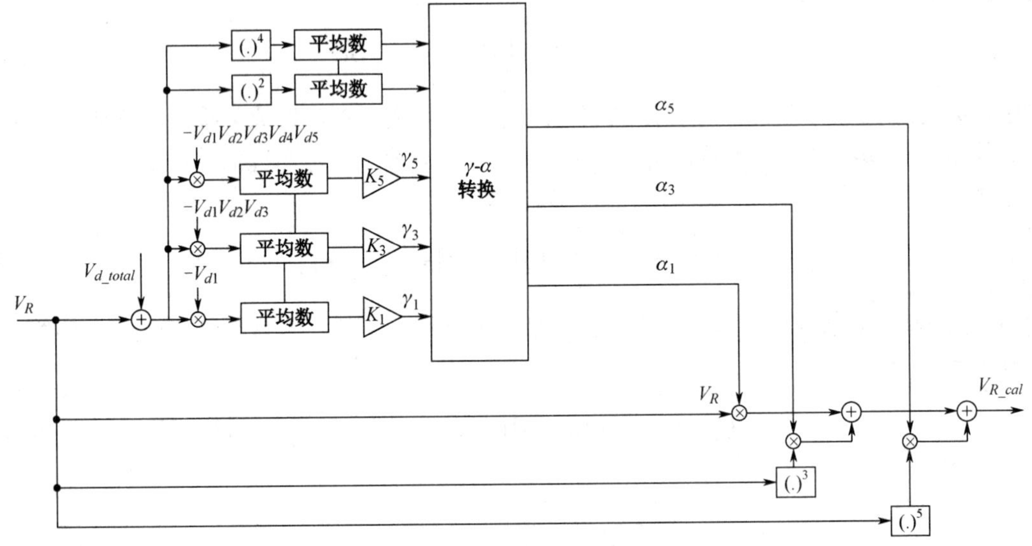

注：基于相关性的 MDAC 放大器 IGE 和非线性校准框图。© 2006 IEEE（转载自参考文献[9]）。

图 9.45

2. 基于统计的方法

在统计方法中，直方图用于通过统计估算两个余量信号之间或校准级的两个子范围之间的距离，来推断 IGE 和放大器的非线性。可通过工厂或前台在输入存在大量采样条件下的 INL 或余量波形来完成，也可以通过迫使比较器在两个不同的判决之间切换来测量相应输出余量的“跳变”来完成。扩展此方法以校正放大器的非线性很简单。

另外，如文献[23]中所述，可以在后台采用非线性校准，这样的话，一个 PN 序列用于在两种模式之间切换并行量化阈值，从而在输出中产生足够的变化量来估算 IGE 和非线性。如图 9.46 所示，其中在并行 ADC 中添加了一个附加位，以在两种模式之间切换阈值。若放大器是线性的，则距离 h_1 和 h_2 将相等。但是放大器的非线性会导致它们有所不同，在存在压缩的情况下，h_2 通常小于 h_1。通过测量大量输入样本上的距离 h_1 和 h_2，可以获得 IGE 和非线性的估计值。

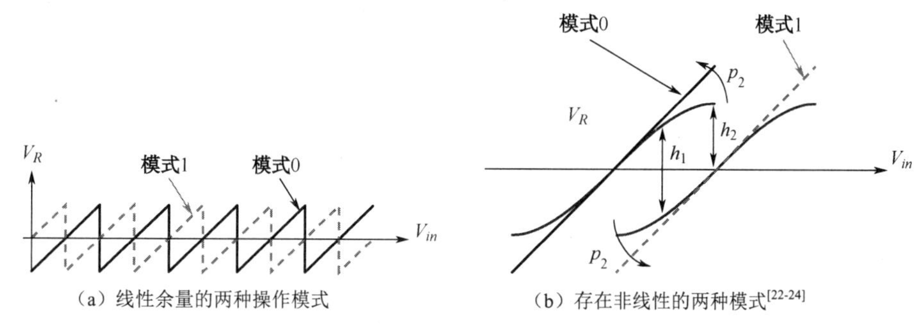

（a）线性余量的两种操作模式　　（b）存在非线性的两种模式[22-24]

注：两种操作模式下的级余量曲线。© 2003 IEEE（转载自参考文献[23]）。

图 9.46

通过估计与那些参数的位置相对应编码的累积直方图来测量距离 h_1 和 h_2。确定后，可将它们用于估算用来执行增益和非线性校正的参数 p_1 和 p_2，如图 9.47 所示。

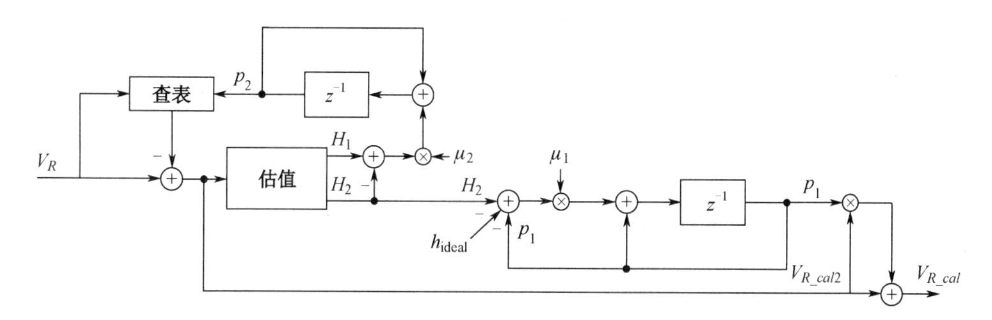

注：MDAC 放大器 IGE 和非线性的统计校准框图[23, 24]。© 2003 IEEE（转载自参考文献[23]）。

图 9.47

估算是使用 LMS 算法执行的。一个环路（步长为 μ_1）使用参数 h_2 的估计值来估计增益校正参数 p_1，并将其作为增益校正项应用于余量。h_{ideal} 项用作校正系数，以解决需要归零的恒定增益误差。另一个环路（步长为 μ_2）使用 h_1 和 h_2 的估值来估计参数 p_2，其与查找表一起使用以校正放大器的非线性。

此方法要求输入信号具有可接受的分布，这可能会限制其应用。它还需要一些并不大的模拟设计开销。另外，它需要大量的数字处理和存储。

3. 采用求和节点采样

校准 MDAC 放大器非线性的第三种方法是使用确定性方法，如求和节点算法[7]。对

LMS 算法使用单独的操作，对求和节点电压进行采样，并用于估算不同幅度范围信号的增益，然后可以采用分段线性或多项式拟合来近似和校正非线性。与基于相关性的方法不同，该技术具有非常快的收敛性（约几千次采样），并且在将采样样本分成多部分时不会引起扰动相关性问题。

9.1.10 耦合校准

基于相关性的方法可以被扩展用来校正耦合误差，这是通过在干扰信号的位置注入不相关的 PN 信号，并在目标位置进行检测来实现的。使用 LMS 算法，可以估算耦合系数，这可有效减少多通道 ADC 中的串扰、数字耦合和通道间耦合[25]。

9.2 扰动

尽管校准算法有效，但校准后 ADC 的线性度仍可能受到其精度限制。消减性扰动可用于通过随机化非线性影响并将其散开至底噪中的方式来线性化任何余量非线性。随后再在数字后端将其减去。与校准不同，扰动不会“修复”误差或提高 ADC 的 SINAD。实际上，由于扰动信号的不完全消减，有时还会恶化 SINAD。但是它可以大大改善线性度，从而提升 ADC 的 SFDR。此外，如前所述，它还可以减小 ADC 增益随输入幅度变化的程度，并通过线性化后端来提高后台校准的精度。

可以将扰动注入到输入信号中，以沿流水线向下传播，并最终在数字后端将其减去。LMS 算法可用于在后台校准扰动的消减，以跟踪温度、供电和采样率的变化，如图 9.48 所示。

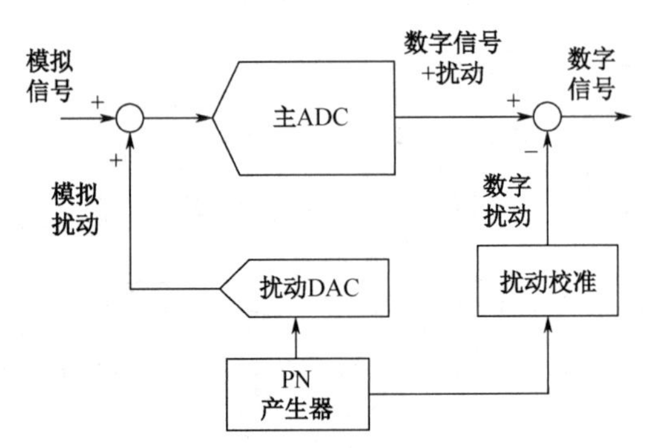

注：扰动注入和校准框图。扰动用于线性化 ADC。

图 9.48

在流水线 ADC 中，可以在第一级的 MDAC 和并行量化中注入抖动，如图 9.49 所示。这等效于将其注入 ADC 的输入，这对于有效地扰动第一级的 IGE 误差是必要的。

重要的是要注意，注入到 ADC 输入端的扰动信号（例如，在 ADC 的 MDAC 和并行量化中）将把 IGE“看作”INL 锯齿形，如图 9.50 所示。因此，若面积 A1 等于 A2 且抖动足够大以覆盖整个子范围，则将有效地扰动该误差。但是，因为该扰动信号可以看到整个 ADC 的增益而非级间增益，所以不能用来作为测量 IGE 的校准信号。整个 ADC 的增益由图 9.51 中从原点发出的虚线标记。

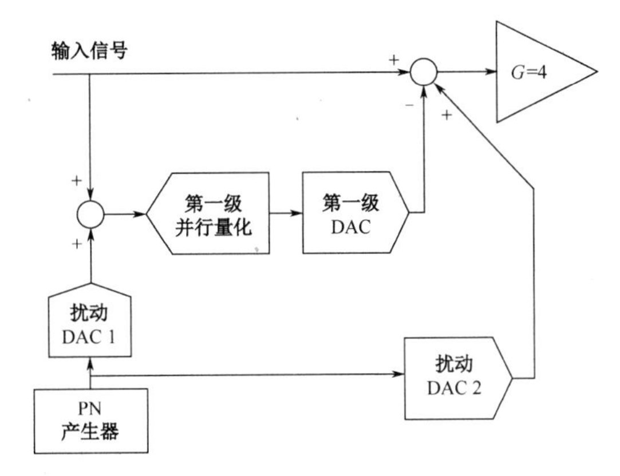

注：扰动注入流水线级的框图。扰动被注入到 MDAC 和并行量化中，而并不占用校正范围的任何部分。

图 9.49

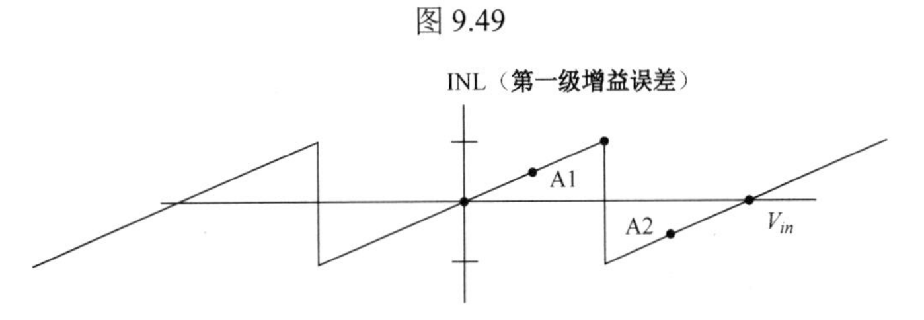

注：显示级间增益误差和扰动有效性的余量图。若 A1 等于 A2，则幅度等于子范围大小（或其倍数）的扰动能够扰动由级间增益误差产生的锯齿形。

图 9.50

另外，仅注入 MDAC（而不是并行量化）中的扰动信号可以用作测量 IGE 的校准信号，但不能有效地扰动注入级的 IGE。该扰动经历了图 9.51 中各个子范围斜率所给的级间增益，但并未“跨过”子范围，因此无法对其进行扰动。但是只要将其放大到足够大以便覆盖该后端各级的整个子范围，它就可以扰动后端各级的误差。

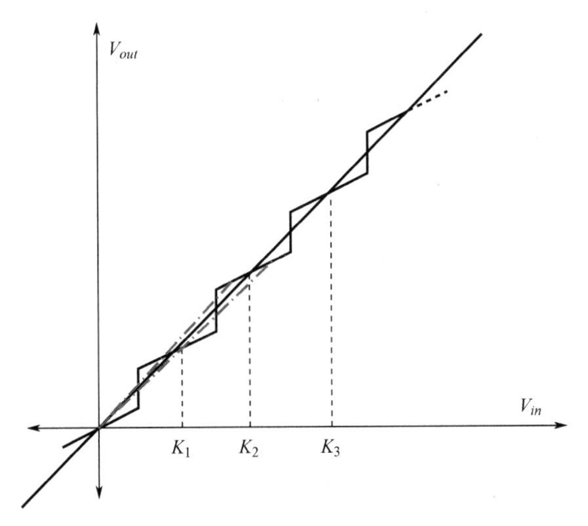

注：存在级间增益误差情况下的 ADC 输出与输入关系。不同的子范围用 K_1、K_2、K_3 等表示，级间增益误差由分段的斜率给出，总增益由虚线从原点到工作点的斜率给出。

图 9.51

另一观察结果是，注入到 MDAC 中的扰动只会消耗一部分校正范围，而注入到 MDAC 和并行量化中的扰动则不会（至少理想情况下）消耗校正范围的任何部分。但是由于它会添加到输入信号中，因此可能会消耗 ADC 动态范围的一部分。可以通过在第一级并行量化中使用一个额外的比较器来避免这种情况，这样当施加满量程输入信号时，两侧的最后两个子范围仅被使用一半（图 9.20），并再次显示如图 9.52 所示。扰动可以占据超出满量程范围的其余两个半子范围，只要其峰峰值幅度等于或小于一个子范围，就不会损害 ADC 的动态范围或线性度。幸运的是，该幅度通常足以有效扰动第一级的 IGE。

为了估计扰动带来的 SFDR 提升，我们需要回顾由于锯齿模式而引起的 SFDR，这已在第 1 章和第 2 章中进行过讨论。锯齿误差模式看起来像标准量化误差，n 位的 SFDR 为

$$\mathrm{SFDR}=9n-c \tag{9.46}$$

式中，c 是常数。每增加一位，就可以将误差能量降低 6 dB，并使杂散数量增加一倍，从而又减少了 3 dB，因此共提高了 9 dB。由于可以将 n 位扰动视为具有额外 n 位量化，而这又是随机的，因此由扰动导致的 SFDR 提升有望遵循相同的量化趋势。所以用 n 位扰动（N 级，其中 $n=\log_2 N$）对锯齿形误差模式进行扰动处理，可以使在相同输入幅度下 SFDR 提高约 $9n$ dB（30 log$N$），这在概念上如图 9.53 所示。另外，扰动位在该级中作为附加的量化位，有效地增加了子范围的数量并减小了最大误差幅度。因此，最坏情况下的 SFDR 通常会出现在单个子范围的边界，它将出现在幅度降低 20 log$N$ 且值提高 $6n$（20 log$N$）的不同点上。

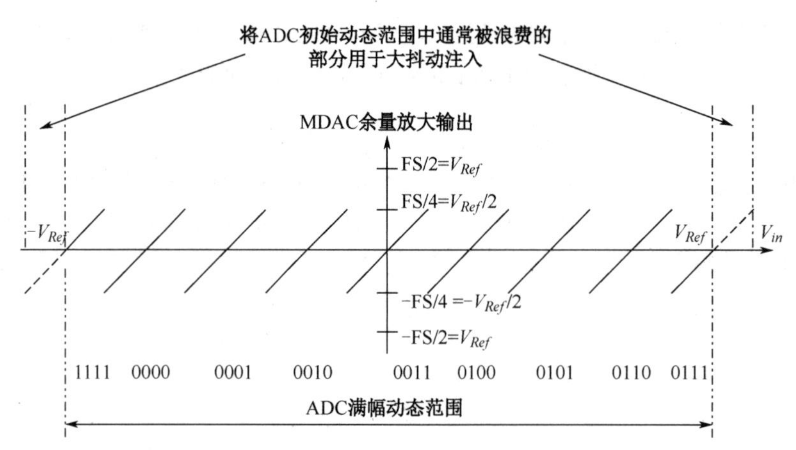

注：第一级余量曲线显示了并行量化中使用一个额外比较器产生的，通常不使用，而是被用于大扰动信号的动态范围部分。

图 9.52

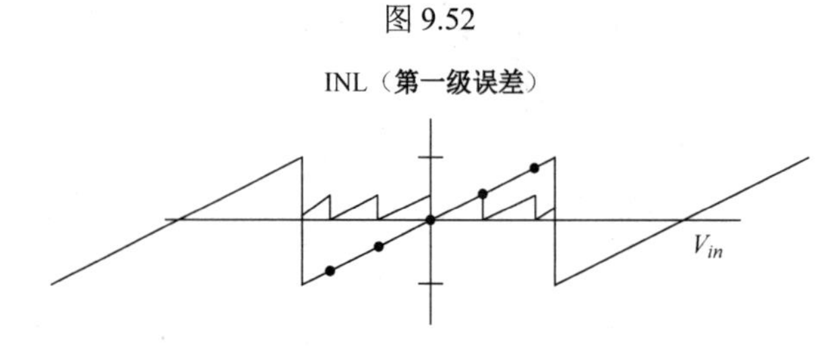

注：扰动效果的余量（量化误差）图，即通过增加段数和减小峰值幅度来减少量化噪声引起的杂散。总量化能量并未提升。

图 9.53

例如，若流水线某级为 3 位，则最坏情况 SFDR 通常发生在−18 dBFS，即$-6k_1$（k_1=3）。若此级用 16 级扰动进行扰动，则相同幅度（−18 dBFS）下的 SFDR 将提高 30log16（提升 36 dB）。另外，SFDR 刻痕[①]将移动 6*n*（扰动 *n*=4 位），从−18 dBFS 移至−42 dBFS，其水平将提升 20log16，即 24 dB，图 9.54 对此进行了说明，该图显示了在第一级存在 IGE，有和没有抖动的情况下，SNR 和 SFDR 仿真结果。

从图 9.54 中还可以看到，扰动并未改善 SNR。实际上，若没有扰动，则当输入信号幅度小于第一级单个子范围时，SNR 会大大提高。在存在扰动的情况下，对 IGE 的扰动会降低信号非常小时的 SNR。

综上所述，若我们使用 *N* 级的扰动，则期望有以下几种情况。

（1）在相同幅度下，SFDR 改善为：30 log*N*。

（2）最坏情况幅度下，SFDR 改进为：20 log*N*。

（3）SFDR 最坏情况时的幅度减小：20 log*N*。

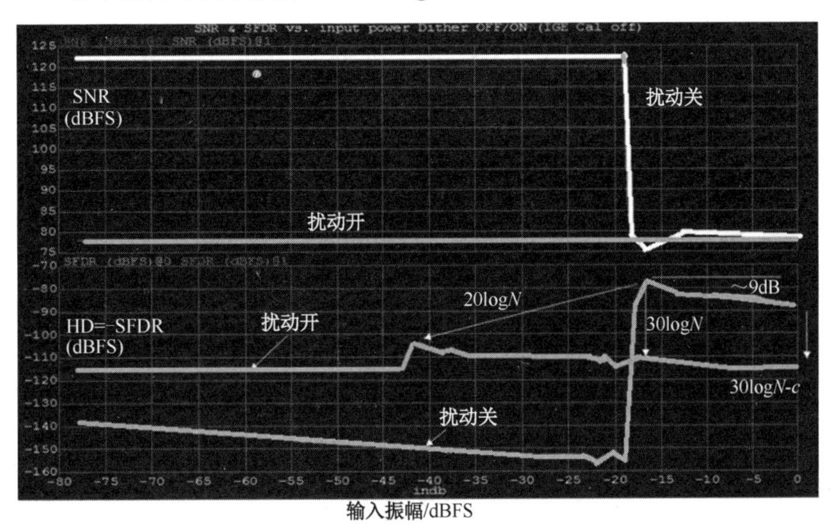

注：第一级存在 IGE 的 3 位/级流水线中，采用 4 位（*N*=16）扰动对 SNR 和 SFDR 的影响效果仿真图。

图 9.54

SFDR 和 SNR 的测量结果分别如图 9.55 和图 9.56 所示。这是一个 16 位 250 MS/s，第一级为 3 位，后续级为 4 位/级。结果显示了使用校准和扰动的影响。在图 9.55 所示的基线曲线中，没有校准和扰动，我们可以看到，由于级间增益误差而导致性能下降。另外，刻痕明显位于第一级的−18 dBFS（$-6k_1$，k_1=3）子范围边界处，以及第二级的−42 dBFS（$-6k_1-6k_2$，k_1=3，k_2=4）子范围边界处。SFDR 随扰动或校准而显著提升，结合使用校准和扰动，可以清楚地观察到最佳性能。

同样，对于图 9.56 中的 SNR 曲线，可以看到基线 SNR，以及校准带来的改善。另外，仅扰动并不能改善 SNR。实际上，它会如预料的一样降低 SNR，尤其对于小信号幅度而言，降幅可能很大。这是因为校准修正了误差，从而提高了 SNR，而扰动则将误差打散到了底噪中，所以不但不会提高 SNR，实际上还会使 SNR 降低。一旦进行了线性化，就在数字后端减去扰动，而扰动减法中的任何缺陷都会导致 SNR 下降。

① 译者注：“刻痕”是指 SFDR 发生明显跳变的位置。

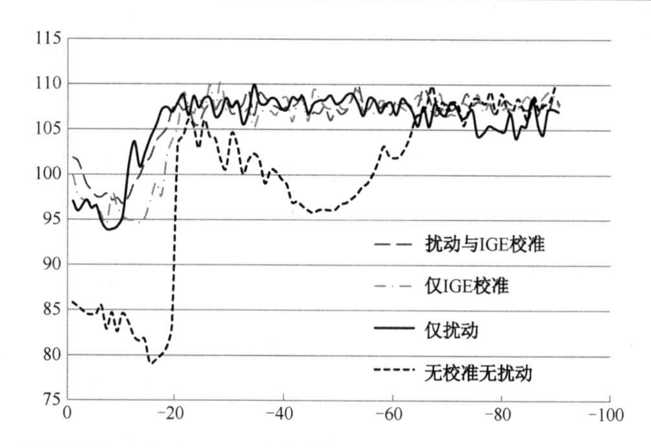

注：显示扰动、校准以及两者对 SFDR 影响的 SFDR（dBFS）与输入幅度（dBFS）关系图。

图 9.55

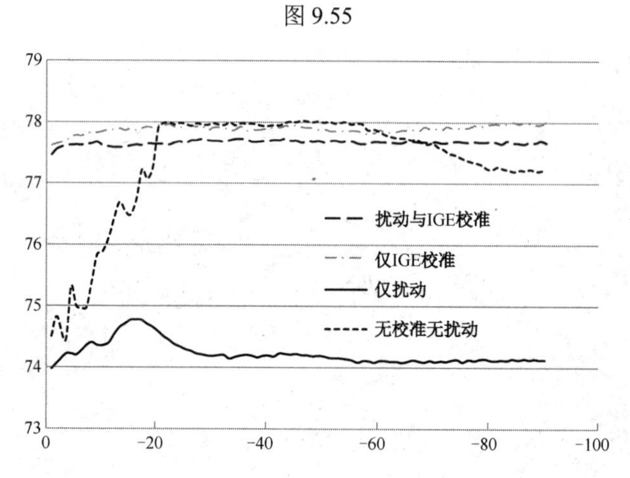

注：显示扰动、校准以及两者对 SNR 影响的 SNR（dBFS）与输入幅度（dBFS）的关系图。

图 9.56

图 9.57 给出了带有扰动的 ADC 输出频谱示例，具有非常出色的线性度，其代表当前的技术水平，并且是高速 ADC 已公开文献中的最佳线性度[7]。

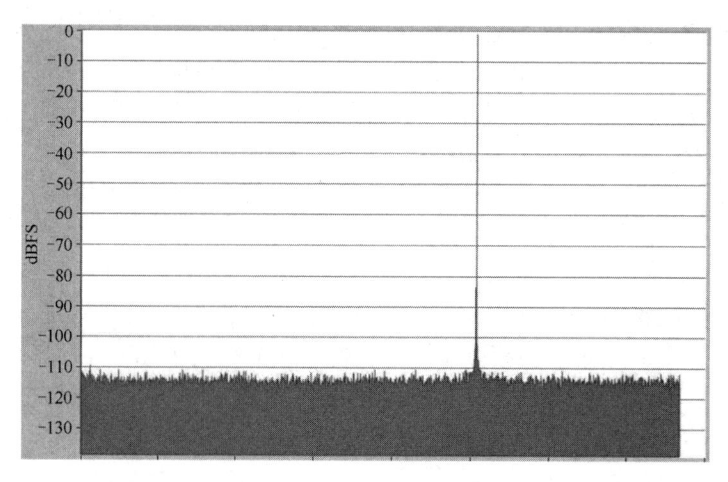

注：一个 ADC 的 FFT 图显示了扰动在获得出色的干净频谱方面的有效性，其 SFDR 优于 110 dB。

图 9.57

9.3　快闪子 ADC 校准

除了 MDAC，流水线 ADC 中快闪子 ADC 的校准也引起了人们的关注。并行量化的失调会导致消耗一部分校正范围，从而影响 MDAC 放大器的线性度和功耗。校准这些失调可以放宽对 MDAC 动态范围的要求，并有助于降低功耗。此外，在无 SHA 架构中，MDAC 与并行量化之间的带宽失配和时序失配会产生误差，这些误差还会消耗一部分校正范围，其随输入频率增加而恶化。这些失配限制了 ADC 可以采样的输入频率的上限。

尽管这些失调和失配可以在工厂进行校准，但还是希望开发出能够跟踪由温度、供电、采样率和老化而引起的变化的后台校准技术。这些快闪 ADC 校准的示例可在文献[37－39]中找到。

在文献[39]中，介绍了一种后台校准算法，该算法在后台使用余量信号在求出由带宽失配和时序失配引起误差的平均值同时，校正比较器失调。将静态失调与相位失配引起的误差分离，是实现精确失调校正并防止过度校正或欠校正的关键。该技术也与输入信号的特性和分布无关，它使用第一级并行量化编码和第一级的余量来生成误差的函数，即

$$\varepsilon = E\left\{\left[\max L\left(V_R\right)|_{code=x}\right]+\left[\min L\left(V_R\right)|_{code=(x+1)}\right]\right\} \tag{9.47}$$

或者可以使用数字输出代替余量，即

$$\varepsilon = E\left\{\left[\max L\left(V_{out}\right)|_{code=x}\right],\left[\min L\left(V_{out}\right)|_{code=(x+1)}\right]\right\}-\text{理想阈值} \tag{9.48}$$

其中，ε 是用于估算失调的误差函数；V_R 是第一级的数字余量；V_{out} 是 ADC 的数字输出；$E\{z\}$是 z 所有元素的期望（或平均值）；$E\{z，y\}$是对 z 和 y 所有元素组合的期望。函数 maxL()和 minL()分别是泄漏峰值和谷值检测函数，泄漏峰值检测可按如下方式实现

$$V_p[n+1]=V_p[n]+\alpha\left(V_R[n]-V_p[n]\right) \tag{9.49}$$

其中，V_p 是峰值；V_R 是余量，并且系数 α 确定时间常数，因此

$$\alpha=\begin{cases}\text{大，若}V_R[n]-V_P[n]\text{为正}\Rightarrow\text{攻击时间常数小（快）}\\\text{小，若}V_R[n]-V_P[n]\text{为负}\Rightarrow\text{衰减时间常数大（慢）}\end{cases}$$

另外，泄漏谷值检测的实现如下。

$$V_{tr}[n+1]=V_{tr}[n]+\gamma\left(V_R[n]-V_{tr}[n]\right) \tag{9.50}$$

其中，V_{tr} 是谷值，V_R 是余量，并且系数 γ 确定时间常数，因此

$$\gamma=\begin{cases}\text{大，若}V_R[n]-V_P[n]\text{为负}\Rightarrow\text{攻击时间常数小（快）}\\\text{小，若}V_R[n]-V_P[n]\text{为正}\Rightarrow\text{衰减时间常数大（慢）}\end{cases}$$

累积这些值直到收集到足够的样本，以确保两个相邻子范围之间有足够的配对，并求出相位失配影响的平均值，从而消除其影响。对于具有 8 个子范围，或者更准确地说是 7 个子范围加上两个半子范围的 3 位 MDAC，如图 9.58 所示。其中一个比较器有失调，其显示为在代码 0110 和 0111 之间阈值的移位。由于这是一个无 SHA 的 ADC，因此并行量化和 MDAC 之间的时序与带宽失配会造成误差而消耗一部分校正范围，这些失配误差取决于输入信号的瞬时幅度和斜率。因此，它们随输入信号改变符号和幅度，并在图 9.58 的子范围边界处显示为阴影区域。

失调控制可以由下式给出

$$V_{th} = V_{th0} + \mu\varepsilon \tag{9.51}$$

其中，μ 是控制算法时间常数的加权因子；V_{th} 是比较器的阈值电压；ε 是在式（9.47）或式（9.48）中定义的误差。该阈值电压被反馈到比较器以控制其失调。

有趣的是，流水线架构促进了这种并行 ADC 校准。MDAC 的余量包含有关比较器行为的所需信息，可以在数字后端对其进行处理，以提取失调和/或带宽失配，并使用它将失调校正参数反馈给并行量化中的比较器，而不影响其正常工作。

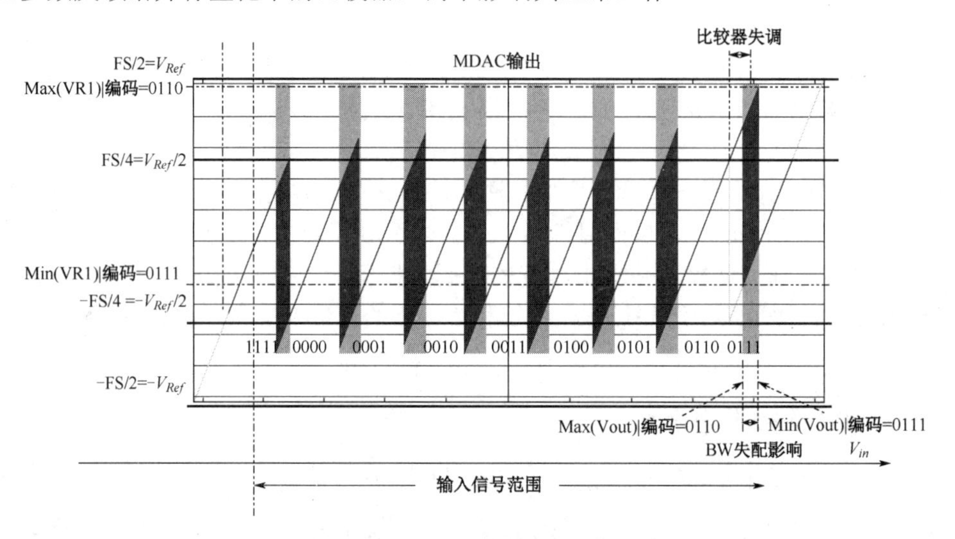

注：实验室测量的第一级余量曲线的简化示意图。比较器失调的影响显示为其中一个子范围的移位。并行量化和 MDAC 之间的时序/带宽失配显示为子范围之间边界处的阴影区域。算法使用的参数示例附在图上[39]。

图 9.58

9.4 交织 ADC 中的失配校准

在交织 ADC 中，后台校准可用于估算和校正通道间失配，包括失调失配、增益失配和时序失配。失调失配和增益失配在数字域中相对容易估算与修复，另外时序失配可能会非常具有挑战性，并且代表了一个活跃的研究领域。在以下各节中，将讨论一些失配校准技术。简单起见，将以双路交织为例进行讨论，当然，这些观念可以适用于更多数量的通道。

9.4.1 失调失配校准

可以使用低通滤波器或积分器估算出 ADC 的失调信号。通过测量各个通道的失调，可以将所需的直流校正添加到其输出中，以便在数字域中消除失配，该算法可应用于工厂、前台或后台。例如，图 9.59 所示的两路交织 ADC，其中通过消除两个通道的失调来完成校正。但是，该技术无法区分失调和 DC 输入信号。

可以采用斩波技术保护直流输入不被移除[26]，这样直流处的唯一能量将来自 ADC 失调，如图 9.60 所示。由于斩波应用于模拟输入，因此必须再次应用于数字输出以消除其对输入信号的影响。斩波技术将根据斩波所用编码，把直流输入转换为方波或随机信号，因此剩余的 DC 是斩波后添加的 DC，即 DC 失调。

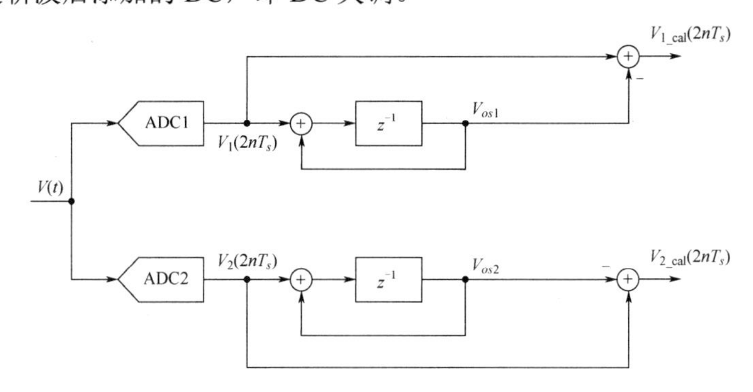

注：两路交织 ADC 中失调失配校准的框图。

图 9.59

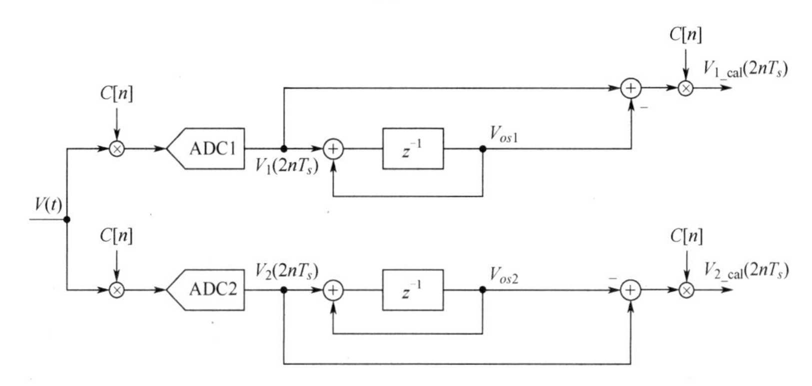

注：采用斩波的两路交织 ADC 中失调失配校准的框图。© 1998，2002 IEEE（经许可，转载自参考文献[26,27]）。

图 9.60

9.4.2　增益失配校准

可以使用多种方法从其数字输出中估算 ADC 的增益。一种方法是估计每个通道输出信号的平均功率，通道之间的平均功率失配被认为是增益失配，可以使用数字乘法器进行校正（见图 9.61），可以使用数字输出的平方或绝对值来估算平均功率。

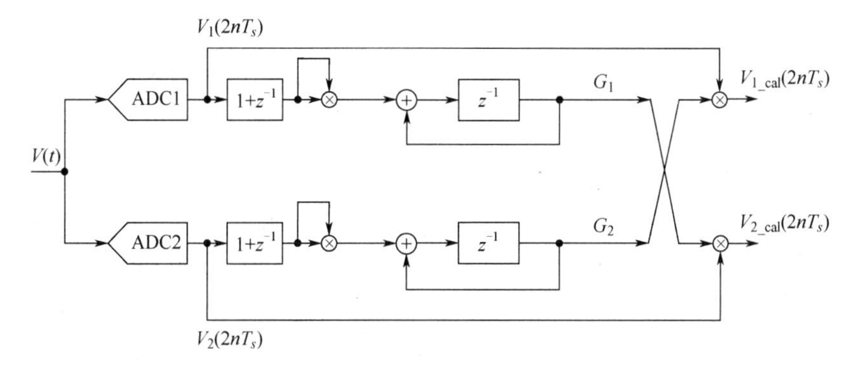

注：2 路交织 ADC 中增益失配校准的概念图。

图 9.61

若输入信号的频率是$f_s/2M$，其中M是通道数，f_s是交织 ADC 的采样率，则这将是每个通道的奈奎斯特频率。即使没有失配，该奈奎斯特信号的数字功率估值也会随采样瞬间（相位）的变化而变化，因此可能会使算法产生混乱并导致产生误导性的结果。因此，重要的是在功率估计之前滤出奈奎斯特频率的能量。这在图 9.61 中使用在$z=-1$处为零的（$1+z^{-1}$）滤波器实现，这对应于各个通道奈奎斯特频率处的零，其用作陷波滤波器以去除或衰减该有问题的信号。一旦估算了每个通道的增益，就可以将各通道归一化，如图 9.61 所示。

校准增益失配的另一种方法是将交织的数字输出乘以$(-1)^n$[26]。如第 8 章所述，增益失配会在位于f_s-f_{in}处产生与基波（f_{in}）同相的基波信号镜像。因此，信号与其斩波后的信号相乘会产生与增益失配成正比的直流分量。可以通过分析斩波的效果如下

$$V_{ch}[n]=(-1)^n V[n] \tag{9.52}$$

式中，$V_{ch}[n]$是交织信号的斩波版本；$V[n]$是原始交织信号。在频域中，可得

$$V_{ch}\left[\mathrm{e}^{\mathrm{j}\omega}\right]=V\left(\mathrm{e}^{\mathrm{j}(\omega-\pi)}\right) \tag{9.53}$$

在连续的时间域中为

$$V_{ch}(\omega)=V(\omega-\omega_N) \tag{9.54}$$

式中，ω_N是奈奎斯特角频率。因此，斩波将信号移至其镜像位置，并且信号与其斩波之间的相关性会给出与增益失配ΔG_c成比例的输出，即

$$\Delta G_c[n+1]=\Delta G_c[n]+\mu\times V[n]\times V_{ch}[n] \tag{9.55}$$

如图 9.62 所示，式（9.55）中的交织信号$V[n]$是通过在上采样和使一个通道延迟一次采样后，将各个通道的输出相加而获得的。此外，$f_s/4$处的陷波滤波器（$1+z^{-2}$）用于滤除如前所述会误导增益估算的$f_s/4$处信号。与图 9.61 中执行的滤波不同，此滤波在上采样之后执行。因此，滤波器需采用（$1+z^{-2}$）的形式，而不是图 9.61 中使用的（$1+z^{-1}$）的形式。最后，LMS 算法用于估计增益误差并将其应用于其中一个通道。

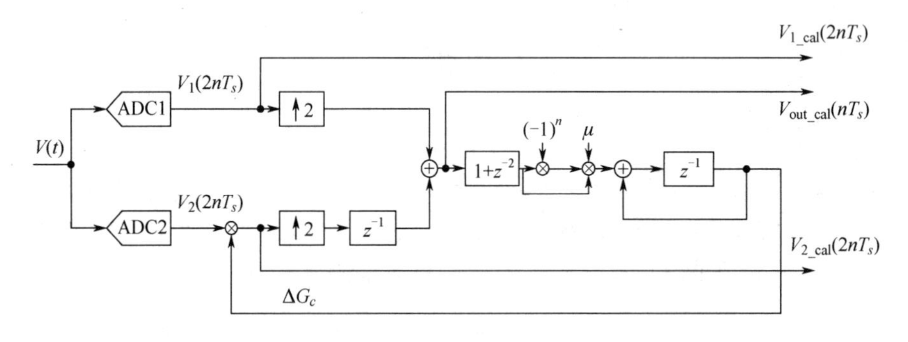

注：2 路交织 ADC 中的增益失配校准框图[26]。© 2002 IEEE（转载自参考文献[26]）。

图 9.62

这些增益估计技术依赖于输入信号的存在以使校准收敛。在没有输入信号的情况下，需要冻结校准以防止错误收敛，或者可以通过注入信号以确保始终处于活动状态并进行连续校准，该校准信号通常是与输入信号不相关的伪随机信号形式。LMS 算法可用于通过相关性计算出信号并估算出每个通道的增益[27]，如图 9.63 所示。

$$G_i[n+1]=G_i[n]-\mu\times PN[n]\times\left(PN[n]\times G_i[n]-V_i[n]\right) \tag{9.56}$$

式中，G_i是第i个通道的增益估计；$PN[n]$是注入的PN信号；μ是步长；$V_i[n]$是第i个通道

的数字量。

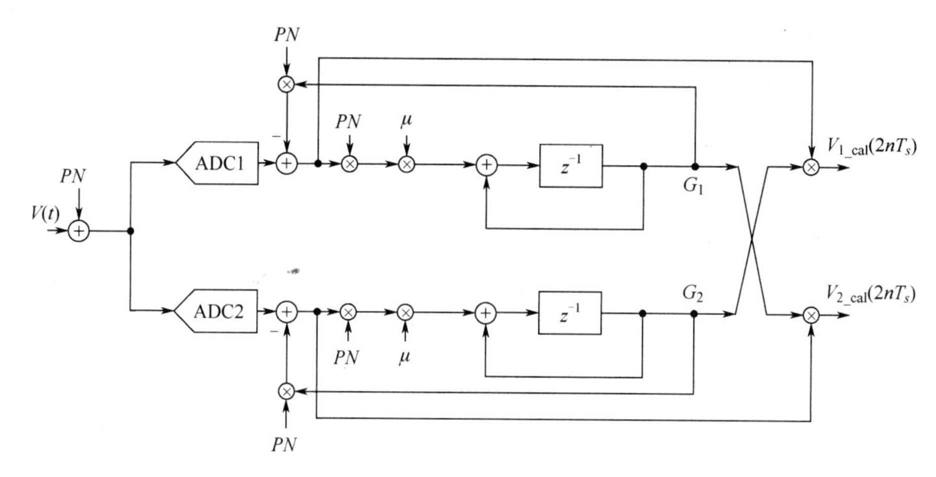

注：使用注入扰动信号（PN）的 2 路交织 ADC 中，基于相关性的增益失配校准的框图。
© 1998 IEEE（转载自参考文献[27]）。

图 9.63

增益失配也可以使用参考 ADC 进行估算[28, 32, 35, 36]，该 ADC 可用于校正多种失配。使用 LMS 算法，每个通道的增益误差可使用如下公式消除

$$G_i[n+1]=G_i[n]-\mu\times V_i[n]\times\left(V_i[n]\times G_i[n]-V_{REF}[n]\right)\tag{9.57}$$

式中，G_i是第 i 个通道的增益；V_i是第 i 个通道的输出；μ 是步长；V_{REF}是参考 ADC 的输出。另外，可以使用信号的符号来简化并代替以收敛时间为代价的数字处理，即

$$G_i[n+1]=G_i[n]-\mu\times\text{sgn}\left(V_i[n]\right)\times\text{sgn}\left(V_i[n]\times G_i[n]-V_{REF}[n]\right)\tag{9.58}$$

参考 ADC 可能具有高噪声，但需要具有与输入信号幅度无关的增益。

9.4.3　时序失配校准

交织 ADC 中时序失配的后台校准是一个具有挑战性的校准问题。由于时序失配的影响随着输入频率的增加而恶化，因此对于高输入频率和 RF 采样，此问题将变得更具挑战性。

通常采用良好的版图设计来改善时序失配，不同通道采样网络的邻近有助于匹配。此外，只要有可能，使用统一的时钟有助于进一步减少失配误差。即便尽最大努力，时序失配往往还是会有几百飞秒的数量级或更严重。对于大约 2 GHz 的输入信号，这通常导致 SINAD 约为 50 dB。重要的是要注意，可以通过对采样时钟进行固定的调整来纠正系统的或固定的时序失配。但是，随着温度、供电、采样率或老化而变化的失配问题会更加严重，进而需要在后台运行能自适应跟踪时序变化的相应算法。时序校正可在模拟域或数字域中进行。

1. 模拟校正

在模拟校正中，采样时钟经过可编程延迟，该延迟可调整不同通道的采样时刻以消除时序失配，图 9.64 从概念上给出了这一点。可以通过时钟路径中的可切换小负载电容来控制延迟，或者可以调节采样开关的阈值电平或时钟电平，以实现更精细的时序调整[39]。

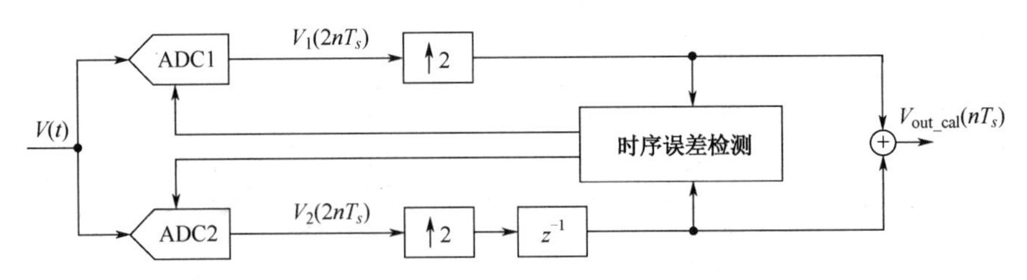

注：2 路交织 ADC 中使用数字检测和模拟校正的时序失配校准框图。© 2011 IEEE（转载自参考文献[31]）。

图 9.64

2. 数字校正

数字校正依靠内插法在可用采样之间的正确时刻推断出采样的期望值。数字滤波通常用于执行插值和校正，如图 9.65 所示，并在图 9.66 中给出了一个示例[26]。数字输出的离散时间性质对信号的带宽和频率产生了根本性的限制，该信号的时序失配可以在数字域中得到纠正。增加内插复杂度会有所帮助，但局限性仍然存在。因此，通常倾向于对时序失配进行模拟校正，以避免数字时序校正的复杂性和局限性[26]。

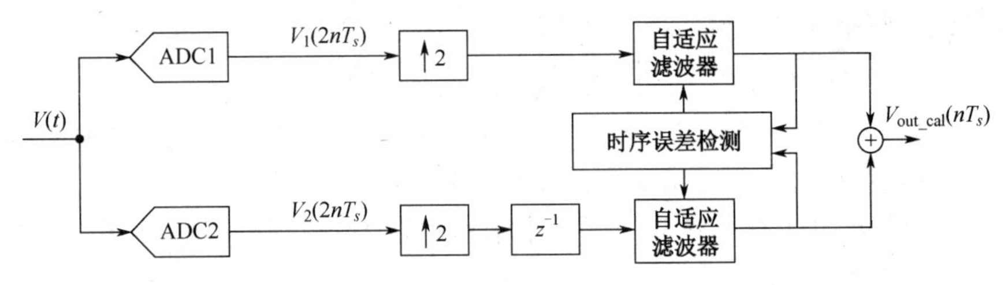

注：2 路交织 ADC 中使用数字检测和数字校正的时序失配校准框图。© 2011 IEEE（转载自参考文献[31]）。

图 9.65

除了校正，时序失配校准的主要挑战是在不影响 ADC 正常工作的情况下对失配进行后台估算，这有几种方法，以下各节将进行讨论。

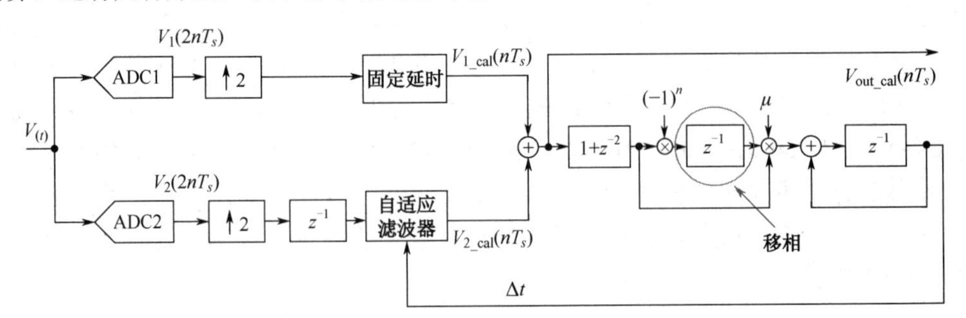

注：2 路交织 ADC 中使用 LMS 算法和自适应滤波校正的时序失配校准框图。© 2002 IEEE（转载自参考文献[26]）。

图 9.66

3. 使用斩波估算

图 9.66 给出了一个示例，其中交织信号与其斩波后的信号之间的相关性用于估算时序失配。这与图 9.62 的增益失配校正所使用的方法相同，其中采用 LMS 算法估算时序失配误差。图 9.66 中的时序失配校准与图 9.62 中的增益失配校准之间的重要区别是被引入斩波信号的相移，这在图 9.66 中用圆圈标记。因为增益失配导致的像①和由时序失配导致的像位于同一位置，但是由于时序失配的影响取决于信号的斜率，因此像与信号间相位相差 90°，这意味着斩波后的信号将与像信号正交，所以其乘积将平均为零。斩波后的信号需要 90° 相移，这需要希尔伯特变换[26]，为实现它，可以通过延迟（z^{-1}）来近似，这将会使相位在 $f_s/4$ 附近移动 90°，但是该 $f_s/4$ 频率是陷波滤波器（$1+z^{-2}$）产生零的位置。此外在低频时，由延迟（z^{-1}）产生的相移将接近零，且在 $f_s/2$ 附近将接近 180°。但在 $f_s/4$ 附近，将保留一些能量以足够将其移相 90° 来估算时序失配。可以使用更精细的滤波器来实现更准确的相移和更好的检测。

4. 使用参考 ADC 估算

一个与各通道相同时间对输入进行采样的参考 ADC 可用于检测时序失配，LMS 算法使用时序误差和信号斜率来估计时序失配。在参考 ADC 的输入网络中添加了一个附加电阻 ΔR，如图 9.67 所示[32]，两个通道的输出相减得出误差 e。使用具有附加电阻 ΔR 的参考通道和交织通道之一估算斜率 D，即

$$D = V_2 - V_R \tag{9.59}$$

误差 e 为

$$e = V_1 - V_2 \tag{9.60}$$

LMS 算法实现如下

$$\Delta t_{i+1} = \Delta t_i + \mu \times e \times D \tag{9.61}$$

式中，Δt 是时序失配的估算值；μ 是算法的步长。时序失配估算被反馈到 ADC 之一，以固定其时序，该反馈环路将收敛到时序失配最小的解。

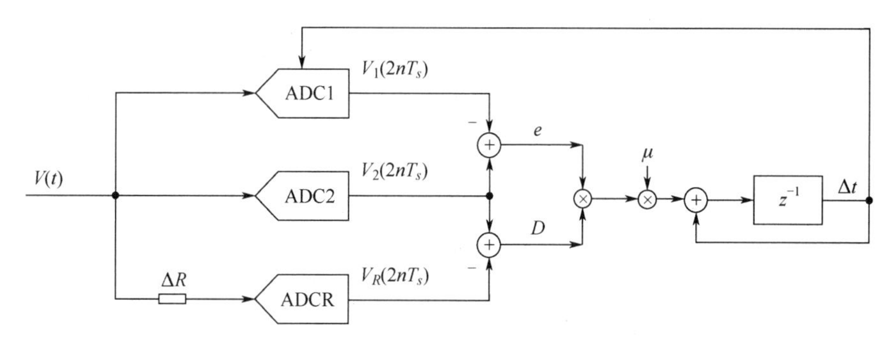

注：2 路交织 ADC 中使用 LMS 算法和参考 ADC 的时序失配校准框图。通过控制 ADC 之一的时序，在模拟域中实现校正[32]。© 2013 IEEE（转载自参考文献[32]）。

图 9.67

① 译者注：此处的“像”，是指相应杂散频谱。

5．使用互相关估算

每个 ADC 的输出都与一个附加 ADC（ADCC）互相关，如图 9.68 所示[31]。反馈回路收敛到使互相关最大化的点。只要参考 ADC 的采样时刻与每个 ADC 通道定期重合，参考 ADC 的分辨率就可能较低（甚至 1 位）。如果参考以全速 f_s 运行，它将能够与所有以 f_s/M 运行的通道重合。但是设计这样的快速 ADC 可能非常困难，另外可以以较低速率 f_s/K 为相关 ADC 时钟，其中 M 和 K 之间的最大公约数为 1。例如，若 M 等于 8 而 K 等于 9，则满足该条件。在这种情况下，将相关 ADC 的时钟频率定为 $f_s/9$ 就足够了，因为这样可以确保其采样时刻以周期性的方式与其他每个通道循环重合。

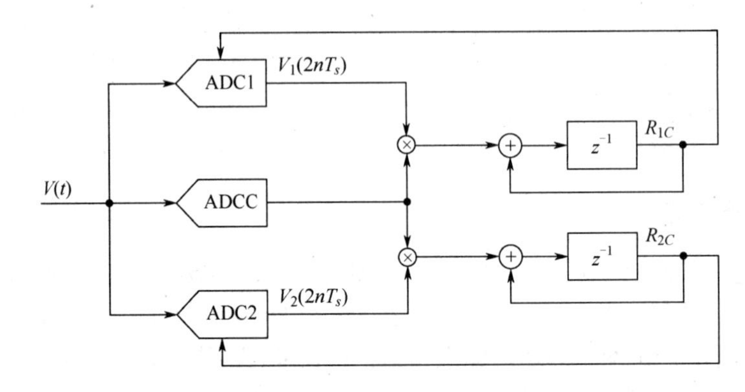

注：2 路交织 ADC 中使用互相关的时序失配校准框图。通过控制 ADC 之一的时序，在模拟域中实现校正。© 2011 IEEE（转载自参考文献[31]）。

图 9.68

另一种不需要额外 ADC 的互相关方法如图 9.69 所示[40]。在这种方法中，两个通道的输出经过一个周期的延迟后便相互关联。这些延迟对于避免信号及其像正交是必不可少的，因此即使在存在时序失配的情况下，它们的互相关性也将平均为零。因此，通过增加延迟，仅当互相关为零且失配最小时，环路才收敛。

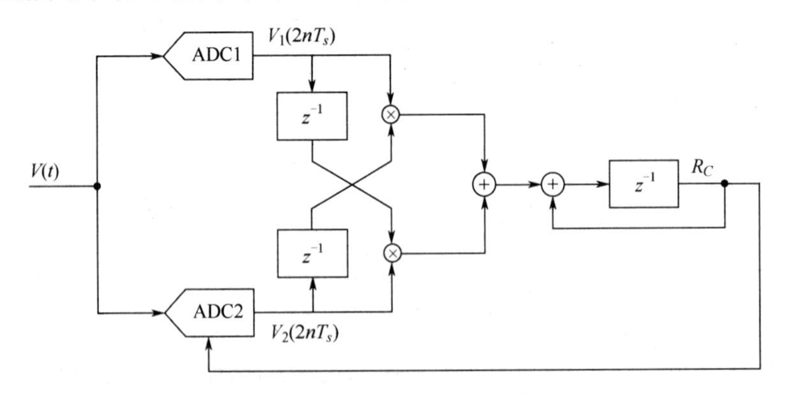

注：2 路交织 ADC 中使用互相关的时序失配校准框图。通过控制 ADC 之一的时序，在模拟域中实现校正。© 2013 IEEE（转载自参考文献[40]）。

图 9.69

6. 使用裂式 ADC 估算

在这种方法中，每个交织 ADC 的内核被分为两个半核。两个半核之间的差异（误差）被用作失配误差的估算[29, 30]。打乱所有半核以遍历所有组合，LMS 算法可以采用类似于参考 ADC 的方式使用。直观上很明显，这将需要一个额外的半通道来实现所有组合。

如前所述，分离 ADC 方法具有模拟和数字开销，然而它还具有与通道随机化兼容的其他优点，这已在第 8 章中讨论，并在本章后面继续讨论。

9.4.4 其他失配

除了失调、增益和时序失配，交织 ADC 还可能受到其他误差源的影响，如带宽失配和非线性失配。带宽失配导致相位失配，类似于时序失配，但这也会引起与频率相关的增益失配，这可能是非常有问题的。在文献[34，35]中描述了解决带宽失配的技术示例。在实践中，设计人员可能更喜欢增加模拟带宽，以使其失配的影响可以忽略不计。

ADC 非线性的失配是经常无法被纠正的另一个误差源。如果谐波失真水平很低，通常就不是主要的误差源。文献[36]中描述了使用参考 ADC 方法校准此类失配的一个研究示例。

9.4.5 随机化

为了改善校准后由于任何余量失配误差带来的杂散，可以采用第 8 章中讨论的通道随机化。对通道使用的顺序进行随机化，以避免形成交织杂散的周期性模式，这会将失配的杂散能量散布到底噪中，从而改善了 ADC 的线性度和 SFDR。与校准不同，随机化不能解决失配问题，也不能改善 SNR 或 SINAD，它只是将杂散能量分散到底噪中，而没有消除其原因。

为了有效地使通道随机化，需要至少一个附加通道。如果我们注意到同一通道不能用于处理间隔小于 M 个采样的两次采样，其中 M 是交织通道的数量，就可以直观地理解这一点，这是必须首先进行交织的速度限制。例如，如果我们有两个通道，若没有附加的第三个通道则无法实现随机化，因为两个通道中的任何一个都没有足够快的速度来处理两个连续采样，这会导致大量的开销。

随机化的问题之一是，它会将所有失配的杂散能量散布在底噪中，即使是那些可能存在于良性位置并因此实际上无害的杂散。例如，在双路交织中，由于失调失配而引起的杂散存在于奈奎斯特频率（$f_s/2$），这对于大多数应用而言可能不是问题，但是随机化却将这种能量散布在底噪中，因此必须将随机化之前的失调失配降至最低。另外，由于通道洗牌不是完全随机的，因此可能会在底噪中产生“驼峰”和“变色”①，如第 8 章所述。随机化的另一个局限性是，随机化导致的通道顺序变更，可能恶化记忆效应，从而导致 SINAD 和 NSD 的性能下降。如文献[12，25，34]所述，在随机化之前可能必须对这些记忆效应进行校准。

---

① 译者注：“驼峰”和“变色”都是指底噪中出现非平坦的异常波动。

9.5 结论

本章讨论了流水线和时间交织 ADC 中使用的一些先进的校准技术。这些技术代表了数字辅助 ADC 的最新技术，它们可实现更高的采样率、更高的性能、更低的功耗，以及在精细光刻 CMOS 工艺中更好的集成。重要的是要注意，数字辅助转换器领域是一个活跃的研究领域，其发展和突破速度很快。本章旨在通过一些最有效的技术来简要说明最新技术，共同的主题是有很多限制和需要解决的实际问题。数字辅助转换器领域无处不在，因此模拟设计师不必担心其过时。

思 考 题

1．使用行为级建模语言，建立一个两级流水线 ADC 的模型，每级具有 3 位，并具有 3 位最后的全并行量化。满量程为 2V。具有一位冗余，整个 ADC 的分辨率是多少？级间增益值是多少？使用频率为 100 MHz 的单位幅度正弦波，绘制数字输出的 FFT。

（1）如果级间增益的误差为 1%，画出数字输出的 FFT 和 INL。

（2）在数字域中应用 IGE 校正，并画出数字输出的 FFT 和 INL。

（3）使用编码相关的加法进行 IGE 校正，并画出数字输出的 FFT 和 INL。

（4）评论（2）和（3）两部分图之间的区别。

2．将一个随机信号（扰动）添加到问题 1 的流水线输入中，幅度为−24 dBFS，然后从数字后端减去它。在增加了扰动的情况下绘制问题 1 的 FFT 和 INL。

3．使用 SPICE 或行为建模语言对 4 位 MDAC 进行建模。

（1）研究式（9.25）和式（9.27）的放大器建立，并使用增益项对其进行校正。

（2）使用公式 $v_{initial}=0.01v_{in}^3+0.01v_{in}^5$ 或任何其他非线性公式，使初始电压为非线性。研究当稳定时间足够和不足时，初始条件对输出的影响。

4．鉴于 SAR 和流水线 ADC 之间的相似与差异，它们在数字辅助方面如何比较？讨论 SAR ADC 的反馈特性与前馈流水线 ADC 相比如何，SAR ADC 中哪些类型的误差可被数字校准？

5．讨论是否可以，以及如何将基于相关性的校准算法应用于 SAR ADC。

6．仿真 LMS 算法，并将其应用于加入一位扰动信号的正弦信号，以便从正弦信号中准确减去扰动。研究扰动幅度、正弦波幅度和步长 μ 对结果的影响。

7．使用 SPICE 仿真器仿真图 9.21 中的 MDAC。使用求和节点电压校正输出的级间增益误差。

8．使用行为级建模语言，用参考 ADC 和 LMS 算法对 IGE 校准方法进行建模。将其应用于问题 1 的流水线。能否将相同的方法应用于具有相同分辨率的 SAR ADC？

9．使用行为级建模语言，用分裂 ADC 方法和 LMS 算法对 IGE 校准方法进行建模。

将其应用于问题 1 的流水线。能否将相同的方法应用于具有相同分辨率的 SAR ADC?

10．对于问题 1 的流水线模型，对级间放大器应用以下非线性：$V_{out} = 0.99V_{in} - 0.01V_{in}^3$。非线性如何影响输出 FFT？采用增益校正、分段线性校正和多项式校正，并在每种情况下绘制输出 FFT。

11．使用行为级建模语言，在两路交织 ADC 中对失调失配和增益失配的影响进行建模。分别对图 9.60 和图 9.61 中描述的失调失配与增益失配校准建模。我们可以将这种方法扩展到 4 路交织吗？如果是，请绘制框图。

12．使用行为级建模语言，分别为图 9.62 和图 9.66 中描述的增益失配与时序失配校准算法建模。我们可以将这种方法扩展到 4 路交织吗？如果可以，请绘制框图。

13．使用行为级建模语言，分别对图 9.67 和图 9.68 中描述的时序失配校准算法进行建模。我们可以将这种方法扩展到 4 路交织吗？如果可以，请绘制框图。

14．导致图 9.5 中 INL 的级间增益幅度是多少？IGE 误差最可能的原因是什么？

15．导致图 9.6 中 INL 的级间增益幅度是多少？IGE 误差最可能的原因是什么？是什么导致每个子范围内的中断？在以下各项中讨论可能的原因：

（1）电容器失配；

（2）放大器开环误差；

（3）参考误差。

16．图 9.11 中 INL 的 DAC 误差的可能原因是什么？模拟端的误差幅度是多少？注意两侧之间的对称性以及当远离中心时误差幅度的增加。

参考文献

[1] A. N. Karanicolas, H.-S. Lee, and K. L. Barcrania, “A 15-bit 1-Msample/s Digitally Self-Calibrated Pipeline ADC,” *IEEE Journal of Solid-State Circuits*, 28, pp. 1207–1215, Dec 1993.

[2] E. Siragusa and I. Galton, “Gain Error Correction Technique for Pipelined Analogue-to-Digital Converters,” *Electronic Letters*, 36(7), pp. 617–618, 2000.

[3] E. Siragusa and I. Galton, “A Digitally Enhanced 1.8-V 15-bit 40-MSample/s CMOS Pipelined ADC,” *IEEE Journal of Solid-State Circuits*, 39(12), pp. 2126–2138, Dec 2004.

[4] J. Ming and S.H. Lewis, “An 8-bit 80-Msample/s Pipelined Analog-to-Digital Converter with Background Calibration,” *IEEE Journal of Solid-State Circuits*, 36(10), pp. 1489–1497, 2001.

[5] A.M.A. Ali, H. Dinc, P. Bhoraskar, *et al.*, “A 14b 1GS/s RF Sampling Pipelined ADC with Background Calibration,” *IEEE Journal of Solid-State Circuits*, 49(12), pp. 2857–2867, Dec 2014.

[6] A.M.A. Ali and K. Nagaraj, “Background Calibration of Operational Amplifier Gain Error in Pipelined A/D Converters,” *IEEE Transactions on Circuits and Systems II*, 50(9), pp. 631–634, 2003.

[7] A.M.A. Ali, A. Morgan, C. Dillon, *et al.*, “A 16-bit 250-MS/s IF Sampling Pipelined ADC with Background Calibration,” *IEEE Journal of Solid-State Circuits*, 45(12), pp. 2602–2612, Dec 2010.

[8] A. Panigada and I. Galton, "A 130mW 100MS/s Pipelined ADC with 69dB SNDR Enabled by Digital Harmonic Distortion Correction," *IEEE ISSCC Digest of Technical Papers*, pp. 162–163, Feb 2009.

[9] A. Panigada and I. Galton, "Digital Background Correction of Harmonic Distortion in Pipelined ADCs," *IEEE Transactions on Circuits and Systems–I: Regular Papers*, 53(9), pp. 1885–1895, Sep 2006.

[10] A. Panigada and I. Galton, "A 130mW 100MS/s Pipelined ADC with 69dB SNDR Enabled by Digital Harmonic Distortion Correction," *IEEE Journal of Solid-0State Circuits*, 44(12), pp. 3314–3328, Dec 2009.

[11] N. Rakuljic and I. Galton, "Suppression of Quantization-Induced Convergence Error in Pipelined ADCs with Harmonic Distortion Correction," *IEEE Transactions on Circuits and Systems I*, 60(3), pp. 593–602, Mar 2013.

[12] A.M.A. Ali, "Methods and structures that reduce memory effects in analog-to-digital converters," US Patent No 6,861,969, Mar 2005.

[13] J.P. Keane, P.J. Hurst, and S.H. Lewis, "Digital Background Calibration for Memory Effects in Pipelined Analog-to-Digital Converters," *IEEE Transactions on Circuits and Systems-I: Regular Papers*, 53(3), pp. 511–525, Mar. 2006.

[14] A.M.A. Ali and A. Morgan, "Calibration methods and structures for pipelined converter systems," US Patent 8,068,045, Nov 2011.

[15] A.M.A. Ali, A.C. Morgan, and S.G. Bardsley, "Correlation-based background calibration of pipelined converters with reduced power penalty," US Patent 7,786,910, Aug 2010.

[16] A.M.A. Ali, "Pipelined converter systems with enhanced accuracy," US Patent 7,271,750, Sep 2007.

[17] A.M.A. Ali, "Method and device for improving convergence time in correlation-based algorithms," US Patent 8,836,558, Sep. 2014.

[18] S. Sonkusale, J. Van der Spiegel, and K. Nagaraj, "True Background Calibration Technique for Pipelined ADC," *Electronic Letters*, pp. 786–788, 36(9), 2000.

[19] Y. Chiu, C.W. Tsang, B. Nikolic, and P.R. Gray, "Least Mean Square Adaptive Digital Background Calibration of Pipelined Analog-to-Digital Converters, *IEEE Transactions on Circuits and Systems-I: Regular Papers*, 51(1), pp. 38–46, Jan 2004.

[20] J.A. McNeill, J. McNeill, M.C.W. Coln, and B.J. Larivee, "Split ADC" Architecture for Deterministic Digital Background Calibration of a 16-bit 1-MS/s ADC, *IEEE Journal of Solid State Circuits*, 40(12), pp. 2437–2445, Dec 2005.

[21] E. Iroaga and B. Murmann, "A 12-Bit 75-MS/s Pipelined ADC Using Incomplete Settling," *IEEE Journal of Solid-State Circuits*, 42(4), pp. 748–756, Apr 2007.

[22] B. Murmann and B.E. Boser, "A 12 b 75 MS/s Pipelined ADC Using Open-Loop Residue Amplification," *IEEE ISSCC Digest of Technical Papers*, 1, pp. 328–497, 2003.

[23] B. Murmann and B.E. Boser, "A 12 b 75 MS/s Pipelined ADC Using Open-Loop Residue Amplification," *IEEE Journal of Solid-State Circuits*, 38(12), pp. 2040–2050, Dec 2003.

[24] B. Murmann and B.E. Boser, "Digital Domain Measurement and Cancellation of Residue Amplifier Nonlinearity in Pipelined ADCs," *IEEE Transactions on Instrumentation and Measurements*, 56(6), pp. 2504–2514, Dec 2007.

[25] A.M.A. Ali and H. Dinc, "Method and device for reducing inter-channel coupling in interleaved and multi-channel ADCs," US Patent 8,471,741, Jun 2013.

[26] S.M. Jamal, D. Fu, N.C.-J. Chang, *et al.*, "A 10-b 120-Msample/s Time-Interleaved Analog-to-Digital Converter with Digital Background Calibration," *IEEE Journal of Solid-State Circuits*, 37(12), pp. 1618–1627, Dec 2002.

[27] D. Fu, K.C. Dyer, S.H. Lewis, and P.J. Hurst, "A Digital Background Calibration Technique for Time-Interleaved Analog-to-Digital Converters," *IEEE Journal of Solid-State Circuits*, 33(12), pp. 1904–1911, Dec 1998.

[28] K. Dyer, D. Fu, S.H. Lewis, and P.J. Hurst, "An Analog Background Calibration Technique for Time-Interleaved Analog-to-Digital Converters," *IEEE Journal of Solid-State Circuits*, 33(12), pp. 1912–1919, Dec 1998.

[29] J.A. McNeill, C. David, M. Coln, and R. Croughwell, "Split ADC" Calibration for All-Digital Correction of Time-Interleaved ADC Errors, *IEEE Transactions on Circuits and Systems-II: Express Briefs*, 56(5), pp. 344–348, May 2009.

[30] J.A. McNeill, M.C.W. Coln, D.R. Brown, and B.J. Larivee, "Digital Background-Calibration Algorithm for "Split ADC" Architecture," *IEEE Transactions on Circuits and Systems-I: Regular Papers*, 56(2), pp. 294–306, Feb 2009.

[31] M. El-Chammas and B. Murmann, "A 12-GS/s 81-mW 5-bit Time-Interleaved Flash ADC with Background Timing Skew Calibration," *IEEE Journal of Solid-State Circuits*, 46 (4), pp. 838–847, Apr 2011.

[32] D. Stepanović and B. Nikolić, "A 2.8 GS/s 44.6 mW Time-Interleaved ADC Achieving 50.9 dB SNDR and 3 dB Effective Resolution Bandwidth of 1.5 GHz in 65 nm CMOS," *IEEE Journal of Solid-State Circuits*, 48(4), pp. 971–982, Apr 2013.

[33] G. Léger, E.J. Peralias, A. Rueda, and J.L. Huertas, "Impact of Random Channel Mismatch on the SNR and SFDR of Time-Interleaved ADCs," *IEEE Transactions on Circuits and Systems-I: Regular Papers*, 51(1), pp. 140–150, Jan 2004.

[34] C.H. Law, P.J. Hurst, and S.H. Lewis, "A Four-Channel Time-Interleaved ADC with Digital Calibration of Interchannel Timing and Memory Errors," *IEEE Journal of Solid-State Circuits*, 45(10), pp. 2091–2103, Oct 2010.

[35] T.-H. Tsai, P.J. Hurst, and S.H. Lewis, "Bandwidth Mismatch and Its Correction in Time-Interleaved Analog-to-Digital Converters," *IEEE Transactions on Circuits and Systems-II: Express Briefs*, 53(10), pp. 1133–1137, Oct 2006.

[36] W. Liu and Y. Chiu, "Time-Interleaved Analog-to-Digital Conversion with Online Adaptive Equalization," *IEEE Transactions on Circuits and Systems-I: Regular Papers*, 59(7), pp. 1384–1395, Jul 2012.

[37] P. Huang, S. Hsien, V. Lu, *et al.*, "SHA-Less Pipelined ADC with *In Situ* Background Clock-Skew Calibration," *IEEE Journal of Solid-State Circuits*, 46(8), pp. 1893–1903, Aug 2011.

[38] M. Brandolini, Y. Shin, K. Raviprakash, *et al.*, “A 5GS/s 150mW 10b SHA-Less Pipelined/SAR Hybrid ADC in 28nm CMOS,” *IEEE ISSCC Digest of Technical Papers*, pp. 468–469, Feb 2015.

[39] A.M.A. Ali, H. Dinc, P. Bhoraskar, *et al.*, “A 14-bit 2.5GS/s and 5GS/s RF Sampling ADC with Background Calibration and Dither,” *IEEE VLSI Circuits Symposium*, pp. 206–207, 2016.

[40] B. Razavi, “Design Considerations for Interleaved ADCs,” *IEEE Journal of Solid-State Circuits*, 48(8), pp. 1806–1817, Aug 2013.

[41] B.D. Sahoo and B. Razavi, “A 12-Bit 200-MHz CMOS ADC,” *IEEE Journal of Solid State Circuits*, 44(9), pp. 2366–2380, Sep. 2009.

第 10 章　发展与趋势

在过去的 20 年中，高速和高分辨率 ADC 领域取得了令人瞩目的进展。采样率和带宽以惊人的速度增长，分辨率和线性度已提高到以前无法想象的水平。输入频率已经飙升至 GHz 范围，并且时钟抖动已减小至小于 50 fs，这是在保持功耗基本相同（甚至更低）的同时实现了这一进步。这些发展一部分是由于无线通信的爆炸性增长，以及实现更大带宽、更高性能和更低功耗以适应我们的智能手机、平板电脑、笔记本电脑、娱乐和众多其他应用的强烈需求。

本章将讨论过去 20 年来高速 ADC 领域的发展，并重点讨论趋势和未来方向。除了对高速领域的总体了解，我们还将从作者的经验和角度着眼于高速、高分辨率 ADC 子领域的发展[1-4]。

10.1　性能演变

高速 ADC 通常以分辨率（位）和速度（采样率）来定义。然而，如第 2 章所述，要全面描述 ADC 的性能，还需要多个指标。虽然很难跟踪广阔的高速 ADC 领域的所有性能维度的发展，但专注于这些指标的子集以突出一些总体趋势可能会更具有洞察力。

文献中有一些有用的调查，讨论了数据转换器的发展和趋势[5-9]。B.Murmann 创建并不断更新着有关性能各个方面的最新技术发展状况的在线调查[8]，图 10.1 和图 10.2 给出了该调查的一些图。图 10.1 是能量效率，即单次采样功耗与 SNDR 的关系图。在图中画出了对应于两个品质因数（FOM）的线，虚线对应 5 fJ/步的“Walden FOM”（第 2 章中的 FOM1），实线对应于 175 dB 的“Schreier FOM”（第 2 章中的 FOM3）。

图 10.2 是 Schreier FOM（FOM3）与采样率的关系图。高速 ADC 位于图的右侧（高于 10 MS/s），而高精度 ADC 则位于左侧。有趣的是，与高精度领域相比，高速领域的 FOM 有所下降，这是因为实现高速所需的额外功耗以及工艺技术限制的影响。

在这些调查中可以观察到[8, 9]以下几个方面。

（1）能量效率（P/f_s）每 1.6 年提高 2 倍。

（2）高速 ADC 的 Schreier FOM（FOM3）从 1997—2011 年，平均每年大约可提升 1.82 dB，约 3 dB 每两年。

（3）$BW \times 2^{ENOB}$ 项保持相对固定，这表示相对固定的噪声谱密度（NSD）。

这些趋势一部分是由于工艺和架构方面的限制，一部分是由于市场需求可能会推动某个方面的进步，而其他方面则没有。例如，无线基础设施市场的增长和发展见证了对更高采样率、更宽带宽、更低功耗和更高输入频率需求的不断增长，但是对 NSD 的要求则固定在-155～-151 dBFS/Hz 的范围内。

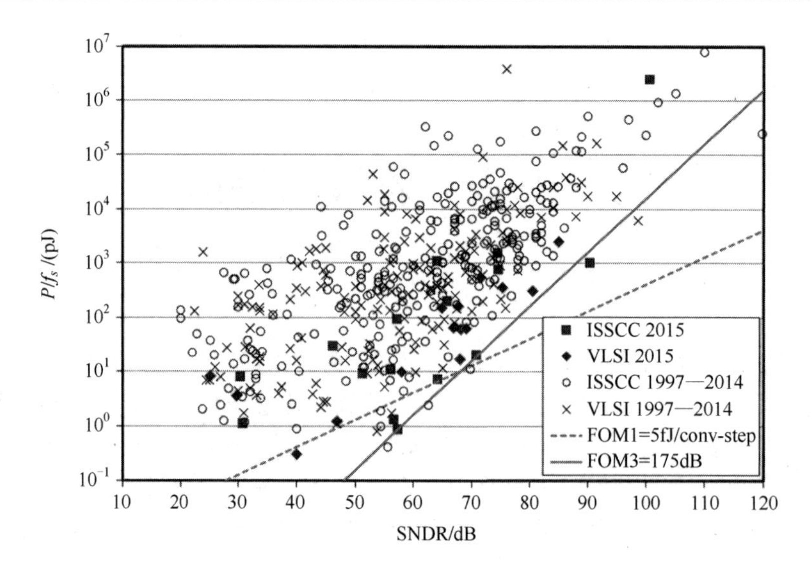

注：能量效率（P/f_s）与 SNDR 的散点图[8]。

图 10.1

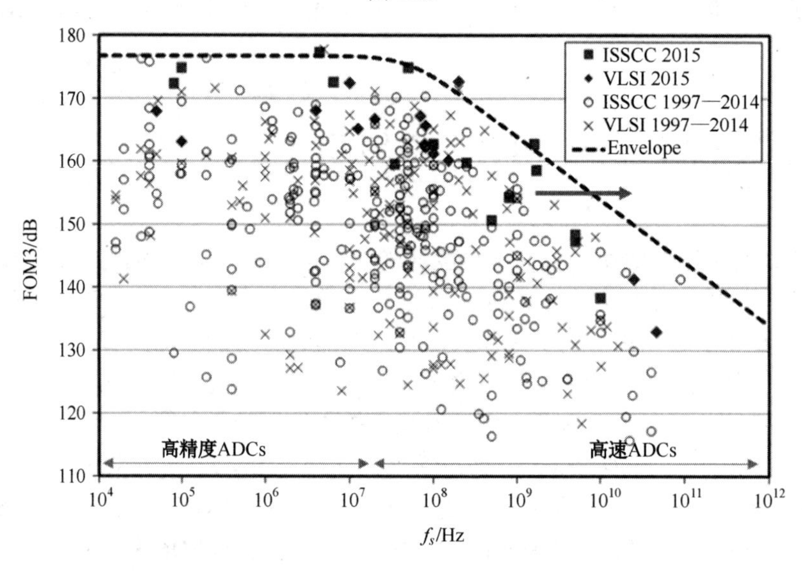

注：Schreier 品质因数（FOM3）与采样率的散点图[8]。

图 10.2

除了整个高速 ADC 领域，了解无线基础设施应用中高速和高精度 ADC 子领域的发展是很有趣的。如果我们从分辨率和采样率开始，就可以看到在过去 10～15 年中这两个方面都有明显的增长。10 年前的技术水平是 14 位 125 MS/s ADC [1]，而目前它是 14 位 2.5 GS/s 非交织 ADC 和 14 位 5 GS/s 交织 ADC。图 10.3 给出了过去 8 年的发展历程以及每个里程碑的时间表。可以看到，在 7 年内非交织 ADC 的采样率提高了 25 倍，这表现出大约每 18 个月速度翻一番的指数增长。

在图 10.3 中，所有非交织 ADC 的 NSD 为-155～-153 dBFS/Hz，功率在 1～1.2 W 范围内。需要注意的是，随着采样率的增加，系统和 ADC 设计人员可以利用处理增益来降低 SINAD，而保持 NSD 不变。另外，若在增加采样率的同时保持 SINAD 不变，则功耗将大大增加，SINAD 每增加 3dB，功耗就增加一倍，如图 10.4 所示。

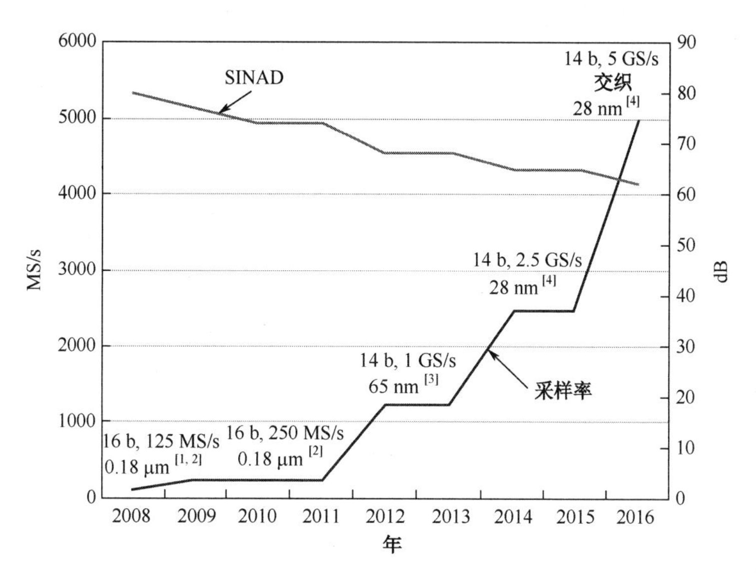

注：分辨率为 14～16 位且噪声谱密度在-155～-153 dBFS/Hz 范围内的高速 ADC 的采样率和 SINAD 与时间的关系曲线。直接非交织流水线 ADC 在 7 年内速度提高了 25 倍，而 14 位交织 ADC 在 8 年内速度提高了 50 倍。功耗/核基本保持不变。随着采样率的增加，SINAD 减小，以保持 NSD 和功耗相同。

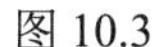

图 10.3

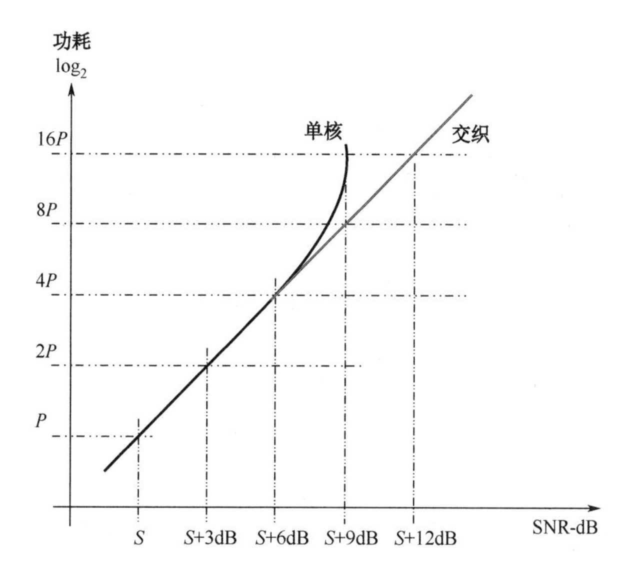

注：功耗与 SNR（或 SINAD）的关系趋势曲线。SINAD 每提高 3 dB，功耗就要加倍。

图 10.4

更快的工艺（更精细的 CMOS 工艺）、新的架构、增强的模拟电路设计以及数字化辅助技术，可以使采样率得以提升。数字化辅助技术在充分利用工艺技术优势（例如，器件速度和较低的寄生效应）的同时，将其缺点（例如，较低的器件增益、较差的线性度、较高的泄漏和较小的动态范围）的影响降至最低。

性能的另一个重要方面是线性度。在过去的 10 年中，对于高达 100 MHz 的输入频率，高速 ADC 的 SFDR 已从 70～80 dB 大幅提高到 100 dB 左右[1, 2]。此外，SFDR 性能为 70～80 dB 的输入频率范围从 10～50 MHz 范围大幅增加到 1～5 GHz 范围，如图 10.5 所示。这些 SFDR 和输入频率的改善是通过增强输入采样电路技术水平和工艺提升实现的[1-4]。为满足多载波 GSM 规范以及实现 RF 采样需求而受到无线基站的驱动，ADC 被沿信号链向上移动到更靠近天线的位置。通过将更多处理移至数字域，可有助于降低成本并提高灵活性。

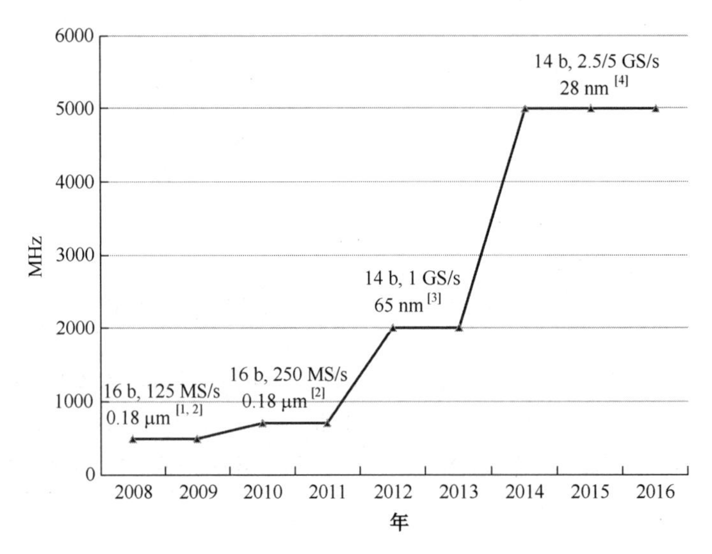

注：最大输入频率采样能力的发展（IF/RF 采样）。

图 10.5

对于相同的 NSD，该 ADC 领域中的功耗保持在 1～1.2 W。最后一个数据点是交织的 5 GS/s ADC，具有提升 3dB 的 NSD 和两倍功率。这表明尽管采样率提升，但对于图 10.3 所示的高速 ADC 的所有数据点，第 2 章中定义的 Schreier 品质因数（FOM3）仍保持在 154～155 dB。这代表了图 10.2 中所示的最新技术发展水平中的一个水平推动。

功耗和采样率之间的关系在概念上如图 10.6 所示。对于一个特定的工艺（x nm），功耗随着采样率的增加而线性增加，直到某个点，功耗开始呈指数增长。当接近这一点时，在同一工艺中将采样率提高到更高将变得很低效。这样，设计人员就需要迁移到更精细的光刻工艺（$x/2$ nm），或者将架构更改为交织结构，从而实现理论上的功耗随采样率线性增加。但是迁移到交织架构会增加额外的功耗开销，并产生需要解决的可怕的交织杂散。

在过去的几年中，人们对时间交织 ADC 的兴趣日益浓厚，以期超越仅通过工艺改进而获得的那些可能的或具有吸引力的采样率提升[4, 10]。这激发了人们对研究交织失配问题及其校准，特别是时序失配和带宽失配校准的兴趣。其目标是将交织架构扩展到 10～12 位甚至更高精度的高性能领域。

另一个趋势是在高速领域中 SAR ADC 愈发流行[11]。SAR ADC 简单，功耗低，可以很好地随工艺扩展，并且与大量的时间交织相兼容。在将时间交织 SAR 架构推向以极低功耗实现极高速度方面，已经取得了巨大的进步。此外，SAR ADC 也已被集成到流水线架构中，以降低传统流水线 ADC 的功耗，同时提高了超出 SAR ADC 本身的性能[11-17]。

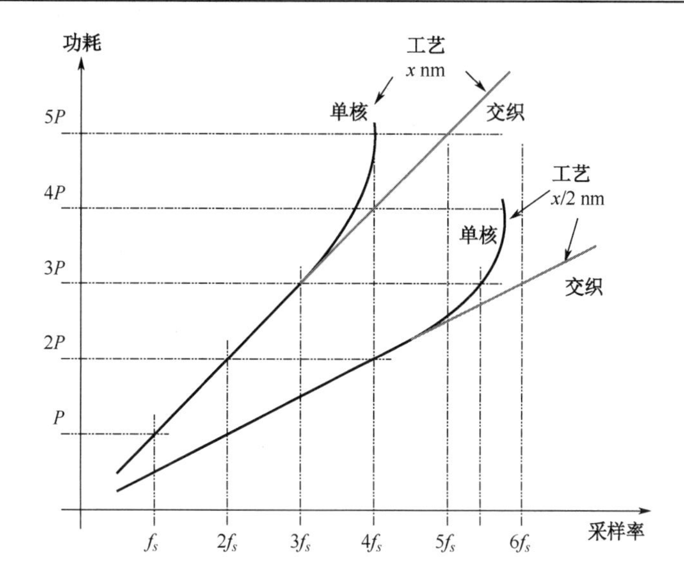

注：两个假设的工艺节点 x nm 和 x/2 nm 下，功耗与采样率的关系趋势曲线。

图 10.6

10.2 工艺演变

在过去的 20 年中，高速转换器技术人员在 CMOS/BiCMOS 工艺曲线上一直相对平稳，而每当新工艺出现时，它就充满了厄运和忧郁般的警告。这种情况是从具有充足的 5 V 供电的 0.5 μm 工艺发展下降到当时还令人担心、现在却已感叹的 3.3 V 供电的 0.35 μm 工艺，并进一步降低到具有“非常紧的”的 1.8 V 供电的 0.18 μm。面对模拟电路设计师和 ADC 设计师的创造力与智慧，再加上不断创新的工艺代工厂的帮助，这些担忧后来都被证明不再是问题。在过去几年中，当 ADC 转向 65 nm 和 28 nm 工艺时，情况发生了一些变化。尽管有些设计师已适应了降低到 1.2 V（65 nm）和 0.9 V（28 nm）的越来越紧的供电，但其他人却拒绝了具有噪声限制的 ADC 中较低电压的不利供电。他们更喜欢在效率更高的较高电源（如 1.8 V）下操作模拟信号链路，同时将低电源用于可从低电压中功耗受益的模拟和数字模块。这表明需要创新的过压保护电路，以确保薄氧化物器件不会遭受超过其可靠性极限的电压。迁移到精细光刻 CMOS 工艺的另一个结果是更加依赖于数字辅助，包括自适应后台校准，以及对更高采样率和过采样更强劲的推动，以使用“奈奎斯特”ADC 在信号带宽内实现所需的 SINAD。

选择较高的模拟电源，是因为需要容纳既让用户可以接受，又可以有效地实现所需 SINAD 和 NSD 的相对较大的输入信号。降低输入信号满量程以适应较小的电源值可能会导致设计效率降低，因为 SINAD 会按 6 dB/倍频曲线随着输入而降低，而由于模拟链路低电压带来的功耗节省只遵循着 3 dB /倍频的趋势。

例如，若电源减半，则模拟功耗将减少 50%，但这意味着输入范围将减小 50%，这将导致 SINAD 损失 6 dB。若 SINAD 受热噪声限制，则要恢复原始 SINAD，需要将采样电容值增加 4 倍，这将使电流增加 4 倍，因此净功耗将增加 2 倍，所以这不是一个有效的趋势。

为了从分析上证明这一趋势，让我们从幅度为 A 的正弦输入信号的功率 S 开始，即

$$S = 0.5A^2 \tag{10.1}$$

若我们假设输入幅度与模拟供电 V_{DD} 成正比，则

$$S \propto 0.5V_{DD}^2 \tag{10.2}$$

如果噪声功率 N 为

$$N = kT / C \tag{10.3}$$

那么

$$\text{SINAD} \approx \frac{S}{N} \propto \frac{0.5V_{DD}^2}{kT / C} \tag{10.4}$$

即

$$\text{SINAD} \propto C \times V_{DD}^2 \tag{10.5}$$

模拟功率 P 与电源电压和电容成正比，即

$$P \propto C \times V_{DD} \tag{10.6}$$

因此，由式（10.5）和式（10.6）得每个 SINAD 的功率为

$$\frac{P}{\text{SINAD}} \propto \frac{1}{V_{DD}} \tag{10.7}$$

也就是说，对于噪声限制的 ADC 中的相同 SINAD，若降低电源值而导致输入满幅成比例降低，则会导致功耗增加。

实际上，降低电源供电并不一定会导致输入满幅成比例的减少。而且在某些情况下，无论电源如何，都希望减小输入范围以简化驱动，尤其是对于高输入频率和高采样率的情况，这使得功耗的权衡更加复杂，并取决于特定的情况。然而，模拟电源供电带来的成本一直在稳定增长，以致难以在高速 ADC 领域中找到可以节约大量模拟功耗的示例。

10.3　未来趋势

鉴于工艺技术的最新进展，高速转换器领域有望继续发展、壮大和提升。模拟电路设计的工艺限制是使用数字辅助校准技术所决定的，显然这种技术将继续存在，并且需要不断改进。现在，高速转换器的设计者和架构师必须精通模拟设计、混合信号设计和信号处理。最有效的校准技术是受模拟方面的特定需求和局限性启发，并由对模拟电路和信号处理的深刻理解与知识为指导的。黑匣子式校准方法虽然有用，但往往效率较低。

除了数字辅助，人们对与数字辅助紧密相关的时间交织 ADC 的兴趣也越来越高，它们在非常高的速度和相对较低的性能领域中很有亮点。为专用应用领域提升失配校准和设计时间交织 ADC，将有助于使此类转换器更具吸引力。

在过去 10 年中，另一个显而易见并有望继续的趋势是，与体现最高水平的 ADC 集成的数字部分的增加，以及将模拟与数字功能进一步集成的趋势。滤波、抽取、均衡和频谱整形等数字特征常常与 ADC 集成在一起，这给 ADC 设计人员带来了数字耦合、衬底隔离、电源/接地的规划、总功耗以及散热和封装方面的挑战。随着无线通信以其庞大的 MIMO 架构开始向 5G 迁移，对集成的需求只会变得越来越强烈。在这种新架构中，转换器所需的性能、带宽和功率对系统架构师和转换器技术人员发起了挑战。

随着工艺技术朝着 FinFETs 的方向发展并超过 28 nm，出现了对成本、模拟友好性、复

杂性以及可实现的速度提升的严重担忧，同时担心摩尔定律是否已达到极限或放缓。这些问题的答案对高速转换器领域的发展速度及其未来都有着重大影响。然而，有一件事可以肯定，那些在高速转换器领域，迄今为止已取得了我们看得到的显著进步的卓越工程师，能够在可预见的未来，通过创新和创造力推动这一进步。

参考文献

[1] A.M.A. Ali, C. Dillon, R. Sneed, *et al.*, “A 14-bit 125 MS/s IF/RF Sampling Pipelined ADC with 100 dB SFDR and 50 fs Jitter,” *IEEE Journal of Solid-State Circuits*, 41(8), pp. 1846–1855, Aug 2006.

[2] A.M.A. Ali, A. Morgan, C. Dillon, *et al.*, “A 16-bit 250-MS/s IF Sampling Pipelined ADC with Background Calibration,” *IEEE Journal of Solid-State Circuits*, 45(12), pp. 2602–2612, Dec 2010.

[3] A.M.A. Ali, H. Dinc, P. Bhoraskar, *et al.*, “A 14-bit 1GS/s RF Sampling Pipelined ADC with Background Calibration,” *IEEE Journal of Solid-State Circuits*, 49(12), pp. 2857–2867, Dec 2014.

[4] A.M.A. Ali, H. Dinc, P. Bhoraskar, *et al.*, “A 14-bit 2.5GS/s and 5GS/s RF Sampling ADC with Background Calibration and Dither,” *IEEE VLSI Circuits Symposium*, pp. 206–207, 2016.

[5] R.H. Walden, “Analog-to-Digital Converter Survey and Analysis,” *IEEE Journal of Selected Areas in Communications*, 17(4), pp. 539–550, 1999.

[6] R. Schreier and G. Temes, “Understanding Delta-Sigma Data Converters,” IEEE Press, Piscataway, NJ, 2005.

[7] B. Murmann, “A/D Converter Trends: Power Dissipation, Scaling and Digitally Assisted Architectures,” *IEEE CICC*, pp. 105–112, 2008.

[8] B. Murmann, “ADC Performance Survey 1997–2015,” [Online]. Available at: http://web.stanford.edu/~murmann/adcsurvey.html.

[9] G. Manganaro, “Advanced Data Converters,” Cambridge University Press, Cambridge, UK, 2012.

[10] M. Straayer, J. Bales, D. Birdsall, *et al.*, “A 4GS/s Time-Interleaved RF ADC in 65nm CMOS with 4GHz Input Bandwidth,” *IEEE ISSCC Digest of Technical Papers*, pp. 464–465, 2016.

[11] R. Kapusta, J. Shen, S. Decker, *et al.*, “A 14b 80MS/s SAR ADC with 73.6dB SNDR in 65nm CMOS,” *IEEE ISSCC Digest of Technical Papers*, pp. 472–473, 2013.

[12] C.C. Lee and M.P. Flynn, “A SAR-Assisted Two-Stage Pipeline ADC,” *IEEE Journal of Solid State Circuits*, 46(4), pp. 859–869, Apr 2011.

[13] M. Furuta and M. Nozawa, “A 10-bit, 40-MS/s, 1.21 mW Pipelined SAR ADC Using Single-Ended 1.5-bit/cycle Conversion Technique,” *IEEE Journal of Solid State Circuits*, 46(6), pp. 1360–1370, Jun 2011.

[14] Y. Zhu, C.-H. Chan, S.-W. Sin, *et al.*, “A 50-fJ 10-b 160-MS/s Pipelined-SAR ADC Decoupled Flip-Around MDAC and Self-Embedded Offset Cancellation,” *IEEE Journal of Solid State Circuits*, 47(11), pp. 2614–2626, Nov 2012.

[15] C.-Y. Lin, Y.-H. Wei, and T.-C. Lee, “A 10b 2.6GS/s Time-Interleaved SAR ADC with Background Timing-Skew Calibration,” *IEEE ISSCC Digest of Technical Papers*, pp. 468–469, 2016.

[16] J. Wu, A. Chou, T. Li, *et al.*, "A 4GS/s 13b Pipelined ADC with Capacitor and Amplifier Sharing in 16 nm CMOS," *IEEE ISSCC Digest of Technical Papers*, pp. 466–467, 2016.

[17] M. Brandolini, Y. Shin, K. Raviprakash, *et al.*, "A 5GS/s 150mW 10b SHA-Less Pipelined/SAR Hybrid ADC for Direct Sampling Systems in 28nm CMOS," *IEEE Journal of Solid-State Circuits*, 50(12), pp. 2922–2934, Dec 2015.

中英文术语对照

A

- accumulating jitter　累积抖动
- accuracy and speed challenge of pipelined ADC　流水线 ADC 的精度与速度挑战
- active cascode amplifier　有源共源共栅放大器
- aliasing　混叠
- amplifier　放大器
  - closed loop transfer function　闭环传递函数
  - design　设计
    - CMRR and PSRR　CMRR 和 PSRR
    - DC gain　DC 增益
    - noise　噪声
    - slew rate　摆率
    - small-signal settling　小信号建立
  - open loop DC gain　开环 DC 增益
  - operational amplifiers　运算放大器
    - cascode amplifier　共源共栅放大器
    - common-mode feedback　共模反馈
    - differential pair　差分对
    - Miller effect　密勒效应
    - two-stage amplifier　两级放大器
  - push-pull　推挽
  - switched capacitor active filters　开关电容有源滤波器
  - switched capacitor amplifiers　开关电容放大器
    - non-idealities　非理想
  - switched capacitor resistor　开关电容电阻
- analog calibration　模拟校准
- analog correction　模拟校正
- analog-to-digital converter (ADC)　模拟-数字转换器（ADC）
  - defined　定义
  - flash ADC　快闪 ADC
    - with interpolation　带内插
  - folding ADC　折叠 ADC

B

C

D

differential input-referred noise　差分等效输入噪声
differential non-linearity (DNL)　差分非线性（DNL）
differential operation　差分运算
differential pair　差分对
differential-to-single-ended converter　差分至单端转换
digital assistance　数字辅助
　in time-interleaved converters　时间交织转换器中
digital calibration　数字校准
digital coding formats　数字编码格式
digital correction　数字校正
digital error correction　数字误差校正
digitally assisted converters　数字辅助转换器
　dither　扰动
　flash sub-ADC calibration　全并行子 ADC 校准
　interleaved ADC, calibration of mismatches in　交织 ADC 其中的失配校准
　　bandwidth mismatch　带宽失配
　　gain mismatch calibration　增益失配校准
　　non-linearity mismatch　非线性失配
　　offset mismatch calibration　失调失配校准
　　randomization　随机化
　　timing mismatch calibration　时序失配校准
　pipelined ADC non-linearity, calibration of　流水线 ADC 非线性校准
　　correlation-based calibration　基于相关性的校准
　　coupling calibration　耦合校准
　　factory and foreground calibration　工厂与前台校准
　　kick-back calibration　回踢校准
　　memory calibration　记忆校准
　　reference ADC calibration　参考 ADC 校准
　　residue amplifier non-linearity　余量放大器非线性
　　settling error calibration　建立误差校准
　　split-ADC calibration　裂式 ADC 校准
　　summing node calibration　求和节点校准
digital signal　数字信号
digital-to-analog converter (DAC)　数字-模拟转换器（DAC）
　block diagram illustrating DAC operation　图示 DAC 操作的框图
　capacitive DAC　电容式 DAC
　current steering DAC　电流舵 DAC
　resistive DAC　电阻式 DAC
　　R-2R ladder DAC　R-2R 梯式 DAC
　　resistive divider DAC　电阻分压式 DAC

diode-connected device　二极管连接的器件
discrete-time and continuous-time sigma-delta modulators　离散时间和连续时间 Σ-Δ 调制器
discrete-time domain signal　离散时间域信号
discrete-time Fourier transform　离散时间傅里叶变换
discrete-time sigma-delta modulators　离散时间 Σ-Δ 调制器
dither　扰动
dominant pole　主极点
downsampling　降采样
dummy resistors　哑电阻
duty-cycle stabilizer (DCS)　占空比稳定（DCS）
dynamic errors　动态误差

E

effective number of bits (ENOB)　有效位（ENOB）
effective resolution of the ADC　ADC 有效分辨率
emitter follower　射极跟随器
　input impedance　输入阻抗
　output impedance　输出阻抗
　simplified model　简化模型
　with distortion cancellation　失真消除

F

factory and foreground calibration　工厂与前台校准
factory calibration/trimming　工厂校准/调整
feedback amplifier　反馈放大器
feedback factor　反馈系数
figure-of-merit (FOM)　品质因数（FOM）
finite impulse response (FIR) filters　有限脉冲响应（FIR）滤波器
first Nyquist zone　第一奈奎斯特域
first-order modulator　一阶调制器
flash ADC　并行 ADC
　with interpolation　伴以内插
flash sub-ADC calibration　并行子 ADC 校准
flip-around amplifier　翻转式放大器
folding ADC　折叠 ADC
folding-with-interpolation ADC　折叠内插 ADC
foreground calibration　前台校准
Fourier series　傅里叶级数
Fourier transform　傅里叶变换

frequency modulation (FM) noise　频率调制（FM）噪声
full flash converter　全并行转换器
full-speed sample and hold (S/H), 全速采样保持（S/H）
　using　用途
future trends　未来趋势

G

gain error　增益误差
gain mismatch　增益失配
　intuitive perspective　直观的观点
　special cases　特别的情况
gain mismatch calibration　增益失配校准
gain mismatch only　仅增益失配
gate capacitance　栅电容

H

harmonic distortion (HD) relationship between inter-modulation distortion and　谐波失真（HD）与互调失真的关系
higher order and cascaded sigma-delta modulators　更高阶与级联 Σ-Δ 调制器
higher order sigma-delta modulators　更高阶 Σ-Δ 调制器
high speed ADC　高速 ADC
hysteresis comparators with　具有迟滞的比较器

I

ideal data conversion　理想的数据转换
input buffer　输入缓冲
　design　设计
　non-linearity　非线性
　reverse gain (isolation)　反向增益（隔离）
　trade-off　折中
4-input comparator　4 输入比较器
input full-scale　输入满幅
input-referred noise of cascode amplifier　共源共栅放大器等效输入噪声
input-referred noise power　等效输入噪声功率
input-referred noise voltage　等效输入噪声电压
input-referred offset, reducing　等效输入失调减少
input-referred sampling noise　等效输入采样噪声
input third-order intercept point (IIP3)　输入三阶互调点（IIP3）
input tracking　输入跟踪
integral non-linearity (INL)　积分非线性（INL）

J

K

kick-back 反冲
  calibration 校准
  coefficients 系数
  distortion 失真
  error 误差
  loading and 负载与

L

latch 锁存
least mean square (LMS) algorithm 最小均方（LMS）算法
level shifting input network 电平转换输入网络
8-level (3 bit) quantizer 8 级（3 位）量化
L-level quantizer L 级量化
loading and kick-back effects 负载与回踢效应
loop gain 环路增益
low-pass filter (LPF) 低通滤波器（LPF）

M

memory calibration 记忆校准
metal resistors 金属电阻
metastability 亚稳态
metastability time constant 亚稳态时间常数
mid-rise converter 中间上升转换器
mid-rise quantization function with 16 levels 具有 16 级的中间上升量化型
mid-tread function 中间平坦型
Miller capacitance 密勒电容
Miller compensation 密勒补偿
Miller compensation capacitance 密勒补偿电容
Miller effect 密勒效应
MIM capacitors MIM 电容
mismatch summary 失配总结
mixed signal calibration 混合信号校准
MOM capacitors MOM 电容
MOS source follower, input impedance of MOS 源极跟随器输入阻抗
MOS transistor, simplified model of MOS 晶体管简化模型
most significant bits (MSB) of the converter 转换器的最高有效位（MSB）
multi-bit modulator 多位调制器
multiplying DAC (MDAC) 乘法 DAC（MDAC）
  amplifier 放大器

N

O

- common-mode feedback　共模反馈
- differential pair　差分对
- Miller effect　密勒效应
- two-stage amplifier　两级放大器

operational transconductance amplifier (OTA)　运算跨导放大器（OTA）

over-damped system　过阻尼系统

overloading　过载

oversampling　过采样

- and noise shaping　以及噪声整形

oversampling ratio (OSR)　过采样率（OSR）

P

parasitic-insensitive inverting integrator　寄生不敏感的反相积分器

parasitic-insensitive non-inverting integrator　寄生不敏感的同相积分器

Parseval's Theorem　Parseval 定理

peak-to-peak DNL/INL accuracy　DNL/INL 峰峰值精度

performance evolution　性能演变

performance metrics　性能指标

- bit error rate (BER)　误码率（BER）
- differential and integral non-linearity (DNL and INL)　微分与积分非线性（DNL 与 INL）
- inter-modulation distortion (IMD)　互调失真（IMD）
- jitter　抖动
  - analysis　分析
  - and phase noise　与相位噪声
  - intuitive perspective　直观的观点
  - measurement　测量
  - types of random jitter　随机抖动的类型
- offset and gain error　失调与增益误差
- power consumption and figure of merit　功耗与品质因数
- relationship between HD and IMD　HD 与 IMD 的关系
- relationship between SFDR and INL　SFDR 与 INL 的关系
  - HD2 and HD3 INL patterns　HD2 和 HD3 的 INL 模式
  - saw-tooth INL pattern　锯齿状 INL 模式
- resolution and sampling rate　分辨率和采样率
- signal-to-noise-and-distortion ratio (SNDR/SINAD)　信号与噪声失真比（SNDR/ SINAD）
- spurious-free dynamic range (SFDR)　无杂散动态范围（SFDR）
  - differential operation　差分运算
  - HD2 and HD3　HD2 与 HD3

periodic jitter　周期性抖动

Periodic Steady State (PSS) analysis　周期性稳态（PSS）分析

polysilicon resistors 多晶硅电阻
power consumption and figure of merit 功耗与品质因数
power supply rejection ratio (PSRR) 电源抑制比（PSRR）
preamplifier 预放大器
printed circuit board (PCB) 印制电路板（PCB）
probability density function (PDF) 概率密度函数（PDF）
process evolution 工艺演变
Processing Gain 处理增益
propagation delay 传播延时
push-pull amplifier 推挽放大器

Q

quantization bandwidth 量化带宽
quantization error 量化误差
quantization noise 量化噪声
quantization noise power 量化噪声功率
quantization non-linearity in pipelined ADC 流水线 ADC 中的量化非线性
  DAC's accuracy DAC 精度
  inter-stage amplifier's accuracy 级间放大器精度
  reference's accuracy 参考的精度
quantization operation 量化操作
  ideal 16-level (4 bit) quantization function 理想的 16 级（4 位）量化功能
quantizer 量化器

R

R-2R ladder DAC R-2R 梯式 DAC
randomization 随机化
random jitter 随机抖动
  types 类型
reconstruction filter 重构滤波器
reconstruction operation 重构操作
redundancy, defined 冗余定义
reference ADC 参考 ADC
  calibration 校准
  estimation using 估算使用
reference buffer 参考缓冲
reference errors 参考误差
reference settling 参考建立
reference's accuracy 参考的精度
regenerative comparators 可再生比较器

using NMOS switch　采用 NMOS 开关
sampling non-linearity　采样非线性
saw-tooth INL pattern　锯齿状 INL 模式
scaling factor　缩放系数
Schreier Figure-of-Merit (FOM3)　Schreier 品质因数（FOM3）
Schreier FOM　Schreier 品质因数
second-order modulator　二阶调制器
settling error　建立误差
calibration　校准
SFDR　无杂散动态范围
SHA-less architecture　无采保架构
shared capacitance MDAC　共享电容 MDAC
shorter length MOS devices　更小长度的 MOS 器件
sigma-delta ADC　Σ-Δ ADC
bandpass sigma-delta converter　带通 Σ-Δ 转换器
discrete-time and continuous-time sigma-delta modulators　离散时间和连续时间 Σ-Δ 调制器
first-order modulator　一阶调制器
higher order and cascaded sigma-delta modulators　更高阶和级联 Σ-Δ 调制器
multi-bit modulator　多比特调制器
overloading　过载
oversampling and noise shaping　过采样与噪声整形
second-order modulator　二阶调制器
single-bit modulator　单比特调制器
sigma-delta demodulator　Σ-Δ 解调器
sigma-delta modulator　Σ-Δ 调制器
cascaded　级联
linearized representation of　线性化表示
signal-to-noise-and-distortion ratio (SNDR/SINAD)　信号与噪声失真比（SNDR/SINAD）
signal-to-noise ratio (SNR)　信噪比（SNR）
jitter measurement　抖动测量
within bandwidth　带宽内
signal-to-quantization noise ratio (SQNR)　信号与量化噪声比（SQNR）
signal transfer function (STF)　信号传输函数（STF）
simplified timing diagram　简化时序图
four-way interleaved ADC　4 路交织 ADC
showing the common clock for sampling　显示了用于采样的共同时钟
two-way interleaved ADC　两路交织 ADC
single-bit modulator　单比特调制器
single-ended comparator　单端比较器

T

special cases 特殊情况
total harmonic distortion (THD) 总谐波失真（THD）
track-and-hold (T/H) operation 跟踪-保持（T/H）操作
tracking distortion 跟踪失真
two-phase bootstrapping 两相自举
two-stage amplifier 两级放大器
two-tone IMD 双音 IMD
two-way interleaved ADC 两路交织 ADC

U

unary DAC 一元 DAC
under-damped system 欠阻尼系统
undersampling 欠采样
unity gain frequency 单位增益频率
upsampling 升采样

High Speed Data Converters

高速数据转换器设计

本书由Ahmed M.A. Ali博士，依据其在产业界一线的多年深入研究与产品设计开发成果编写。本书不仅覆盖了数据转换器基本原理、整体架构、单元模块、性能参数等全面的基础理论，更重要的是，Ahmed M.A. Ali博士依托其主导开发的多款业界领先的数据转换器产品，着重介绍了当前适合高速数据转换的电路架构、电路设计细节与技巧、数字辅助设计等全面的考量因素，避免了传统教材重理论分析而轻产业化能力培养的短板。

- 简介
- 性能指标
- 数据转换器结构
- 采样
- 比较器
- 放大器
- 流水线ADC
- 时间交织转换器
- 数字辅助转换器
- 发展与趋势
- 中英文术语对照

Ahmed M.A. Ali 1999年获宾夕法尼亚大学电气工程博士学位，具有丰富的产业界经验，IEEE会士，ISSCC（IEEE国际固态电路会议）数据转换器小组委员会成员。曾任Analog Devices公司Fellow，在高速数据转换器领域领导设计和开发了多种产品。2022年起任职于苹果公司。他是30多篇论文的主要作者，并持有50多项专利。研究领域包括模拟集成电路设计、高线性度采样、数字辅助转换器和信号处理。

定价：109.00 元

责任编辑：王羽佳
责任美编：孙焱津